试论世界油气形成的三个体系

邓运华　杨永才　杨　婷　著

科 学 出 版 社

北　京

内 容 简 介

本书以世界主要含油气盆地的系统研究为基础，系统阐述沉积盆地内生物生长所需的营养物质主要来源于河流，河流注入沉积盆地的营养物质控制生物的繁衍程度，进而控制烃源岩的有机质丰度。地球上的油气主要分布于三个体系，即河流-湖泊体系、河流-海湾体系、河流-三角洲体系。河流-湖泊体系是陆相石油分布的主要场所，河流-海湾体系是海相石油分布的主要场所，河流-三角洲体系则是世界上许多大气区分布的主要场所。本书部分插图配有彩图二维码，见封底。

本书可供从事石油地质综合研究及油气勘探的人员参考，也可供高等院校地质相关专业的师生参考使用。

审图号：GS（2020）2874 号

图书在版编目（CIP）数据

试论世界油气形成的三个体系/邓运华，杨永才，杨婷著.—北京:科学出版社，2021.1

ISBN 978-7-03-066710-6

Ⅰ.①试… Ⅱ.①邓… ②杨… ③杨… Ⅲ.①油气藏形成-研究-世界 Ⅳ.①P618.130.2

中国版本图书馆 CIP 数据核字（2020）第 216481 号

责任编辑：李建峰 何 念/责任校对：高 嵘

责任印制：彭 超/封面设计：无极书装

科 学 出 版 社 出版

北京东黄城根北街 16 号

邮政编码：100717

http://www.sciencep.com

武汉精一佳印刷有限公司印刷

科学出版社发行 各地新华书店经销

*

开本：787×1092 1/16

2021 年 1 月第 一 版 印张：15 1/2

2021 年 1 月第一次印刷 字数：403 000

定价：188.00 元

（如有印装质量问题，我社负责调换）

前 言

油气是最受近代人类社会关注的资源。每天新闻媒体必报道的两项价格：一是股价，二是油价。由于逐渐枯竭而影响人类未来生存与发展的资源，首先是油气。各大国际石油公司为了人类的发展而提供油气，也为了各自石油公司的盈利到地球的每个角落进行油气勘探。中国的石油公司也不例外，近10年来也都相继走出国门开展海外油气勘探。

海外油气勘探大致可以分为两类：一是成熟盆地的勘探，二是新盆地的勘探。成熟盆地的生储盖条件已经被证实，并发现了油气田，通常情况下，这类盆地已经被勘探和研究了较长时间，油气的勘探程度较高，主力油气田已被找到，勘探潜力不大，风险较低，再发现大油气田的概率很小，进入的门槛也很高。新盆地的勘探研究程度很低，生储盖条件仍未被证实，尤其是生烃条件未被钻井所揭示，这类新盆地的勘探风险大，但发现大油气田的潜力也大，进入的门槛低。不断地进行新盆地的勘探才能保持勘探活力，才能不断地发现新的大油气田，为人类社会发展提供优质的能源。

大量的勘探实践和研究结果证实，油气是沉积盆地内岩石中的有机质生成的。地球上最早的烃源岩形成于新元古代，距今约800 Ma。地球的表面积约5.1亿km^2，从古元古代至今，地球表面积的73%～81%被海洋和湖泊所占据，而海洋和湖泊所在之地几乎均为沉积盆地。

如果将每个地质时代的沉积盆地叠加在一起，现今地球上约90%的表面积被沉积岩或沉积物所覆盖。大量勘探实践证实，并非有沉积岩的地方就有油气田，油气田的分布很不均匀，只在少数沉积岩内富集油气。那么在浩茫的地球上，去哪里可能找到油气富集的新盆地呢？这既是石油公司面临的一个现实问题，也是一个重大的理论问题。带着这个问题，笔者近10年来分析了大量的资料，进行了深入的思考，现提出一些新的观点，期望与同行进行讨论。

笔者认为，寻找新的含油气盆地必须首先寻找烃源岩，即油气的“源控”最重要。在海外新盆地勘探中，烃源岩是核心要素，有机质丰度控制了烃源岩的质量和油气的生成量。在不考虑保存条件的情况下，烃源岩的有机质丰度取决于当时生物的繁衍程度（即生产力），生物繁衍程度受控于营养物质的浓度、环境温度、水体的清洁度和含盐度等，而在相似纬度的较大地区，其温度及水体的清洁度和含盐度是相似的，因此生物的繁衍程度取决于营养物质，正如农作物的生长取决于肥料，养殖鱼虾的成长取决于饲料。从古至今，一切生物的生长受控于营养。那么，沉积盆地内控制生物生长的营养物质来源于何处？又受什么因素控制呢？通过对全球主要含油气盆地的系统研究，笔者认为沉积盆地内生物生长所需的营养物质主要来源于河流。地球上油气主要分布于三个体系，即河流-湖泊体系、河流-海湾体系、河流-三角洲体系。

“陆相生油（即湖相沉积岩生油）”观点是中国老一辈地质学家首次提出的，该观点对世界油气地质理论的发展做出了重大贡献。勘探实践证实，世界上越来越多的石油生成于湖泊沉积岩，非洲大陆中东部、非洲西海岸、美洲东海岸、印度尼西亚西部及中国中东部等许多大油区的石油均来源于中生代—新生代湖相盆地。湖相石油主要是由湖泊中的藻类死亡后保存于沉积岩中经演化生成的，在欠补偿沉积中，藻类生长主要取决于湖水中的营养物质。大气降水含营养物质很少，湖水中营养物质主要来源于河流，尤其是源远流长的大河流，这类河流的流域广阔，河水中溶解了大量的磷、钾等矿物质，矿物质被带入湖泊之后为藻类的生长提供了良好条件。湖泊的周边均为陆地，且湖泊是许多河流的归宿。几乎所有湖相含油气盆地（如渤海湾盆地、松辽盆地、鄂尔多斯盆地、中苏门答腊盆地、艾伯特盆地、迈卢特盆地、坎普斯盆地等）在烃源岩形成时，都有源远流长的河流汇入，河水挟带的泥沙在湖泊边缘形成三角洲的同时，河水中溶解的矿物质被带入湖泊，促进裂谷期藻类的生长，为优质烃源岩的形成提供了保障。河流-湖泊体系是地球上陆相重要的含油领域。

海洋犹如更大的湖泊。从营养物质的来源、生物的生长、烃源岩的形成来看，海洋与湖泊并无明显的差别，只不过海洋比湖泊面积更大、水体更深。大洋深处的火山喷发是矿物质的重要来源，有的湖泊内也有火山或岩浆作用（如鄂尔多斯盆地）带来的矿物质，但是大洋中火山喷发带来的矿物质很容易被稀释。大洋上升流确实为少数盆地内生物的生长带来了营养物质，但大洋上升流只能为其对应的开阔海岸盆地带来矿物质，从而促使藻类大量生长，而世界上大多数的海相含油盆地是靠近大陆的海湾盆地，如波斯湾盆地、西西伯利亚盆地、墨西哥湾盆地、马拉开波盆地、北海盆地、南大西洋盆地、苏尔特盆地等，这些盆地在其烃源岩形成时期都是近岸的海湾型盆地，大洋上升流不能到达海湾。海湾是河流的入海口，河流带来了丰富的矿物质，从而促使藻类等水生生物生长并大量繁殖。海湾相对闭塞，与大洋交换受阻，水中的矿物质可以保持较高的浓度，使得水生生物能够长时间大量生长；另外，海湾风浪小，也有利于有机质保存。因此，河流-海湾体系是海相石油分布的主要场所。

根据成因分类，天然气可分为三类：一是生物气，二是煤型气，三是裂解气。生物气是有机质在低温（地温小于75℃）时，由微生物作用形成的天然气。近几年在东地中海、孟加拉湾发现了大型生物气田，过去在西西伯利亚、美国西海岸及柴达木盆地也曾发现大型生物气田，但整体而言生物气储量所占比例较小。倾油型烃源岩在高温条件下裂解生成天然气，是中东-北非、东非海岸大型气田的主要气源。但是世界上分布最广、储量最多的天然气是由煤系烃源岩生成的煤型气，如尼罗河三角洲盆地、密西西比三角洲盆地、南里海盆地、库泰盆地、北卡那封盆地、萨哈林（库页岛）盆地、孟加拉湾盆地、塔里木盆地、东海盆地、琼东南盆地等盆地（区域），这些盆地（区域）中的天然气主要由煤系烃源岩生成。中国70%的天然气属于煤型气。大的煤型气区分布于河流-三角洲体系。源远流长的河流带来的大量泥沙在入海口沉积下来，形成了肥沃的土壤，加之温湿的气候有利于高等植物的生长，植物死亡后被薄层海水覆盖在还原环境下发生腐殖化、凝胶化、泥炭化，并形成了煤、碳质泥岩和暗色泥岩，即为煤系地层，经深埋后生成天然气。三角洲地区的储层发育，储盖配置好，有利于天然气富集。因此，河流-三角洲体系是煤型气分布的主要场所。

本书的观点源于笔者在海外勘探研究实践中的思索，希望能借此为学科的发展尽一些绵薄之力。全书由邓运华构思，前言、第一章、第二章由邓运华写作，第三章由杨永才、邓运华写作，第四章由杨婷、邓运华写作。在本书写作过程中得到了中海油研究总院有限责任公司的张敏、李友川、孙玉梅、朱石磊、孙涛、于开平、姜雪、张义娜、赵阳、邱春光、陈经覃、程涛、刘美羽、郭刚、蔡文杰、许晓明等地质工程师的帮助，在此一并致谢!

邓运华

2019年12月16日于北京

Oil and gas resources are deeply concerned in modern human society. The two prices that the news media must report every day are the price of stocks and oil. Among the resources that affect the future survival and development of human beings as a result of gradual depletion, oil and gas resources bear the brunt. Major international oil companies make oil and gas explorations in every corner of the earth to provide oil and gas resources for human development, as well as for the companys′ profits. Chinese oil companies are no exceptions, in the past decade, they have also gone out to carry out overseas oil and gas exploration.

Overseas oil and gas exploration is approximately divided into two types: the exploration of mature basins, and the exploration of new basins. Mature basins refer to the basins in which oil and gas fields have been found and the conditions of the source rocks, reservoirs, and cap rocks have been proved. Generally, these basins have been explored and studied for a long time, and the degree of oil and gas exploration is high. Since the main oil and gas fields have been found, the exploration potential of these basins is rather low, as well as the risk, the probability of discovering large oil and gas fields is very small, but the cost of getting the exploration rights would be much expensive. However, for the new basins which have hardly been explored, the generation, reserovir, and seal conditions have not been proved, especially the hydrocarbon generation conditions have not been revealed by drilling. The exploration risk of new basins is high, but the potential of discovering large oil and gas fields is great, and the cost of getting the exploration rights is low. Only by continuously exploring new basins can we maintain the exploration vitality, discover new large oil and gas fields, and provide high-quality energy resources for the development of human society.

Numerous exploration practices and research results have confirmed that oil and gas are generated by organic matters in rocks of sedimentary basins. The oldest source rocks were formed during the late Proterozoic, about 800 million years ago. The surface area of the earth is about 510 million square kilometers. From the late Proterozoic to the present, 73%-81% of the surface area is occupied by oceans and lakes where develop the sedimentary basins.

90% of the earth's surface would have been covered by sedimentary rocks or sediments if all the basins developed in each geologic age were overlaid together. A large number of exploration practices have confirmed that, not all the places with sedimentary rocks exist oil and gas fields. The distribution of oil and gas fields is very uneven, and only a few sedimentary rocks are enriched with oil and gas. Facing up to the extremely vast earth, it is not only a realistic matter, but also an important theoretical problem for us to find out new basins enriched with petroleum. With this problem, we have analyzed a large amount of data in recent 10 years, conducted in-depth thinking, and put forward some new opinions, looking forward to discussing them with the peers.

We think that the first step of finding out new petroliferous basins is to search for source rocks, that is, "source control" of oil and gas is the most important, in the exploration of new overseas basins, source rocks are the core elements. The abundance of organic matter determines the quality of source rocks and the quantity of generated hydrocarbon. Without considering the preservation condition, the organic abundance of source rocks is controlled by biological productivity at that time. While biological productivity is controlled by the nutritive substance, environment temperature, cleanliness, and salinity of water bodies, etc. In regions with similar latitudes, the temperature, cleanliness, and salinity of water bodies are similar. Therefore, biological productivity depends on nutritive substances, just as the growth of crops depends on fertilizer, and the cultivation of fish and shrimp depends on feed. Since ancient times, the growth of all living things has been controlled by nutrition. Then, where were the sources of nutrients controlling biological growth in sedimentary basins? What controlled the nutrients? Based on the systematic study of the major petroliferous basins in the world, We believe that the nutrients needed for the growth of organisms in sedimentary basins mainly come from rivers. Oil and gas are mainly distributed in three systems on the earth, that is, the river-lake system, river-gulf system, and river-delta system.

Terrestrial oil generation (i.e., lacustrine sedimentary rock oil generation), first put forward by the geological forerunners in China, has made great contribution to the world's oil and gas geological theory. Exploration practices proved that more and more petroleum in the world was generated from lacustrine sedimentary rocks, and the petroleum in many large oil production areas, such as the Central and Eastern Africa, the West Coast of Africa, the East Coast of America, the Western Indonesia, and the Central and Eastern China, was generated from Mesozoic-Cenozoic lacustrine basins. Lacustrine oil came from the dead algae in lakes preserved in sedimentary rocks. In undercompensation deposition, algae growth mainly depends on the nutrients in lakes. Atmospheric precipitation containing very few nutrients, lake nutrients come from the rivers, especially the large ones having a long history and flowing through wide areas. In these rivers, a large amount of phosphorus, potassium, and other minerals dissolved in the water, providing a prerequisite for the growth of algae. Surrounded by land, lakes are the home of many rivers. Almost all of the lacustrine petroliferous basins (such as Bohai Bay Basin, Songliao Basin, Ordos Basin, Central Sumatra Basin, Alberta Basin, Malut Basin, Campos Basin, etc.) had been injected by long standing rivers during the formation of source rocks. The mud and sands carried by the rivers created the delta at the edge of lakes and the minerals dissolved in water injected into the lakes as well, which promoted the algae growth in rift period and provided guarantee for the formation of high-quality source rocks. In a word, river-lake system is the main location of terrestrial oil distribution.

The ocean is just like a bigger lake. From the source of nutrients, the growth of organisms, and the formation of source rocks, there is no obvious difference between oceans and lakes, except that oceans are larger and deeper than lakes. Volcanic eruptions in deep oceans are an important source of minerals, while some lakes also have minerals brought by volcanoes or magmatism (such as the Ordos Basin), but minerals from volcanic eruptions in oceans are easy to be diluted because the oceans are too big. Oceanic upwelling does bring nutrients to the growth of organisms in a few basins, but it only brings minerals to specific open coastal basins to encourage algal growth. Most of the marine petroliferous basins in the world are gulf basins close to the mainland, such as the Persian Gulf Basin, West Siberia Basin, Gulf of Mexico Basin, Maracaibo Basin, North Sea Basin, South Atlantic Basin, Sirte Basin, etc. All of them are coastal gulf basins during the formation of source rocks, and the oceanic upwelling cannot reach the gulfs. A gulf is the firth of a river, and it is the river that brings abundant minerals to promote the growth and proliferation of aquatic organisms such as algae. Gulfs are relatively closed and their exchange with oceans is restricted, so the minerals in the water can remain a high concentration, allowing aquatic life to grow in large quantities for a long time. Gulfs are also conducive to the preservation of organic matters due to its poor wind and waves. Therefore, the fluvial-gulf system is the main location of marine oil distribution.

According to its geneses, natural gas can be divided into three types, namely, the biogenic gas, coaliferous gas and petroliferous gas. Biogas is natural gas formed by organic matter under microbial action at low temperature (ground temperature is less than 75°). Large scale biogenic gas fields have been discovered in the Eastern Mediterranean and the Bay of Bengal in recent years, and in West Siberia, the West Coast of the United States and the Qaidam Basin in the past, but as a whole, this type of gas only accounts for a relatively small proportion of total gas reserves. Natural gas formed by cracking of oil-prone source rocks at high temperature was the main gas source in large scale gas fields in Middle East-North Africa, East African coast. However, coaliferous gas, generated by coal-measure source rocks, enjoys the world's most widely distribution and biggest reserves. For example, natural gas in the Nile Delta Basin, the Mississippi Delta Basin, South Caspian Basin, Kutai Basin, the North Carnarvon Basin, Sakhalin Basin, the Bay of Bengal Basin, Tarim Basin, the East China Sea Basin, and Qiongdongnan Basin, are all generated by coal-measure source rocks. 70% of China's natural gas is coaliferous gas. Large coaliferous gas areas were distributed in river-delta system. The fertile soil formed in firths by the sediments carried by long standing rivers plus the warm, humid climate has boomed the growth of higher plants. After humification, gelation and peatification in the reducing environment, the dead plants covered by thin sea water were transformed into coal, carbonaceous mudstone and dark mudstone, that is, the coal measures strata. After a deep burial, the coaliferous gas was generated. In delta areas, reservoirs with good preservation and sealing conditions are well developed, which is beneficial for natural gas enrichment. As a result, many global large gas fields are located in river-delta system.

The viewpoints of *The Three Systems of Oil and Gas Formation in The World* come from our thinking in overseas exploration and research practices. We hope this book can make some contribution to the development of the discipline. The book was conceived by Deng Yunhua. The Preface, Chapter I, and Chapter II were written by Deng Yunhua, Chapter III was written by Yang Yongcai and Deng Yunhua, and Chapter IV was written by Yang Ting and Deng Yunhua. We would like to acknowledge all the geologists like Zhang Min, Li Youchuan, Sun Yumei, Zhu Shilei, Sun Tao, Yu Kaiping, Jiang Xue, Zhang Yina, Zhao Yang, Qiu Chunguang, Chen Jingtan, Cheng Tao, Liu Meiyu, Guo Gang, Cai Wenjie, Xu Xiaoming and others who had helped us compiling the book.

Deng Yunhua

20th December, 2019 in Beijing

目 录

第一章 三个体系控制油气分布的理论基础

油气是人类赖以生存的最重要的能源。油气资源分布于全球的沉积盆地，但并非所有的沉积盆地都有油气。油气资源在全球分布具有非常大的不均衡性。油气是如何形成的，去哪里寻找油气，一直是重要的科学理论问题，也是人类寻找油气资源的现实问题。

大量的油气勘探实践证实，不同地质时期的沉积盆地生长的生物，死亡之后，由于泥沙覆盖被埋藏于地下深处，形成高丰度的沉积岩——烃源岩，烃源岩经历高温热演化作用生成了油气并富集形成了全球的油气田。这就是油气有机成因理论，已被大多数石油地质学家所公认，并一直指导全球的油气勘探开发。

油气的生成数量取决于烃源岩的有机质丰度。烃源岩有机质丰度取决于沉积时有机质的数量和保存条件。而沉积盆地水生生物的生长条件主要受控于水体环境的营养物质，河流则是沉积盆地水体环境营养物质的最重要的输入来源。

根据河流与沉积环境的耦合关系，全球的油气资源分布主要赋存于三个体系：河流-湖泊体系、河流-海湾体系、河流-三角洲体系。河流-湖泊体系是全球陆相石油分布的主要场所，河流-海湾体系是海相石油分布的主要场所，河流-三角洲体系则是天然气分布的主要场所。

第一节　生物的数量决定油气生成量

一、石油和天然气成因

人类在 3000 年前就发现了油气，并将其用于日常生活中。在中国春秋战国时期，人们就利用从地下渗出的天然气燃烧后用于照明、煮盐。对于油气的成因，存在无机成因和有机成因两种不同的观点。无机成因者认为，油气是地幔碳、氢元素在高温高压作用下形成的；有机成因者则认为，油气是地球表面生长的生物死亡后没有被氧化破坏，经深埋藏并随着地温增高，热演化而生成的。大量油气勘探实践证明，已发现的油气田全部位于沉积盆地内，或盆地边缘。沉积盆地是持续沉降并接受沉积物的负向构造单元，沉积岩较厚（2000～15000 m）；在盆地中不同时期生长的生物，死亡后沉入水底，经泥沙覆盖，埋藏于地下。沉积盆地内埋藏着大量的有机物质，已发现的油气田位于盆地内或盆地边缘，即可证明油气是有机质形成的。油气的有机成因论已被绝大多数石油地质学家所公认。

1974 年，法国地球化学家 Tissot 等在实验室用仪器逐步加热沉积岩中的有机质，达到一定温压后，得到了液态原油，证实了油气的有机成因。近代，一些国家人工养殖特殊的藻类（这些藻类含烃量较一般藻类高），然后将养殖的藻类加工成石油。王开发等（1994）开展的盘星藻热模拟生油实验，也证实了藻类生油的特征。以上实例证实了石油的有机成因，形成石油的有机质主要是藻类，其次是细菌、高等植物。

世界上的全部石油及绝大部分天然气是沉积岩中的有机质被埋藏后经热演化作用生成的。但也有少量的甲烷天然气，是深部岩浆在高温高压作用下无机形成的，并沿大断裂或伴随火山及岩浆侵入作用运移至浅层富集，即少数甲烷天然气是无机成因。

二、有机质丰度与油气生成量

石油和天然气是沉积岩中的有机质在高温作用下生成的，沉积岩中有机质越多，生成的油气也越多，反之沉积岩中有机质越少，生成的油气也越少。在石油地质学中，用有机质丰度（即有机质占沉积岩的百分比）来衡量沉积岩中有机质的含量。

沉积岩中有机质丰度取决于沉积时有机质的数量和保存条件。沉积环境对于有机质的保存至关重要。生物在死亡以后，若迅速沉积在海底或湖底，并被泥沙所覆盖，在此过程中生物没有被氧化破坏，而是处于有利的还原环境中，则有机质得以保存，这是沉积岩中有机质丰度高的必要条件；如果海水或湖水很动荡，那么生物死亡后将一直处于氧化环境中，很快会被氧化破坏，即使生物很繁盛，沉积岩中的有机质丰度也会很低。一般认为，深水-半深水湖泊、海湾及潟湖环境的有机质保存条件较好，有机质丰度较高，有利于烃源岩的发育。下面讨论生物数量对有机质丰度的控制作用。

沉积岩中的有机质有两个来源，即原地生长的生物和异地搬运来的生物碎屑，通常以原地生长生物为主，异地搬运的生物碎屑为辅。生成石油的有机质主要是海洋及湖泊中生长的藻类；生成天然气的有机质主要是海岸平原或者沼泽环境生长的陆源高等植物；河水中挟带的陆源植物碎屑，只占很少一部分，因为河水挟带的植物碎屑长期处于氧化环境中，并被不断冲撞，富氢组分很容易被氧化破坏，到达海湾或湖泊时已所剩不多，而空中风力对挟带的陆源植物的花粉、孢子等也只能起到微弱搬运作用。因此，生成油气的母质是原地生长的藻类和高等植物。以我国现代长江口陆架区的有关资料为例，近岸采样站位陆源有机物的输入较多，离岸越远陆源有机质输入越少（图 1-1）。

油源岩中有机质丰度主要取决于原地生长的藻类，气源岩中有机质丰度取决于原地生长的高等植物。油源岩和气源岩中的干酪根类型不同、组分不同，生成的产物不同，产物被母岩所吸附的量不同，以及排出效果不同，因此这两类源岩的有机质丰度的判别标准不同，这是油气地球化学研究的主要成果，在勘探实践中十分重要，但是往往容易被石油公司的勘探技术人员所忽视。

生成石油的母质主要是低等水生生物藻类，显微组分主要是无定形有机质，其次是壳质体、惰质体，干酪根类型是 I—II_1 型。判别油源岩有机质丰度的标准是：总有机碳（total organic carbon，TOC）含量小于 0.4%，生烃潜量（游离烃 S_1＋热解烃 S_2）小于 1 mg HC/g

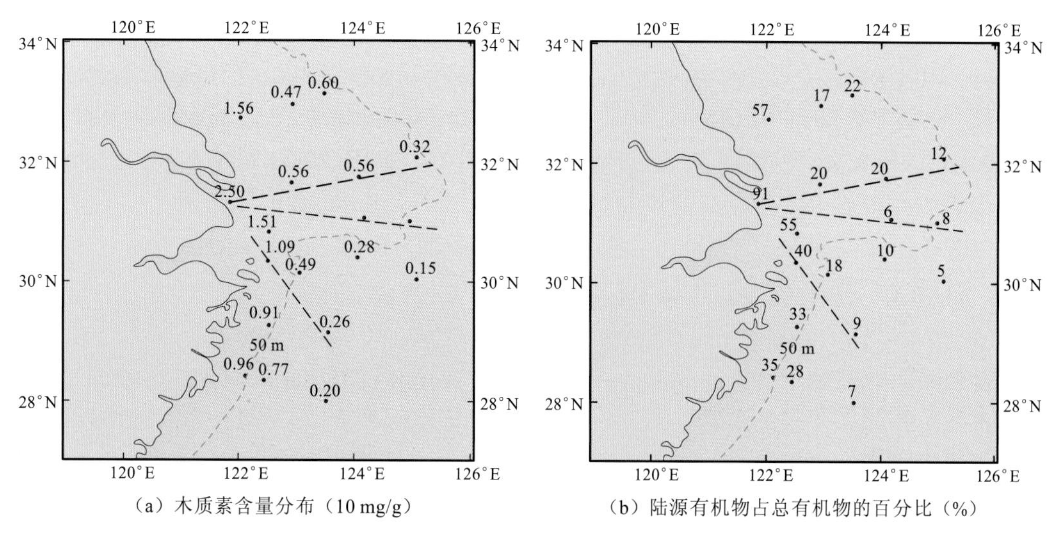

（a）木质素含量分布（10 mg/g）　（b）陆源有机物占总有机物的百分比（%）

图 1-1　长江口陆架区各采样站位陆源有机物分布图（杨丽阳 等，2008）

ROCK（1 mg HC/g ROCK，1 g 岩石热解生成 1 mg 烃），氯仿沥青“A”含量（岩石用有机试剂氯仿抽提得到的可溶有机质的总含量）小于 0.015%，为非油源岩；TOC 含量为 0.4%～0.6%，S_1+S_2 为 1～2 mg HC/g ROCK，氯仿沥青“A”含量为 0.015%～0.05%，为差油源岩；TOC 含量为 0.6%～1.0%，S_1+S_2 为 2～6 mg HC/g ROCK，氯仿沥青“A”含量为 0.05%～0.10%，为中等油源岩；TOC 含量为 1.0%～2.0%，S_1+S_2 为 6～10 mg HC/g ROCK，氯仿沥青“A”含量为 0.10%～0.20%，为好油源岩；TOC 含量大于 2.0%，S_1+S_2 大于 10 mg HC/g ROCK，氯仿沥青“A”含量大于 0.20%，为优质油源岩（表 1-1）。

表 1-1　泥岩有机质丰度评价标准（适用于镜质组反射率 R_o≤1.3%）

烃源岩类型	干酪根类型	地球化学指标	非烃源岩	烃源岩类别			
				差	中等	好	优质
油源岩	I—II_1	TOC 含量/%	<0.4	0.4～0.6	0.6～1.0	1.0～2.0	>2.0
		S_1+S_2/（mg HC/g ROCK）	<1	1～2	2～6	6～10	>10
		氯仿沥青“A”含量/%	<0.015	0.015～0.05	0.05～0.10	0.10～0.20	>0.20
气源岩	II_2—III	TOC 含量/%	<0.5	0.5～1.0	1.0～2.5	2.5～4.0	>4.0
		S_1+S_2/（mg HC/g ROCK）	<1	1～2	2～6	6～10	>10
		氯仿沥青“A”含量/%	<0.015	0.015～0.05	0.05～0.10	0.10～0.20	>0.20

生成天然气的母质主要是陆源高等植物，显微组分主要是壳质体、镜质体、惰质体等，干酪根类型是 II_2—III 型。判别气源岩有机质丰度的标准是：TOC 含量小于 0.5%，S_1+S_2 小于 1 mg HC/g ROCK，氯仿沥青“A”含量小于 0.015%，为非气源岩；TOC 含量为 0.5%～1.0%，S_1+S_2 为 1～2 mg HC/g ROCK，氯仿沥青“A”含量为 0.015%～0.05%，

为差气源岩；TOC 含量为 1.0%～2.5%，S_1+S_2 为 2～6 mg HC/g ROCK，氯仿沥青“A”含量为 0.05%～0.10%，为中等气源岩；TOC 含量为 2.5%～4.0%，S_1+S_2 为 6～10 mg HC/g ROCK，氯仿沥青“A”含量为 0.10%～0.20%，为好气源岩；TOC 含量大于 4.0%，S_1+S_2 大于 10 mg HC/g ROCK，氯仿沥青“A”含量大于 0.20%，为优质气源岩（表 1-1）。油源岩和气源岩的有机质丰度指标存在较大差异。

三、对有机质丰度的再认识

油气是沉积盆地中有机质在温压作用下生成的，烃源岩的位置控制了油气藏的分布，要找油气田首先必须找烃源岩，即“定凹探边”“定凹探隆”。中国老一辈石油地质学家不仅首次提出了“陆相生油”理论，而且在实践中创立了“源控论”，对世界石油地质理论的发展做出了杰出的贡献。在油气藏形成的“生、储、盖、圈、运、保”六个条件中，“生”是核心，只要生成了油气必定能聚集成藏，没有构造圈闭，会在非构造圈闭内聚集，没有好储层会在差储层里聚集，甚至可以在烃源岩里聚集，形成页岩油气，因此，油气生成最重要。在油气勘探实践中，科研人员对油气生成量、有机质丰度的认识一直在不停地探索，认识也在不断地加深，并越来越符合客观实际。

自 1974 年法国地球化学家 Tissot 等提出干酪根成油理论后，油气的有机成因说得到了大多数石油地质学家的认同，其理论体系在实践中不断丰富、完善。沉积岩中的有机质是分散的，沉积岩含量很小，通常为 0.1%～10%。有机质在温压作用下，开始生成的石油也是分散的，这种分散的石油首先被油源岩中的泥质所吸附，满足吸附后剩余的石油才能排出油源岩，形成初次运移并在附近的储集层里初次聚集，当聚集到一定量后，在构造力作用下，沿断层、砂体、不整合面等发生二次运移，并在圈闭内富集，形成油藏。石油地质学家是研究沉积有机质在温压作用下可生成石油，而油气勘探家则是要研究石油生成量、排出量、聚集量，寻找具有商业性的油气田。

1974 年 Tissot 等通过模拟实验研究提出，沉积岩中 TOC 含量大于 0.5%时才是有效油源岩，TOC 含量小于 0.5%时，生成的石油只能满足油源岩的吸附量，不能排出石油。20 世纪 90 年代，地质学家解放思想，对世界一些含油气盆地进行了油气生成条件的研究后指出，将 TOC 含量等于 0.5%作为有效烃源岩的下限值太高，TOC 含量为 0.3%时就能成为有效烃源岩，并且研究认为，海相碳酸盐岩泥质含量低，吸附能力弱，TOC 含量可能更低，0.2%就可作为有效烃源岩的下限值。因为这些新认识，有效烃源岩大幅度增加，使原来划为无效烃源岩的烃源岩变成了有效烃源岩，增加了不少资源量，扩大了油气勘探的领域。但是在此认识指导下进行的勘探，效果并不好，钻了不少干井。

进入 21 世纪，随着油气勘探的深入和资料的积累，越来越多的石油地质学家和地球化学家倾向于认为，工业性油气藏的主要贡献者可能是生烃拗陷厚度不一定很大，但有机质丰度很高（通常干酪根类型较好），并且已经成熟的优质烃源岩；而不一定是拗陷广布、厚度大但有机质丰度并非很高的烃源岩。前者即为“优质烃源岩控藏”（侯读杰 等，2008；秦建中 等，2007；张林晔 等，2003）。张林晔等（2003）认为，济阳拗陷亿吨级的大油田均与优质烃源岩有着密切关系，尤其是在我国陆相复杂的断陷盆地，岩性、岩相变化快，油气运移距离短，“优质烃源岩控藏”将对勘探实践有着更现实的指导意义。许多学者的研究表明，优质烃源岩对于济阳拗陷、东濮拗陷的油气成藏（特别是对于岩性油气藏），具有重要的控制作用。

关于优质烃源岩，目前国内外学者已有相当多的研究。例如，优质烃源岩发育的古气候、古沉积环境，优质烃源岩的显微组分特征、时空分布和主控因素，以及优质烃源岩的识别和预测等，而且对于优质烃源岩的判识标准也趋于一致，即 TOC 含量大于 2.0%（表 1-2），国内外许多盆地中的大油气田均与发育优质烃源岩相关。

表 1-2　优质烃源岩实例

盆地	层位	烃源岩厚度/m	TOC 含量/%	干酪根类型
三叠（Triassic）盆地	志留系	10～50	2.0～17.0	II_1—I
波斯湾（Persian Gulf）盆地	志留系	5～75	2.0～17.0	II_1—I
波斯湾盆地	侏罗系	50～300	2.0～8.4	II_1—I
桑托斯（Santos）盆地	白垩系	50～300	2.0～20.0	II_1—I
东营凹陷	始新统	200～300	2.0～6.0	II_1—I
西西伯利亚（West Siberian）盆地	侏罗系	30～50	5.0～40.0	II_1
墨西哥湾（Gulf of Mexico）盆地	侏罗系	30～170	2.0～22.8	II_1—I
北海（North Sea）盆地	侏罗系	50～250	2.0～10.0	II_1—I

地质学家提出，大油气田分布与优质烃源岩展布紧密相关，含油气盆地的油源岩不在于厚度大、体积大，关键是质量好。过去认为，胜利油区的东营凹陷 5 600 km^2 的油源岩呈整体分布，厚度大（1 000～2 000 m）；据新资料进一步研究认为，真正为东营凹陷油气生成做贡献的只有 4 个洼陷（民丰洼陷、滨南利津洼陷、牛庄洼陷和博兴洼陷）的烃源岩，4 个洼陷的面积分别为 800 km^2、300 km^2、600 km^2 和 1 300 km^2，优质油源岩的厚度只有 200～300 m。

在中东波斯湾地区的志留系热页岩为烃源岩，形成了很多大型、超大型的油气田，如世界上著名的大气田卡塔尔 North 气田和伊朗 South Pars 气田，储量达 38.00 万亿 m^3。尽管该套热页岩的厚度不大，只有 5～75 m，但质量很好，为 II_1—I 型干酪根，TOC 含量为 2.0%～17.0%（图 1-2）。

巴西桑托斯盆地也是“优质烃源岩控藏”的一个实例，原油可采储量为 49.29 亿 m^3，单个油田可采储量为 0.10 亿～10.02 亿 m^3，其烃源岩 TOC 含量可达 20.0%，干酪根类型为 II_1—I 型，目前钻井已揭示优质烃源岩厚度为 50～300 m（表 1-2）。以桑托斯盆地卢拉（Lula）油田（图 1-3）为代表的多个圈闭的充满度为 100%，可见优质烃源岩是大油田形成的物质基础。

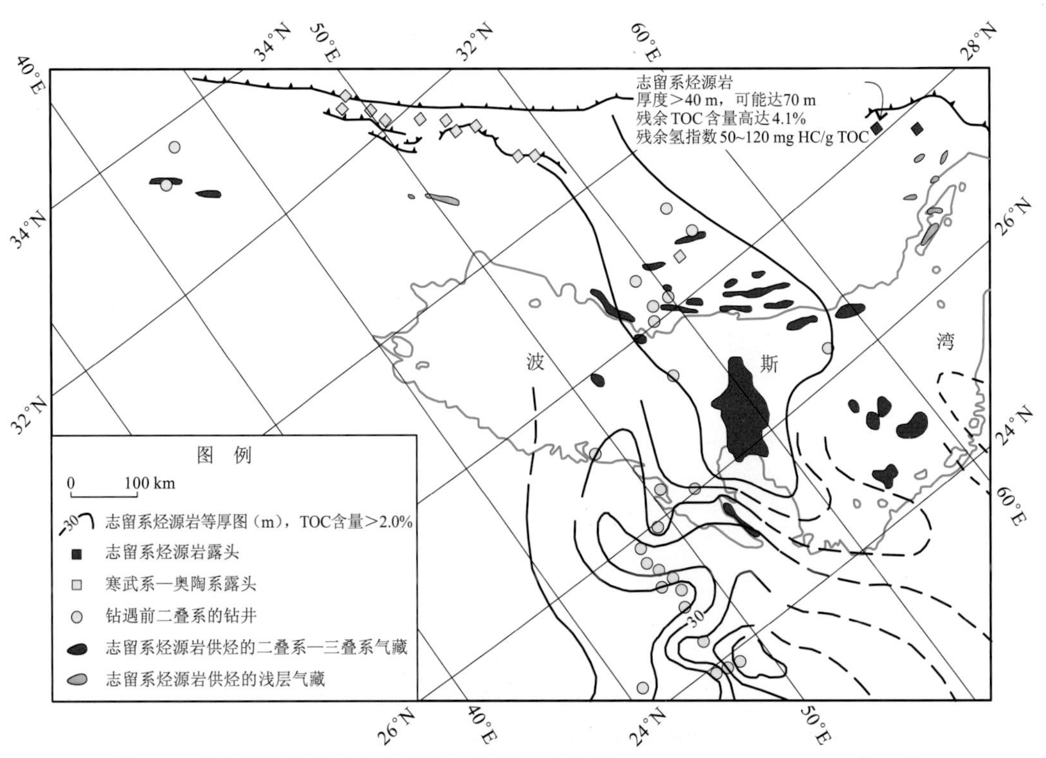

图 1-2 中东波斯湾地区志留系热页岩厚度分布图（Bordenave and Hegre，2005）

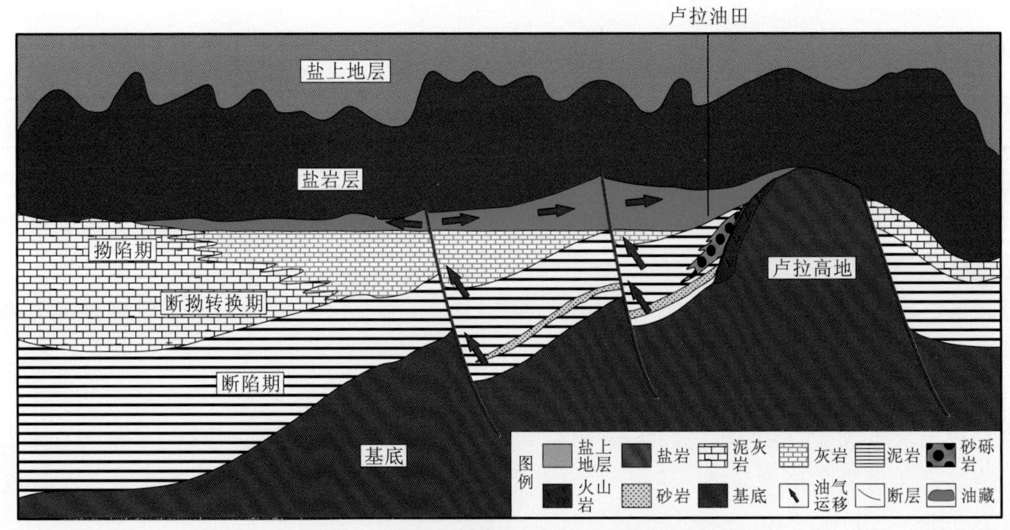

图 1-3 桑托斯盆地卢拉油田成藏剖面图

四、有机质热演化阶段

海盆或湖盆内生长的生物死亡后被泥沙掩埋，得以保存，随着盆地的持续沉降，有机质的埋藏不断加深，泥沙变成了岩石，有机质成为沉积岩中的一部分。从地表向地核，温度逐渐增高。例如，中国东部地下深度每增加 100 m，温度增加 2.5～5℃。当沉积岩的埋藏逐渐变深，地温逐渐升高时，沉积岩中的有机质将发生生物化学-化学变化，在这一过程中形成液态烃和天然气。石油的形成过程非常类似于日常生活中肥肉炼油的过程，切成小块的肥肉，放入锅中加热，当达到一定温度后，用铲子加压，液态的猪油就从肥肉中不断渗出，石油与猪油的化学成分是相似的，都是碳氢化合物。

油源岩的有机母质主要是藻类，藻类是低等水生生物，化学成分是以直链烷烃为主。气源岩的有机母质主要是陆源高等植物，化学成分是以环烷烃为主，环烷上有短直链烃相连。这两类烃源岩的演化阶段不尽相同，每个阶段的产物也不同。

油源岩的热演化可分为三个阶段（图 1-4）。

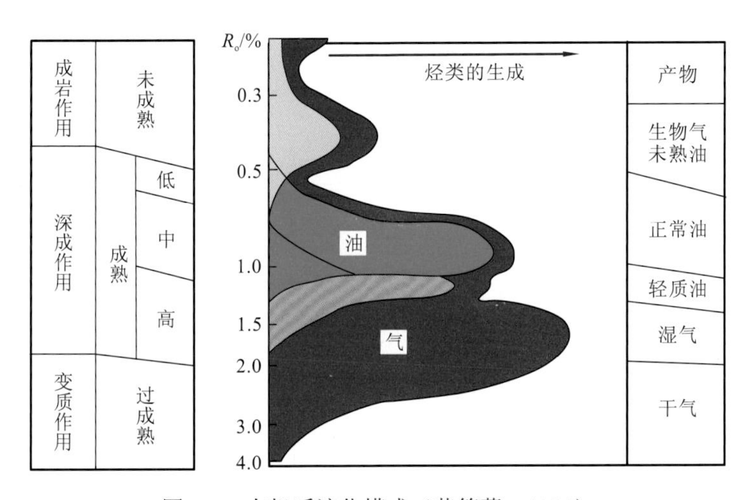

图 1-4　有机质演化模式（黄第藩，1996）

第一阶段是未成熟阶段（成岩作用阶段）。其主要特点是低温（地层温度一般为 60～75℃）、低压，有机质成熟度低（R_o<0.5%），以微生物生物化学作用为主要特点。主要产物为生物气及未熟油。

第二阶段是成熟阶段（深成作用阶段），随着埋深的持续增加，有机质所经历的温度逐渐升高，当达到一定的门限温度时，干酪根开始大量热降解或者热催化生烃，这是油气生成的主要阶段。该阶段重要的影响因素是热应力，早期和中期以热催化为主，晚期以热裂解为主；温度范围较宽（75～200℃），R_o 范围较大（0.5%～2.0%）。

第三阶段是过成熟阶段（变质作用阶段），该阶段对应的 R_o 大于 2.0%，对应地层温度在 200～300℃，干酪根绝大部分容易断裂的长中烷基侧链和基团基本消失，残余的少量短烷基侧链通过热裂解作用形成一定量的以甲烷为主的气体，液态石油几乎全部消失，重烃很少，因此，该阶段也称为干气阶段。

气源岩主要是高等植物死亡后埋藏形成的煤和碳质泥岩等煤系烃源岩，它们的演化阶段、产物与油源岩不同。张水昌等（2013）深入研究了煤系烃源岩热演化，将其过程分为四个阶段。

第一阶段为未成熟阶段，R_o 小于 0.5%，有机质在生物-热力共同作用下形成天然气，每吨有机质可产生 48～85 m^{3}天然气。

第二阶段为有机质成熟阶段，R_o 为 0.5%～1.3%，在热力作用下煤系烃源岩中的长链烷基、脂环类及部分芳香类基团脱落生成天然气，以甲烷为主，有少量乙烷、丙烷等重烃气，同时生成少量液态石油。此阶段每吨烃源岩生气量为 80 m^3。

第三阶段为高—过成熟阶段，地层温度升高，R_o 为 1.3%～2.5%，煤系烃源岩中短链烷烃断裂脱落生成甲烷，已生成的长链烃断裂形成甲烷。每吨烃源岩生气量为 80～120 m^3，是主力生气阶段。

第四阶段为过成熟干气阶段，温度进一步升高，R_o 大于 2.5%，干酪根中有机质及其已经生成的少量液态石油，在高温作用下裂解，生成甲烷干气，此阶段每吨有机质（含已生成的少量液态石油）生气量可达 100～150 m^3。

煤系烃源岩生气是一个连续的过程，演化程度越高，生成的甲烷气越多，R_o 达到 5.0% 才停止生气。

第二节　营养物质控制生物的数量

一、生物生长的主控因素

油气的生成量受控于烃源岩中有机质丰度。在不考虑保存条件的情况下，烃源岩中有机质丰度取决于生物的数量。而生物生长的环境温度、水体清洁度、营养物质的浓度决定了生物的数量（即生物繁盛程度）。

湖泊和海洋中水生生物（尤其是藻类）生长的主要营养物质是磷和氮，当这些营养物质浓度增加时，藻类会大量繁殖，现代海洋、湖泊中生物的生长是很好的例证。中国北部的渤海是一个内海，夏季常出现大面积的赤潮，赤潮是红藻大量繁殖将海水“染红”的现象，赤潮造成海水严重污染，导致鱼虾等生物大量死亡。赤潮产生的原因，是渤海周边城市生活污水和工业污水沿河流注入渤海，这些污水中含有丰富的磷和氮（洗衣粉中就有高含量的磷），磷、氮正是红藻生长必需的营养物质，因此红藻得以大量繁殖，将海水“染红”。渤海赤潮主要分布区是辽东湾、渤海湾和莱州湾三个海湾，这三个海湾是辽河、大凌河、六股河、海河、黄河的入海口，上述 5 条河流的入海口正是 5 片赤潮的主要分布区（图 1-5），而在渤海其他海域并无赤潮，这是河流带来大量生物生长所需营养物质的直接证据。

云南昆明的滇池水浮莲大量生长，覆盖了大面积湖面，已成为滇池一大危害，人们曾利用大量人力、物力清除水浮莲，但效果不好，主要原因也是滇池周边河流将大量的污水注入湖中，污水中含有水浮莲生长所需的营养物质，加上温度适宜，使得水浮莲快速大量繁殖。

因雨水充沛，中国南方的农村有很多大大小小的池塘，但是不同的池塘中，鱼类、水草的丰富程度完全不同。靠近农户的池塘，各种污水及家畜粪便的带入，为鱼类、水

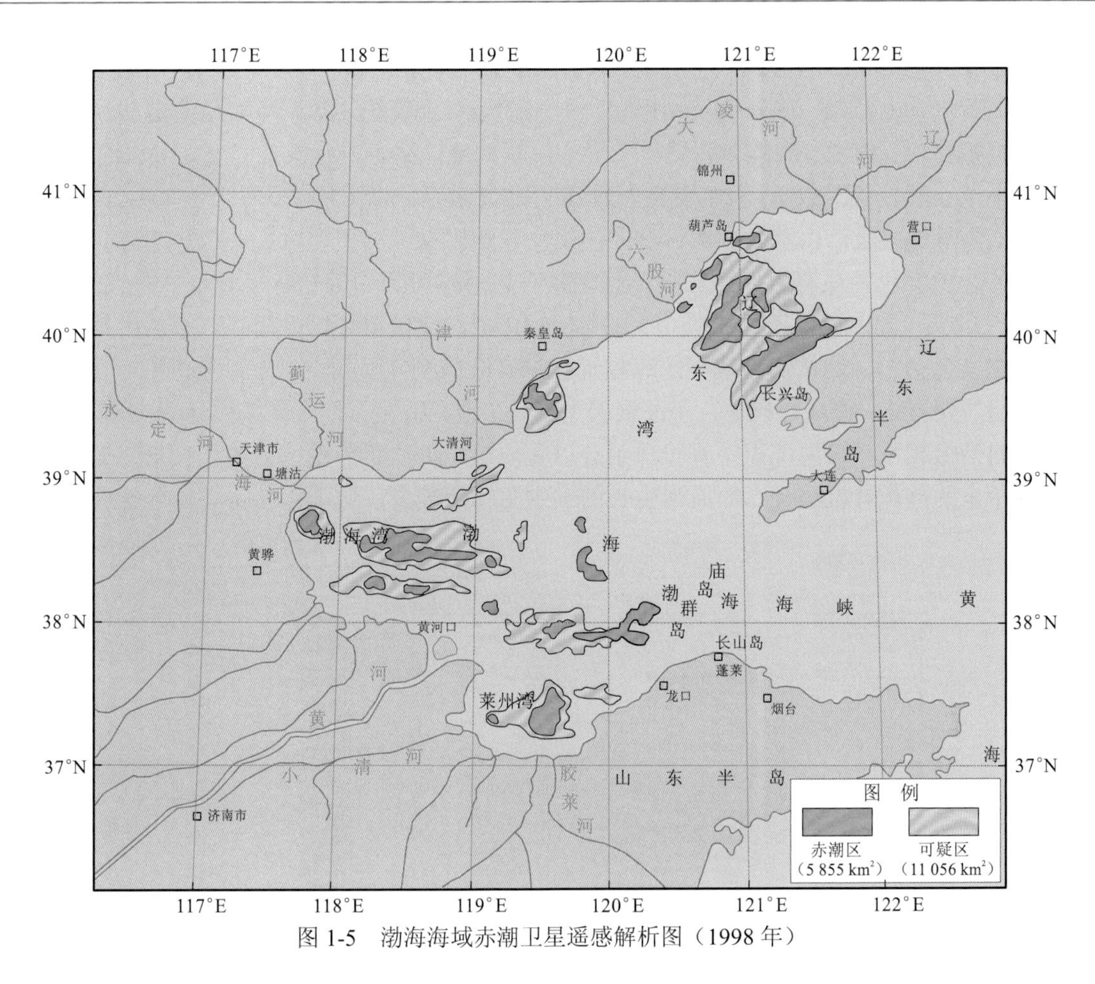

图 1-5　渤海海域赤潮卫星遥感解析图（1998 年）

草的生长提供了丰富的营养，因此水草旺盛，鱼虾丰富，是农民春节期间捞鱼的重点区；而远离农户的池塘缺乏污水流入，常常是清澈的水体，水草少，鱼类少且生长很慢，春节捞鱼时，农民很少光顾。这些日常生活中的实例，都说明水生生物的生长取决于营养物质。

河流的入海（湖）口常常是三角洲发育的地区，该地区土壤肥沃，是水稻高产的地区，也是人类喜欢居住的地区。中国有句古话“民以食为天”，同样适合于自然界生物的繁衍。

二、远离陆地的大洋区营养物质

油气的烃源岩形成于海洋与湖泊两种环境。湖泊的周围是陆地，陆地上经物理风化和化学风化的物质由河流带入湖泊，为水生生物的生长提供主要的营养物质。在海洋的岸边附近，尤其是海湾地区，众多河流带来了陆地风化的物质，为海洋生物的生长提供了主要营养物质，而远离陆地的大洋区，营养物质少，生物不发育，形成的沉积岩有机质丰度很低，这已被很多大洋钻探所证实。

在南海的珠江口盆地以南，距现今海岸线约 500 km 处，钻探了大洋钻探计划（ocean

drilling program，ODP）1148 井，钻井完钻深度为 859 m（邵磊 等，2004），钻遇了全新统、更新统、上新统、中新统及渐新统，0～458 m（全新统—中新统）是典型的深海半远洋沉积物，沉积物分布均匀，缺乏明显的沉积构造，泥岩中有机质丰度低，TOC 含量一般小于 0.25%（图 1-6），干酪根类型为 III 型，显微组分以木质体为主（图 1-7）。458～472 m 为滑塌层段，由重力搬运再沉积的生物碳酸钙黏土沉积物组成。472～859 m（渐新统）为灰绿色钙质泥岩，生物扰动强烈，有机质丰度为中等—好，TOC 含量一般在 0.5%～1.0%（图 1-6），干酪根类型为 II 型和 III 型，显微组分以壳质组、孢质组及木质组为主（图 1-7）。通常认为纯粹的海相沉积中有机质组分以藻类、无定形有机质为主，镜质组、壳质组、惰质组很少，干酪根类型应是 I 型、II_1 型。但大洋钻探计划 1148 井实际资料恰恰相反，深海沉积中有机质组分以壳质组、惰质组为主，为随风吹来或随海水漂流带来的陆源有机组分，而原地生长的水生生物却较少。这与传统认识相差较大。

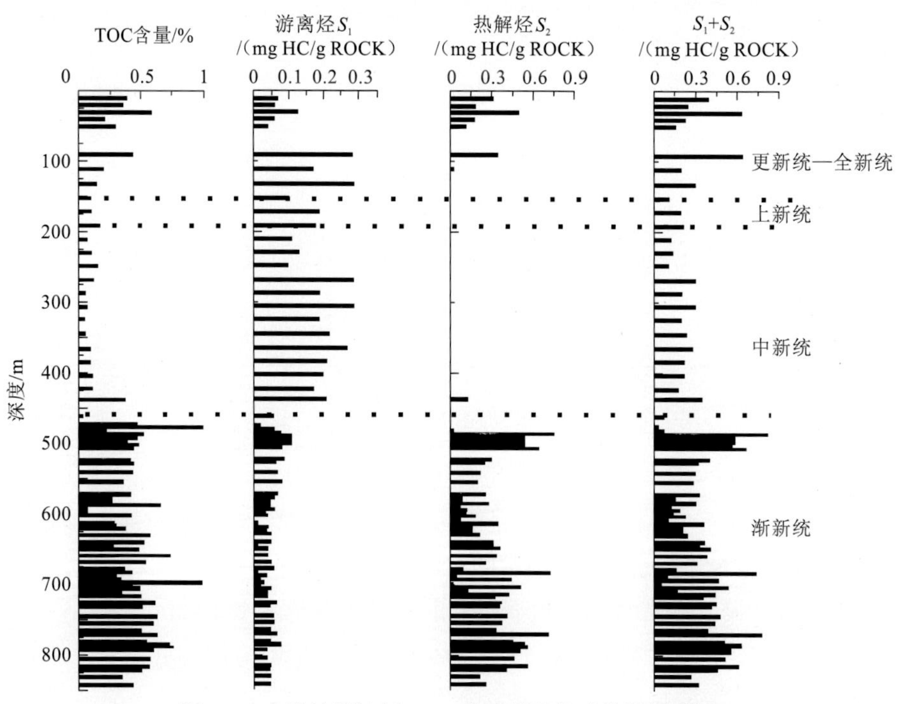

图 1-6　大洋钻探计划 1148 井烃源岩地球化学剖面图

南海近海新生代盆地沉积岩有机质丰度和类型的变化也说明，离海岸越远，受河流影响越小，水体中营养物质就越少，越不利于水生生物生长，沉积岩的有机质丰度就越低。整个南海在新生代处于海侵期，岸线逐渐向陆地推进，海平面上升。钻井岩屑地球化学分析资料揭示，由下至上，时代越新，海水越深，地层有机质丰度就越低，其水生生物比例就越小，陆源生物碎屑比例就越大；自下至上，干酪根类型呈现 II 型向 III 型转化特征。例如，琼东南盆地 YC13-1-2 井（图 1-8），自下而上有机质丰度有降低的趋势，并且类型由 II 型转变为 III 型。珠江口盆地的 PY33-1-1 井，也是相同的变化规律。离海岸越远，水体越深，营养物质越少，水生生物越不发育，沉积岩中有机质丰度就低，生烃条件就差。

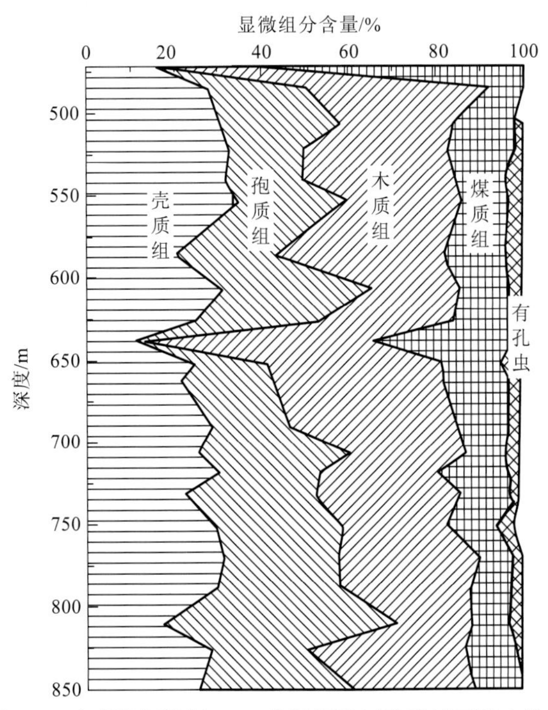

图 1-7　大洋钻探计划 1148 井烃源岩干酪根镜下鉴定结果

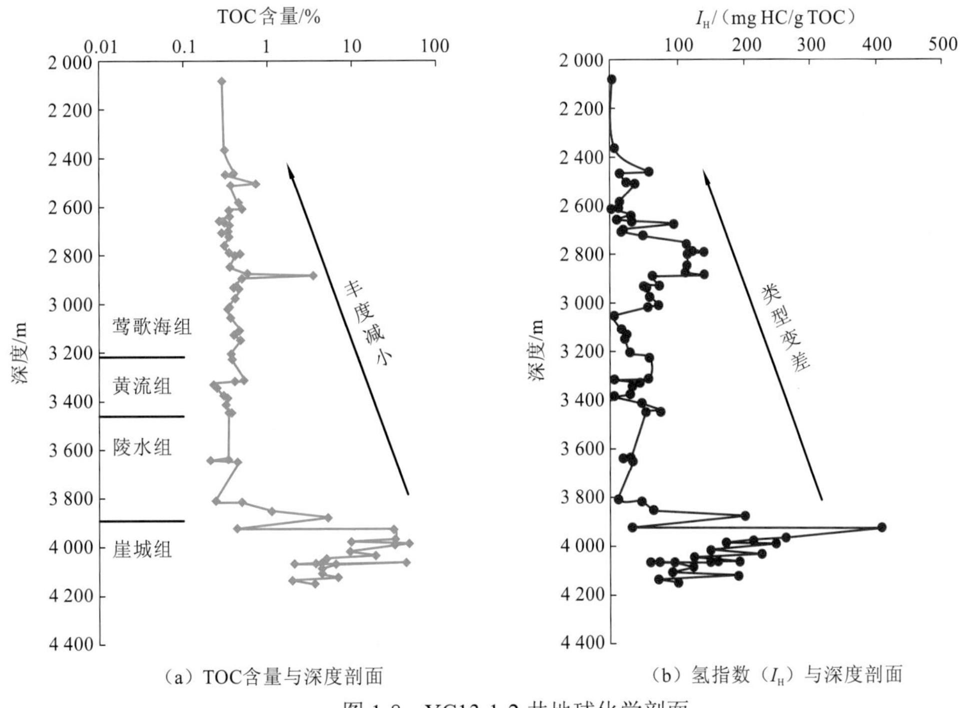

（a）TOC含量与深度剖面

（b）氢指数（I_H）与深度剖面

图 1-8　YC13-1-2 井地球化学剖面

第三节　河流是营养物质的主要来源

湖泊及海洋中生物的生长需要大量的营养，天然降水注入湖泊和海洋时几乎不含营养物质。经过深入研究认为，湖泊和海洋中生物生长需要的营养物质主要来自河流。源远流长的水系，流域广阔，支流挟带经物理、化学风化而成的矿物质汇入干流，并注入湖泊或海洋，保障了水生生物的生长。

按照水域面积的大小，可将自然界水域分为海洋、湖泊和池塘。从生物生长、营养来源看，海洋、湖泊、池塘只有量的差别，无质的变化。池塘面积最小，水也最浅，第一章第二节已论述，池塘中营养物质来源于周边季节性小河流。若小河流经村庄或养牛场、养猪场、养鸡场，则河水中富含营养物质，池塘中的水草、鱼类生长非常旺盛；若池塘离村庄较远，流经的只是山坡、农田，则河水中的营养物质少，池塘中水草、鱼类很少，且生长很慢。池塘是湖泊和海洋的缩影。

一、湖泊的营养物质来源

湖泊中的矿物质几乎全都是来自河流，少数特殊的大湖中发育地下温泉，温泉中溶解的矿物质是生物生长的营养物质，但这是特例。绝大多数湖泊水的来源主要是天然降水和河流，天然降水中基本不含营养物质，营养物质来源于河流的输入（图 1-9）。

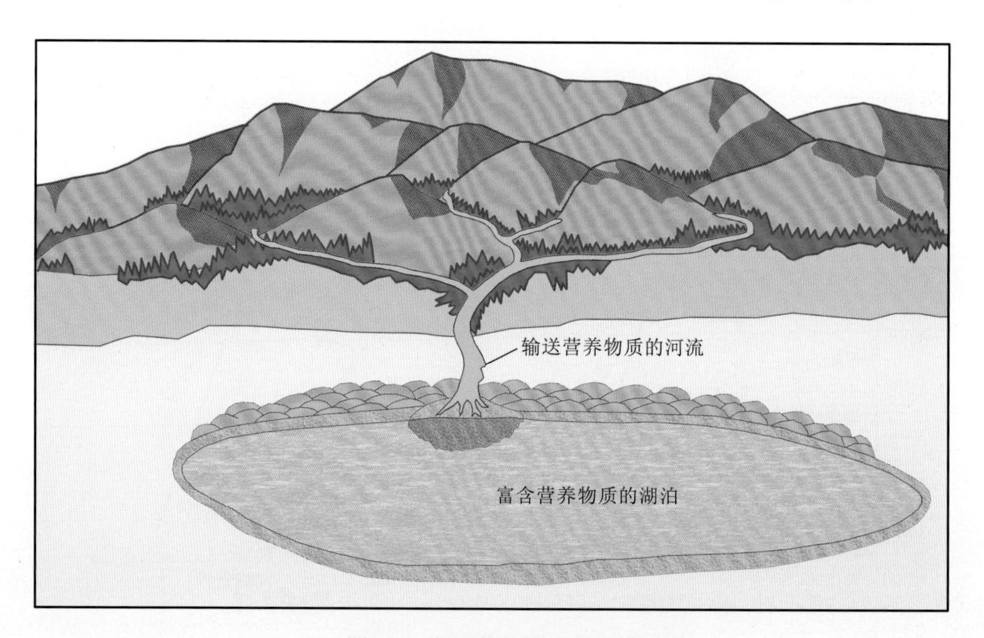

图 1-9　湖泊营养物质富集模式图

中国的太湖这几年经常藻类暴发，导致鱼类大量死亡，这是由于太湖周边近年来居住的人口越来越多，工厂也越来越多，大量的生活污水、工业污水经河流注入太湖，污水中含有丰富的磷、氮等物质，而磷和氮是藻类生长的主要营养物质，因此藻类大量繁殖，消耗了水中的氧气，最后导致鱼类缺氧而死亡。在太湖，由湖岸、湖湾到湖心，藻类的个体数量整体区域减少，富营养化趋势逐渐减弱，与营养盐总氮（total nitrogen，TN）、总磷（total phosphorus，TP）质量浓度的空间分布趋势一致（图 1-10、图 1-11）。TN 和 TP 的质量浓度分别为 0.2 mg/L 和 0.02 mg/L。

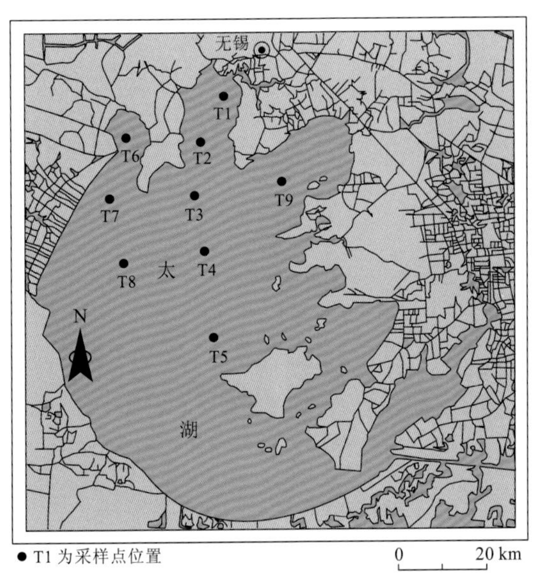

（a）太湖北部采样点分布图

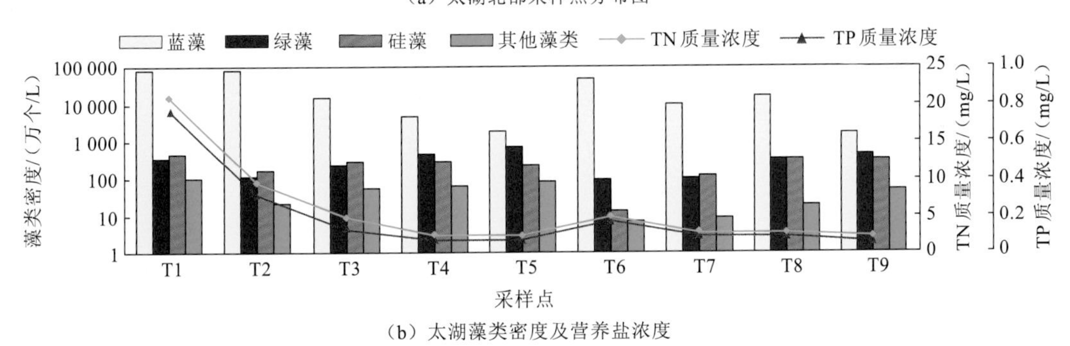

（b）太湖藻类密度及营养盐浓度

图 1-10　太湖北部藻类及营养盐的空间分布［据李军等（2006）修改］

笔者曾考察过美国俄亥俄州的现代盐湖，该湖湖水的含盐度很高，盐分的来源是河流，该盐湖的河流只有入口没有出口，入湖的河流带来了丰富的矿物质，由于蒸发作用，湖水浓缩，矿物质富集，湖水中的含盐度逐渐增高，从而形成了盐湖。海洋含盐度高也是同样的道理，只不过海洋是地球上更大的蓄水池，对海洋而言，它只有入海口，没有出海口。

河流给湖泊带来的丰富营养物质，是湖泊中水生生物生长的必要条件，而不是充分条件。如果湖泊较小，那么可容空间增速较慢，陆源碎屑物供给充足，湖泊处于过补偿沉积，沉积速率大于沉降速率，水体浑浊，不利于水生生物的生长，湖水浅也不利于死亡

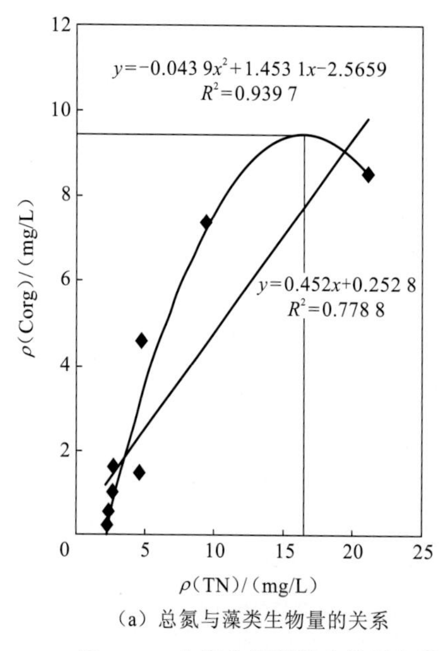

（a）总氮与藻类生物量的关系

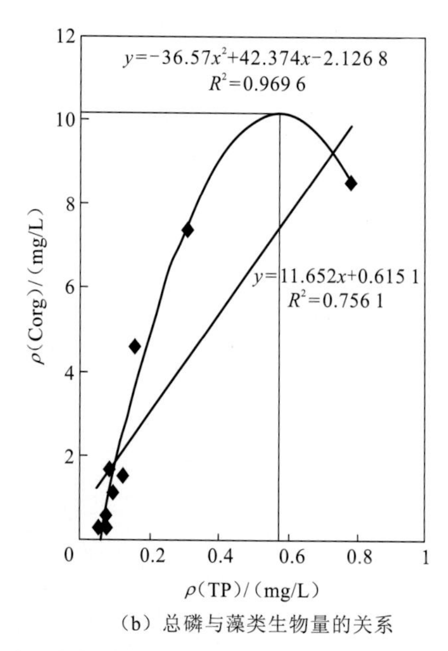

（b）总磷与藻类生物量的关系

图 1-11　太湖北部藻类生物量与营养盐质量浓度的关系（李军 等，2006）

Corg：藻类生物量；取样点位置见图 1-10（a）

后生物的保存，因而不能形成有效烃源岩。中国渤海湾盆地太行山东南部的北京凹陷、石家庄凹陷、保定凹陷等就是例证（图 1-12）。沙河街组沉积时期，凹陷离太行山剥蚀区较近，大量的粗碎屑物快速堆积，盆地沉积速率大于沉降速率，为过补偿沉积（单帅强 等，2016；张文朝 等，2008，2001），不利于生物的发育，且保存条件差，沉积岩中有机质丰度低，是非烃源岩，该凹陷带油气不富集。

二、海洋的营养物质来源

海洋犹如扩大的湖泊，海洋中生物生长的营养物质主要来自河流，但海底地形比湖泊复杂，海底火山活动也为附近生物的生长提供了营养物质。海底火山通常位于大洋中，海域非常广阔，营养物质容易被稀释，只有在少数特殊的海相沉积盆地内，海底火山和大洋上升流带来的营养物质保障了水生生物的生长，生物死亡后有机质得以保存，从而形成优质烃源岩。但是世界上多数海相含油盆地内的有机质来源是海湾内的水生生物，海湾中生物生长的营养物质来源于河流。著名的波斯湾盆地、西西伯利亚盆地、墨西哥盆地、马拉开波（Maracaibo）盆地、北海盆地、南大西洋盆地、苏尔特（Sirte）盆地、三叠盆地、四川盆地等海相含油盆地，已发现的石油储量约占世界已发现海相石油储量的 90%。这些盆地的烃源岩形成时都处于海湾，而不是开阔的大洋盆地，烃源岩中的有机质来源于水生生物（主要是藻类），水生生物生长的营养物质来源于河流。以西西伯利亚盆地为例，在烃源岩主生成期的中侏罗世阿林期—巴柔期，基本上是被低山-平原地貌环绕的半封闭盆地，只在东北部、西北部通过海峡与外部大洋连通，是典型的海湾地貌（图 1-13）。

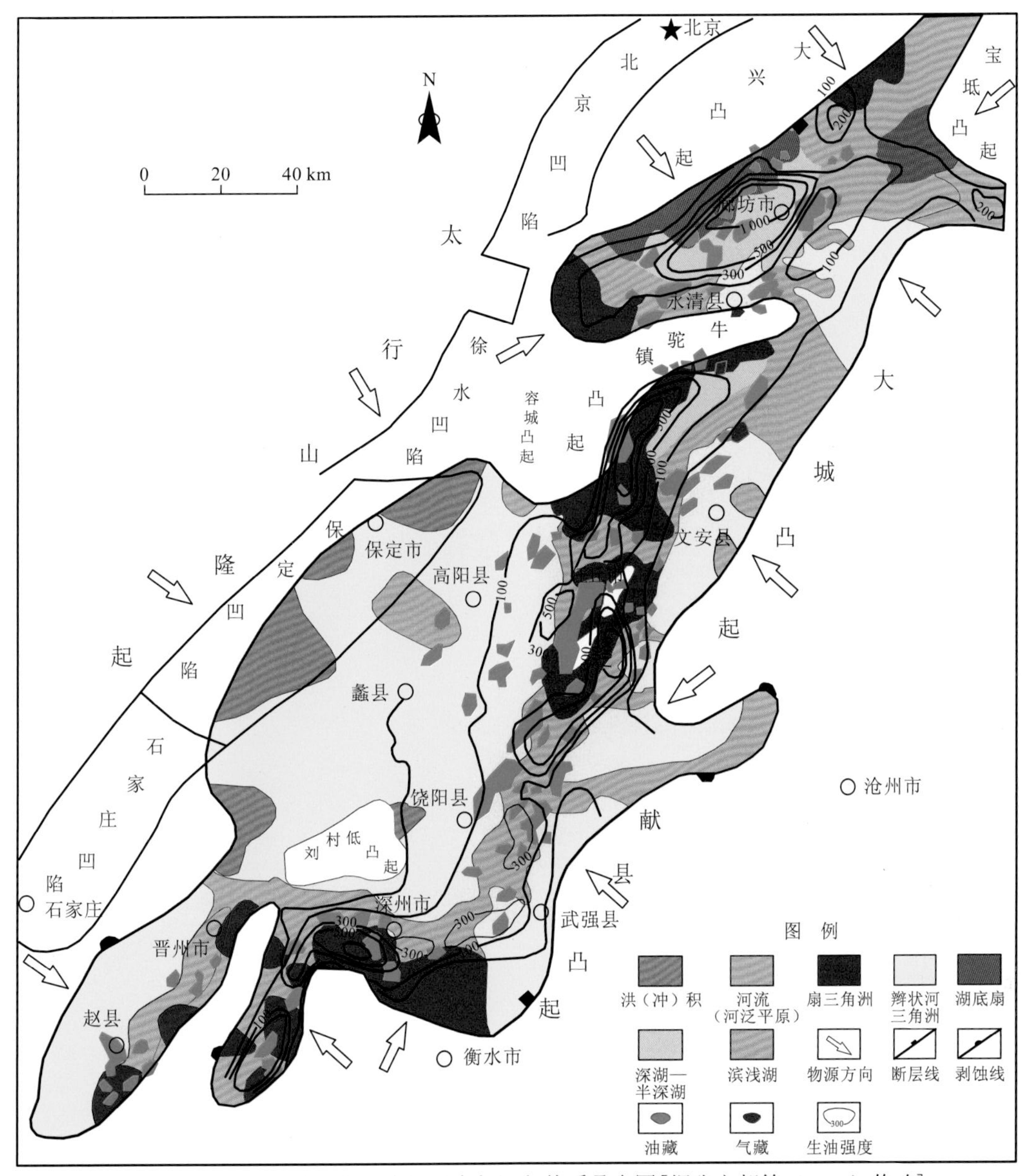

图 1-12　冀中坳陷沙河街组生烃强度与沉积体系叠合图[据张文朝等（2008）修改]

河流的入海口常常位于海湾，凸出的海岸不是河流入口处。大量勘探实践证实，已发现的海相含油气盆地，在烃源岩形成时盆地都紧邻大陆。Mann 等（2003）统计表明，全球已发现的海相含油气盆地近 50%为被动大陆边缘盆地（图 1-14）。盆地含油气性与沉积物沉积速率的关系分析结果表明，世界上富含油气盆地的沉积速率大于 500 m/Ma（Biju-Duval，2002；Einsele，1992）。

在油气勘探界有一个公认的观点，即在岛弧盆地体系内，弧后盆地富集石油，而弧前盆地几乎都不富集。笔者认为，其原因是弧后盆地紧临大陆（图 1-15），陆地上的河流带来了大量的营养物质，使盆地内水生生物繁盛，烃源岩有机质丰度高，同时河流带

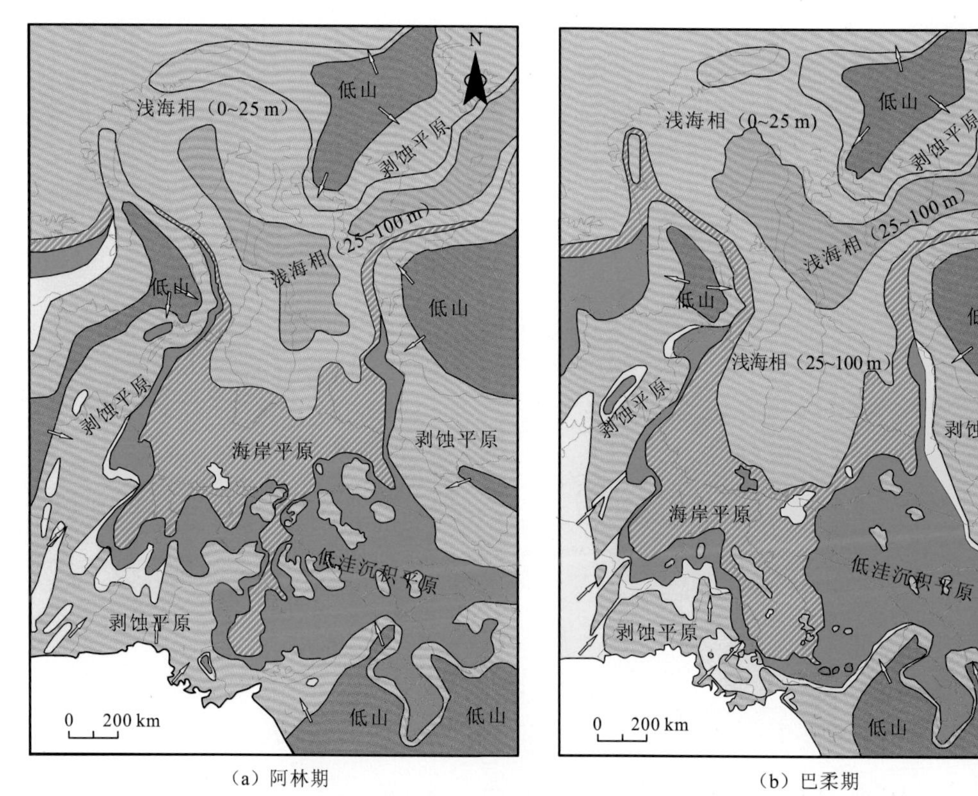

（a）阿林期　　（b）巴柔期

图 1-13　西西伯利亚盆地烃源岩生成期中侏罗世阿林期—巴柔期古地理图（Kontorovich et al.，2013）

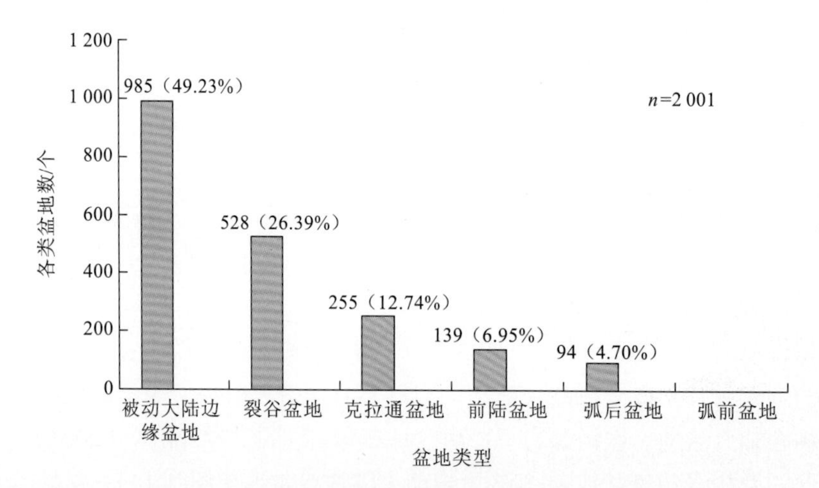

图 1-14　世界含油气盆地类型数量百分比统计结果（Mann et al.，2003）

占比经过四舍五入计算，故加和不为 100%

来的碎屑物质也形成了优质储层；弧前盆地位于大洋之中，只有小面积的火山岛相伴（图 1-15），缺少大型河流的注入，营养物质少，水生生物不发育，沉积岩中有机质丰度低。这是全球弧前盆地均不富集油气的主要原因。

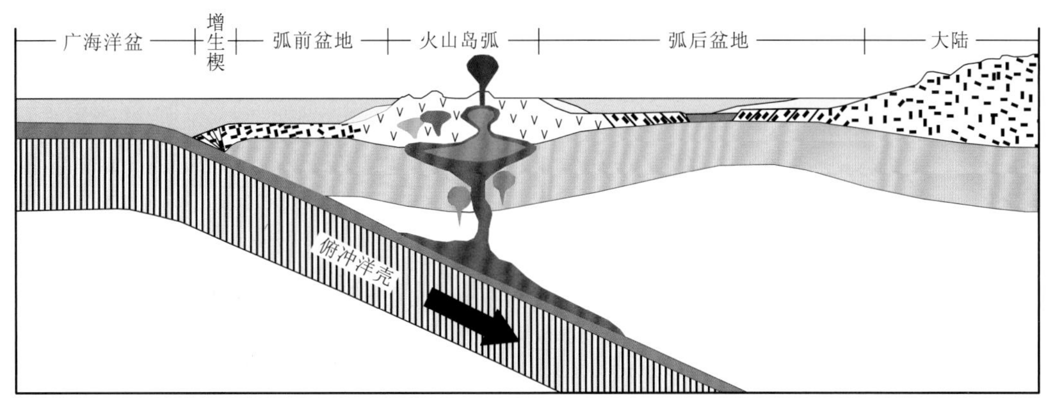

图 1-15　主动大陆边缘沟弧盆体系模式图

三、三角洲平原的营养物质来源

海岸三角洲平原上生长的高等植物死亡后形成煤、碳质泥岩、暗色泥岩，三者合称煤系烃源岩，是煤型气的主力烃源岩。根据成因分类，天然气可分为生物气、油型气和煤型气。截至 2016 年，世界已发现的天然气以煤型气最多，中国已发现天然气的 70%、世界已发现天然气的 60%均来自煤系烃源岩。煤系烃源岩主要形成于海岸-三角洲环境（邓运华，2010），如澳大利亚西北大陆架的北卡那封（North Carnarvon）盆地、布劳斯（Browse）盆地、波拿巴（Bonaparte）盆地，澳大利亚南部的大澳大利亚湾（Great Australian Bight）盆地，印度尼西亚的库泰（Kutei）盆地，俄罗斯的萨哈林（Sahalin）（库页岛）盆地，伊朗的南里海（Caspian Sea）盆地，埃及的尼罗（Nile）河三角洲盆地（图 1-16），中国的鄂尔多斯盆地、珠江口盆地、曾母盆地等，它们的主力气源岩均形成于海岸-三角洲环境。

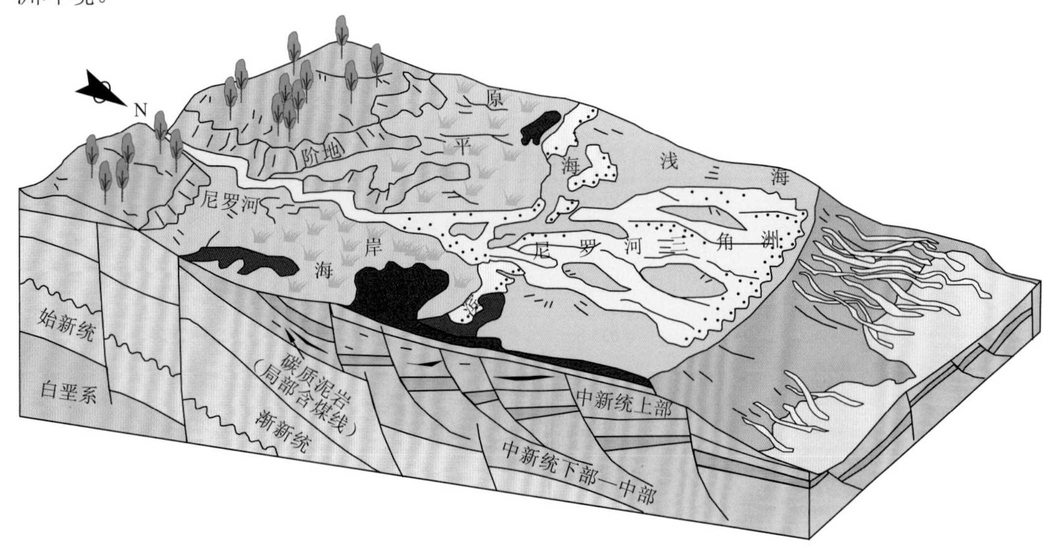

图 1-16　尼罗河三角洲盆地煤系烃源岩与沉积环境关系图

河流是三角洲的物质来源，源远流长的河流带来了丰富的泥沙，这些泥沙在入海口沉积，形成了三角洲主体和大片的平原，其土壤肥沃，加之海边气候湿润，适合植物的生长。这些三角洲平原、河流平原、沼泽上生长的草本、灌木等植物死亡后被薄层水覆盖，处于半还原环境，发生腐泥化、泥炭化而形成煤、碳质泥岩、暗色泥岩，最后成为煤型气的有效气源岩。

在河流入海口的三角洲地区，气候湿润土地肥沃，适于农作物、鱼类的生长，常常是鱼米之乡，是人类居住较多的地区，如中国的珠江三角洲、长江三角洲、海河三角洲、黄河三角洲，美国的密西西比（Mississippi）河三角洲，埃及的尼罗河三角洲等都是主要产粮区，也是近代工业经济发达地区。

四、河流的营养物质丰度

湖泊和海洋中水生生物生长的营养物质主要来自河流，海岸三角洲平原区域陆源植物生长所需的营养物质也来源于河流。河流不只是人类的“母亲”，也是水生生物及岸边陆生生物的“母亲”。但是不同的河流，流经地区的母岩不同，所挟带的风化产物不同，河水中营养物质的丰度不同，从而决定了其归宿的湖泊和海湾中生物发育程度不同，所形成的烃源岩中有机质丰度不同，也直接影响盆地（拗陷）的油气富集程度不同。

若母岩区是火成岩（如玄武岩、安山岩、花岗岩）或正变质岩（如混合花岗岩、片麻岩等），则流经的河水中矿物质（如磷、钾等）丰富，其归宿区（湖泊、海湾）水体中营养物质丰富，水生生物能大量繁殖，在入海口形成的三角洲平原土地肥沃，适于高等植物的生长。若母岩区是碳酸盐岩、砂岩或副变质岩（如石英岩等），则流经的河水中矿物质不丰富，所归宿的湖泊、海湾中营养物质浓度不高，不利于水生生物的大量繁殖，所形成的三角洲平原土壤也不太肥沃，高等植物生长条件也差一些，不利于优质烃源岩的形成。

渤海湾盆地的下辽河拗陷发育西部凹陷和东部凹陷，是辽河油田的主要勘探开发区。这两个凹陷的石油富集程度相差很远，可能与母岩、生物发育程度、有机质丰度等不同有重要关联（表 1-3）。

表 1-3 辽河拗陷中西部凹陷与东部凹陷古近系暗色泥岩地球化学指标均值表

凹陷	层位	TOC 含量/%	氯仿沥青“A”含量/%	HC 含量/%	S_2/（mg HC/g ROCK）	H/C 原子比	氯仿沥青“A”含量/TOC 含量	烷烃/芳烃
西部凹陷	东营组	1.07	0.021 9	0.006 0	0.17	0.71	0.020 47	1.42
	沙一段	1.85	0.110 3	0.035 8	0.54	1.588	0.059 62	1.29
	沙三段	1.99	0.137 5	0.054 3	0.59	2.59	0.069 10	1.62
	沙四段	2.83	0.216 7	0.114 2	0.42	3.92	0.076 57	1.72
东部凹陷	东营组	0.38	0.015 9	0.003 9	0.06	0.804	0.041 84	1.83
	沙一段	1.09	0.045 2	0.014 9	0.45	1.02	0.041 47	1.34
	沙三段	1.94	0.089 4	0.031 4	0.26	1.297	0.046 08	1.56

西部凹陷面积较小（2360 km^2），流入的河流经过燕山褶皱带，该带母岩是太古界花岗岩-混合花岗岩，属火成岩-正变质岩，流经的河流中矿物质丰富，流入西部凹陷湖域后，在沙四段晚期—沙三段早期，湖水较深，水体中营养物质浓度大，藻类繁盛并在死亡后得以保存形成了沙四段上亚段—沙三段下亚段优质油源岩，TOC 含量为 1.94%～2.83%，主要为 I 型和 II_1 型干酪根，生成了丰富的石油，该凹陷已探明地质储量达 17.44 亿 m^3。东部凹陷面积较大（3300 km^2），母岩区是东面的辽东隆起，以新元古界—下古生界碳酸盐岩为主，流经的河流中矿物质较少，流入东部凹陷湖域后湖水中营养物质浓度较低，不适于藻类大量繁殖，形成的油源岩有机质丰度较低，沙三段 TOC 含量平均值仅为 1.94%（表 1-3），干酪根类型基本属于混合型，生成的石油较少，目前探明地质储量为 2.53 亿 m^3。

目前全世界范围内，对于影响烃源岩中有机质形成的因素（如生物生长环境、营养物质的来源），影响营养物质的因素研究很少。这是一个非常重要的课题，如果将此课题研究清楚了，就可以较准确地预测地球上还有哪些地区存在烃源岩并有油气富集，还能找到多少油气。

第四节　世界油气分布的三个体系

一、世界含油气盆地临近大陆板块边缘分布

随着勘探程度的增加，世界油气勘探的难度越来越大。深水-超深水已经成为油气勘探的重要领域，近 5 年全球 60%的大油气田都发现于深水-超深水，人类对地球上油气分布的认识越来越清晰。大量勘探结果揭示，全球油气主要分布在大陆边缘海相盆地和大陆内部湖相盆地，这里所讲的大陆边缘海相盆地和大陆内部湖相盆地，是指优质烃源岩形成时所处盆地类型，而不是指现在的位置。据大量统计可知，世界上已发现油气 70%分布于大陆边缘盆地，20%分布于大陆内部的湖相盆地。这种分布规律是由烃源岩形成条件，即生物的生长环境、营养物质的来源等决定的。烃源岩中的有机质来源于生物，生物的繁盛程度取决于营养物质浓度，营养物质主要来源于陆地。陆地上母岩经过物理、化学风化的产物经河流溶解和搬运，注入湖泊与海洋，矿物质是水生生物生存的营养，碎屑物质沉积后形成的砂、泥层是肥沃的土壤，成为陆源植物生长的有利地区。广阔的大洋盆地不利于烃源岩的形成，油气不富集，主要原因是广阔的大洋离陆地很远，缺乏营养物质的来源（图 1-17～图 1-19）。

大洋盆地比弧前盆地离陆地更远，营养物质浓度更低，生物更不发育，沉积岩中有机质丰度更低，这已被很多大洋钻探所证实，并且大洋有机质是以镜质体、惰质体为主，属于 III 型、II_2 型干酪根。这与传统认识矛盾，过去一直以为大洋盆地中有机质主要来自水生生物，干酪根类型为 I 型，而近来大洋钻探分析结果刚好与之相反，大洋钻探揭示大洋沉积物中的有机质是海水、风搬运来的少量不易被破碎的陆源植物碎片、孢子等，属于 III 型干酪根（图 1-17～图 1-19）。

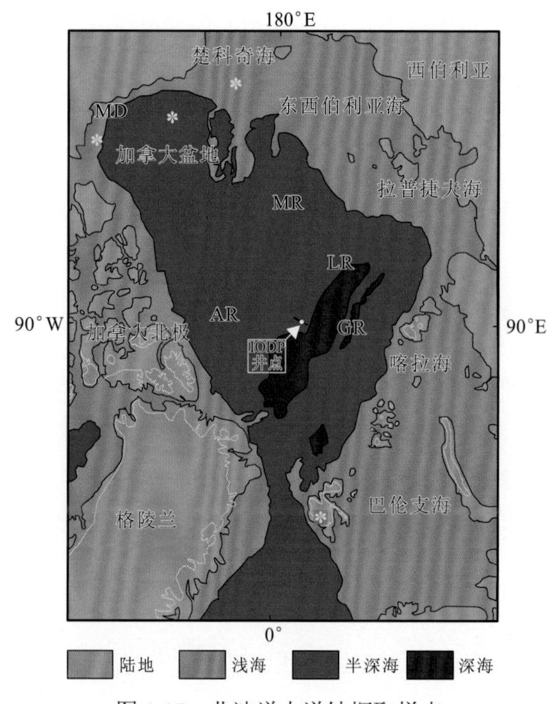

图 1-17　北冰洋大洋钻探取样点

LR：罗蒙诺索夫（Lomonosov）洋脊；AR：阿尔法（Alpha）洋脊；MR：门捷列夫（Medeleev）洋脊；GR：加克尔（Gakkel）洋脊；MD：马更些（Mackenzie）三角洲

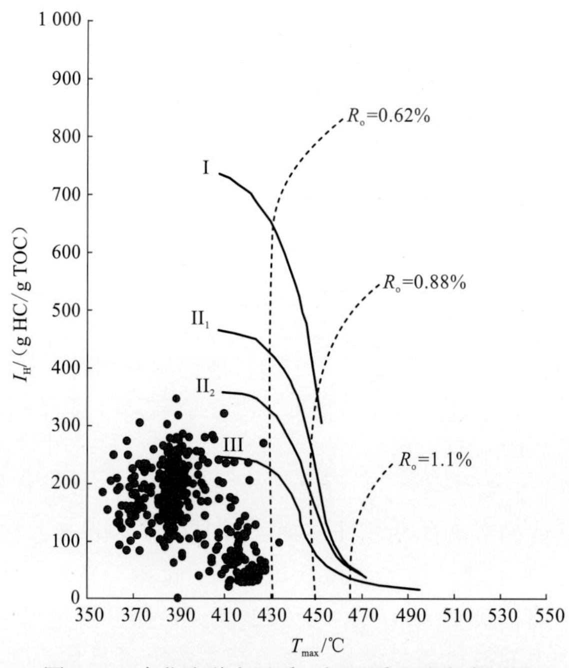

图 1-18　中北冰洋古近系—新近系干酪岩类型图

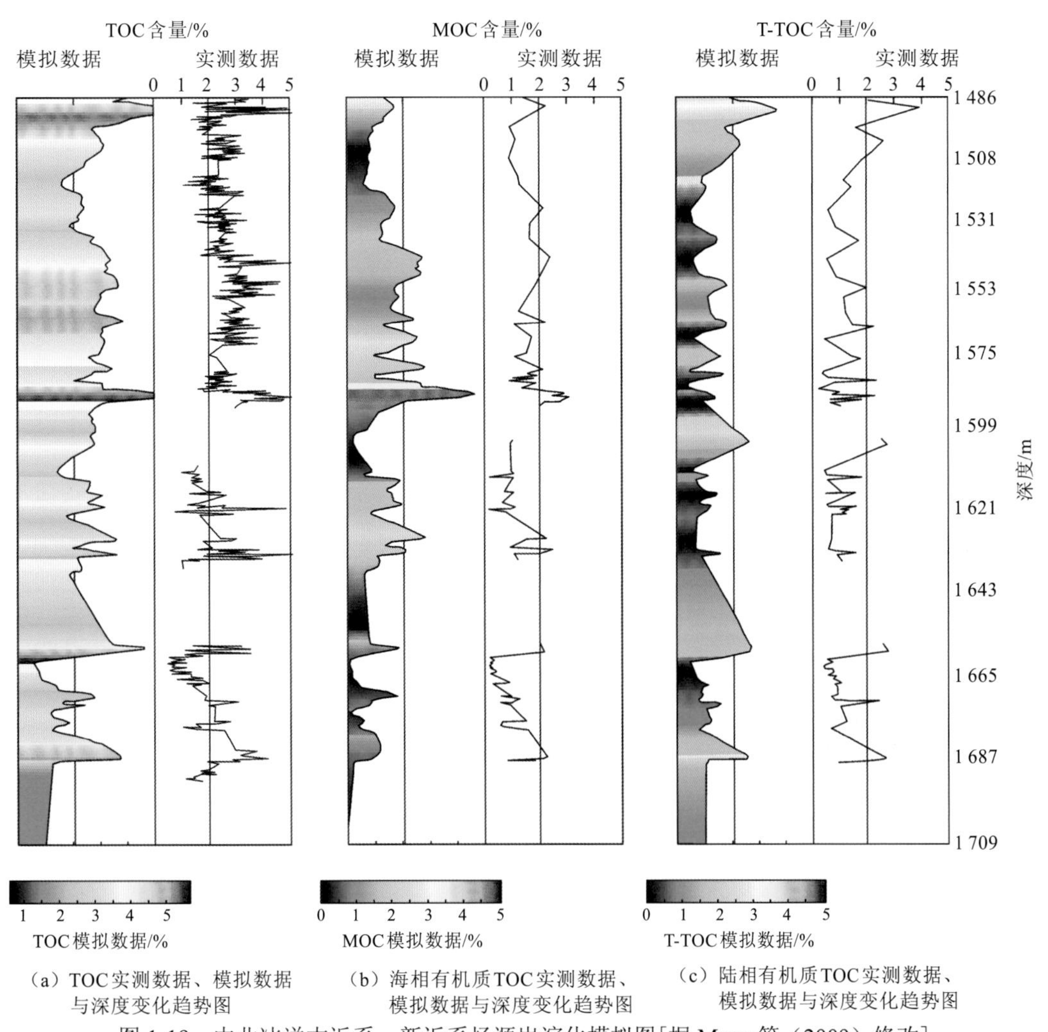

（a）TOC实测数据、模拟数据与深度变化趋势图　（b）海相有机质TOC实测数据、模拟数据与深度变化趋势图　（c）陆相有机质TOC实测数据、模拟数据与深度变化趋势图

图 1-19　中北冰洋古近系—新近系烃源岩演化模拟图[据 Mann 等（2009）修改]

MOC 为海相有机质 TOC；T-TOC 为陆相有机质 TOC；颜色色标代表 TOC、MOC、T-TOC 模拟数据的大小

开阔的海岸盆地不利于油源岩的形成。但开阔的海岸盆地虽然离陆地近，也可能有大型河流的注入，并带来丰富的矿物质和大量泥沙。泥沙在入海口形成三角洲，利于陆源高等植物的生长，植物死亡后经海水覆盖，经腐泥化、丝质化形成煤、碳质泥岩，是优质的气源岩。但开阔的海岸盆地与大洋之间无阻隔，海水交流充分，河流带来的矿物质迅速被稀释，不利于水生生物的生长，加之开阔海岸盆地风浪大，浪基面深不利于有机质的保存，因此开阔的海岸盆地沉积岩中无定形组分低，TOC 含量随沉积时水体加深而变低，烃源岩不发育，可形成河流-开阔海岸三角洲含气体系。

二、河流-湖泊体系

19 世纪早期石油地质界认为，石油是海相沉积岩中有机质生成的，陆（湖）相沉积岩不能生油。欧美石油地质学家在研究了中国地质条件后曾言“中国贫油”，理由是中国古生代海相地层经历了强烈的抬升、剥蚀，油藏被破坏，而中生代—新生代中国大部分区域沉积岩属于湖相沉积，湖相沉积不能生油，因此“中国贫油”。中国老一辈石油地质学家在研究了中国中生代—新生代湖相沉积后，首次提出了“陆相生油”的观点，并系统完善了陆相生油的理论，为世界石油地质理论的发展做出了杰出贡献。随着勘探的深入，在全球范围发现了越来越多的陆相含油盆地，陆相生成的石油所占比例越来越大。

根据水体深度的不同，湖泊可分为滨湖、浅湖、半深湖和深湖（图 1-20）。在湖泊内不同水深处，由于沉积环境不同、生物种类和发育程度不同，以及有机质保存条件不同，形成的烃源岩干酪根类型和丰度不同（图 1-21），对油气田生成的贡献也就不同。滨湖区介于洪水期与枯水期岸线之间，水深一般较小（水深小于 5 m），周缘河流裹挟而来的碎屑入湖，在滨湖区发育了三角洲、近岸扇、水下扇、沿岸滩坝等沉积体。滨湖区的岸边有高等植物生长，湖底沙泥中有底栖的螺、螃壳类等动物繁衍。滨湖区位于浪基面以上，为氧化环境，有机质保存条件差，植物中仅不易被破坏的组织可能被保存，形成的泥岩中有机质丰度较低，干酪根类型以 III 型为主，对生油贡献不大。

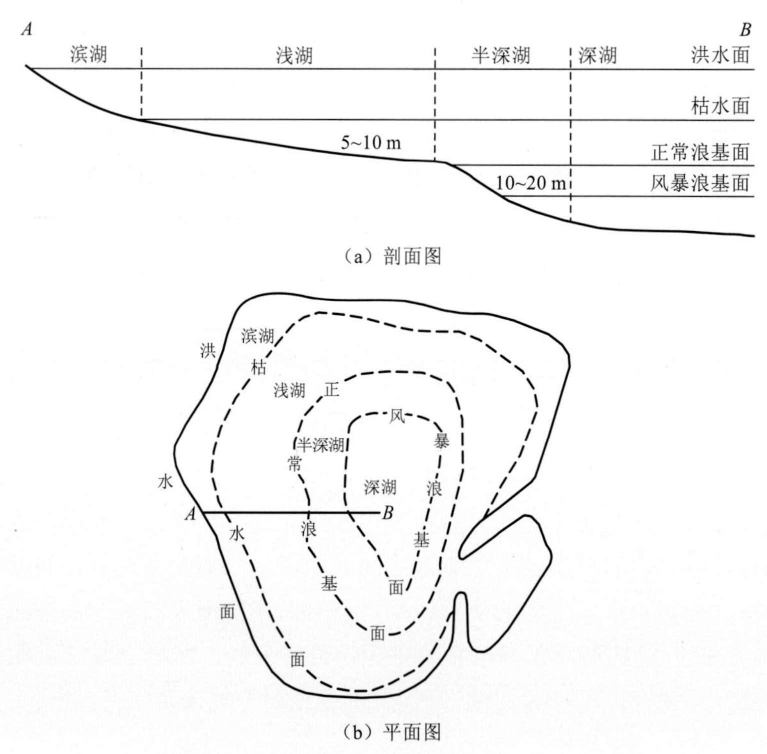

图 1-20　湖泊亚相划分示意图（姜在兴，2003）

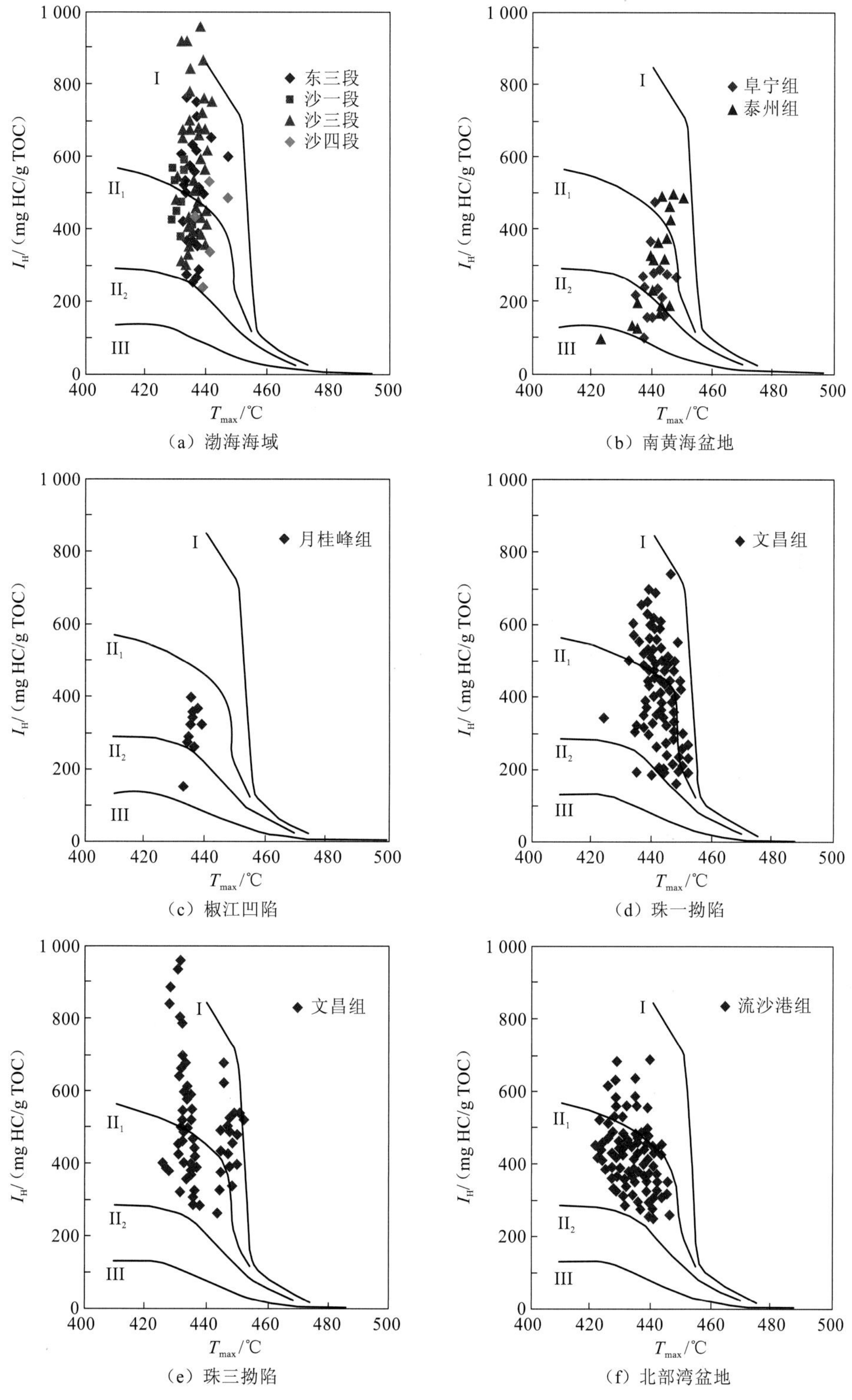

图 1-21　中国近海的湖相烃源岩氢指数（I_H）与热解最高峰温（T_{max}）关系图（邓运华，2013）

浅湖区位于枯水期岸线与正常浪基面之间（水深 5～10 m），水深加大，三角洲前缘、扇三角洲、水下扇砂体发育，底栖生物繁盛，也有浮游藻类生长，河水中挟带的陆源有机质也被带入浅湖中，但由于水体较浅处于氧化环境，保存条件不好，沉积的泥岩中有机质丰度较低，干酪根类型以 II_2 型为主，可生成少量的石油和天然气。

半深湖区介于正常浪基面和风暴浪基面之间（水深 10～20 m），而深湖区位于风暴浪基面之下，浊积扇是主要砂体类型，水体安静适于浮游藻类大量繁殖，湖底为半还原-还原环境，也有利于有机质保存。半深湖-深湖相泥岩、页岩有机质丰度高（一般为 1.0%～8.0%），干酪根类型为 I 型、II_1 型，主要生成石油。

不同的湖泊，沉积与沉降速率不同，水体深度不同，沉积体类型不同，湖泊周缘母源区的岩石类型不同，生物的生长、保存条件不同，油源岩有机质丰度不同，油气富集程度也就不同。第一章第三节已论述，沉积速率大于沉降速率处于过补偿沉积的盆地（凹陷），沉积物为粗碎屑，油源岩不发育，生油条件差。国内外不乏此类实例，渤海湾盆地冀中坳陷西北部的保定凹陷、饶阳凹陷即属此类凹陷（表 1-4），非洲肯尼亚中生代的安扎（Anza）盆地也是这种类型，沉积岩很厚（平均厚度约 7 000 m），生油气条件差，油气不富集。

表 1-4　冀中坳陷西北部凹陷沉积与沉降速率对比表［据肖国林和陈建文（2003）修改］

凹陷	沙四段		沙一段—沙三段		东营组		新近系	
	沉积速率/（m/Ma）	沉降速率/（m/Ma）	沉积速率/（m/Ma）	沉降速率/（m/Ma）	沉积速率/（m/Ma）	沉降速率/（m/Ma）	沉积速率/（m/Ma）	沉降速率/（m/Ma）
保定凹陷	103.3	95.0	132.7	44.0	181.6	95.0	95.0	38.0
饶阳凹陷	142.9	71.0	168.2	147.0	238.0	238.0	97.9	84.0

近岸扇、水下扇发育而三角洲、扇三角洲不发育的湖泊生油条件不好。近岸扇、水下扇对应的河流是大坡降，短距离搬运，具有季节性，碎屑物粗且分选差，河水中溶解的矿物质少，不利于水生生物生长；而三角洲、扇三角洲对应的河流源远流长，河水中矿物质多，碎屑颗粒分选好，入湖后水体清洁，易于水生生物生长，可形成高丰度烃源岩。

世界上的湖相含油气盆地主要分布于中国中东部、印度尼西亚的西部、非洲的中南部和大西洋两岸四个地区，油源岩形成于中生代－新生代，为中生代－新生代陆内裂谷盆地和弧后盆地。

中国的湖相含油气盆地主要是准噶尔盆地、鄂尔多斯盆地、松辽盆地、渤海湾盆地、苏北-南黄海盆地、南阳盆地、江汉盆地、珠江口盆地、北部湾盆地等。鄂尔多斯盆地的油源岩是三叠系延长组，盆地面积为 25 万 km^2，油源岩厚度为 100～400 m，TOC 含量平均为 1.56%，干酪根类型为 II_1 型、I 型，截至 2010 年底，石油探明储量为 23.72 亿 m^3（杨华 等，2013）。中国湖相盆地石油资源量为 1 066.03 亿 m^3，约占中国石油资源量的 73%，2017 年中国湖相盆地的石油产量为 2.21 亿 m^3，约占中国石油产量的 95%。

印度尼西亚的石油也主要产自湖相盆地，分别为西纳吐纳（West Natuna）盆地、北苏门答腊（North Sumatra）盆地、中苏门答腊盆地、南苏门答腊盆地、西爪哇（Java）盆地、东爪哇盆地等。这些盆地的油源岩形成于晚始新世—渐新世。中苏门答腊盆地面积为 13 万 km^2，始新统油源岩厚度为 100～300 m，TOC 含量为 1.0%～12.0%，平均为 4.4%，干酪根类型为 I 型、II_1 型。中苏门答腊盆地已发现石油地质储量为 21.6 亿 m^3，占苏门答腊盆地油气总量的 95%。

在白垩纪非洲大陆中南部发育众多湖相裂谷盆地，如迈卢特（Melut）盆地、穆格莱德（Muglad）盆地、多赛奥（Doseo）盆地、多巴（Doba）盆地、邦戈（Bongo）盆地、喀土穆（Khartoum）盆地等，都是白垩纪陆内裂谷盆地，下白垩统优质油源岩生成了丰富的石油。迈卢特盆地面积为 23.9 万 km^2，下白垩统油源岩最大厚度超过 500 m，TOC 含量为 0.32%～3.24%，干酪根类型为 II_1 型、I 型，已发现石油可采储量为 2.9 亿 m^3。

在大西洋两岸分布了两排中生代早白垩世的湖相裂谷盆地。侏罗纪，非洲大陆与美洲大陆连在一起，早白垩世才开始裂开，漂移形成了大西洋。早白垩世，两岸的湖相盆地彼此相连，石油地质条件相似。巴西东岸的桑托斯盆地、坎普斯（Campos）盆地、普第瓜尔（Potiguar）盆地、塞阿拉（Ceará）盆地等与非洲西岸的宽扎（Kwanza）盆地、下刚果（Lower Congo）盆地、加蓬（Gabon）盆地、贝宁（Benin）盆地、科特迪瓦（Cote d'ivoire）盆地等都是早白垩世湖相裂谷盆地，其上叠加了晚白垩世—新近纪被动大陆边缘盆地。桑托斯盆地是世界上石油储量富集的湖相裂谷盆地之一，面积为 32.7 万 km^2，下白垩统油源岩厚度为 200～800 m，TOC 含量为 2.0%～17.0%，干酪根类型为 I 型，已发现石油可采储量为 46 亿 m^3，剩余石油 2P 可采储量为 95 亿 m^3[油气储量分级包括探明储量、控制储量和预测储量，2P 可采储量 =（探明储量＋控制储量）×采收率]，剩余天然气 2P 可采储量为 40 亿 m^3，具有很大的勘探潜力。

加蓬盆地面积为 12.8 万 km^2，下白垩统巴雷姆阶主力湖相油源岩厚度为 200～600 m，TOC 含量为 0.8%～17.7%（图 1-22），I_H 高达 600～800 mg HC/gTOC，干酪根类型为 I 型（图 1-22），盐下已发现 2P 地质储量为 3.6 亿 m^3，其中原油 2P 地质储量为 8.61 亿 m^3（2P 地质储量=探明地质储量＋控制地质储量），天然气 2P 地质储量为 5 155 亿 m^3，盐下待发现资源量为 2.44 亿 m^3（USGS，2000），仍具有很大的勘探潜力。

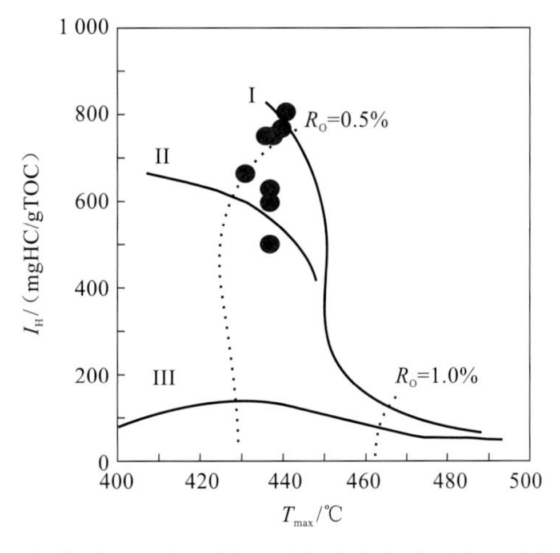

图 1-22　加蓬盆地下白垩统巴雷姆阶湖相油源岩干酪根类型图

三、河流-海湾体系

目前对海相油源岩的形成主要有两点认识，一是大洋上升流海域利于形成优质油源岩，二是全球缺氧事件利于有机质保存。其实这两个事件只出现在某些特定的盆地，而不具有普遍性。大洋上升流只出现在少数特殊的大洋边缘，因上升流带来了海底富磷等营养物质，有利于鱼类和藻类等生物繁殖。世界上富油海相盆地主要是海湾盆地而不是大洋盆地，在海湾盆地大洋上升流不能到达。缺氧事件只对有机质保存有利，对水生藻类生长不利，藻类的大量繁殖是优质海相油源岩形成的必要条件，仅仅缺氧是不够的。如果缺氧就能形成优质油源岩，那么在缺氧这段地质时间内，全球盆地中都应形成同一地质时期的优质油源岩，而事实并非如此，每个地质时期的优质油源岩只形成于少数盆地内。在研究了世界主要海相含油气盆地后发现，主力油源岩形成于海湾环境，并有大河流注入，这是一个普遍的规律。海湾犹如一个大湖，三面被陆地环抱，只有一个方向与大洋相连，河流带来的矿物质在海湾里保持较高的浓度，不易被大洋海水稀释，因此海湾内营养物质丰富，藻类大量生长。海湾里风浪小，利于有机质保存，因此沉积岩中有机质丰度高、类型好，能形成优质油源岩。流入海湾的河流可能形成三角洲，三角洲平原上高等植物繁盛，植物死亡后被水覆盖保存，并发生腐泥化、丝质化而形成煤、碳质泥岩，还是形成天然气的源岩。因此在河流-海湾环境可能形成近岸三角洲富气，而近海湾中心富油的分布格局，墨西哥湾盆地就是如此（图 1-23）。海湾岸边常发育大型三角洲，海湾中心是冲积扇的分布区，在低位干旱背景下可形成碳酸盐岩、膏岩、盐岩等沉积岩。三角洲、冲积扇砂岩和碳酸盐岩是海湾盆地主要油气储层，盐岩和膏岩是油气的盖层。

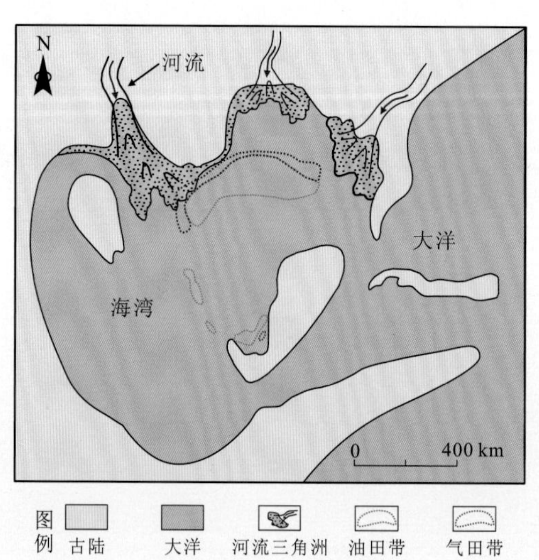

图 1-23　墨西哥湾盆地上侏罗统河流-海湾体系内油气田分布图

世界海相石油主要分布于海湾盆地内，如波斯湾盆地、西西伯利亚盆地、墨西哥湾盆地、里海盆地、马拉开波盆地、苏尔特盆地、西非被动边缘盆地和古特提斯（Paleotethys）

洋盆地等，在油源岩形成时期，其均为海湾型盆地，并都有大型河流注入，河流带来了丰富的营养物质使藻类大量繁殖，形成的油源岩有机质丰度高、类型好。海湾与大洋是一个相对的概念，不能狭隘地认为面积几万平方公里、三面为陆地的海域才是海湾。坎普斯盆地、桑托斯盆地、宽扎盆地、下刚果盆地等在早白垩世是一个统一的湖泊，这个湖泊的面积约 80 万 km^2。湖泊就有如此之大，而海湾比湖大得多，如古特提斯洋相对于当时其他海盆，它就是一个三面被陆地环抱的巨大海湾（图 1-24）。由于这个巨型海湾时代老（志留纪）、沉积岩埋藏深，对于它的整体认识还不清楚，但可以肯定的是在海湾的南部形成了有机质丰度高、类型好（I 型）的烃源岩，由于烃源岩中放射性物质含量高，被称为热页岩，它们是北非三叠盆地和古达米斯（Ghadames）盆地的油源岩，也是波斯湾盆地的气源岩。世界上最大的气田（North-South Pars 气田）的天然气就是志留系热页岩高温裂解生成的天然气。

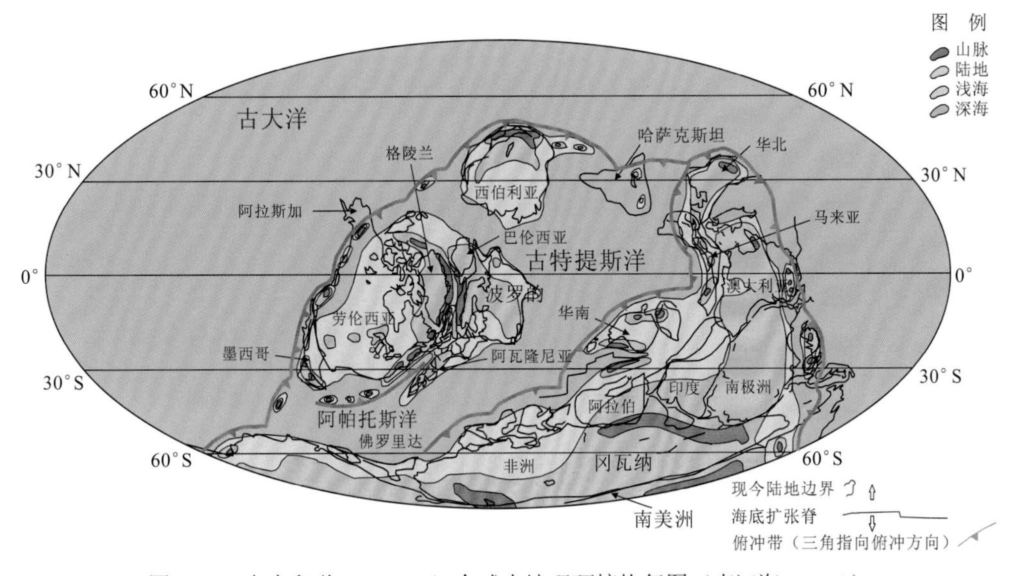

图 1-24　中志留世（425 Ma）全球古地理环境恢复图（李江海，2013）

波斯湾盆地面积为 350 万 km^2，是全球油气最富集的盆地，其石油资源量为 1144 亿 m^3，占全球石油资源量的 48%。侏罗纪—白垩纪波斯湾盆地西部、西北部是阿拉伯（Arabia）古陆，东南部、东北部是扎格罗斯（Zagros）陆地，盆地本身是一个狭长的海湾（图 1-25），发源于阿拉伯古陆上的河流带来了丰富的营养物质，使海湾中藻类繁盛，为优质油源岩的形成奠定了基础。油源岩 TOC 含量为 0.5%～8.0%，干酪根类型为 II_1 型、I 型，有利于生油。

西西伯利亚盆地是全球第二富集油气的盆地，面积为 330 万 km^2，呈南北走向，东、南、西三面是陆地，只有北部与大洋相连，是典型的海湾盆地（图 1-26）。晚侏罗世，从南面、东面流入海湾的河流带来了丰富的营养物质，藻类发育，沉积岩中 TOC 含量为 2.0%～40.0%，干酪根类型为 II_1 型、I 型，生成了丰富的石油，可采储量为 245 亿 m^3。

墨西哥湾盆地面积为 130 万 km^2，是全球面积排名第三位的含油盆地。上侏罗统

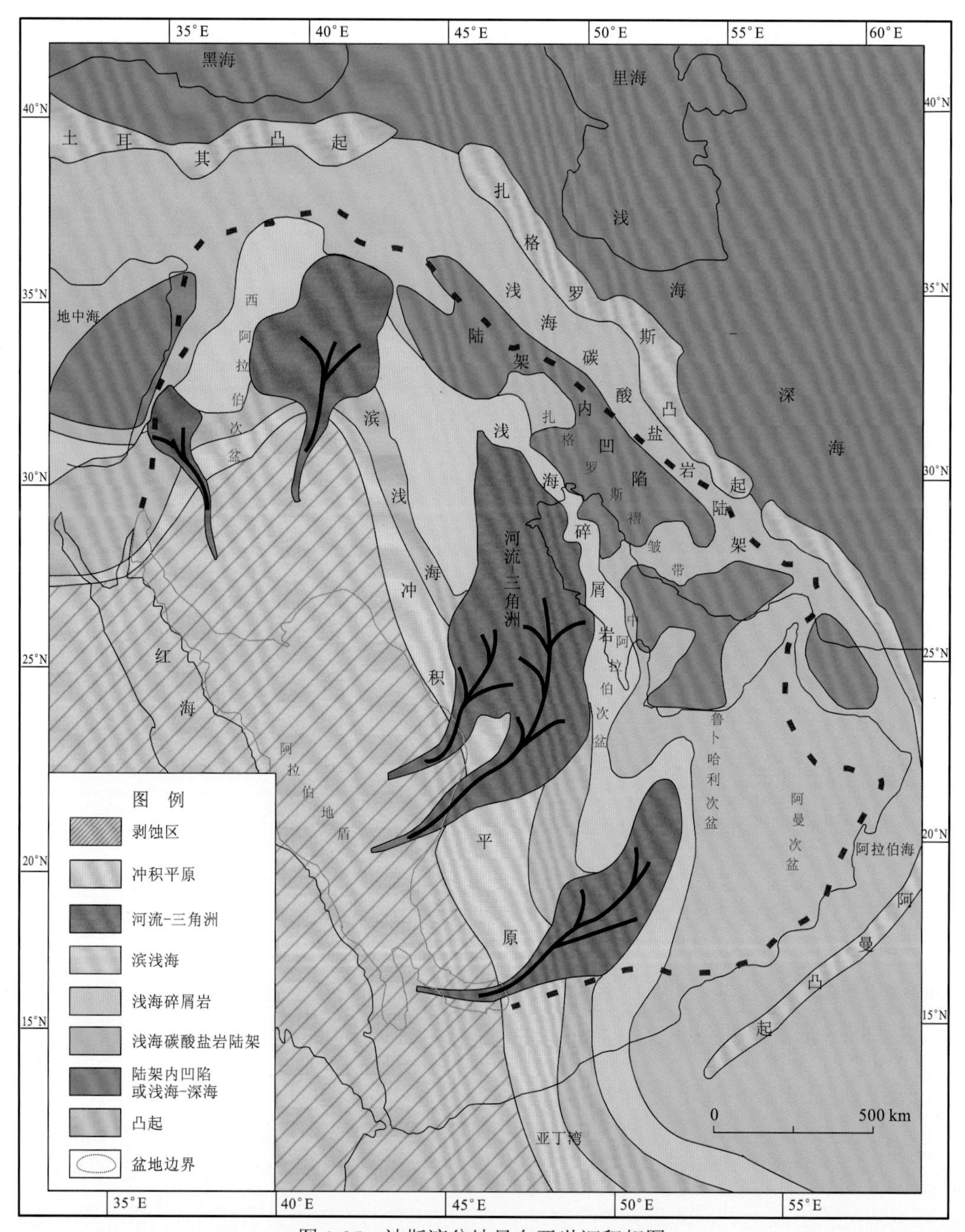

图 1-25 波斯湾盆地早白垩世沉积相图

海相烃源岩是主力油源岩，油源岩形成时的古地貌与现今相似，只有盆地东面与大洋相连，其他方向均为陆地。密西西比河、里奥格兰德（Rio Grand）河带来了丰富的矿物质，藻类得以大量繁殖，泥岩中 TOC 含量为 2.0%～22.8%，干酪根类型为 II_1 型、I 型，以生油为主。截至 2014 年底，墨西哥湾盆地的苏瑞斯特（Sureste）等 5 个次盆地的 2P 可采储量为 108.45 亿 m^3。

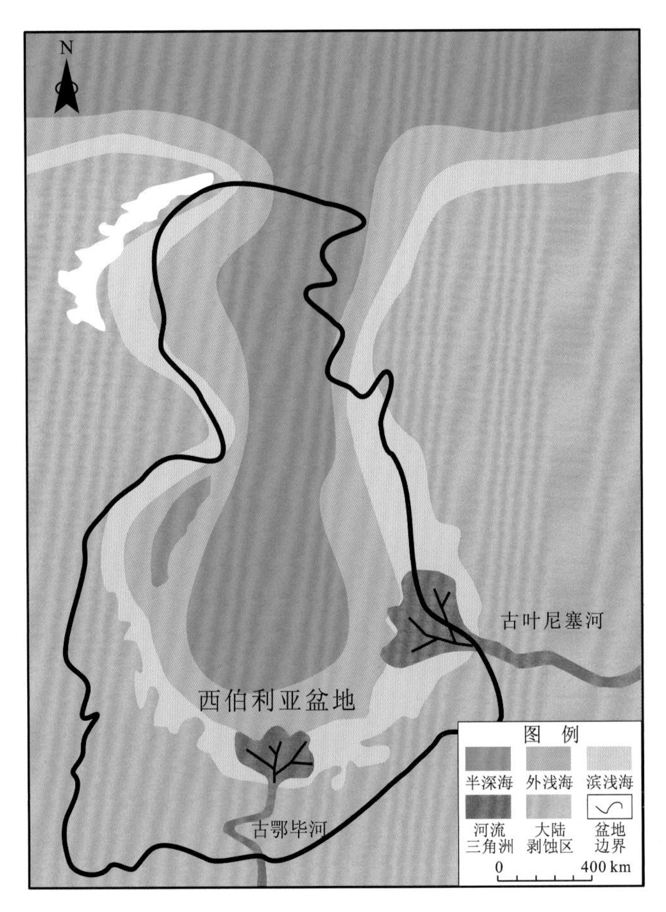

图 1-26　西西伯利亚盆地上侏罗统沉积相图

北海盆地面积为 24 万 km^2，是一个富含石油的中生代海相裂谷盆地，目前已发现石油可采储量约为 101.76 亿 m^3，还有一定的勘探潜力。北海盆地烃源岩位于侏罗系，形成时为三叉裂谷，分别是维金（Viking）地堑、中央地堑和马里湾（Moray Firth）地堑，这三个地堑均是狭长的海湾（图 1-27）。河流带来了丰富的营养物质，海湾内藻类得以大量繁殖，死亡后保存于沉积岩中，形成了优质烃源岩，烃源岩 TOC 含量平均为 5%，干酪根类型为 I 型及 II_1 型，为北海盆地的石油生成奠定了基础。

大西洋两岸分布着一系列的含油气盆地。这些盆地发育两套烃源岩，下部是湖相泥质烃源岩，上部是海相烃源岩。上部海相烃源岩主要发育在大西洋中段，即摩洛哥—安哥拉之间海域（塞内加尔盆地、利比里亚盆地、科特迪瓦盆地、贝宁盆地、尼日尔三角洲盆地、加蓬盆地、刚果盆地、宽扎盆地等）。其晚白垩世沉积时期，沃尔维斯（Walvis）海岭犹如一个“水体大坝”，将大西洋分成两段（图 1-28），北段为一个大海湾，南段则与大洋相连，东西两侧分别是非洲古陆和南美古陆。古陆上发育的河流带来了丰富的营养物质，使海湾内的藻类得以大量繁殖，藻类死亡后保存于泥岩和泥质灰岩中，中-上白垩统及古近系烃源岩 TOC 含量平均为 4%，干酪根类型为 II 型，为油气富集奠定了雄厚的物质基础。

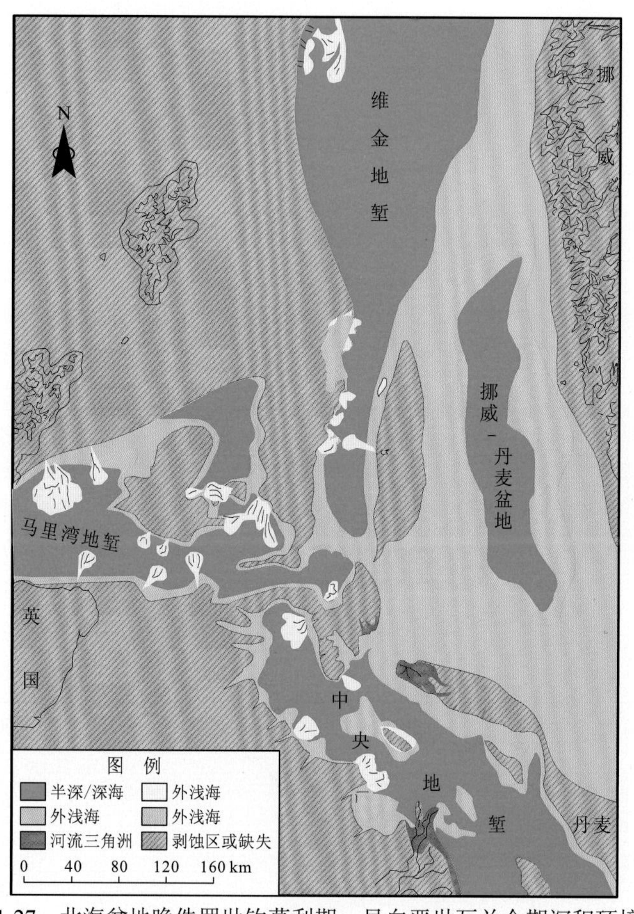

图 1-27　北海盆地晚侏罗世钦莫利期—早白垩世瓦兰今期沉积环境图

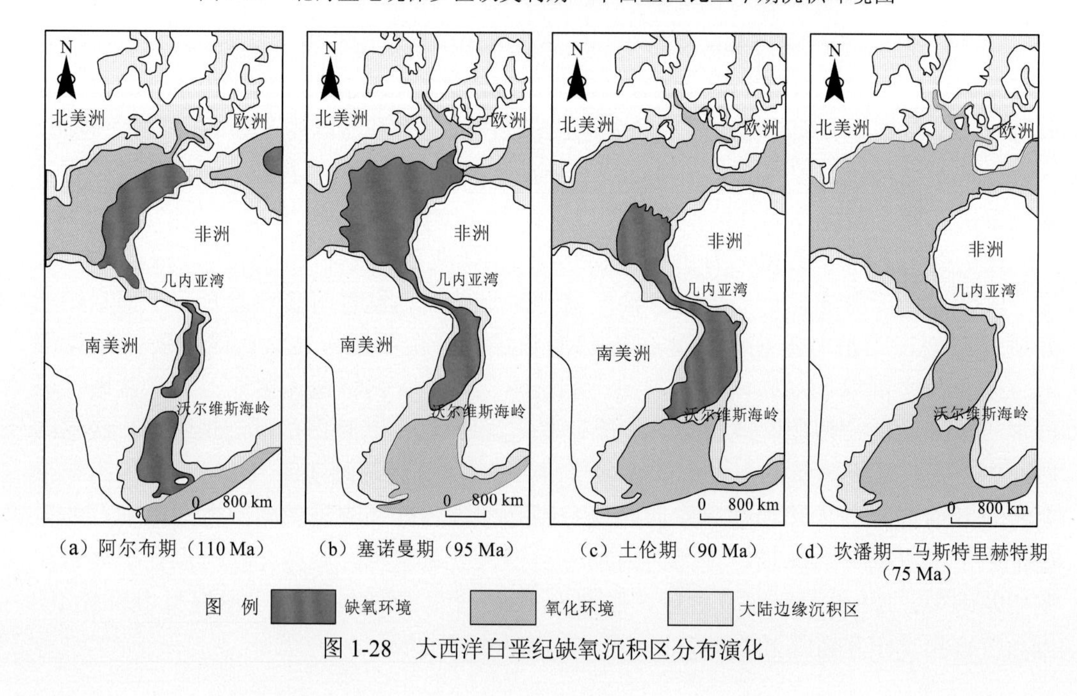

（a）阿尔布期（110 Ma）（b）塞诺曼期（95 Ma）（c）土伦期（90 Ma）（d）坎潘期—马斯特里赫特期（75 Ma）

图 1-28　大西洋白垩纪缺氧沉积区分布演化

东非地区的一系列盆地是近 5 年来世界油气勘探的热点区域，尤其是在鲁伍马（Rovuma）盆地，已发现天然气可采储量为 3.88 亿 m^3。对于此盆地天然气的成因，早期认为是生物气，后期又认为是煤型气。随着勘探的深入、资料的积累，碳氧同位素等地球化学分析资料揭示，鲁伍马盆地已发现的天然气是下侏罗统烃源岩高温裂解而成的。早侏罗世，东非地区是一个北东向狭长的海湾（图 1-29），该海湾长为 1 500 km，平均宽为 250 km。在海湾的西南部（现今的鲁伍马盆地处）沉积了局限海泥岩，泥岩之下有盐岩、膏岩。泥岩中 TOC 含量为 6%，干酪根类型为 I—II_1 型，由于后期海相三角洲沉积厚（可达 8 000 m），烃源岩埋藏深，裂解生成了大量的天然气，为富气盆地奠定了物质基础。

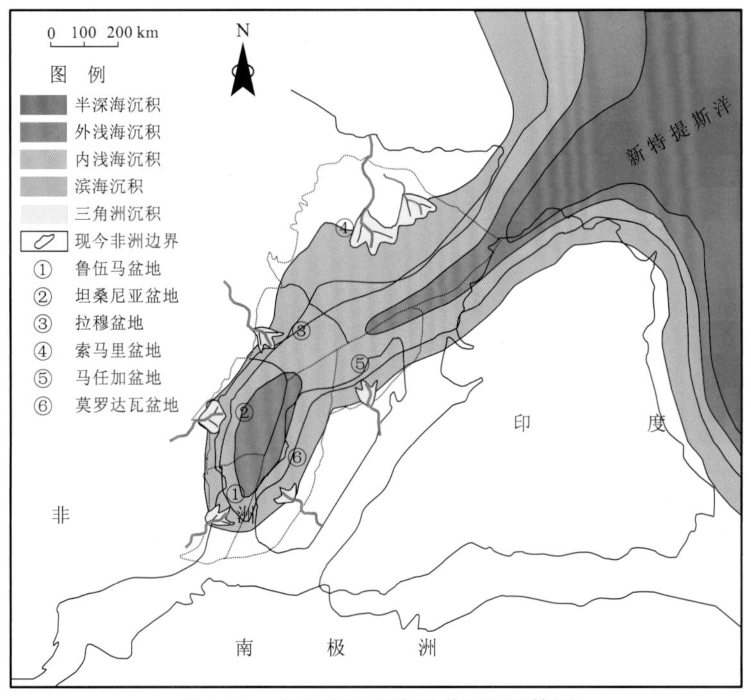

图 1-29　东非地区早侏罗世沉积环境图

四、河流-三角洲体系

根据成因分类，天然气可分为三种类型，即生物气、油型气和煤型气。生物气形成于沉积物-沉积岩中有机物在微生物作用下的低成熟阶段，即地层温度小于 75 ℃、R_o 小于 0.6%时，生成的天然气。近几年，在地中海（Mediterranean Sea）东部的黎凡特盆地（Levantine Basin）和孟加拉湾（Bay of Bengal）盆地等发现了大型的生物气田。油型气是液态石油和干酪根在过成熟阶段高温作用下裂解生成的天然气。北非的三叠盆地、中东的波斯湾盆地和中国的四川盆地内很多大气田是古生代油源岩在高成熟-过成熟阶段生成的天然气，世界上最大的气田（North-South Pars 气田）的储量达 38 万亿 m^3，是由志留系油源岩在高成熟阶段裂解生成的天然气。

地球上分布最广、储量最多的天然气是由III型干酪根生成的煤型气，气源岩为煤、碳质泥岩和暗色泥岩，中国已发现的天然气储量中70%为煤型气。富含高等植物的煤、碳质泥岩、暗色泥岩形成的主要环境是海岸平原、沼泽，尤其是河流入海口形成的三角洲平原。源远流长的河流挟带的大量泥沙在入海口沉积下来，形成三角洲平原。三角洲平原为补偿沉积，土壤肥沃，近海地区气候湿润，最适合高等植物的生长。这些植物死亡后被薄层海水覆盖，处于半还原环境，免遭氧化，继而发生腐泥化形成泥炭，泥炭埋藏后经压实、脱水、丝质化形成煤、碳质泥岩。山区的原始森林不利于成煤，因为树木死亡后没有水覆盖，而被氧化破坏。煤的主要形成环境是海岸平原、沼泽（图1-30）。

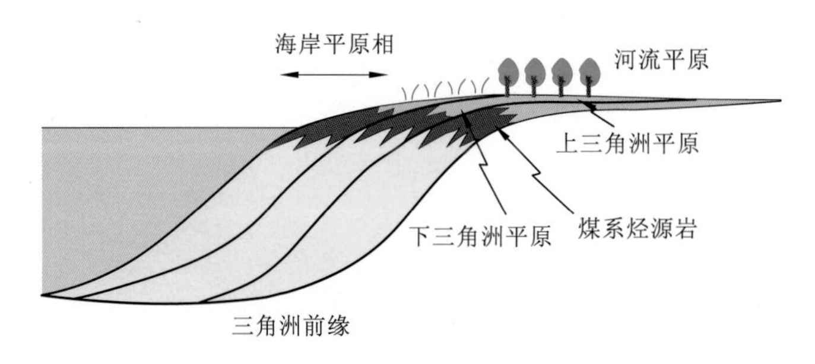

图1-30　三角洲体系烃源岩分布模式图

三角洲平原、河流平原上原地生长的高等植物是煤系烃源岩的主要母质，河流带来的陆源植物碎屑是次要母质。在三角洲前缘，海水有一定深度，藻类发育，高等植物与藻类易混合形成混合型干酪根，既生气也生油，另外在孢子富集的含煤层系中，富氢组分多，煤也能生成一定量的石油。在一些含煤盆地也发现了不少轻质油田[如中国的吐鲁番盆地、澳大利亚的吉普斯兰（Gippsland）盆地等]。

地球上很多大气区的天然气是由河流-海岸三角洲体系中的煤系烃源岩生成的，如澳大利亚西北大陆架的北卡那封盆地、布劳斯盆地、波拿巴盆地，印度尼西亚的库泰盆地，巴布亚新几内亚的巴布亚（Papua）盆地，孟加拉国的孟加拉湾盆地，缅甸的马达班湾（Gulf of Martaban）盆地，伊朗的南里海盆地，埃及的尼罗河三角洲盆地，中国的曾母盆地、万安盆地、琼东南盆地、珠江口盆地、东海盆地、鄂尔多斯盆地等。

澳大利亚是一个天然气资源丰富的国家，在该国北部、西部和南部海岸发育了大型的中生代—新生代三角洲，物源来自澳大利亚古陆。三角洲平原上的煤系烃源岩是天然气的主要来源。南部海域勘探程度低，西北陆架勘探程度高，发现了大量天然气。尤其是北卡那封盆地，面积为54.44万km^2，三叠系发育的三角洲面积非常大，煤系地层最大厚度在3000 m以上，煤系烃源岩发育，泥岩TOC含量为0.4%～5.92%，平均值为1.38%；碳质泥岩TOC含量为6.0%～36.1%，平均值为14.3%，干酪根类型以III型为主，已发现的天然气储量为3.79万亿m^3，剩余资源量为1.39万亿m^3。

印度尼西亚的库泰盆地是一个富油气盆地，以天然气为主，盆地面积为28.8万km^2，烃源岩是中新统煤、碳质泥岩、暗色泥岩，煤的TOC含量为50%～80%，碳质泥岩和泥岩的 TOC 含量为 2%～10%，干酪根类型以 III 型为主，优质烃源岩主要分布于马哈坎（Mahakam）三角洲附近，并且已发现的油气田也在三角洲附近。油气田平面分布形似一个三角洲朵叶，其气源岩、储气层均为三角洲沉积岩（图 1-31）。该盆地已探明原油可采储量为 6.846 亿 m^3，天然气可采储量为 1.85 万亿 m^3，待探明原油资源量（待探明原油资源量=总原油资源量−已探明原油资源量）为 8.18 亿 m^3、天然气为 1.83 万亿 m^3。

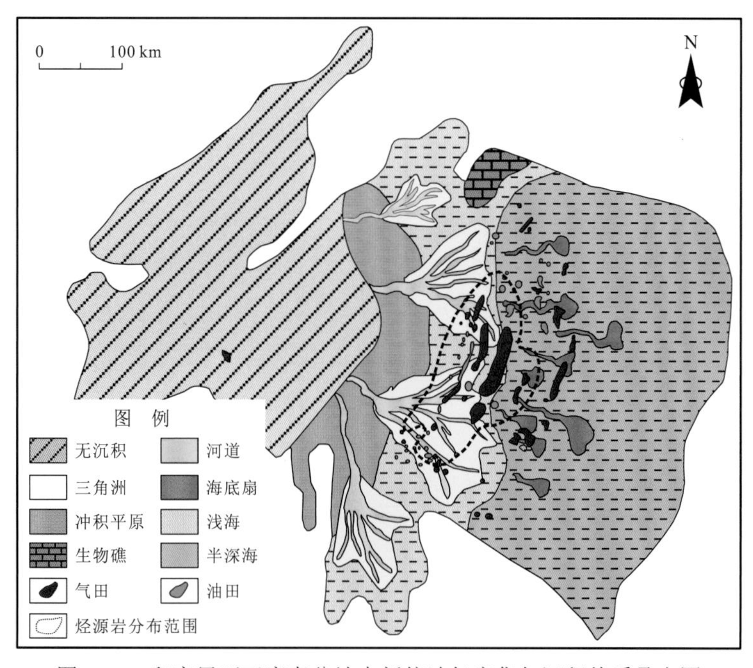

图 1-31　印度尼西亚库泰盆地中新统油气富集与沉积体系叠合图

南里海盆地是一个新生代富气盆地，面积为 27.6 万 km^2，从北西方向流入里海的伏尔加（Volga）河河水挟带了大量泥沙，在里海形成了大型三角洲。在三角洲及其附近中新统煤系烃源岩发育，TOC 含量为 3%～10%，干酪根类型以 III 型为主，生成了大量天然气，已发现天然气储量为 2.71 万亿 m^3，剩余原油可采储量为 18.1 亿 m^3，天然气为 1.97 万亿 m^3。

尼罗河三角洲盆地是埃及最重要的产气区，新生代尼罗河在地中海南岸形成了大型三角洲，现今地貌三角洲朵叶形态很清晰（图 1-32）。中新统暗色泥岩的 TOC 含量为 2%～5%，干酪根类型为 III 型。在尼罗河三角洲盆地已发现天然气可采储量为 1.92 万亿 m^3，剩余资源量为 6.32 亿 m^3。

中国近海珠江口盆地白云凹陷北部发育了渐新世三角洲，由古珠江带来的碎屑物质形成的三角洲面积约 5 000 km^2，在三角洲上探井揭示煤层厚度为 15～20 m，还有碳质泥岩、暗色泥岩（图 1-33）。煤系烃源岩 TOC 含量为 0.1%～80.8%，干酪根类型以 III 型为主，生成了大量天然气，已发现天然气地质储量约为 2 000 亿 m^3，是中国近海重要的天然气勘探开发区。

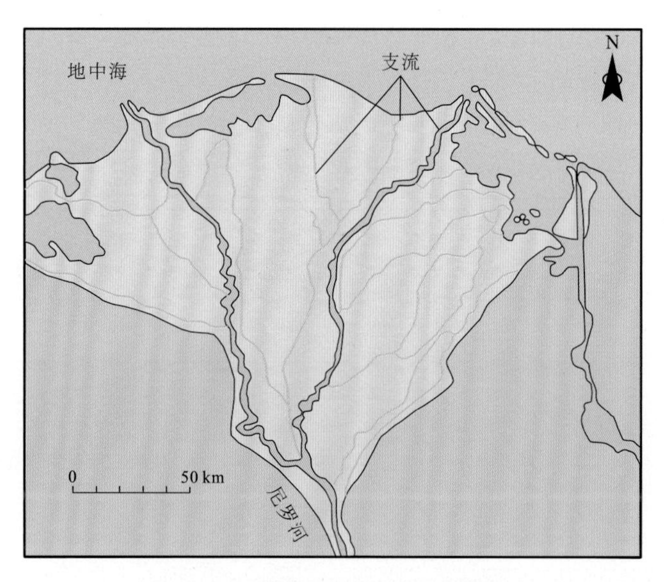

图 1-32　尼罗河三角洲地貌梗概图

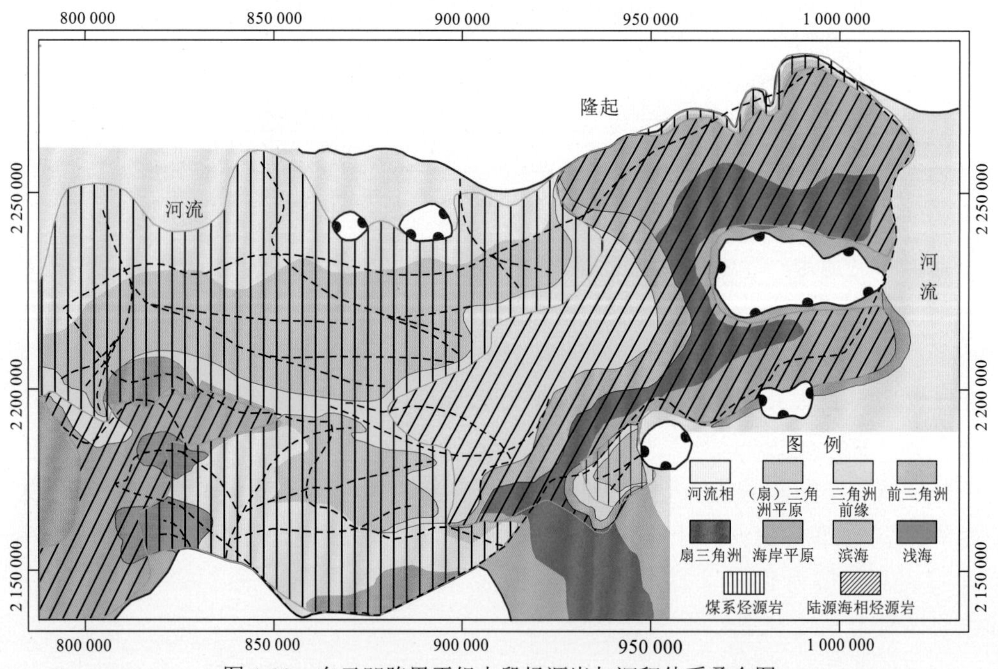

图 1-33　白云凹陷恩平组上段烃源岩与沉积体系叠合图

第二章 河流-湖泊体系是陆相石油分布的主要场所

中国老一辈石油地质学家第一次提出了陆相生油理论，并指导中国的石油勘探，陆续发现了松辽盆地、渤海盆地、江汉盆地、苏北-南黄海盆地、北部湾盆地、珠江口盆地等中生代—新生代湖相含油盆地（图 2-1），使中国石油产量从 1959 年的 433.62 万 m^3 上升至 2016 年的 2.56 亿 m^3，中国也成为世界第四大产油国。

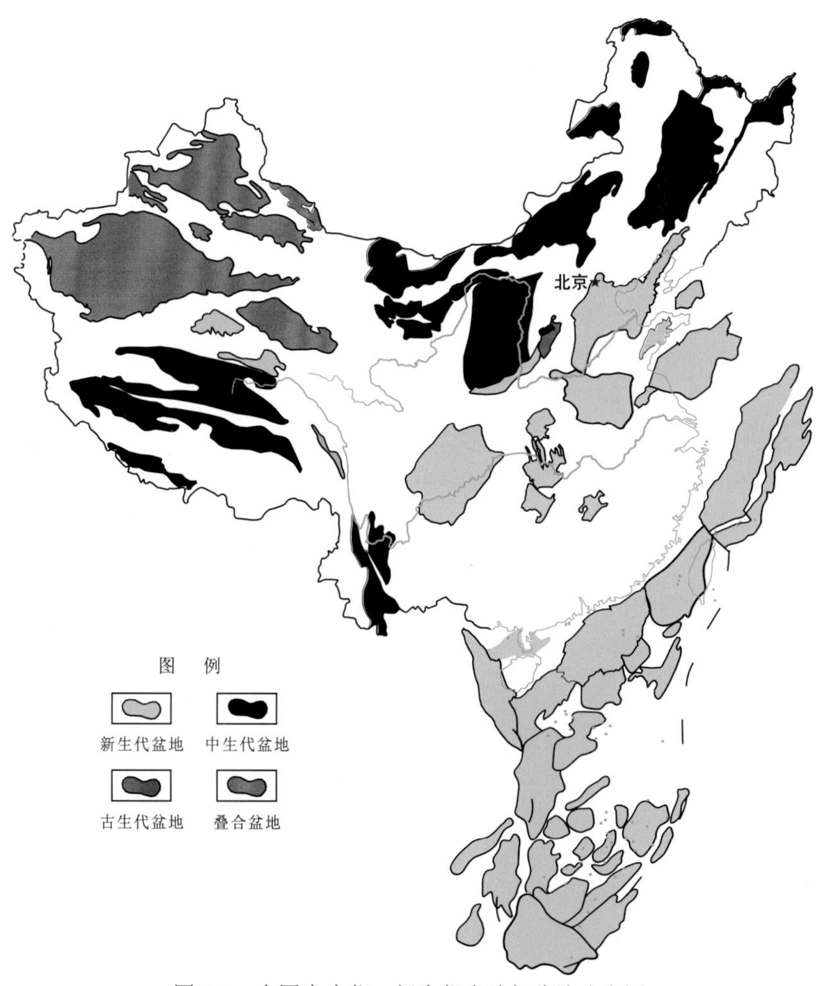

图 2-1　中国中生代—新生代含油气盆地分布图

湖相烃源岩形成的主要条件，是湖盆在演化过程中有一段或几段时间沉降速率大于沉积速率，可容空间增大，为欠补偿沉积，湖水变深，同时湖盆周边的河流带来了丰富的矿物质，使藻类大量繁殖，藻类死亡后在半深湖-深湖区能保存下来，形成有机质丰度高的烃源岩。如果河水中营养物质不丰富，则藻类不能大量生长；如果湖盆一直处于过补偿或补偿沉积，湖水浅，有机质保存条件差，也不能形成优质烃源岩。多数湖泊水的含盐度比海水低，当其他条件相同时，含盐度高则利于有机质保存。因为在淡水湖盆中，需水体较深，湖底缺氧，有机质才能保存，而在咸水中，水体较浅，有机质就能保存。

随着世界石油勘探的深入，在湖相盆地中发现的石油越来越多。近10年在西非海岸深水区和巴西深水区发现了许多大油田，这些大油田的石油绝大部分来自下白垩统的湖相烃源岩，巴西深水区的石油几乎全部来自下白垩统的湖相烃源岩。目前，世界上湖相含油盆地主要分布于中国的中东部、印度尼西亚的西部、非洲大陆的中南部及大西洋两岸。据不完全统计，世界已发现石油储量中，湖相生成的油约占30%。

第一节　河流-湖泊体系沉积特征

一、湖盆的构造与沉积演化

含油气的湖盆主要形成于中生代和新生代，并且以石油为主，天然气较少，只有少量的裂解气和石油伴生气。从全球勘探结果来看，湖相含油盆地主要分布在中国中东部、印度尼西亚西部、非洲大陆的中南部和大西洋两岸这四个地区，在这四个地区已经发现了丰富的湖相石油，并仍具有较大的勘探潜力。

不同地区、不同大地构造背景、不同时代的湖相含油盆地，其构造演化和沉积充填特征必然不同（表2-1）。正如“地球上没有完全相同的两片树叶”一样，地球上也没有完全相同的两个湖盆。但是，作为含油盆地，它们在构造与沉积演化上还是有一定的相似性，一般都经历了早期湖泊开始形成、中期强盛发展、后期淤积消亡三个阶段，构造演化上对应早期初始断陷、中期强烈断陷、晚期拗陷，同时具有断层活动由弱—强—弱，湖水由浅—深—浅，沉积物由粗—细—粗的构造与沉积演化特征。

对于不同构造背景下的湖盆形成机制，有很多种成因假设，即主动裂谷、被动裂谷、弧后裂谷、地幔柱、地幔垫等。笔者认为，任何一个湖盆的形成必定与正断层有关。在湖盆形成的早期，由于正断层活动，下盘上升，上盘下降，形成地面高差。在上盘低洼处积水，湖泊开始发育，此阶段湖水面积小、深度浅，周边短物源很多，以洪积扇、冲积扇沉积为主，暗色泥岩少，烃源岩不发育。随着控盆边界大断层活动的增强，断距增大，湖水深度变大，面积也增大，在边缘为滨湖-浅湖区，中间为半深湖-深湖区，并且在缓岸区常有源远流长的河流入湖，形成三角洲、扇三角洲，在陡岸区发育近岸扇，在湖泊中心发育浊积扇，此阶段最重要的沉积特征是半深湖-深湖相暗色泥岩发育，是湖盆的主力烃源岩；此阶段也是盆地演化最重要的阶段，被称为“主成盆期”；三角洲、扇三角洲、近岸扇、浊积扇是自生自储组合中的储层。之后断层活动减弱，进入拗陷发展阶段，湖盆的沉降速率小于沉积速率，属过补偿沉积，可容空间减小，湖水变浅，以浅湖-滨湖-三角洲-河流沉积为主，暗色泥岩减少，砂岩增多，烃源岩不发育，是储集层和盖层的主要形成期。

每一个湖盆都会经历形成—发展—消亡三个阶段，但是每个湖盆的演化历史都不相同。有的湖盆只经历了一期断陷—断拗的演化过程，只发育一套烃源岩，如非洲的多塞

表 2-1　不同构造类型湖盆的沉积特征[据薛叔浩等（2002）修改]

沉积特征	克拉通内拗陷湖盆	陆内裂谷湖盆	前陆湖盆	碰撞造山带内湖盆	大陆边缘湖盆
湖盆几何形态	受基底结构及深大断裂控制，呈不同形态的开阔湖盆，如长方形、菱形	受深大断裂控制，沉积凹陷多呈狭长形	山前沉降带呈平行褶皱带方向的狭长形	湖盆平行两褶皱带，呈狭长形	早期陆相断陷湖盆的沉积凹陷呈狭长形
湖盆内部结构	内部结构简单，大型隆起和拗陷，或平缓斜坡	内部结构复杂，呈多隆多拗多凸多凹相间列，高低错落	湖盆沉积横剖面呈现箕状形态，包括冲断带、沉降带、斜坡带和前缘隆起	湖盆沉积横剖面呈箕状形态，包括冲断带、沉降带和斜坡带	早期陆相断陷湖盆内部结构类似陆内裂谷湖盆
周边地质演化与主要物源方向	周边长期隆起控制主要沉积体系，以纵向（轴向）物源为主	横向物源为主，纵向物源为次	以横向物源为主，早期来自克拉通方向，后期来自褶皱带方向，或来自双向	横向物源为主，物源供给方向受两侧褶皱山系发育期所控制	来自大陆方向及盆内隆起区
主要沉积体系类型及相带展布	源远流长的河流–三角洲沉积体系，相带分异完整，相带宽，单一沉降沉积中心，两者位置一致，位于盆地中心，深水区占 10%～15%	近源短程扇三角洲、辫状河三角洲和水下扇，相带分异不够完整，相带狭。沉降中心紧邻陡坡生长断层一侧，沉积中心向湖方向偏移，深陷期深水区可占 1/2	来自褶皱带一侧为扇三角洲，来自克拉通方向一侧为河流–三角洲。前者相带狭，后者相带宽。沉降中心位于山前沉降带，沉积中心向克拉通方向偏移	辫状河三角洲和扇三角洲。沉降中心位于活动造山带一侧，沉积中心位于斜坡带下方	河流–三角洲和扇三角洲。沉降、沉积中心与陆内裂谷湖盆相同
沉积速率/（mm/a）	0.02	1.25	0.029～0.148		
沉积横剖面形态					
实例	鄂尔多斯盆地（中生界）	渤海湾盆地（古近系）	川西龙门山（中生界）	吐哈盆地（侏罗系）	珠江口盆地（古近系）

奥盆地早白垩世断陷、晚白垩世拗陷，只发育下白垩统烃源岩；而有的湖盆却经历了二期或多期断陷—断拗的演化过程，发育了两套或多套烃源岩，如渤海湾盆地的黄河口凹陷即经历了始新世和渐新世两期断陷—断拗发展阶段，有两个沉积旋回（图 2-2），每个沉积旋回都经历了断层活动弱—强—弱，湖水浅—深—浅，沉积物粗—细—粗的过程，因此成了始新统中段（沙三段）和渐新统中段（沙一段、东三段）两套烃源岩，也就形成了多套生储盖组合，石油地质条件更优越。

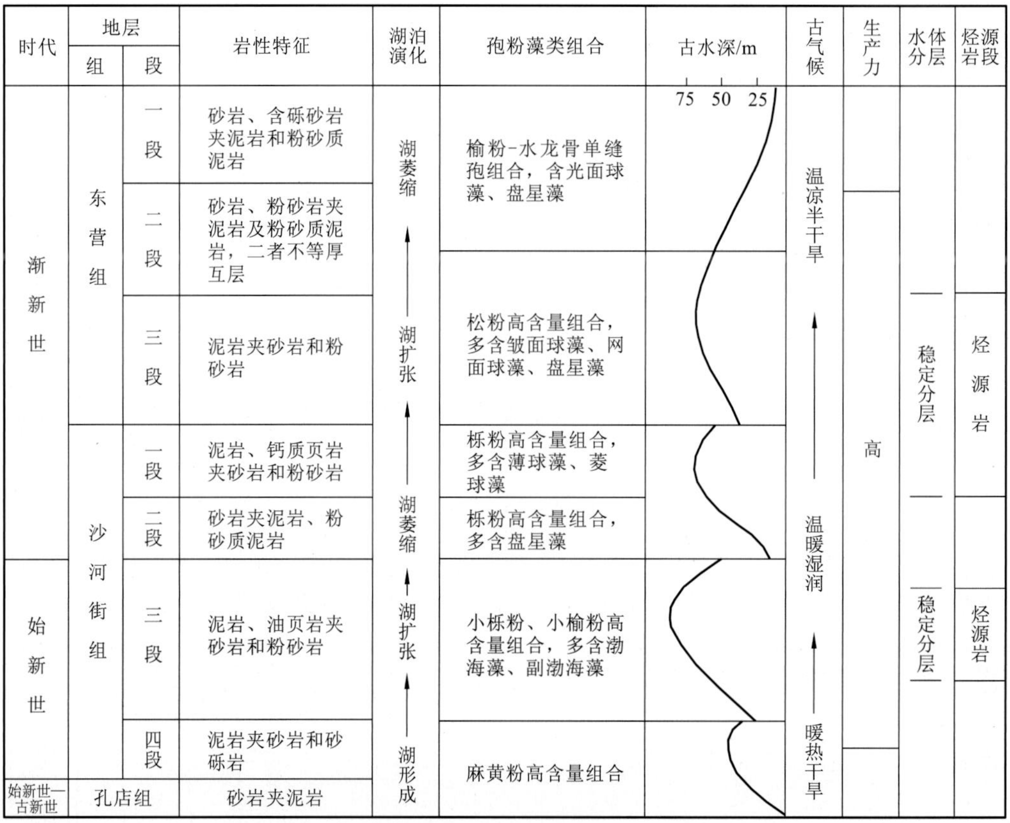

时代	地层		岩性特征	湖泊演化	孢粉藻类组合	古水深/m	古气候	生产力	水体分层	烃源岩段
	组	段				75 50 25				
渐新世	东营组	一段	砂岩、含砾砂岩夹泥岩和粉砂质泥岩	湖萎缩	榆粉-水龙骨单缝孢组合，含光面球藻、盘星藻		温凉半干旱			
		二段	砂岩、粉砂岩夹泥岩及粉砂质泥岩，二者不等厚互层							
		三段	泥岩夹砂岩和粉砂岩	湖扩张	松粉高含量组合，多含皱面球藻、网面球藻、盘星藻				稳定分层	烃源岩
	沙河街组	一段	泥岩、钙质页岩夹砂岩和粉砂岩	湖萎缩	栎粉高含量组合，多含薄球藻、菱球藻		温暖湿润	高		
		二段	砂岩夹泥岩、粉砂质泥岩		栎粉高含量组合，多含盘星藻					
始新世		三段	泥岩、油页岩夹砂岩和粉砂岩	湖扩张	小栎粉、小榆粉高含量组合，多含渤海藻、副渤海藻				稳定分层	烃源岩
		四段	泥岩夹砂岩和砂砾岩	湖形成	麻黄粉高含量组合		暖热干旱			
始新世—古新世	孔店组		砂岩夹泥岩							

图 2-2 渤海湾盆地古近纪湖泊发育与烃源岩分布

二、沉积速率与沉降速率对烃源岩的控制

湖相烃源岩形成的重要条件是湖盆的沉降速率大于沉积速率，湖泊处于欠补偿沉积状态，可容空间增大，湖水变深。由于湖盆的沉降主要受边界正断层的控制，边界断层活动强烈，上盘下降快，湖水变深，面积增大；河流入湖后形成的三角洲、扇三角洲、近岸扇发育于湖盆周边；湖中广大水域水体清洁、透光性好，利于藻类水生生物生长；藻类死亡后沉至湖底，因湖水深，湖底缺氧，为半还原-还原环境，利于有机质保存。目前已发现的湖相含油盆地中，无论是中国的松辽盆地、渤海湾盆地，还是印度尼西亚的中苏门答腊盆地、中非的迈卢特盆地、东非的东非裂谷（East African Rift）西部盆地、大西洋两岸的桑托斯盆地和加蓬盆地等，它们的主力烃源岩形成期都是控盆断层强烈

活动期，湖盆的沉降速率大于沉积速率，为欠补偿沉积。因此，盆地强烈断陷期是湖相含油盆地形成的最重要时期。

在湖盆开始形成时，控盆断层断距较小、活动较弱，湖水面积小且深度也浅，周边短距离河流及水道多，陆源碎屑供给充分，沉降速率与沉积速率相当，为补偿性沉积，水体较污浊，藻类不发育，早期的湖泊水中含盐度低，通常是淡水湖。只有到中后期，河流带来的矿物质在湖中逐渐富集，才有可能形成含盐度较高的半咸水湖或咸水湖。因此，早期湖泊湖水的含盐度低，不利于有机质保存，形成的泥岩有机质丰度较低且类型较差，这是湖泊的共同特性。

有些湖泊靠近大隆起区，在整个演化阶段，陆源碎屑一直非常多，沉积速率大，一直处于补偿或过补偿沉积状态，湖水浅，湖水浑浊，不利于藻类生长，也不利于有机质保存，不能形成优质烃源岩，致使石油不富集，勘探效果差。例如，渤海湾盆地西部的北京凹陷、石家庄凹陷、保定凹陷等紧邻太行山隆起，陆源碎屑太多，在新生代整个湖泊演化阶段都处于补偿、过补偿沉积，沉积物主要为粗碎屑，泥质烃源岩不发育，石油不富集，没有发现一个油田。东非的安扎盆地也是如此，北东向长条形湖盆两侧陆源碎屑非常丰富，在中生代—新生代盆地整个湖化阶段都是补偿、过补偿沉积，湖水浅，藻类不发育，保存条件差，没有形成优质烃源岩，至今尚未发现一个油气田。

世界上中生代—新生代湖相盆地的结构特点是凹凸相间，一个盆地内有很多个凹陷和凸起（图 2-3）。例如，渤海湾盆地内有 52 个凹陷、49 个凸起，迈卢特盆地内有 5 个凹陷、1 个凸起。每一个凹陷就是一个湖泊，烃源岩仅分布于凹陷内，凸起是剥蚀区，不发育烃源岩，只在盆地演化的后期拗陷阶段，沉积了浅湖-河流相砂泥岩可成为储盖层。通常情况下处于盆地周边的凹陷，由于离盆外大隆起近，陆源碎屑太多，欠补偿沉积的范围小、时间短，生油条件差一些；而处于盆地中间的凹陷，由于有四周凸起、凹陷的阻挡，盆外物源难以到达，欠补偿沉积的范围大、时间长，利于形成优质烃源岩。渤海湾盆地的渤中凹陷、辽中凹陷、黄河口凹陷、歧口凹陷处于盆地中心，优质烃源岩厚度大、分布广，生油条件明显优于周边的凹陷。

三、河流性质与湖相烃源岩的发育

湖相烃源岩中有机质主要来源于湖水中生长的水生生物（主要是藻类）。水生生物的繁盛程度受控于湖水中营养物质的浓度。营养物质来源于河流，天然降水中基本不含营养物质。源远流长的河流与短源河流，长期流淌的河流与季节性河流，流经火成岩、正变质岩的河流与流经沉积岩、副变质岩的河流，河水中矿物质（磷、钾等元素）的含量不同，对湖水中水生生物生长的作用不同。

源远流长的河流在地表流淌的时间长，流经的地域广，水中溶解的矿物质多，并且水中挟带的碎屑物质经过长距离淘洗，分选及磨圆度好，含泥质少，水体清洁，进入湖泊后营养物质浓度高，利于藻类生长。与之相反，短源河流流淌的时间和距离均较短，河水与河床岩石的作用时间短，水中溶解的矿物质少，水中泥、砂、砾混杂，水体浑浊，入湖后不利于藻类生长。

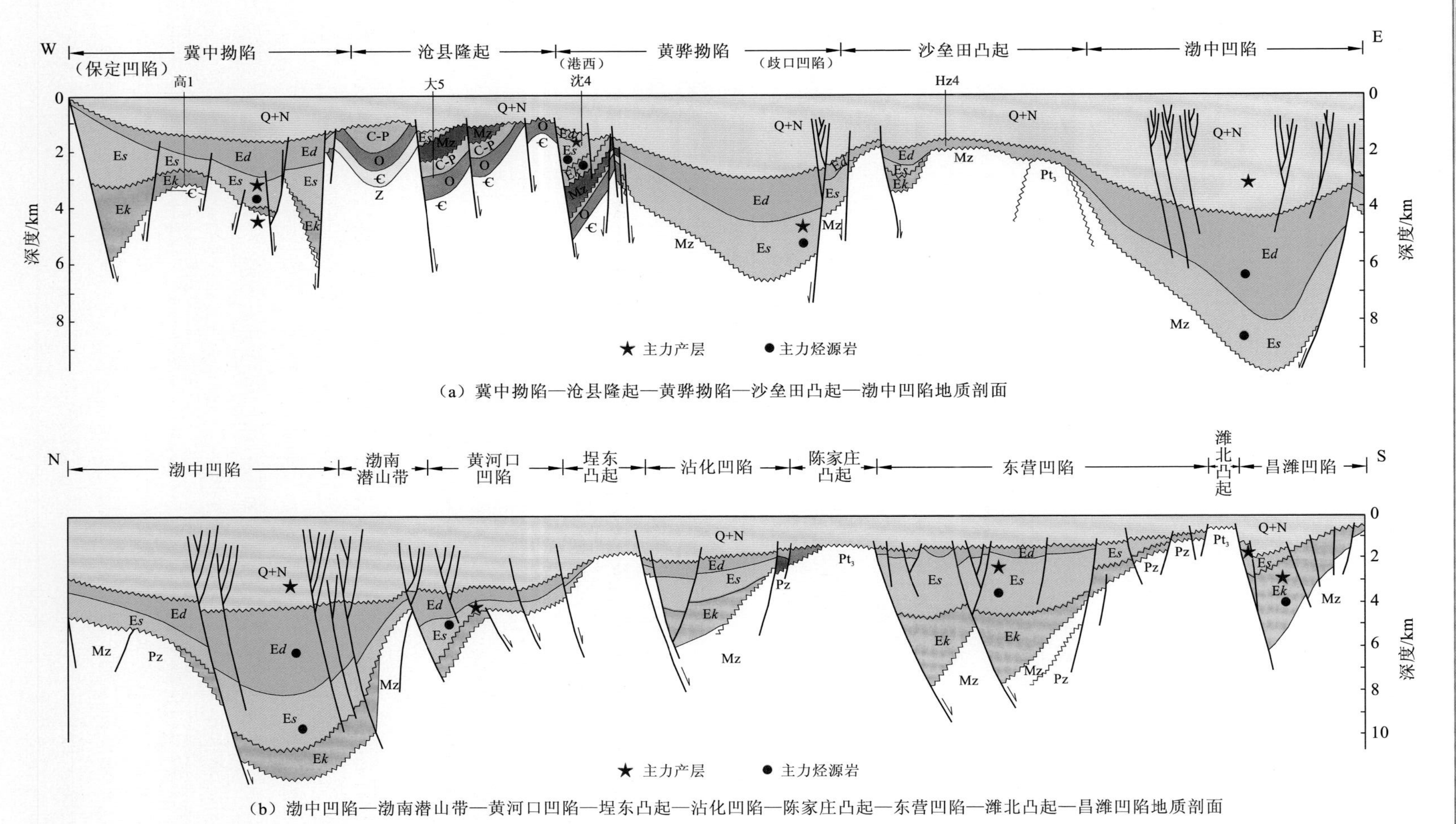

（a）冀中坳陷—沧县隆起—黄骅坳陷—沙垒田凸起—渤中凹陷地质剖面

（b）渤中凹陷—渤南潜山带—黄河口凹陷—埕东凸起—沾化凹陷—陈家庄凸起—东营凹陷—潍北凸起—昌潍凹陷地质剖面

图 2-3 渤海湾盆地区域地质剖面

Pt_3. 新元古界；Mz. 中生界；E. 古近系；E*k*. 古近系孔店组；E*s*. 古近系沙河街组；E*d*. 古近系东营组；Q+N. 第四系+新近系

长年流淌的河流给湖泊带来较稳定的水源和营养物质。长年流淌的河流常常是源远流长的河流，水中营养物质丰富，水体清洁，利于藻类生长。而季节性河流具有阵发性，流淌距离较短，河床坡度大，水流急，多雨季节河流多，干旱季就断流，对湖水供给不稳定，水体较浑浊，水中营养物质浓度低，不利于藻类生长。可见大型三角洲发育的湖泊里水生生物繁盛，利于形成优质烃源岩，而冲积扇、洪积扇发育的湖泊，不利于藻类生长，不利于形成优质烃源岩。湖盆形成的早期以洪积扇、冲积扇沉积为主，不利于藻类生长，不利于优质烃源岩的形成。湖盆发育的晚期以河流沉积为主，湖水浅、面积小，也不利于藻类生长。只有湖盆演化的中期，水域大，湖水深，并且有源远流长的河流流入及有三角洲发育，则最利于藻类的生长，从而形成优质烃源岩（图 2-4）。

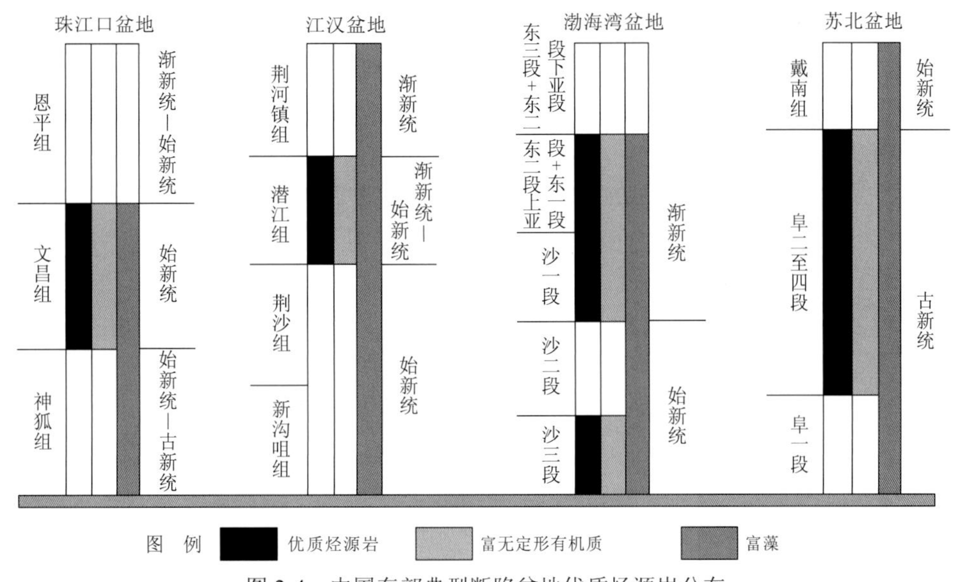

图 2-4　中国东部典型断陷盆地优质烃源岩分布

河流流经的地区出露的岩石类型不同，流水中溶解的矿物质不同，进入湖泊后，对藻类繁盛程度的影响也不同。如果河流流经的地区，地表出露的岩石主要是火成岩和正变质岩，如玄武岩、安山岩、花岗岩、混合花岗岩等岩石，由于这些岩石中富含磷、钾等藻类生长所需的元素，并且这些岩石在地表容易被物理风化和化学风化，流过这些岩石的水中就会溶解大量的矿物质，河水入湖后，有利于藻类大量繁殖。如果河流流经的地表出露的岩石主要是沉积岩和副变质岩，如灰岩、白云岩、泥岩、砂岩、石英岩、大理岩等，这些岩石中含磷、钾等藻类生长所需的矿物质元素少，含泥质多，含钙、镁元素高，河水入湖后不利于藻类生长。

目前在世界石油地质学界中，地质学家和油气勘探家更重视生物发育程度（即生产率）对烃源岩的影响，而对于是什么因素控制了生物生长率研究很少。因此，对于湖泊中营养物质的来源，以及影响营养物质的因素尚不清楚。笔者在此书中做了探讨，相信将会成为今后石油地质学研究的重点，也将对研究世界油气分布产生深远的影响。

第二节　河流-湖泊体系生物地球化学特征

根据生物的生长环境、生物类型及有机质保存条件的不同，河流-湖泊体系可分为河流-三角洲平原、滨湖-浅湖、半深湖-深湖三种沉积相带，这三种沉积相带在生物发育特点和烃源岩特征方面存在明显的差异。

一、不同沉积相带生物特征

在河流-三角洲平原上是以陆源高等植物为主。河水挟带的泥沙在湖岸附近沉积下来，形成河流边滩、天然堤、溢岸、三角洲陆上平原。这些地方土壤肥沃，气候温暖湿润，最适合高等植物的生长，尤其是草本植物。曲流河-三角洲平原，属陆地与湖水的过渡地带，长期处于平衡补偿沉积环境，陆源高等植物茂盛，有机质丰富。若高等植物死亡后处于还原环境，则可转化成泥炭，进而脱水形成煤、碳质泥岩。但是由于河流-三角洲平原上水体含盐度较低，对有机质保存不利，通常情况下高等植物死亡后会被破坏，无法形成煤、碳质泥岩。这可能是多数河流-湖泊体系煤及碳质泥岩不发育，生气条件差的主要原因。在河流-三角洲平原上的河道、河流间湾内，还生长着鱼、虾、螺、蚌等，它们体内含脂肪、蛋白质高，死亡后易于腐烂，因河道和河流间湾水浅且含盐度低，生物保存的概率较小，对烃源岩的贡献很小。

滨湖-浅湖区水体深度为 0～20 m，风浪较大，湖底位于浪基面之上。河流入湖后，河水所挟带的矿物质、有机质也进入湖泊，是底栖水生生物的主要营养来源。滨湖-浅湖湖中底栖生长的螺、蚌等发育，游动的鱼、虾等也较多，而浮游的藻类等低等水生生物因风浪大难以长期在滨湖-浅湖区生长。另外，河水中挟带的陆源植物碎片也在滨湖-浅湖区沉积下来，是有机质的重要来源。滨湖-浅湖区水体较浅，风浪较大，水中含氧高，有机质保存条件较差，鱼、虾、蚌等动物死亡后常被破坏，而陆源植物碎片、孢子等得以保存。

半深湖-湖深湖区是湖泊中心，湖水深度大于 20 m，湖底均在浪基面之下。河流带来的碎屑物质绝大多数在滨湖-浅湖区已沉积下来，半深湖-深湖区水体清洁、透光性好，河水中溶解的矿物质扩散至深水区，适于浮游生物，尤其是藻类的生长，鱼、虾等动物也较发育。湖底缺氧，为半还原环境，鱼、虾死亡之后，沉入湖底被泥质覆盖，可保存于沉积岩中。漂浮至半深湖-深湖区的陆源植物碎屑少，因此半深湖-深湖区发育的烃源岩干酪根类型主要是 I 型、II_1 型，无定形有机质含量高，是最优质的烃源岩（表 2-2）。

表 2-2　中国近海主要盆地（或拗陷）烃源岩有机质组成特征

地区	藻类占有机壁微体化石平均含量/%	无定形有机质平均含量/%	壳质组平均含量/%	镜质组＋惰质组平均含量/%	干酪根类型
渤海海域	49.60	64.40	16.10	19.50	I、II_1
丽水-椒江凹陷	62.40	65.70	9.50	24.80	II_1

续表

地区	藻类占有机壁微体化石平均含量/%	无定形有机质平均含量/%	壳质组平均含量/%	镜质组+惰质组平均含量/%	干酪根类型
珠一拗陷	55.90	67.60	15.20	17.20	I、II_1
珠三拗陷	46.70	76.60	3.78	19.28	II_1
北部湾盆地	38.90	68.30	12.60	19.10	I、II_1

相对于海水而言，在淡水湖泊中，有机质的保存对水深的要求更严格，因为细菌、微生物在淡水中更容易生长，它们的大量繁殖会改造和破坏有机质，淡水湖泊只有达到较大的深度，水体分层及对流作用弱等因素使湖底缺氧，有机质才得以保存。在淡水湖泊，浅水区很难保存有机质，但在海水及半咸水、咸水湖泊，含盐度较高，细菌生长受到限制，即使水体较浅，也有利于有机质保存，并且有机质中易于被细菌破坏的脂肪类、蛋白质类也能保存下来，因此在含盐度较高的湖泊及海水中更易形成 II_1 型干酪根，而淡水中则较难。渤海海域始新世中期（沙三段中期）湖水最深，形成的烃源岩最厚（500～1 500 m），但干酪根类型以混合型为主，而渐新世中期（沙一段）湖水较浅，形成的烃源岩厚度虽然较薄（50～200 m），但干酪根类型好，以 II_1 型为主，生油能力更强（表 2-3），重要的原因就是始新世中期湖水的含盐度比渐新世中期低，在渐新世中期沉积了湖相碳酸盐岩、油页岩，常称“特殊岩性段”，湖水含盐度较高，利于脂肪类、蛋白质类的保存，形成的烃源岩产油率较高。

表 2-3　渤海海域辽中凹陷南洼烃源岩有机质丰度和类型统计表

层位	TOC 含量/%	HC 含量/%	S_1+S_2 /（mg HC/g ROCK）	I_H /（mg HC/g TOC）	H/C 原子比	干酪根显微组分含量/%			干酪根类型
						腐泥组	壳质组	镜质组+惰质组	
东营组二段上亚段	1.03	0.045 0	3.11	225	1.04	20.4	51.3	28.3	II_2
东营组三段	1.64	0.073 3	7.16	337	1.10	25.2	49.9	24.9	II_2
沙河街组一二段	2.33	0.173 3	10.86	436	1.22	41.4	40.7	17.9	II_1
沙河街组三段	2.17	0.139 5	9.96	424	1.20	32.2	52.6	15.2	II_1、II_2

世界上许多天然气区分布在河流-海岸三角洲体系，而在河流-湖泊三角洲体系很少发现天然气田，这可能也与有机质的保存有关。由于河流-海岸三角洲体系形成区域水体

很浅，受海平面上升影响，在河流-海岸三角洲平原上生长的高等植物死亡后，被厚层水覆盖，含盐度较高的底部海水环境为弱还原，有机质被保存，形成泥炭，进而形成煤、碳质泥岩。而在河流-湖泊三角洲体系中，三角洲平原上生长的植物死亡后，被厚层湖水覆盖，湖水含盐度低，为氧化环境，有机质保存条件差，被细菌破坏，未能形成煤、碳质泥岩，这可能是河流-湖泊三角洲体系中煤系不发育的主要原因。

二、不同沉积相带地球化学特征

河流-湖泊三角洲平原上生长的是陆源高等植物，河流也带来一些植物碎屑，这些植物的镜质体、惰质体等不易被破坏，虽然处于氧化环境，但被泥沙掩埋后即可保存下来，形成 III 型干酪根。烃源岩有机质丰度变化范围大，TOC 含量为 0.6%～10.0%，大多数低于 2.0%，可生成天然气。但到目前为止，在河流-湖泊三角洲体系煤系烃源岩中还没有发现过大气田，这可能与有机质的保存条件差有关。

在滨湖-浅湖区，既有河流带来的陆源高等植物碎屑，也有湖水中生长的生物，但该区水体浅、风浪大，湖底在浪基面以上，保存条件差，无定形有机质多数被破坏，烃源岩干酪根类型以混合型为主，但腐殖型组分多，通常为 II_2，有机质丰度也不高，TOC 含量通常为 0.5%～2.0%，在热演化程度较高的情况下，可生成一定量的天然气。

在半深湖-深湖区，水生生物占绝对优势，陆源高等植物少，加之湖水深，湖底为半还原-还原环境，有利于有机质保存，干酪根类型以 I 型、II_1 型为主，有机质丰度较高（TOC 含量一般为 1.0%～9.0%）。通常认为，TOC 含量大于 2.0%，干酪根类型为 I 型及 II_1 型的烃源岩为优质烃源岩（表 2-4），生油潜力大，是油田的主要贡献者。石油生成后，首先要满足烃源岩内泥质的吸附，之后多余的石油才能排驱出烃源岩，经运移聚集形成油田。I 型和 II_1 型烃源岩的有机质丰度越高，排油率就越高，更易形成大油田。在很多湖相盆地，大-中型油田围绕湖盆中心呈环带状分布，油气分布严格受生烃中心控制，如渤海海域渤中地区已发现油气主要围绕渤中凹陷分布（图 2-5）。

表 2-4　中国近海主要含油气盆地湖相烃源岩有机质丰度统计表

盆地（拗陷）	层位	TOC 含量平均值/%	S_1+S_2 平均值/（mg HC/g ROCK）
渤海海域	沙三段	2.40	13.63
	东三段	1.69	6.31
珠一拗陷	文昌组	3.16	19.08
珠三拗陷	文昌组	2.90	16.07
北部湾盆地	流沙港组	2.15	12.31

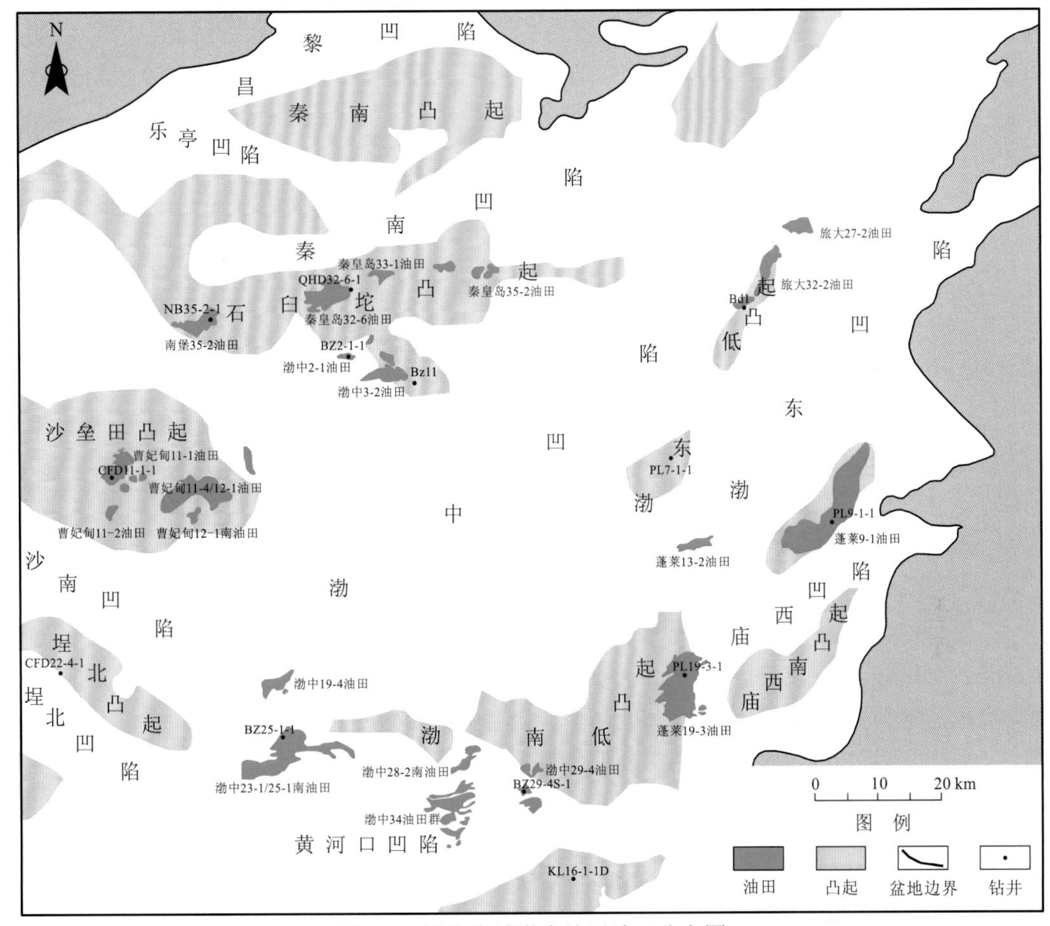

图 2-5　渤海海域渤中地区油田分布图

第三节　中国新生代河流-湖泊体系与石油的依存关系

在中国东部的华北板块、扬子板块及华南板块上发育了渤海湾盆地、江汉盆地、南阳盆地、苏北盆地、珠江口盆地、北部湾盆地等 26 个新生代湖相裂谷盆地，单个盆地面积为 0.083 万～25 万 km^2。目前，已在 13 个盆地内发现了油气，这 13 个盆地都是中国重要的一类含油气盆地（图 2-1）。这些盆地发育时间为新生代古新世—上新世，烃源岩主要形成于古近纪。每个盆地内都有多个凹陷和凸起，具有凹凸相间的结构特征，大断层常常是凹陷与凸起的分界线，多数凹陷具有半地堑特征，断层控制了烃源岩的展布，凹陷是烃源岩形成的基本单元，多数油气藏围绕凹陷呈环带分布。

中国东部新生代湖相盆地一般都经历了断陷和拗陷两个大的演化阶段。断陷阶段又可细分为 2～3 个裂陷期，湖盆在每个裂陷期有着相同的演化过程。裂陷早期，断层活动较弱，湖水浅、湖域小，形成以粗碎屑为主的近岸扇、冲积扇、河流、滨浅湖沉积，一般为储层形成期。裂陷中期，断层活动强，湖水变深，湖域增大，沉降速率大于沉积速率，为欠补偿沉积，以半深湖-深湖泥岩沉积为主，是烃源岩的主要形成期。裂陷后期，断层活动变弱，湖水变浅，湖域减小，为补偿-过补偿沉积，以河流-三角洲、滨浅湖沉积为主，是储盖层的主要形成期。在断陷期内，盆地内各凹陷具有明显的分割性，彼此不相连，多数凸起未接受沉积。在断陷后期，常有一个大幅度抬升，准平原化，之后盆地又整体沉降，多数断层不控制沉积，进入拗陷发展阶段，以河流、三角洲、滨浅湖沉积为主，是上部储盖组合形成期。

从上述盆地构造演化-沉积充填特征可以看出，中国东部新生代湖相盆地烃源岩主要形成于强裂陷期。此时期湖水深、水域广，主要形成三角洲、扇三角洲砂体类型。河流带来砂质碎屑的同时，也带来了丰富的矿物质，湖水中营养物质丰富，加之湖水清静，适合藻类等水生生物繁殖，且湖底缺氧，为半还原-还原环境，有利于有机质保存，因此，优质烃源岩形成于强裂陷期。在裂陷的早期和晚期，湖水浅，水域小，水体浑浊，透光性差，不利于水生生物生长，湖底为氧化-弱氧化环境，也不利于有机质保存，因此不利于烃源岩形成，此时期，冲积扇、近岸扇、河流、滨浅湖相是主要沉积类型。在中国东部新生代湖相裂谷盆地内，烃源岩厚度一般为 300～2000 m，干酪根类型以 II_1 型、I 型为主，少数为 II_2 和 III 型。中国东部新生界湖相烃源岩 TOC 含量为 0.4%～8.0%，主力烃源岩 TOC 含量为 1.0%～8.0%，富含 4-甲基甾烷是烃源岩的重要生物标志化合物特征，烃源岩成熟门限一般为 2200～2700 m。

中国东部新生代湖相盆地的主要储集层是河流、三角洲、扇三角洲砂岩，其次是近岸扇、浊积扇砂岩，少数油气田储层为湖相生物碎屑灰岩；盖层以浅湖、半深湖相泥岩为主，其次是河流相泥岩；最有利的储油圈闭是披覆背斜、逆牵引背斜、底辟背斜、潜山残丘，其次是断鼻圈闭、断块圈闭、断层-岩性复合圈闭和地层-岩性复合圈闭；油气分布的重要特征是不同类型的油气藏在纵向上叠置、平面上连接，形成复式油气聚集带，石油具有近距离运移的特点，受生油凹陷控制，“源控”特征明显。

中国东部新生代湖相盆地石油资源丰富，目前，已探明石油地质储量约为 181.35 亿 m^3，生产能力为 1.16 亿 m^3，是中国主力产油盆地。下面以中国东部新生代湖相盆地中石油资源最丰富的渤海湾盆地为例，论述此类盆地河流-湖泊体系与油田的依存关系。

一、渤海湾盆地新生代河流-湖泊体系对烃源岩的控制

渤海湾盆地位于中国东部华北板块，盆地面积为 20 万 km^2，包括辽河、冀东、大港、任丘、胜利、中原和渤海 7 个油区，目前年产原油为 9707 万 m^3，是中国石油产量最高的盆地。渤海湾盆地是一个新生代湖相裂谷盆地，著名的郯庐断裂控制了该盆地的形成和演化。在中生代末期，由于郯庐断裂的活动，地壳破裂，强度变低，导致地幔物质沿破碎带上拱，使上部地壳拉薄，产生了一系列半地堑。每一个半地堑演化成一个凹陷，盆地内共发育 52 个凹陷、49 个凸起。两个凹陷间必有一个凸起，两个凸起间是一个凹陷，凸凹相间是最重要的结构特点。

渤海湾盆地经历了早期断陷、晚期拗陷两大演化阶段，自下而上依次发育古近系古

新统—始新统下部孔店组，始新统中、上部沙河街组四段和三段，渐新统沙河街组二段和一段及东营组；新近系馆陶组、明化镇组和第四系平原组（表 2-5）。

表 2-5　渤海湾盆地地层及构造演化简表

<table>
<tr><th colspan="4">地层</th><th>厚度/m</th><th>主要沉积相</th><th>构造演化阶段</th></tr>
<tr><td colspan="2">第四系</td><td colspan="2">平原组</td><td>100～200</td><td rowspan="3">冲积扇、河流、三角洲、浅湖</td><td rowspan="3">拗陷期</td></tr>
<tr><td rowspan="2">新近系</td><td rowspan="2">中新统—上新统</td><td colspan="2">明化镇组</td><td>1 000～2 500</td></tr>
<tr><td colspan="2">馆陶组</td><td>1 000～2 000</td></tr>
<tr><td rowspan="11">古近系</td><td rowspan="5">渐新统</td><td rowspan="3">东营组</td><td>东一段</td><td>200～600</td><td>河流、三角洲</td><td rowspan="5">裂陷 III 期</td></tr>
<tr><td>东二段</td><td>500～1 000</td><td rowspan="2">滨浅湖、半深湖-深湖、三角洲</td></tr>
<tr><td>东三段</td><td>300～700</td></tr>
<tr><td rowspan="4">沙河街组</td><td>沙一段</td><td>200～1 000</td><td rowspan="2">河流、滨浅湖</td></tr>
<tr><td>沙二段</td><td>200～1 000</td></tr>
<tr><td rowspan="4">始新统</td><td>沙三段</td><td>1 000～3 500</td><td>半深湖-深湖</td><td rowspan="2">裂陷 II 期</td></tr>
<tr><td>沙四段</td><td>100～1 000</td><td>扇三角洲、滨浅湖</td></tr>
<tr><td rowspan="3">孔店组</td><td>孔一段</td><td>300～1 500</td><td>河流、三角洲、滨浅湖</td><td rowspan="4">裂陷 I 期</td></tr>
<tr><td>孔二段</td><td>500～1 500</td><td>扇三角洲、半深湖-深湖</td></tr>
<tr><td rowspan="2">古新统</td><td>孔三段</td><td>400～1 000</td><td>冲积扇、滨浅湖</td></tr>
<tr><td></td><td></td><td></td><td></td></tr>
<tr><td colspan="4">前古近系</td><td></td><td></td><td>前裂陷阶段</td></tr>
</table>

古新世、始新世、渐新世为断陷期，中新世—上新世为拗陷期。根据断层活动强度、湖水深度、沉积环境的变化，可将断陷期细分为三期裂陷。盆地在古新世早期开始形成，断层活动较弱，湖水浅，水域面积较小，古地形起伏大，以冲积扇、滨浅湖沉积为主，在盆地周边的一些凹陷（如沧东凹陷、南皮凹陷等）内沉积了孔三段砂岩、砂砾岩夹泥岩。进入孔二段沉积时期，断层活动变强，湖水变深，水域增大，可容纳空间变大，半深湖-深湖区面积增大，主要沉积厚层暗色泥岩、扇三角洲砂岩。经历了孔二段沉积时期的强烈裂陷，孔一段沉积时期的断层活动又变弱，湖水变浅，以河流、三角洲、滨浅湖沉积为主，从而结束了裂陷 I 期演化。

始新世是裂陷 II 期，沙四段早期断裂活动弱，湖水浅，沉积物较粗，沙四段后期至沙三段中期为强裂陷期，断层活动最强，沉降速率大于沉积速率，湖水深度最大，三角洲、扇三角洲是主要边缘相，暗色泥岩面积广、厚度大，夹浊积岩（图 2-6）。沙三段沉积末期断裂活动又减弱，湖水逐渐变浅，主要为河流、滨湖相沉积，末期发生准平原化，结束了裂陷 II 期演化。

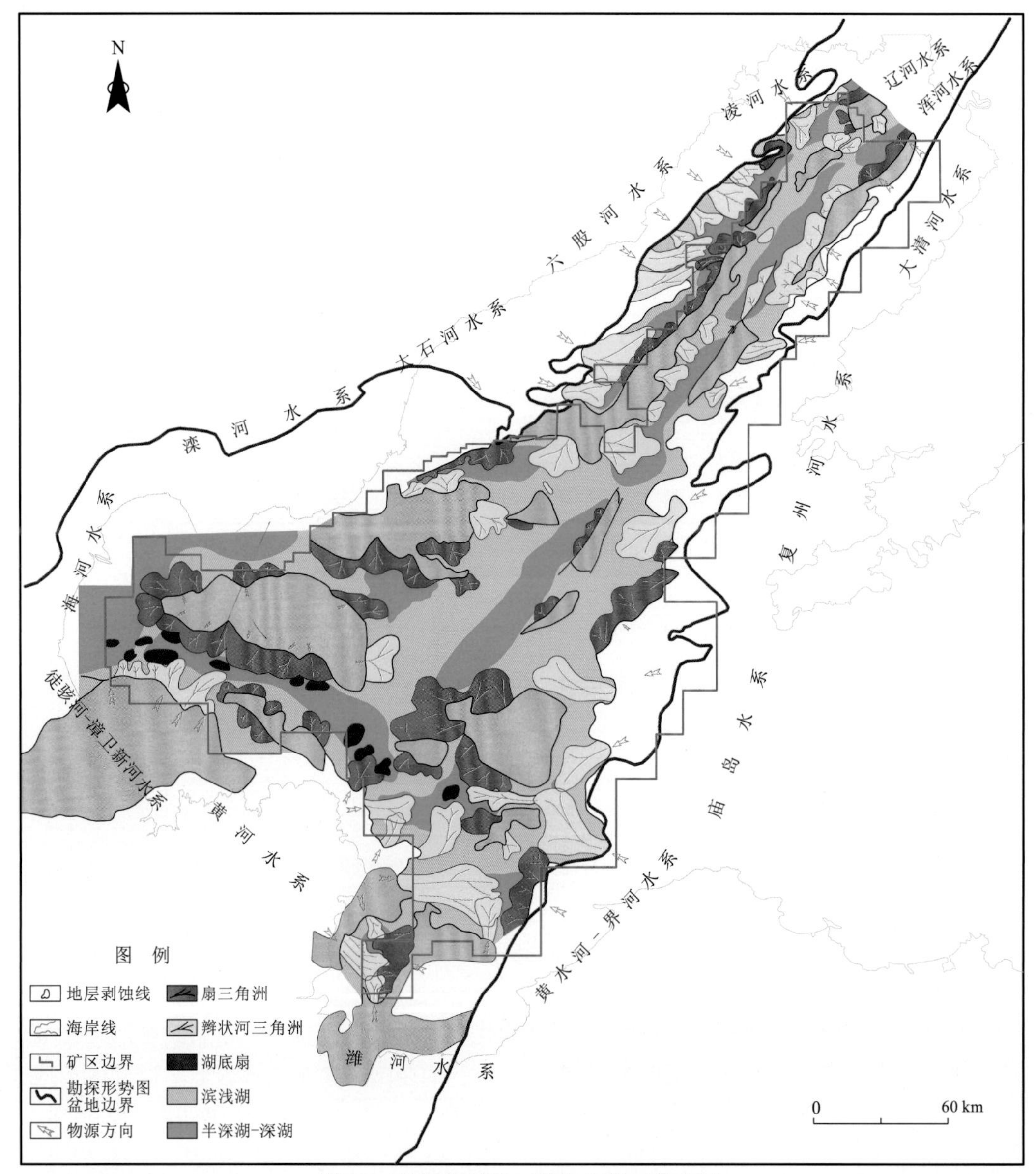

图 2-6　渤海海域沙三段沉积体系分布图

在准平原化基础上，渐新世早期（沙二段）以河流-滨浅湖沉积为主，砂岩发育。沙一段沉积时期水体较浅，但面积大且含盐度高，沉积了一套湖相生物碎屑灰岩、白云岩、油页岩与泥岩互层，是一套优质烃源岩。东三段沉积时期断层活动增强，湖水变深，以半深湖相暗色泥岩为主，之后断层活动再次变弱，湖水变浅，从半深湖到浅湖，至渐新世末变为辫状河、曲流河沉积，湖泊被充填。在渐新世末期盆地整体抬升，遭受剥蚀、准平原化，形成了新生界内最大的不整合面。

中新世—上新世地幔热冷却，盆地整体沉降，断层对沉积不起控制作用，从盆地边缘至中心依次为冲积扇、辫状河、曲流河、三角洲、浅湖相沉积，是盆地的拗陷期。

渤海湾盆地发育五套两类烃源岩。五套烃源岩自下而上依次是孔二段、沙四段、沙三段、沙一段和东三段；一类烃源岩沉积于半深湖-深湖微咸水环境，包括孔二段、沙三段、东三段，另一类形成于浅湖半咸水环境，包括沙四段、沙一段。孔二段、沙三段、东三段烃源岩形成于裂陷 III 期的强裂陷期。强裂陷期断层活动最强，断层上下盘落差大，湖水深，为欠补偿沉积，且该时期为亚热带湿润气候，河流带来了丰富的矿物质，湖水中淡水藻类大量繁殖（其中孔二段在潍北凹陷以轮藻和盘星藻为主，在沧东凹陷、南皮凹陷以丛粒藻为主；沙三段以陆相沟鞭藻中的渤海藻、副渤海藻占优势；东三段中淡水绿藻类的盘星藻含量高），半深湖-深湖底部因水深而处于半还原-还原环境，有利于有机质保存，形成了厚层有机质含量高的暗色泥岩。沙四段、沙一段烃源岩形成于浅湖沉积环境，为裂陷 II 期和 III 期的早期。盆地在裂陷 I 期和 II 期的晚期都经历了抬升剥蚀、准平原化，再次水进时湖底较平缓，所以裂陷 II 期和 III 期早期为湖底较平坦的浅湖，此时正好处于亚热带半干旱气候，河流入湖后水体蒸发量大，矿物质浓度大，适于半咸水藻类大量生长，其中沙四段以陆相沟鞭藻中的多甲藻属为主，沙一段以球藻中的棒球藻属和陆相沟鞭藻中的薄球藻属为主；同时，半咸水环境有利于有机质保存，尤其是脂肪类、蛋白质类在较咸水中可免遭破坏，烃源岩中无定形体含量比孔二段、沙三段、东三段微咸水环境中沉积的烃源岩中更高，因此，沙四段、沙一段烃源岩产烃率更高。

二、渤海湾盆地烃源岩与油藏的依存关系

（一）烃源岩特征

渤海湾盆地孔二段烃源岩主要分布在盆地边缘的沧东凹陷、南皮凹陷等，近期在东营凹陷、潍北凹陷等也有发现，单个凹陷有效烃源岩面积为 375～1180 km^2，厚度主要为 100～400 m，有效烃源岩中含古生物化石。孔二段烃源岩以暗色泥岩为主，仅在沧东凹陷、南皮凹陷发育为泥岩和油页岩两种类型，TOC 含量为 0.40%～9.23%，TOC 含量平均值在沧东凹陷、南皮凹陷油页岩中高达 4.87%（表 2-6），主要分布区干酪根类型以 I 型和 II_1 型为主（图 2-7），其余地区以 II_2 型及 III 型为主，伽马蜡烷指数平均值最高可达 1.82（表 2-7）。伽马蜡烷指数高为典型的生物标志化合物特征。

表 2-6　孔二段烃源岩有机质丰度及类型特征表

凹陷	岩性	TOC 含量/%			干酪根类型
		最小值	最大值	平均值	
沧东凹陷、南皮凹陷	泥岩	0.40	9.23	3.07	I、II_1
	油页岩	2.32	8.41	4.87	
廊固凹陷	暗色泥岩	0.50	3.00	0.50	II_2、III
东营凹陷	暗色泥岩	0.40	1.41	0.50	II_2、III
潍北凹陷	暗色泥岩	1.00	3.00	2.30	II_1、III

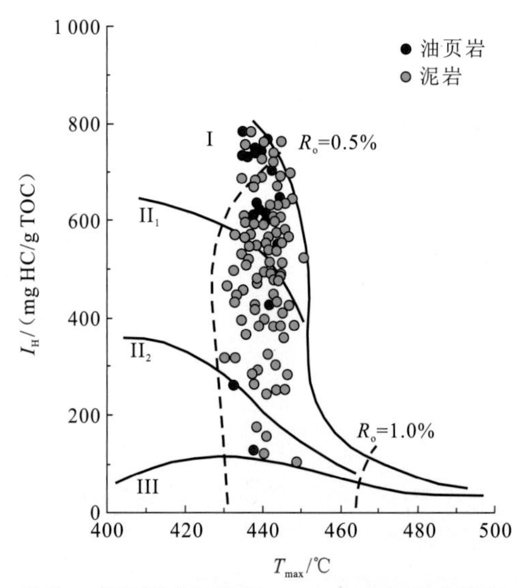

图 2-7　沧东凹陷孔二段烃源岩氢指数（I_H）与热解最高峰温（T_{max}）关系图

表 2-7　沧东凹陷、南皮凹陷孔二段烃源岩伽马蜡烷指数统计

岩性	伽马蜡烷指数（伽马蜡烷/C_{30}藿烷）		
	最小	最大	平均
泥岩	0.63	1.97	1.19
油页岩	1.31	2.28	1.82

沙四段烃源岩的分布范围比孔二段广，是辽河和胜利油田的主力烃源岩之一，主要分布在大民屯凹陷、辽河西部凹陷、东营凹陷、东濮凹陷，渤海海域目前仅在辽中凹陷、莱州湾凹陷钻遇沙四段烃源岩，单个凹陷的有效烃源岩面积为 400～1 450 km^2，厚度为 100～500 m。沙四段烃源岩以暗色泥岩为主，仅在大民屯凹陷发育为泥岩和油页岩两种类型，TOC 含量为 0.40%～15.18%，大民屯凹陷油页岩 TOC 含量平均值高达 7.45%（表 2-8），干酪根类型以 I 型和 II_1 型为主（图 2-8），伽马蜡烷含量高是其主要的生物标志化合物特征（图 2-9）。

表 2-8　沙四段烃源岩有机质丰度及类型特征表

凹陷	岩性	TOC 含量/%			干酪根类型
		最小值	最大值	平均值	
大民屯凹陷	泥岩	1.83	10.52	7.45	I
	油页岩	0.40	8.88	1.94	II_2、III
辽河西部凹陷	暗色泥岩	0.40	11.60	1.91	I、II_1
东营凹陷	暗色泥岩	0.46	7.90	2.23	I、II_1
沾化凹陷	暗色泥岩	0.77	15.18	3.28	II_1、II_2
辽中凹陷	暗色泥岩	0.40	3.11	1.80	II_1、I

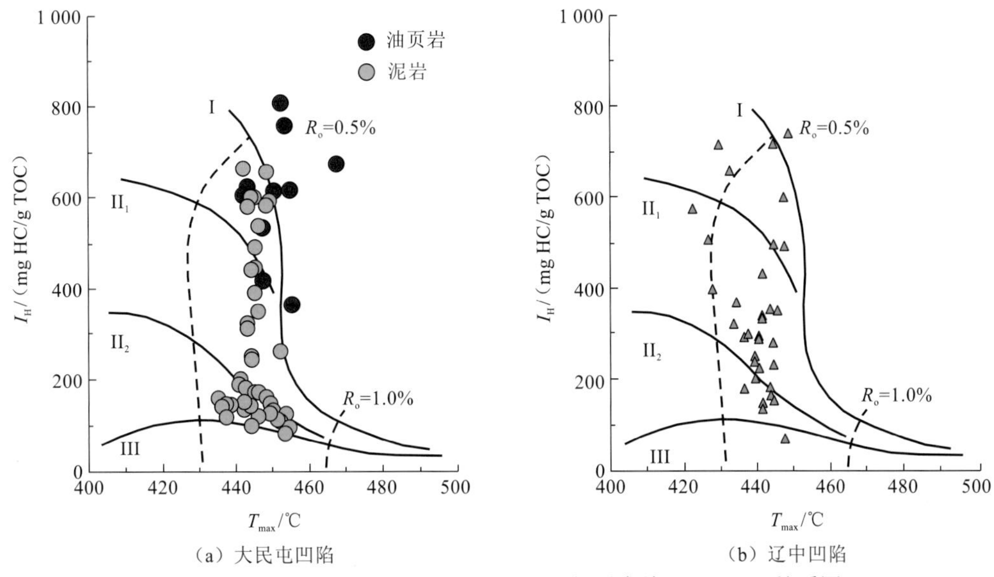

（a）大民屯凹陷　　（b）辽中凹陷

图 2-8　沙四段烃源岩氢指数（I_H）与热解最高峰温（T_{max}）关系图

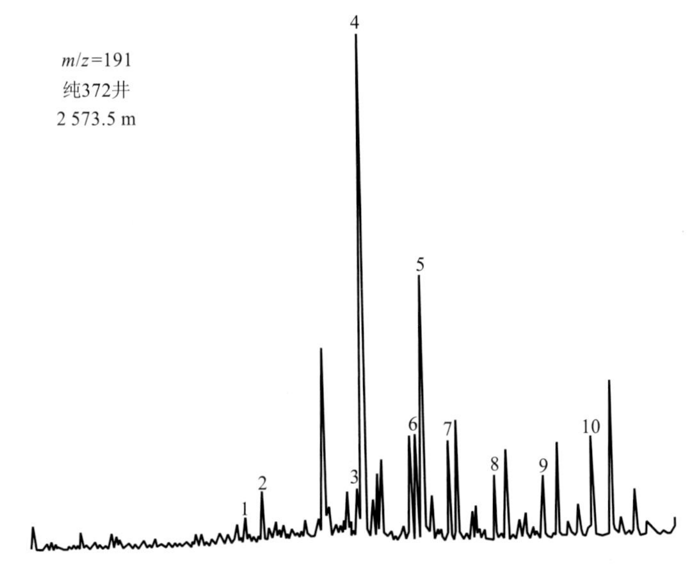

1. Ts；2. Tm；3. 奥利烷；4. C_{30}藿烷；5. 伽马蜡烷；6. C_{31}藿烷；7. C_{32}藿烷；8. C_{33}藿烷；9. C_{34}藿烷；10. C_{35}藿烷

图 2-9　东营凹陷沙四段烃源岩生物标志化合物特征

沙三段是渤海湾盆地最重要、分布最广泛的烃源岩，只要是富含油气的凹陷都存在沙三段烃源岩，单个凹陷的有效烃源岩面积为 400～3 900 km^2，厚度为 200～800 m。沙三段烃源岩 TOC 含量为 0.40%～12.49%，平均值最大的为沾化凹陷，高达 3.02%（表 2-9），干酪根类型以 II_1 型和 I 型为主（图 2-10），富含 4-甲基甾烷是其重要的生物标志化合物特征（图 2-11）。

表 2-9　沙三段烃源岩有机质丰度及类型特征表

凹陷	TOC 含量/%			干酪根类型
	最小值	最大值	平均值	
辽河西部凹陷	0.41	7.06	1.68	I、II_1
东营凹陷	0.44	6.01	2.51	I、II_1
沾化凹陷	0.55	12.49	3.02	I、II_1
廊固凹陷	0.40	7.97	0.89	II_1
歧口凹陷	0.60	5.76	2.36	I、II_1
渤中凹陷	0.40	6.07	2.06	II_1、I

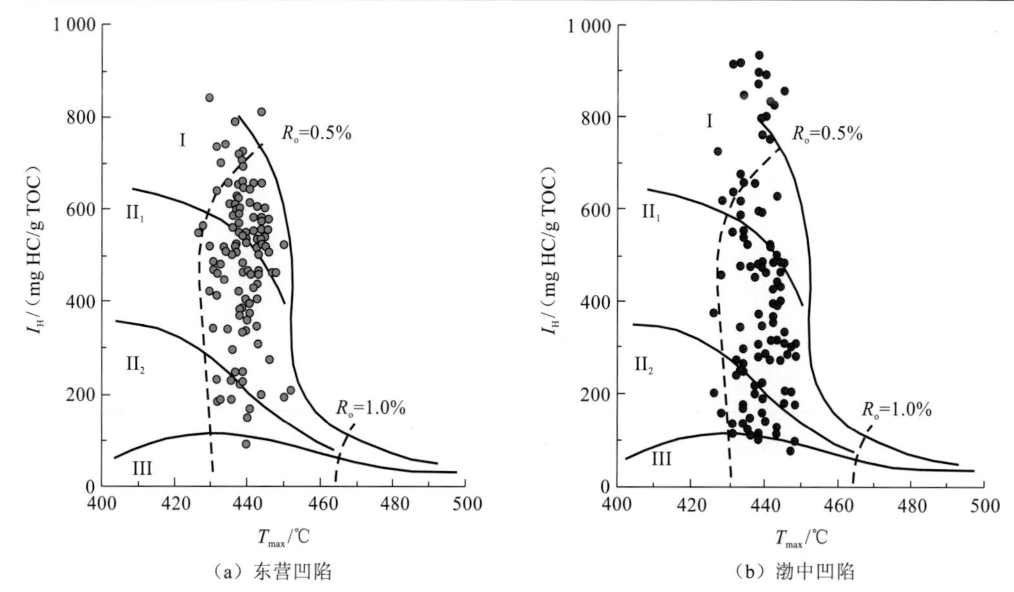

图 2-10　沙三段烃源岩氢指数（I_H）与热解最高峰温（T_{max}）相关图

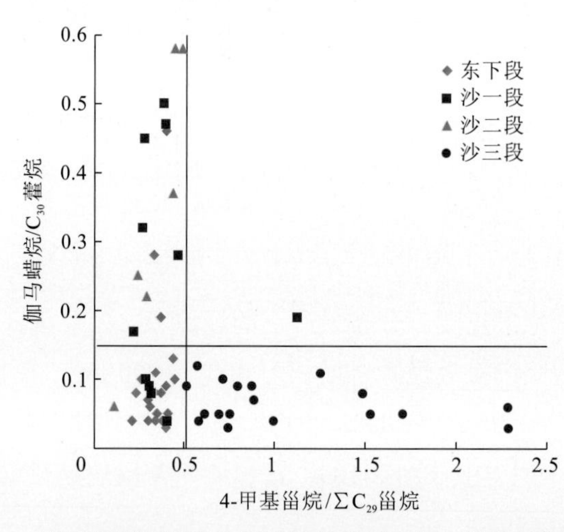

图 2-11　渤海海域烃源岩 4-甲基甾烷指数与伽马蜡烷指数相关图

沙一段烃源岩分布面积也较广泛，辽河油田的西部凹陷，渤海海域的辽西凹陷、辽中凹陷、渤中凹陷、黄河口凹陷、歧口凹陷等，胜利油田的东营凹陷、沾化凹陷等都发育沙一段烃源岩。单个凹陷的有效烃源岩面积为 450～6 020 km^2，有效烃源岩厚度不大但分布较稳定，一般为 100～200 m。沙一段烃源岩 TOC 含量为 0.40%～12.69%，平均值最大的为沾化凹陷，高达 4.76%，干酪根类型以 II_1 型和 I 型为主（表 2-10，图 2-12），伽马蜡烷含量高是此套烃源岩的主要生物标志化合物特征（图 2-11）。

表 2-10　沙一段烃源岩有机质丰度及类型特征表

凹陷	TOC 含量/%			干酪根类型
	最小值	最大值	平均值	
辽河西部凹陷	0.40	4.20	1.85	II、I
东濮凹陷	0.40	6.16	0.76	II_1、II_2
东营凹陷	0.47	5.60	2.26	I、II_1
沾化凹陷	0.93	12.69	4.76	I、II
歧口凹陷	0.60	5.76	2.36	I、II_1
渤中凹陷	0.46	6.15	1.91	II_1、I

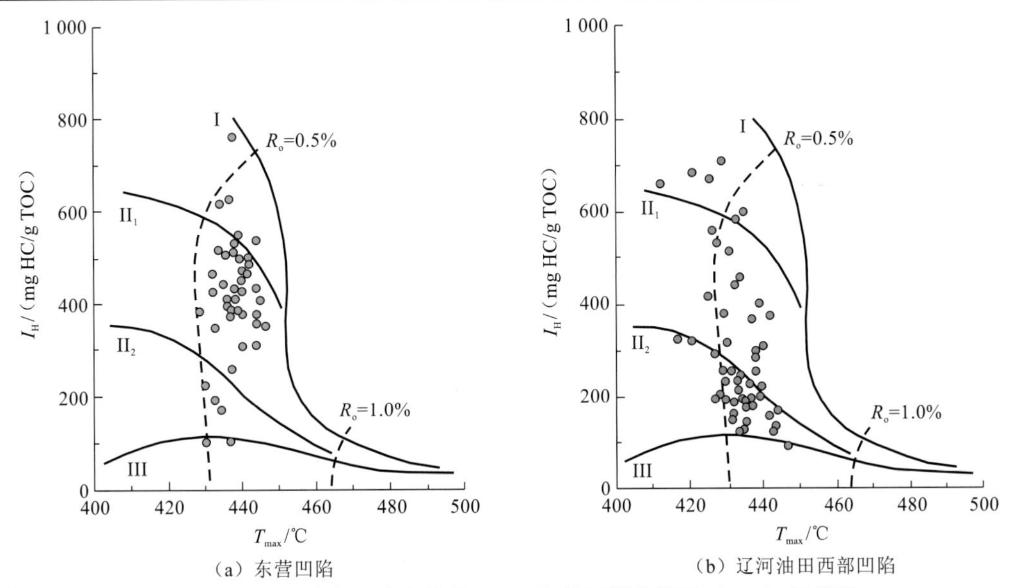

图 2-12　沙一段烃源岩氢指数（I_H）与热解最高峰温（T_{max}）相关图

东三段烃源岩主要分布在盆地中心的凹陷内，如渤海海域的辽中凹陷、渤中凹陷、黄河口凹陷、歧口凹陷等。在渤海海域周边陆上的凹陷，东三段以砂岩为主，不发育泥质烃源岩，而渤海海域内各凹陷的东三段烃源岩面积大、埋藏深，是渤海湾盆地海域区别于陆上而独有的一套烃源岩层系，为渤海海域油田的形成做出了重要贡献。单个凹陷东三段的有效烃源岩面积为 460～3 800 km^2，厚度为 100～750 m，烃源岩 TOC 含量为

0.40%～4.17%，平均为 1.55%，干酪根类型以 II_1 型和 II_2 型为主，少量 I 型和 III 型（图 2-13）。东三段烃源岩的 4-甲基甾烷和伽马蜡烷含量普遍偏低，三芳甾烷/三芳甲藻甾烷含量高是其主要的生物标志化合物特征（图 2-11、图 2-14）。

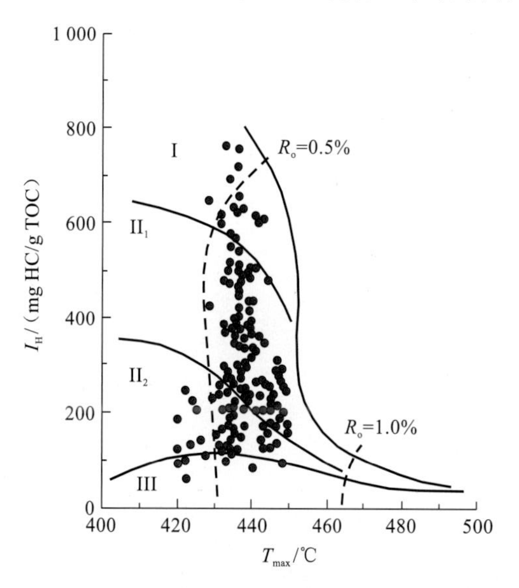

图 2-13　渤海海域东三段烃源岩氢指数（I_H）与热解最高峰温（T_{max}）相关图

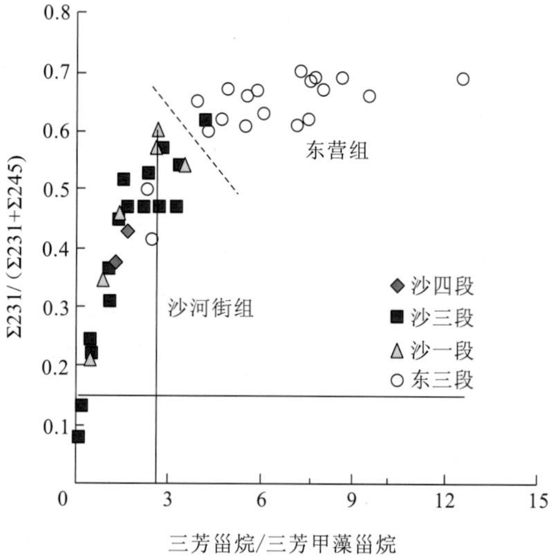

图 2-14　渤海海域烃源岩三芳甾烷/三芳甲藻甾烷与Σ231/（Σ231+Σ345）的相关图

（二）储集层特征

渤海湾盆地储层类型多、变化大。三角洲、扇三角洲砂岩是主要的储集层，多形成于裂陷 II 期和 III 期的中—晚期，砂岩厚度大、分布较广且物性好，孔隙度一般为 20%～30%，渗透率为（150～20000）$\times10^{-3}\ \mu m^2$，是曙光油田、欢喜岭油田、绥中 36-1 油田、胜坨油田的主力储层。河流相砂岩是渤海湾盆地的重要储层，多形成于新近纪拗陷期和古近纪裂陷 II 期和 III 期早期，单个砂体面积较小，但叠加连片，是区域性储层，物性也较好，孔隙度一般为 18%～35%，渗透率为（80～30000）$\times10^{-3}\ \mu m^2$。河流相砂岩是曹妃甸 11-1 油田、蓬莱 19-3 油田、渤中 25-1 油田、冷东油田、孤岛油田、孤东油田的主力储层。近岸扇、浊积扇砂岩也是渤海湾盆地重要的储层，形成于裂陷 III 期的早—中期，砂体较小，储层物性较差，孔隙度一般为 9%～18%，渗透率为（5～90）$\times10^{-3}\ \mu m^2$。碳酸盐岩和花岗岩、混合花岗岩是渤海湾盆地重要潜山储层。碳酸盐岩储层位于新元古界和古生界，任丘油田储层是新元古界白云岩，桩西油田、渤中 28-1 油田为下古生界灰岩、白云岩，孔隙度为 2.24%～8.07%，渗透率变化较大，渤中 28-1 油田渗透率主要为（1.8～29.8）$\times10^{-3}\ \mu m^2$，而任丘油田渗透率高达（296～1400）$\times10^{-3}\ \mu m^2$。花岗岩储层位于中生界，蓬莱 9-1 大油田潜山储层为侏罗纪花岗岩，孔隙度为 2%～19%，渗透率为（0.1～111.1）$\times10^{-3}\ \mu m^2$。混合花岗岩储层多分布于古太古界—新元古界，兴隆台油田、锦州 25-1 南油田、王庄油田主力储层为古太古界—新元古界混合花岗岩，双重介质，孔隙率和裂缝率一般为 3%～23.3%，渗透率为（0.1～351）$\times10^{-3}\ \mu m^2$。

（三）盖层特征

渤海湾盆地油气藏盖层具有分区的特点，盆地周边盖层主要为断陷期的浅湖-深湖相泥岩，具有厚度大、横向分布广的特点，而在盆地中心的渤海油区、大港油田东部、胜利油区的北部，拗陷期河流-浅湖相泥岩是主要盖层。盖层的面积控制了原油性质，而沉积相控制了盖层面积。在辫状河沉积区，泥岩横向变化大，形成沥青-超稠油；在曲流河沉积区，泥岩面积较大，形成正常稠油；而在滨浅湖区，盖层厚度大、分布广，形成正常油-轻质油（图 2-15）。

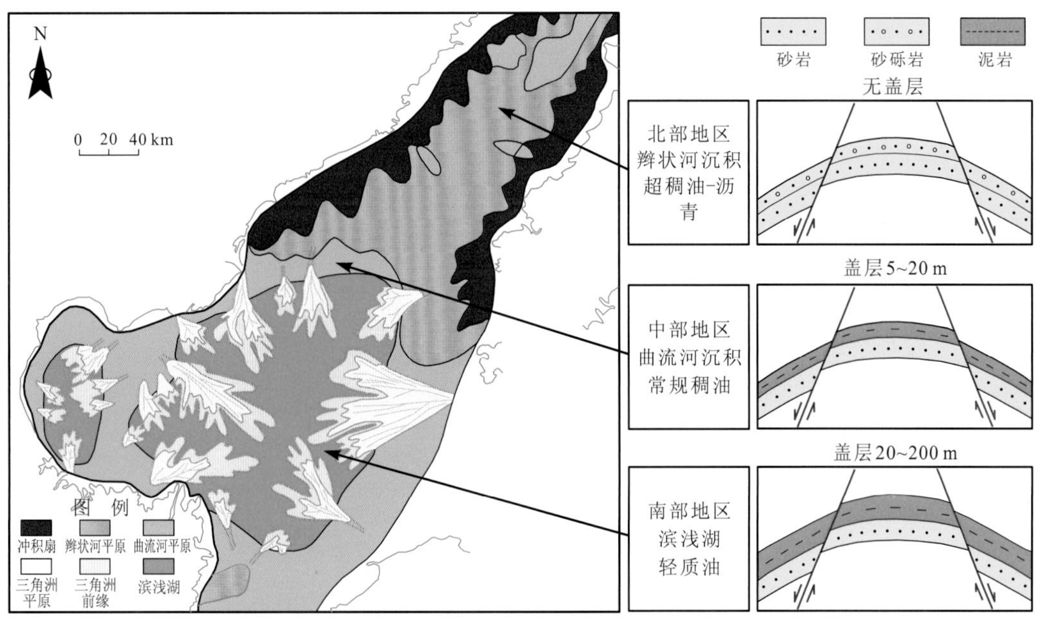

图 2-15 渤海海域新近系临界盖层质量与原油性质关系

（四）油气藏特征

渤海湾盆地是一个新生代湖相裂谷盆地，断层多、活动时间长，几乎每一个构造圈闭都与断层相关，断层也是油气运移的重要通道；储集层类型多样、变化大。古近系盖层厚度大、横向分布稳定，新近系盖层质量差一些，受沉积相控制，盖层范围和品质决定了原油性质；油气藏类型多，不同的油气藏在平面及纵向上组成复式油气聚集带。断层、不整合面、砂体是渤海湾盆地油气运移的主要通道，砂体是油气初次运移的重要通道，不整合面及断层是凸起上油藏形成的主要通道，断层是凹陷内油气运移的主要通道。以纵向运移为主是渤海湾盆地油气运移的重要特征。相对而言，油气横向运移距离较短，一般为 1～20 km。油气田围绕生油凹陷分布，源控是重要特征。

渤海湾盆地在形成与演化过程中，古地形变化大，凹凸相间，断层多，盆地经历了多期构造旋回，沉积相变化快，这些决定了该盆地发育多种类型储油圈闭。披覆背斜是盆地内最重要的储油圈闭，通常位于凸起、低凸起上，具有面积大、类型好的特点，常形成大油田。例如，曙光油田、欢喜岭油田、绥中36-1油田、曹妃甸11-1油田、蓬莱19-3油田（图2-16）、港西油田、埕岛油田、孤岛油田（图2-17）、孤东油田等大油田储油圈闭都是披覆型背斜圈闭。逆牵引背斜是另一种重要的储油圈闭，常位于凹陷边界大断层下降盘。例如，胜坨油田、垦利11-1油田、旅大5-2油田、歧口17-2油田、港东油田、羊二庄油田（图2-18）等大-中型油田储油圈闭均为大断层下降盘的逆牵引构造。断鼻与断块构造分布最普遍，在凹陷内、凸起上都发育这两类圈闭，通常面积较小，形成中-小型油田。例如，冷东油田、歧口18-1油田（图2-19）、旅大6-2油田为断鼻型圈闭，而歧口18-2油田、渤中34-2油田储油圈闭为断块型圈闭（图2-20）。残丘潜山圈闭是渤海湾盆地重要的储油圈闭，类型好、面积大，也能形成大油气田。著名的任丘油田、蓬莱9-1油田、锦州25-1南油田（图2-21）、兴隆台油田、桩西油田均为前新生代基岩潜山大油田。岩性圈闭单个规模较小，位于凹陷内，如锦州31-6含气构造（图2-22）为岩性气藏。

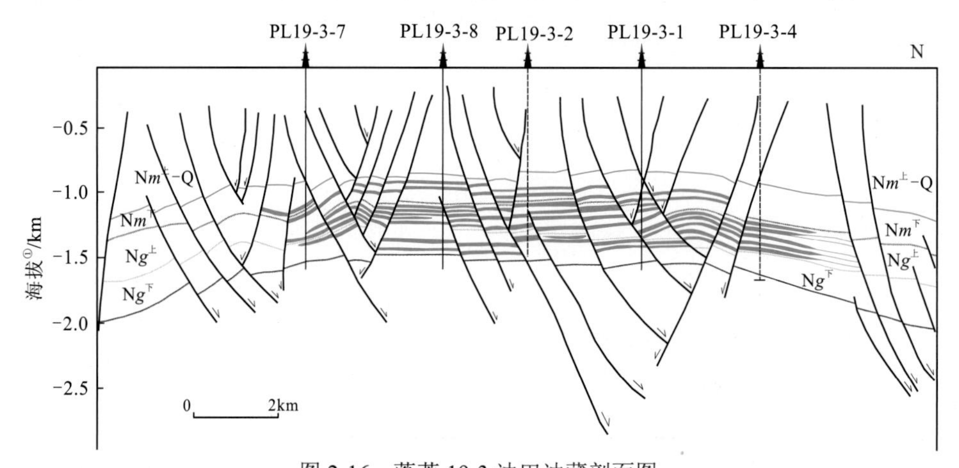

图2-16　蓬莱19-3油田油藏剖面图

Q.第四系；Nm上.明化镇组上段；Nm下.明化镇组下段；Ng上.馆陶组上段；Ng下.馆陶组下段

①海拔为从海平面开始计算钻井深度

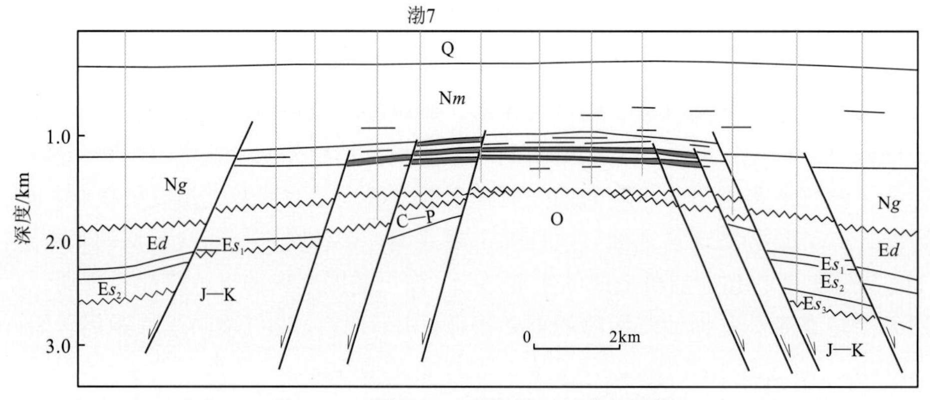

图2-17　孤岛油田油藏剖面图

O.奥陶系；C—P.石炭—二叠系；J—K.侏罗—白垩系；Es3.沙三段；Es2.沙二段；Es1.沙一段；

Ed.东营组；Ng.馆陶组；Nm.明化镇组；Q.第四系

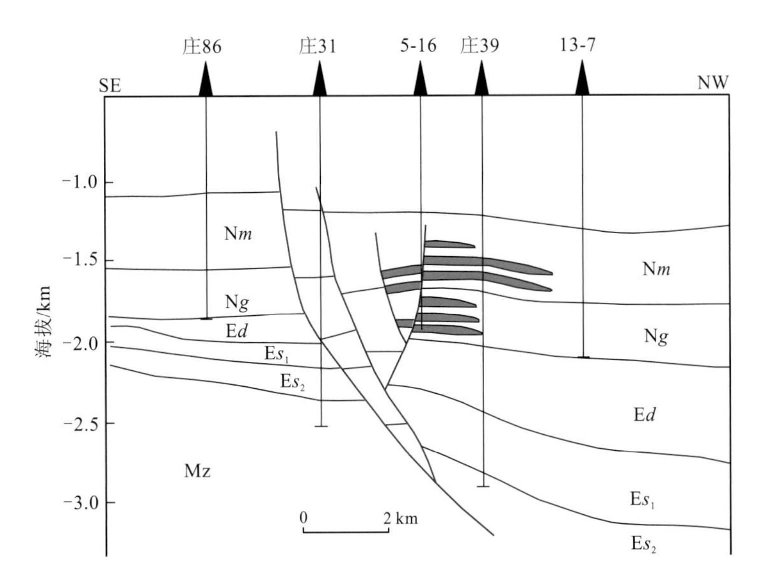

图 2-18　羊二庄油田油藏剖面图

Mz.中生界；Es3.沙三段；Es2.沙二段；Es1.沙一段；Ed.东营组；Ng.馆陶组；Nm.明化镇组

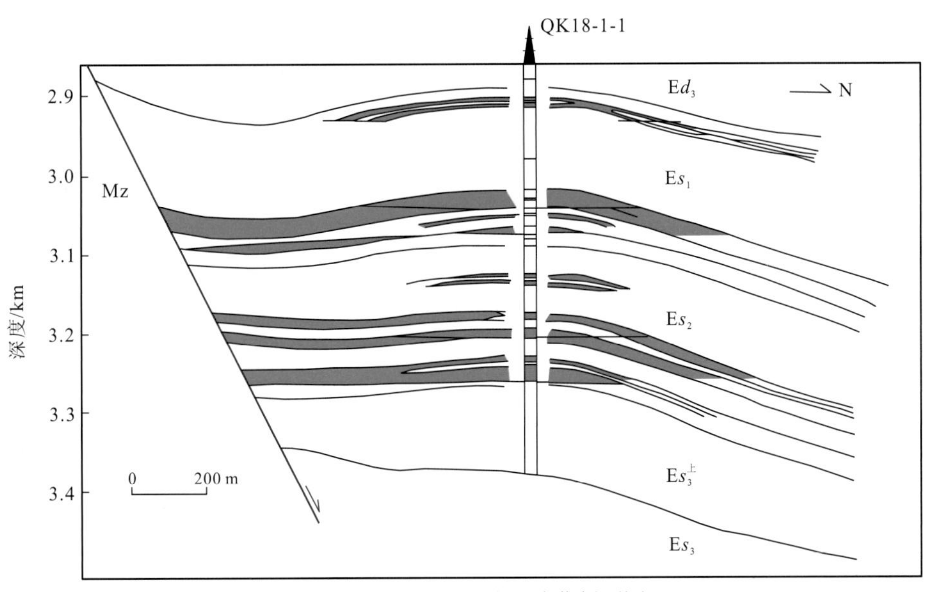

图 2-19　歧口 18-1 油田油藏剖面图

Es3.沙三段；Es3上.沙三上亚段；Es2.沙二段；Es1.沙一段；Ed3.东三段

渤海湾盆地油气分布的主要特征是复式油气聚集带，不同类型不同层位的油气藏在纵向上相互叠置，在平面上相互连接，形成复式聚集带，而在每一个复式油气聚集带内，必有一个主力含油层系和一个主力油气藏，逆牵引背斜、披覆背斜常常是主力储油圈闭。在勘探早—中期应先寻找主力油气田，然后进行滚动勘探，扩大储量，这是一条行之有效的勘探方法。

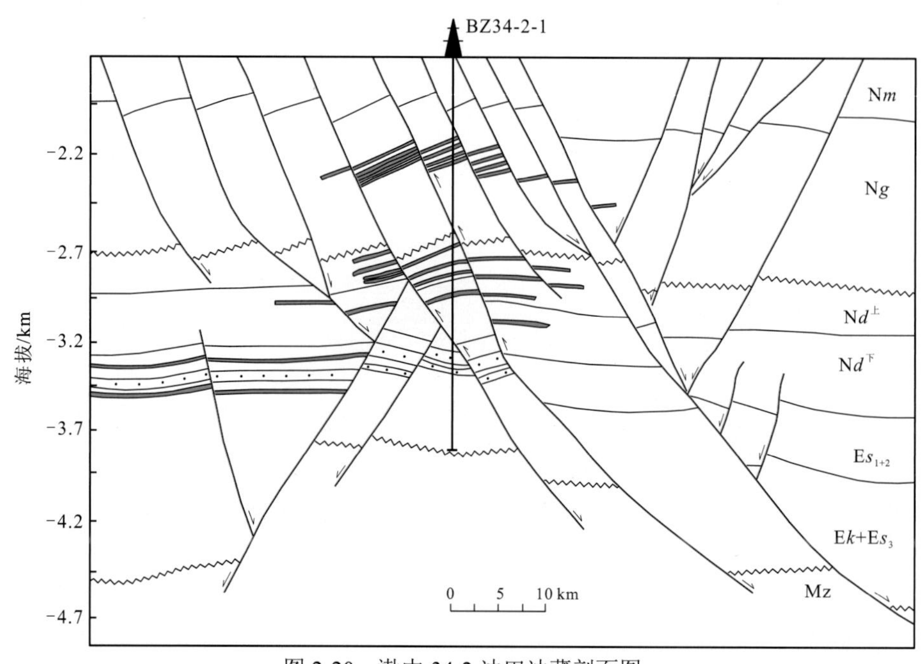

图 2-20　渤中 34-2 油田油藏剖面图

Mz. 中生界；$Ek+Es_3$. 孔店组+沙三段；Es_{1+2}. 沙一二段；$Ed^{下}$. 东营组下段；$Ed^{上}$. 东营组上段；Ng. 馆陶组；Nm. 明化镇组

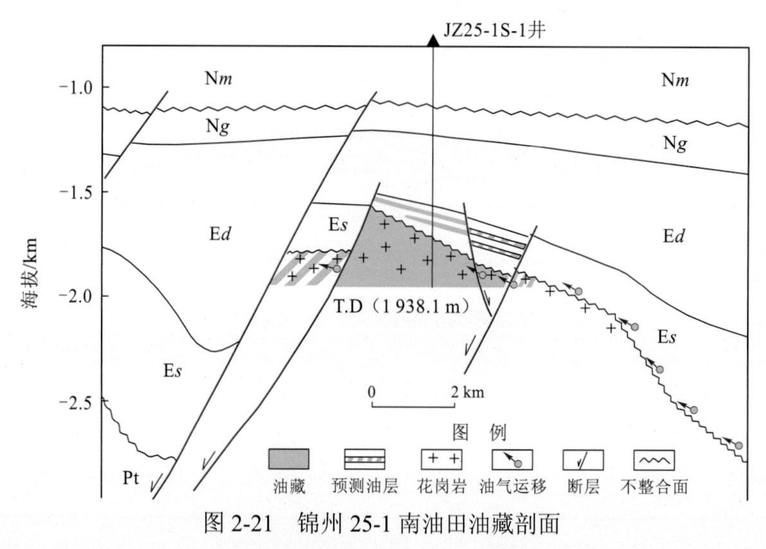

图 2-21　锦州 25-1 南油田油藏剖面

Pt. 新元古界；Mz. 中生界；Es. 沙河街组；Ed. 东营组；Ng. 馆陶组；Nm. 明化镇组；T.D. 实钻井深

（五）油田与烃源岩的依存关系

渤海湾盆地是目前中国产油最多的含油盆地，面积为 $20\times10^4 km^2$，其内分为 6 个拗陷（辽河-辽东湾拗陷、渤中拗陷、黄骅拗陷、冀中拗陷、临清拗陷、济阳拗陷）和 2 个隆起（埕宁隆起、沧县隆起）。烃源岩分布在拗陷内，油田也在拗陷内，隆起上基本没有油田。每个拗陷都由若干个凹陷和凸起组成。凸起上没有烃源岩展布，烃源岩主要分布在凹陷内，凹陷是基本的生油、聚油单元，凹陷控制了油田的展布。

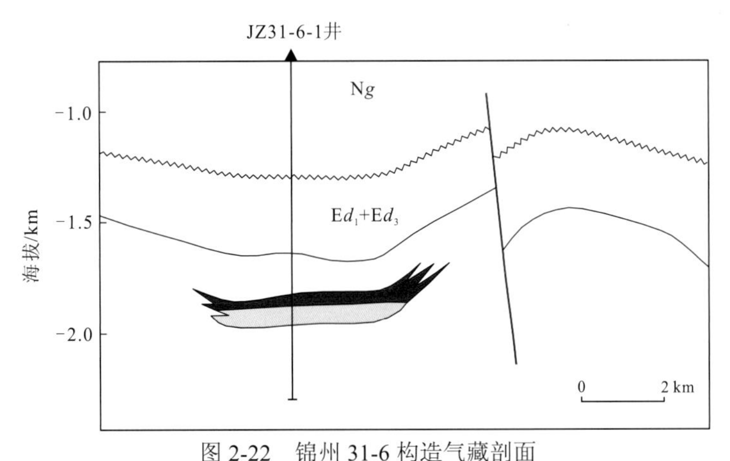

图 2-22　锦州 31-6 构造气藏剖面

Ed^1+Ed^3.东营组一段+三段；Ng.馆陶组

在渤海湾盆地内，优质烃源岩所在的富油凹陷控制了大-中型油田的分布。渤海湾盆地内富油凹陷有大民屯凹陷、西部凹陷、辽西凹陷、渤中凹陷、歧口凹陷、黄河口凹陷、莱州湾凹陷、沧东凹陷、饶阳凹陷、东濮凹陷、东营凹陷和沾化凹陷。这些凹陷一般发育 2～3 套优质烃源岩，烃源岩品质好，干酪根类型主要为 I 型、II_1 型，TOC 含量为 2.0%～8.0%，烃源岩厚度为 200～800 m。在单个生油凹陷内，优质烃源岩并不是均衡分布，平面变化较大，常常在一个凹陷内，有 1～4 个富生油次洼，如东营凹陷有 4 个富生油次洼，黄河口凹陷有 3 个，渤中凹陷有 4 个，辽中凹陷有 3 个。最终控制大油田展布的是富生油次洼。

渤海湾盆地是一个湖相盆地，断层活动时间长，地形起伏变化大，单个砂体横向分布范围较小，这就导致了石油横向运移距离较其他盆地小（一般为 1～20 km），而沿断层的纵向运移距离相对其他盆地大（一般为 1～5 km）。因此，主力油田紧邻富生油次洼分布，具有明显的源控特征（图 2-23）。

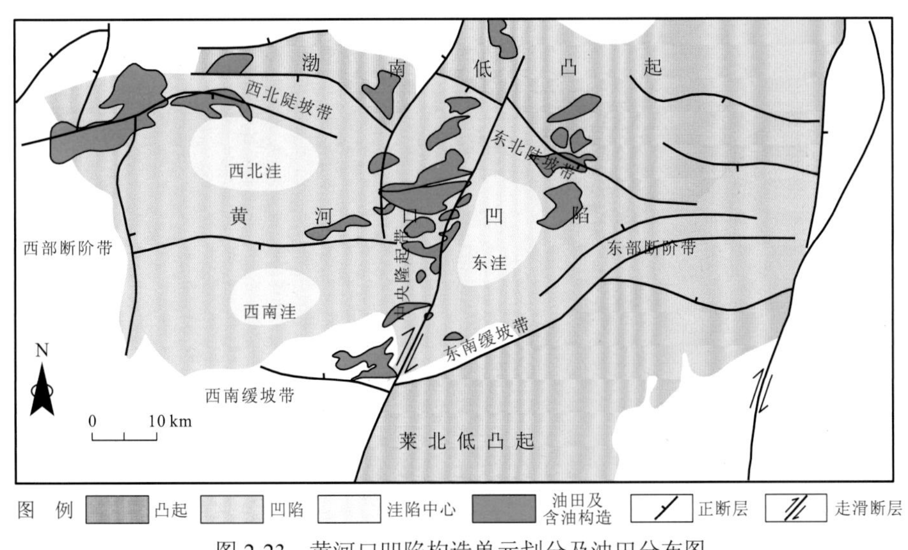

图 2-23　黄河口凹陷构造单元划分及油田分布图

第四节　中国中生代河流-湖泊体系与石油的依存关系

在中国的东北、西北地区分布着许多中生代湖相含油气盆地，如松辽盆地、二连盆地、海拉尔盆地、鄂尔多斯盆地等。这些盆地虽然都发生、发展于中生代，但它们的主成盆期（烃源岩形成时间）不同，如鄂尔多斯盆地主成盆期为三叠纪，松辽盆地为白垩纪。这些中生代盆地以主力烃源岩形成于坳陷期且是宽缓的湖盆为特点而不同于前述的新生代盆地（主力烃源岩形成于断陷期，是窄陡的湖盆）。

中生代含油气盆地一般都经历了断陷和坳陷两期演化。断陷期发育多个地堑、半地堑，为凹凸相间的构造格局，多物源短距离搬运，粗碎屑充分，多为补偿-过补偿沉积，有些地区火山活动强，主要形成了砂岩、砂砾岩、火山碎屑岩、煤和泥岩。坳陷期盆地整体沉降，湖底较平坦，沉降速率大于沉积速率，为欠补偿沉积，湖水分布广泛，半深湖-深湖相沉积发育，有利于有机质的发育和保存，烃源岩干酪根类型以 I 型和 II_1 型为主，是优质的烃源岩；坳陷期湖盆周缘水系发育，发育大型河流-三角洲、扇三角洲沉积体系，是盆地内的主力储集层系。大型三角洲储层与烃源岩交互式接触，油气运移充分，易形成自生自储式的大型岩性和背斜油藏。下面以石油资源最丰富的松辽盆地为例，论述中国中生代河流-湖泊体系与石油的依存关系。

一、松辽盆地中生代河流-湖泊体系对烃源岩的控制

松辽盆地是一个中生代坳陷型盆地，中生界主要为侏罗系和白垩系，厚度为 8000～10000 m，侏罗系分布相对局限，白垩系分布广泛且厚度大，是盆地沉积充填的主体（图 2-24、图 2-25）。侏罗纪—早白垩世为松辽盆地的断陷阶段。由于莫霍面拱起，受地壳热穹隆作用影响，松辽盆地下伏岩石圈破裂，断层活动并伴有火山喷发，产生了一系

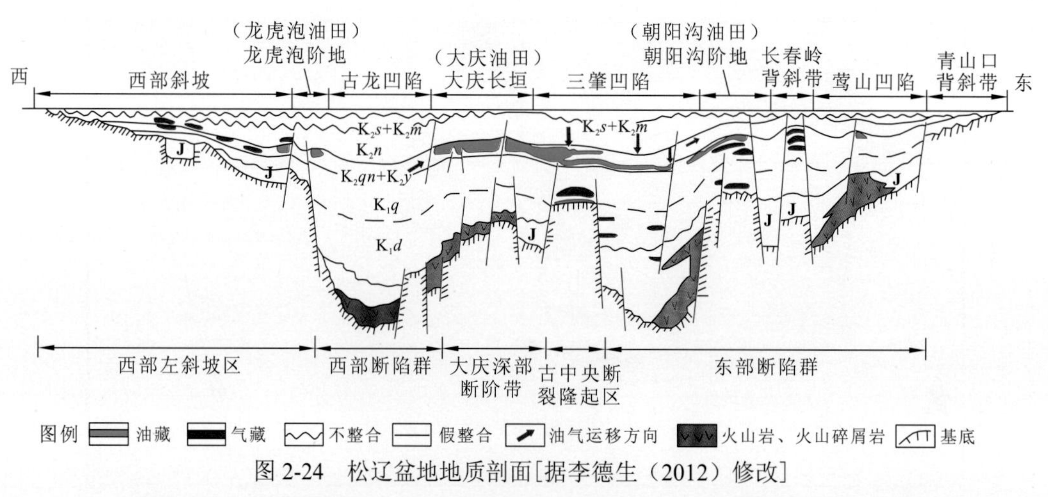

图 2-24　松辽盆地地质剖面[据李德生（2012）修改]

J.侏罗系；K_1d.下白垩统登楼库组；K_1q.下白垩统泉头组；K_2qn+K_2y.上白垩统青山口组、姚家组；

K_2n.上白垩统嫩江组；K_2s+K_2m.上白垩统四方台组、明水组

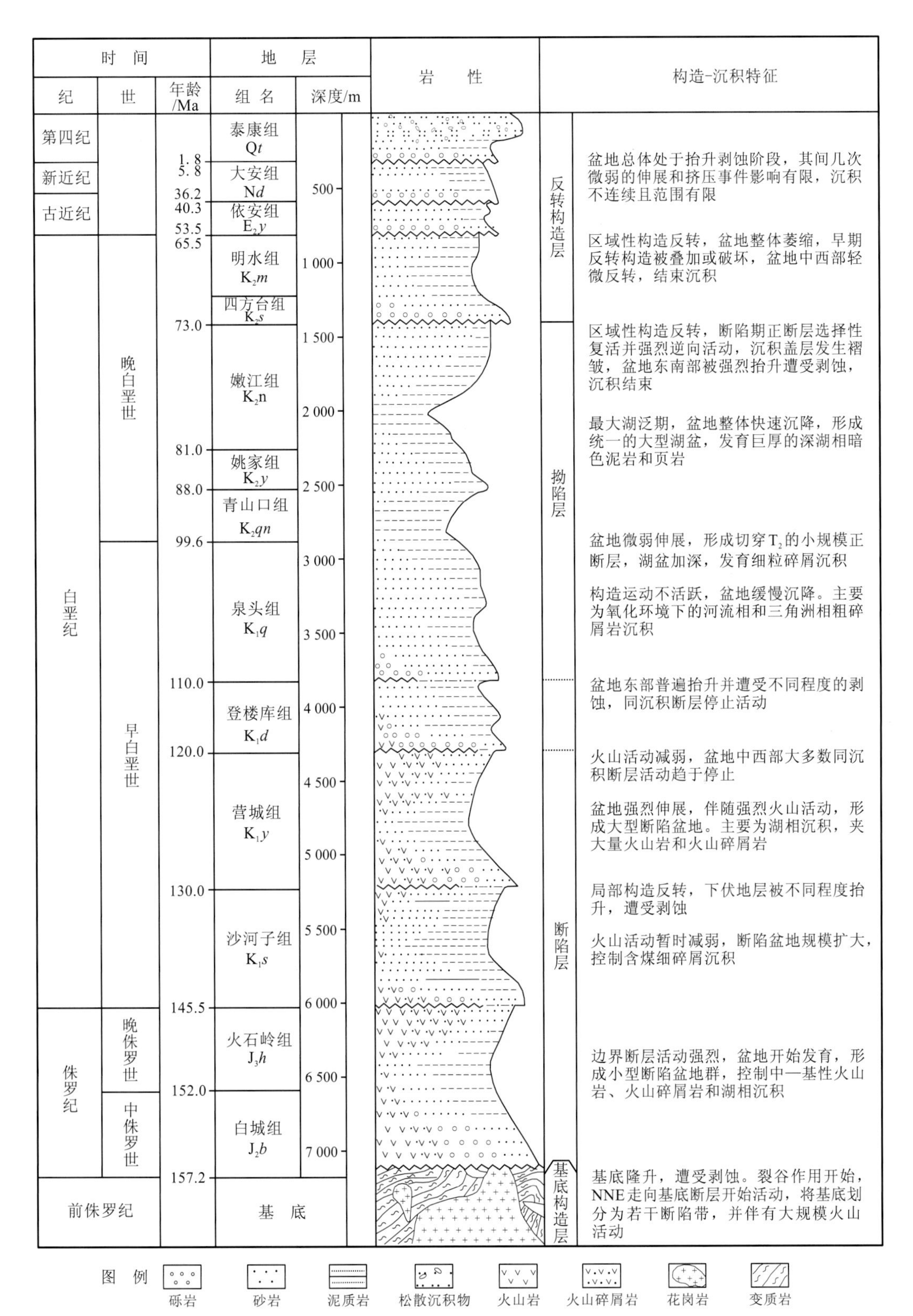

图 2-25　松辽盆地简要地层柱状图及构造-沉积特征（葛荣峰 等，2010）

列彼此独立的断陷，断陷之间为凸起，形成了凹凸相间的构造格局。盆地中生界最下部地层是中侏罗统的白城组，分布较为局限；上侏罗统为火石岭组，分布相对广泛。由于气候温暖湿润，湖盆周边水系发育，河流带来了丰富的碎屑物质，沉积充填具有多物源、多沉积中心、短距离搬运的特征，各断陷总体上为补偿-过补偿沉积。中-上侏罗统主要发育冲积扇、（扇）三角洲、沼泽、滨浅湖相沉积，岩性主要为砂砾岩、砂岩、泥岩、碳质泥岩和煤（图 2-26）；由于断陷活动强烈，盆地内部分地区发育火山岩和火山碎屑岩，常见凝灰岩、安山岩、玄武岩和凝灰质角砾岩等。

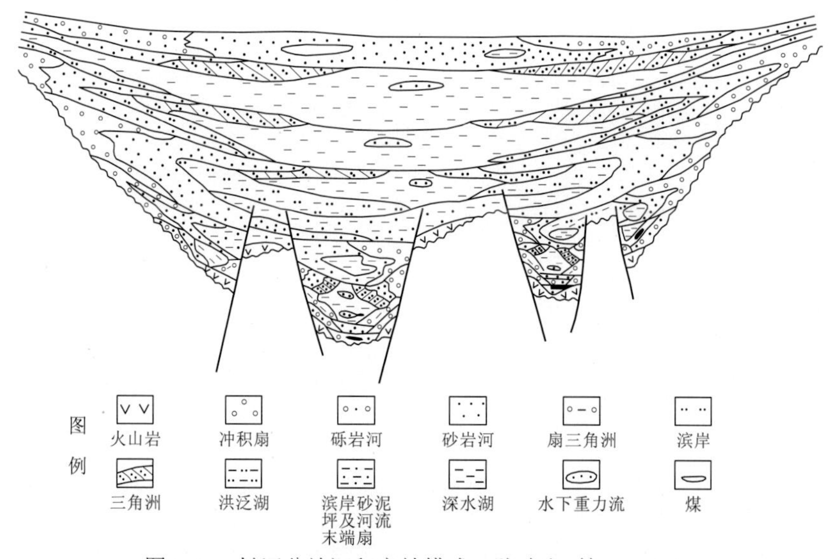

图 2-26 松辽盆地沉积充填模式（陈建文 等，2000）

早白垩世早期由于莫霍面拱起造成盆地继续拉张，裂陷沉降速率快；晚期太平洋板块向西运动，使得盆地内裂谷未能继续大规模打开，呈现封闭趋势，裂陷阶段逐渐结束。下白垩统发育沙河子组、营城组、登楼库组和泉头组，分布较为广泛。沙河子组主要为半深湖、滨湖相沉积，岩性以暗色泥岩为主；营城组主要为火山岩建造夹陆源碎屑沉积，岩性为安山玄武岩、火山角砾岩、凝灰质砂岩等；登楼库组为盆地干旱-抬升期产物，以灰白色、杂色砂砾岩为主，夹紫红色泥岩和少量凝灰岩；泉头组主要为河流相砂、泥岩互层。晚白垩世，由于上拱的地幔物质冷却收缩，盆地整体沉降，进入拗陷发展阶段，也是盆地的全盛发展时期，盆地沉降速率大、沉积速率小，总体上处于欠补偿沉积状态，拗陷期沉积最大厚度达 4000 m。上白垩统发育青山口组、姚家组、嫩江组、四方台组和明水组。青山口组沉积时期是盆地范围比较大的一个时期，以半深湖-深湖相和大型三角洲相沉积为主（图 2-27），盆地北部、东部发育源远流长的河流，带来了丰富的矿物质和碎屑，形成了三角洲，矿物质为湖相藻类（球藻、盘星藻）等水生生物发育提供了营养物质；盆地中部发育油页岩和黑色、深灰色泥岩；盆地边部及周缘发育三角洲相砂、泥岩互层。姚家组以紫红色、灰绿色泥岩与灰白色砂岩互层为主。嫩江组沉积时期是盆地范围最为广泛的时期，沉积范围甚至已经超出了盆地边界，湖水面积大，以半深湖-深湖相沉积为主（图 2-27），发育黑色和深灰色泥岩、页岩夹砂岩，湖水面积最大可达 $20\times10^4 km^2$。

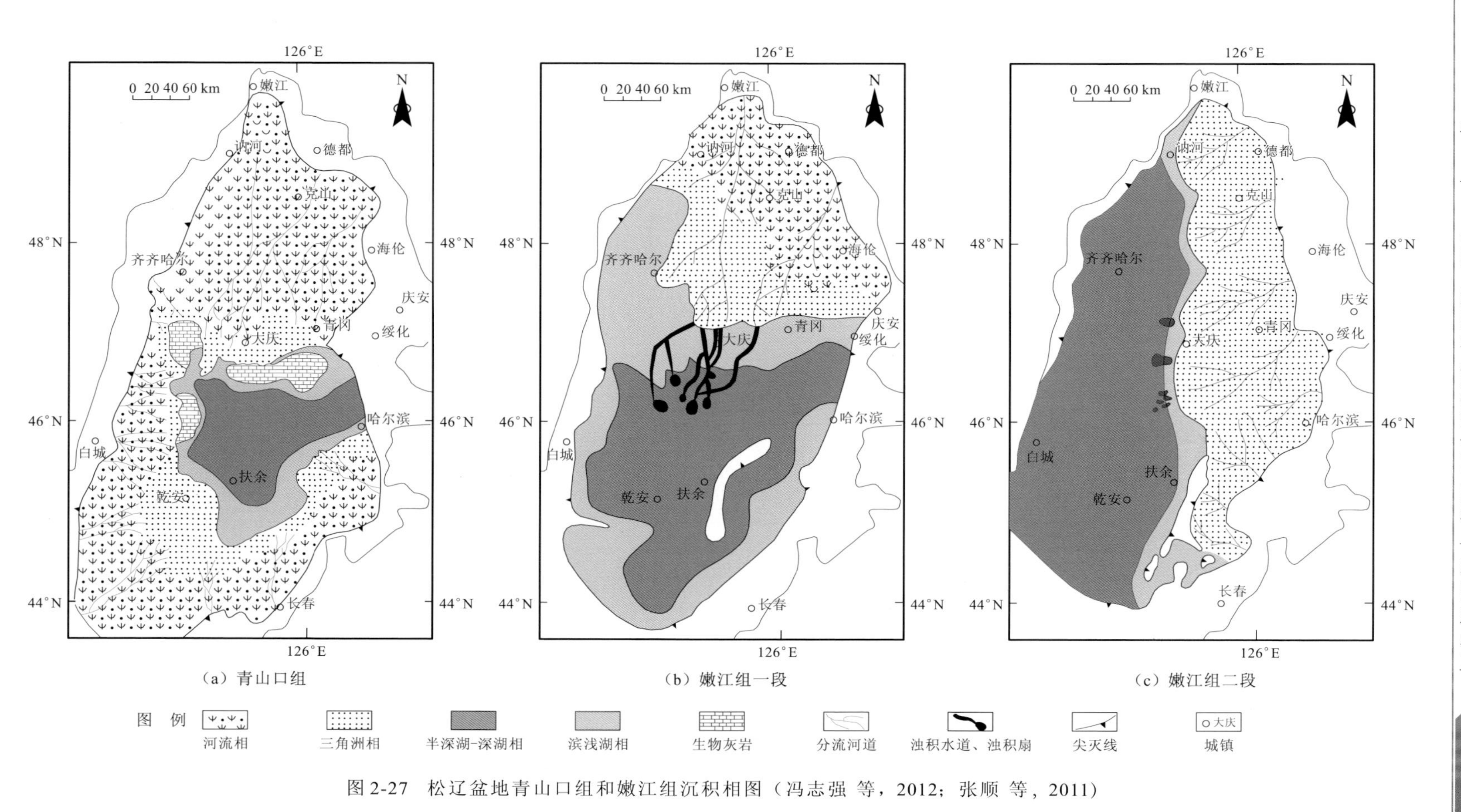

图2-27　松辽盆地青山口组和嫩江组沉积相图（冯志强 等，2012；张顺 等，2011）

四方台组沉积时期盆地萎缩，该组主要分布于盆地中西部，发育滨浅湖相、河流相紫红色泥岩及棕灰色、灰色砂岩。明水组分布范围更为局限，主要为灰绿色、灰黑色泥岩与砂岩互层。白垩纪晚期—新近纪，松辽盆地整体抬升，沉积范围逐渐缩小，以河流-滨浅湖相砂岩、泥岩沉积为主，最后淤积成现今的沼泽陆地。

二、松辽盆地烃源岩与油藏的依存关系

松辽盆地发育两大套主力烃源岩：断陷期煤系气源岩和拗陷期湖相油源岩。断陷期煤系气源岩包括中-上侏罗统（火石岭组）和下白垩统（沙河子组、营城组）的煤、碳质泥岩及煤系地层中的暗色泥岩，拗陷期湖相油源岩包括上白垩统青山口组、嫩江组半深湖-深湖相泥质烃源岩。

（一）煤系气源岩地球化学特征

煤系气源岩主要发育于断陷期各湖盆边部及周缘。中-晚侏罗世，盆地内发育众多断陷型湖泊，在湖泊边缘的沼泽平原区，河流带来的碎屑物质形成了肥沃的土壤。其上植物生长茂盛，这些植物死亡后得以保存下来，发生了泥炭化，之后形成煤、碳质泥岩。煤层的特点是单层厚度薄，为1～2 m，以1 m左右最为常见（表2-11），煤层TOC含量为40%～84.4%，低成熟煤S_1+S_2较好，为93.6～129.93 mg HC/g ROCK；高—过成熟煤S_1+S_2较低，为20～50 mg HC/g ROCK。碳质泥岩TOC含量为10%～40%，S_1+S_2为0.05～14.71 mg HC/g ROCK（罗霞 等，2009；黎玉战 等，1994）。中-上侏罗统煤系气源岩干酪根类型主要为II_2型和III型，生气潜力大，是盆地内的优质气源岩，为深部大气田的形成奠定了物质基础。

表2-11　松辽盆地沙河子组钻遇煤层井数据统计表（罗霞 等，2009）

井号	地层总厚度/m	累计煤层厚度/m	井号	地层总厚度/m	累计煤层厚度/m
宋深1	185.6	3.0	尚深1	291.0	3.0
城深1	576.0	13.0	达深1	574.0	10.8
德深1	1 067.0	10.8	升深6	754.0	10.5
徐深8	141.0	10.5	肇深5	524.0	9.0
芳深8	620.0	9.0	榆深3	436.0	44.0
农101	196.5	44.0	四深1	591.0	4.5
德深4	189.0	25.0	汪深1	152.0	1.0
肇深6	299.0	4.5	徐深1	418.5	17.0
芳深9	108.3	1.0	坨深6	—	煤线
三深2	1 195.8	6.1	三深1	480.0	17.0
宋深3	581.0	103.0			

（二）湖相油源岩地球化学特征

拗陷期湖相油源岩分布广泛，遍布于盆地内的大部分地区，层系上主要发育于上白垩统青山口组和嫩江组。青山口组和嫩江组沉积时期，湖盆面积较大，加之湖盆周缘河流带来了丰富的矿物质，湖中轮藻、叶肢介等水生生物大量繁殖。湖底处于缺氧状态，有利于有机质保存，形成了有机质丰富的半深湖-深湖相优质烃源岩（表 2-12）。青山口组泥岩 TOC 含量为 0.51%～10.17%，S_1+S_2 为 2～58.2 mg HC/g ROCK；嫩江组泥岩 TOC 含量为 1.5%～5.0%，S_1+S_2 为 2.9～34.1 mg HC/g ROCK。青山口组和嫩江组烃源岩中无定形组分含量高，干酪根类型主要为 I 型和 II_1 型，生油潜力大，是盆地内的优质油源岩，为大油气田的形成奠定了良好的物质基础。

（三）油气藏分布

松辽盆地发育断陷期和拗陷期两套完全不同的成藏组合。侏罗纪断陷期煤系烃源岩生气，火山碎屑岩储气，储层非均质性强、埋藏深、物性较差，为深部气成藏组合。白垩纪拗陷期半深湖-深湖相暗色泥岩生油，三角洲-滨浅湖相砂岩储油，储层埋藏较浅、物性好，是中-浅层油成藏组合。深部断块、断鼻，中-浅层巨型反转背斜，大面积岩性圈闭是盆地内主要的圈闭类型。湖相泥岩横向分布稳定、厚度大、盖层好，原油性质好，是松辽盆地重要的石油地质条件特征。

松辽盆地的天然气藏以断陷期煤系烃源岩为主力烃源岩，以火山岩为主要储集层。断陷期煤系烃源岩埋藏深度大、热演化程度高，有利于生成大量天然气。深层断陷具有相互独立、分割性强的特征，因此每个断陷都构成了一个独立的含气系统，气藏紧邻气源岩展布，具有近源成藏的特点。当前松辽盆地的深层天然气勘探主要集中在徐家围子断陷、长岭断陷和英台断陷，发现了多个天然气藏，其他地区勘探效果尚不明显（焦贵浩 等，2009）。

深层天然气以烃类气体为主，天然气中甲烷含量在 80%～96%（罗霞 等，2009）。以沙河子组为主力生气层，深层发育两大含气系统：下部含气系统，以泉头组一段、二段泥岩为区域盖层，以登楼库组、营城组、沙河子组及火石岭组砂岩和基岩为储层；上部含气系统，以青山口组泥岩为区域盖层，以泉头组三段、四段砂岩为储层。前者以原生气藏为主，深层天然气主要分布于该含气系统中；后者以次生气藏为主，主要分布于受白垩纪末—古近纪改造作用强烈的断陷中（焦贵浩 等，2009）。

松辽盆地比较著名的徐深大气田（图 2-28），其天然气储量达 2000 亿 m^3（徐正顺 等，2008）。徐深大气田气源岩是中-晚侏罗世断陷期形成的碳质泥岩、煤层，储层为下白垩统营城组的火山岩（表 2-13）。有利储层主要分布在喷溢相上、下部亚相的气孔流纹岩、爆发相热碎屑流亚相的晶屑凝灰岩、火山通道相隐爆角砾岩亚相的角砾岩及火山通道相火山颈亚相的熔结角砾凝灰岩。火山岩储层的孔隙度一般大于 10%，渗透率一般大于 $1\times10^{-3}\ \mu m^2$。

表 2-12　松辽盆地青山口组、嫩江组烃源岩地球化学指标（冯子辉 等，2011）

序号	井号	深度/m	层位	岩性	氯仿沥青“A”含量/%	TOC 含量/%	S_1/（mg HC/g ROCK）	S_2/（mg HC/g ROCK）	I_H/（mg HC/g TOC）	T_{max}/℃	R_o/%
1	江 76	610.22	K_2n^1	黑色泥岩	0.03	3.24	0.02	3.69	113.90	437	0.43
2	杜 76	865.71	K_2n^1	灰黑色泥岩	0.05	3.62	0.13	19.64	542.30	438	0.48
3	杜 60	940.00	K_2n^1	灰黑色泥岩	0.39	3.39	0.37	33.75	995.50	435	0.50
4	大 424	1 397.37	K_2n^1	黑灰色泥岩	0.40	4.85	0.38	8.22	169.50	440	0.60
5	古 301	1 643.22	K_2n^1	黑色泥岩	0.04	1.56	0.08	2.86	182.80	445	0.72
6	杜 36	1 737.11	K_2qn^{2+3}	黑色泥岩	0.21	1.93	0.18	11.37	589.70	444	0.58
7	金 57	1 848.24	K_2qn^{2+3}	黑色泥岩	0.13	2.13	0.15	19.18	898.30	448	0.64
8	茂 15	1 902.50	K_2qn^{2+3}	黑色泥岩	0.43	1.63	0.62	4.33	265.30	440	0.62
9	英 18	1 965.68	K_2qn^{2+3}	黑色泥岩	0.63	2.82	1.66	17.51	619.60	449	1.02
10	古 18	1 984.54	K_2qn^{2+3}	黑色泥岩	0.66	1.78	1.71	5.82	326.60	430	0.92
11	英 18	1 989.51	K_2qn^{2+3}	黑色泥岩	0.47	1.99	1.01	8.81	442.40	447	1.06
12	英 15	2 083.33	K_2qn^{2+3}	黑色泥岩	0.67	2.37	1.56	7.62	321.50	449	1.09
13	英 15	2 117.51	K_2qn^{2+3}	黑色泥岩	0.57	2.00	1.18	6.18	309.10	441	1.11
14	金 66	2 162.7	K_2qn^{2+3}	黑色泥岩	0.43	3.44	0.01	17.00	494.00	440	1.19
15	英 51	2 212.37	K_2qn^{2+3}	黑色泥岩	0.23	1.94	0.40	6.33	325.40	451	1.05
16	扶 Y1	244.74	K_2qn^1	油页岩	0.42	10.17	0.50	52.33	515.00	446	0.55
17	双 23	771.72	K_2qn^1	灰色泥岩	0.42	5.61	2.03	33.91	604.00	438	0.42
18	长 18	842.62	K_2n^1	灰黑色泥岩	0.45	5.75	1.12	38.12	662.00	443	0.47
19	朝 55	931.58	K_2n^1	灰色泥岩	0.11	0.94	0.11	2.88	306.00	439	0.58
20	长 15	997.71	K_2n^1	灰黑色泥岩	0.14	1.81	0.12	6.12	337.70	444	0.56

续表

序号	井号	深度/m	层位	岩性	氯仿沥青“A”含量/%	TOC 含量/%	S_1/（mg HC/g ROCK）	S_2/（mg HC/g ROCK）	I_H/（mg HC/g TOC）	T_{max}/℃	R_o/%
21	朝 82	1 018.00	K_2n^1	灰色泥岩	0.55	3.45	0.92	22.20	643.00	440	0.60
22	五 214	1 085.35	K_2n^1	黑色泥岩	0.59	3.21	1.04	20.79	648.00	439	0.57
23	葡 8	1 391.50	K_2qn^{2+3}	黑色泥岩	0.68	1.27	13.12	13.10	494.70	445	0.87
24	萨 373	1 410.60	K_2qn^{2+3}	黑色泥岩	0.22	2.29	0.18	13.80	604.10	445	0.72
25	杏 35	1 491.00	K_2qn^{2+3}	灰黑色泥岩	0.23	2.54	0.57	14.60	576.00	446	0.8
26	高 11	1 549.15	K_2qn^{2+3}	灰黑色泥岩	0.41	5.41	1.46	34.32	634.30	451	0.81
27	民 69	1 562.25	K_2qn^{2+3}	灰色泥岩	1.28	3.28	2.32	18.13	552.20	442	0.74
28	塔 341	1 575.70	K_2qn^{2+3}	黑色泥岩	0.08	0.51	0.14	1.13	220.70	440	0.8
29	杜 85	1 669.19	K_2qn^{2+3}	黑色泥岩	0.43	2.51	0.76	16.86	670.90	446	0.75
30	金 57	1 874.07	K_2qn^{2+3}	黑色泥岩	0.48	1.78	0.61	10.90	611.60	440	0.74
31	双 32	1 878.17	K_2qn^{2+3}	灰色泥岩	0.66	2.79	1.51	11.78	422.20	443	0.78
32	芳 16	1 938.62	K_2qn^{2+3}	灰黑色泥岩	1.64	9.99	6.10	52.13	521.30	447	1.00
33	古 138	1 944.10	K_2qn^1	黑色泥岩	0.80	2.83	2.21	7.81	276.30	442	1.21
34	徐 11	1 971.57	K_2qn^1	灰色泥岩	0.70	3.20	1.47	17.34	542.00	446	0.78
35	哈 14	2 048.15	K_2qn^{2+3}	黑色泥岩	0.19	2.18	1.49	9.23	423.20	449	1.00
36	哈 14	2 076.30	K_2qn^{2+3}	黑色泥岩	1.67	4.13	4.66	23.17	561.50	453	1.07
37	英 51	2 261.56	K_2qn^{2+3}	黑色泥岩	0.42	3.62	1.90	11.85	327.20	453	1.12
38	英 78	2 319.51	K_2qn^{2+3}	黑色泥岩	0.23	1.45	0.40	3.40	234.40	436	1.09
39	古 18	2 338.06	K_2qn^1	黑色泥岩	0.65	2.08	1.71	6.42	309.40	440	1.42
40	古 204	2 391.25	K_2qn^1	黑色泥岩	0.42	3.04	0.95	17.28	568.00	453	1.03

注：K_2qn^1 为上白垩统青山口组一段；K_2qn^{2+3} 为上白垩统青山口组二段、三段；K_2n^1 为上白垩统嫩江组一段

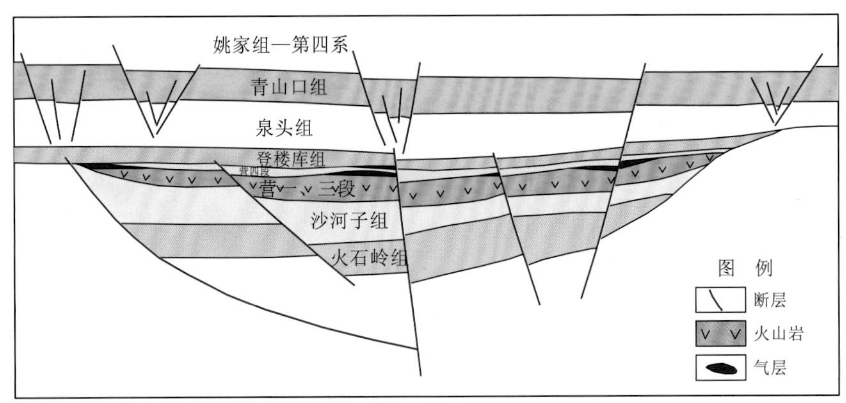

图 2-28 松辽盆地徐深大气田成藏模式图（赵长鹏 等，2014）

表 2-13 徐深大气田各气藏特征表（付广和臧凤智，2011）

气藏名称	含气层位	盖层层位	含气面积/km^2	可采储量/亿 m^3
昌德（芳深 1、芳深 2、芳深 6）	K_1d^3、K_1d^2、K_1yc^1	K_1d^3、K_1d^2、K_1yc^4	73.80	52.69
昌德东（芳深 8）	K_1yc^1	K_1yc^1	7.420	5.35
达深 3	K_1yc^3	K_1yc^2	44.40	188.11
达深 x301	K_1yc^3	K_1yc^2	9.10	253.97
芳深 9	K_1yc^1	K_1yc^1	13.6	35.85
升平（升深 2）	K_1d^3、K_1yc^3	K_1d^4、K_1d^2	18.48	64.16
汪深 1	K_1yc^3	K_1d^2	34.03	73.92
徐深 1	K_1yc^1、K_1yc^4	K_1yc^1、K_1yc^4、K_1d^2	41.70	217.65
徐深 12	K_1yc^1	K_1yc^1、K_1yc^4	29.54	36.18
徐深 19	K_1yc^1	K_1yc^1	31.10	105.78
徐深 21	K_1yc^1	K_1yc^1	32.40	82.15
徐深 27	K_1yc^1	K_1yc^1	10.46	58.23
徐深 28	K_1yc^1	K_1yc^1	6.19	80.15
徐深 7	K_1yc^1、K_1yc^4	K_1yc^4、K_1d^2	5.17	22.57
徐深 8	K_1yc^1	K_1yc^1、K_1yc^4	7.52	80.08
徐深 9	K_1yc^1	K_1yc^4	38.10	105.64
徐深 903	K_1yc^1	K_1yc^1	17.12	29.86
肇深 12	K_1yc_4	K_1d^2	63.60	34.29
肇深 8	K_1yc^1	K_1yc^4	35.30	84.20

注：K_1yc^1，K_1yc^2，K_1yc^3，K_1yc^4 为下白垩统营城组一段至四段；K_1d^1，K_1d^2，K_1d^3，K_1d^4 为下白垩统登楼库组一段至四段

松辽盆地油层主要分布于下白垩统，根据岩性特点可分为上、中、下三套储盖组合。下组合以泉头组三段、四段砂岩为储层，以青山口组泥岩为盖层。储层主要为河流-三角洲

相砂岩，砂层厚度大，埋藏较深，中央拗陷区埋深一般大于 1700 m，齐家古龙凹陷埋深一般大于 2400 m；储层物性较差，孔隙度一般为 8%～20%，渗透率一般小于 $10\times10^{-3}\ \mu m^2$。该套储层是扶余、杨大城子等油田的主要储层。中组合以青山口组二段、三段和姚家组一段、二段、三段砂岩为储层，嫩江组一段、二段泥岩为盖层，它们是大庆油田的主力成藏组合。储层主要为三角洲相、滨浅湖相砂岩，砂层厚度大，储层物性好，孔隙度为 20%～25%，渗透率一般大于 $50\times10^{-3}\ \mu m^2$。该套储层是高台子油田、葡萄花油田、萨尔图油田等大油田的最主要储层。上组合以嫩江组三段、四段砂岩为储层，以嫩江组五段泥岩为盖层。储层主要为曲流河、三角洲相砂岩，储层物性好，孔隙度为 20%～25%，渗透率一般大于 $50\times10^{-3}\ \mu m^2$（侯启军 等，2009）。该套储层是新北、龙南等油田的主要储层。

松辽盆地三角洲-滨浅湖相砂岩储层厚度大、物性好，盖层分布稳定、质量好，圈闭条件优越，发育巨型的反转背斜，其中最为典型的是大庆长垣背斜，其面积可达 $4700\ km^2$。大庆长垣背斜呈近南北走向，东面是三肇凹陷，西面是齐家古龙凹陷（图 2-29），长垣

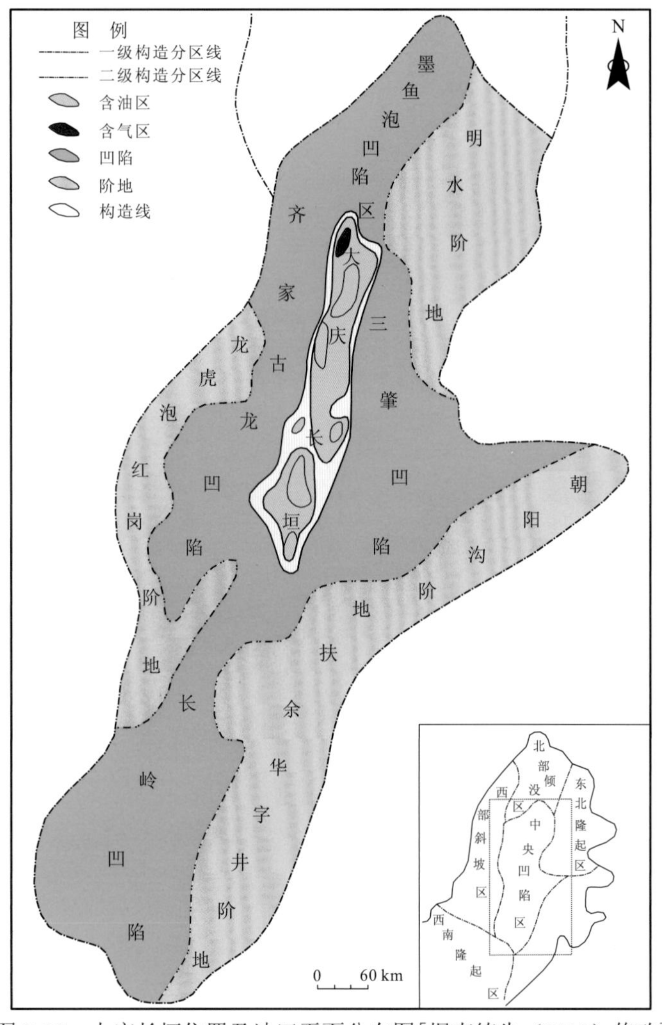

图 2-29　大庆长垣位置及油田平面分布图[据李德生（2012）修改]

背斜被两个富生油凹陷所夹持，是油气长期运移的有利指向，并且长垣背斜上也有烃源岩分布，自生自储及近距离运移，油源充足，形成了中国最大的油田，地质储量超40 亿 m^3。其他中-小油田也是靠近油源岩呈环状分布。截至 2015 年，松辽盆地累计探明石油地质储量约 91.84 亿 m^3，探明天然气地质储量约 6 700 亿 m^3，其探明石油储量在中国排第二位。

第五节　印度尼西亚新生代河流-湖泊体系与石油的依存关系

一、印度尼西亚新生代湖相盆地河流-湖泊体系对烃源岩的控制

印度尼西亚西部苏门答腊岛和爪哇岛发育了 5 个新生代湖相盆地，分别为北苏门答腊盆地、中苏门答腊盆地、南苏门答腊盆地、西爪哇盆地和东爪哇盆地（图 2-30），单个盆地面积为 12 万～17 万 km^2。这些盆地油气资源丰富，是印度尼西亚主要的产油气区，单个盆地已发现的石油储量为 1.16 亿～21.6 亿 m^3、天然气为 1 162 亿～8 077 亿 m^3，并且还有较大的勘探潜力。

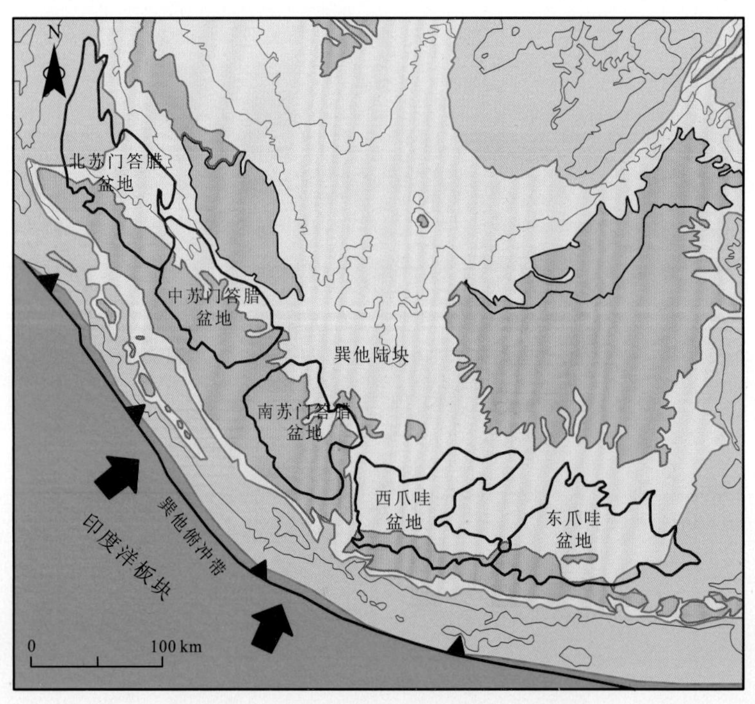

图 2-30　苏门答腊盆地-爪哇盆地位置图

印度尼西亚的北、中、南苏门答腊盆地和西、东爪哇盆地均为新生代弧后裂谷盆地，具有相同的盆地类型，以及相似的演化历史和油气地质特点。印度洋板块向巽他（Sunda）陆块俯冲，苏门答腊岛和爪哇岛形成火山岛弧，在岛弧的西南方向分布有一系列的弧

前盆地，而在岛弧西北方向分布的是弧后盆地。在整个新生代，弧前盆地的东、南、西向均是广阔的印度洋，只有东北方向是狭长的火山岛，弧前盆地邻近的岛弧面积小，陆源碎屑物质少，河流既少也小，因此弧前盆地营养物质不丰富，藻类水生生物不繁盛，沉积岩中有机质丰度较低，无证实的有效烃源岩，石油地质条件较差，到目前为止仅有零星油气发现，且规模极小，远远达不到开采规模。而 5 个弧后盆地面临广阔的陆地，陆源碎屑物质丰富，发育的大型河流搬运了大量碎屑物质形成优质储层，河水中溶解的矿物质为藻类的大量繁殖提供了营养条件，因此 5 个弧后盆地的石油地质条件非常优越。

这 5 个弧后裂谷盆地都具有凹凸相间的构造格局，早期凹陷受断层控制，具有半地堑、地堑结构，并且均经历了初始裂陷期（裂陷一幕）、强裂陷期（裂陷二幕）、裂陷后期（裂陷三幕）、拗陷期和挤压反转期 5 个演化阶段（李国玉和金之钧，2005；童晓光，2002），不同阶段沉积环境不同，形成了不同岩性的地层（图 2-31）。

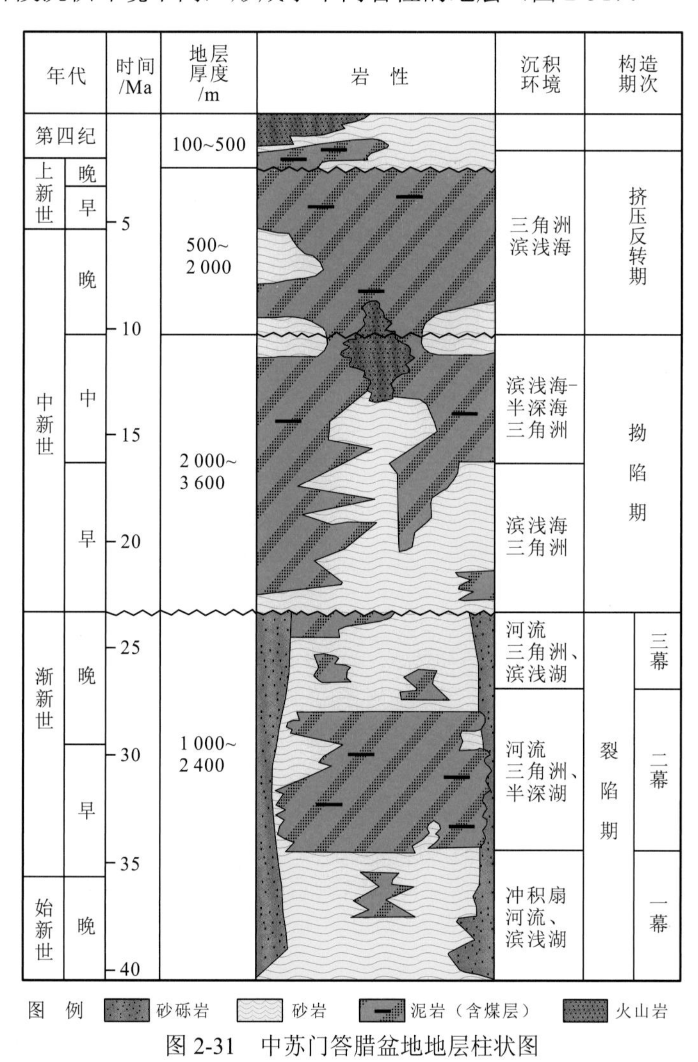

图 2-31　中苏门答腊盆地地层柱状图

中始新世—晚始新世为初始裂陷期，断陷湖盆开始形成，断层活动较弱，湖泊范围小，湖水浅，陆源碎屑丰富，为大坡降、多物源，近距离沉积，以冲积扇、洪积扇等粗碎屑沉积为主。东爪哇盆地由于沉降量较大，沉积了一套相对稳定的暗色泥岩，而北苏门答腊盆地发育小规模碳酸盐岩。渐新世早期断层活动增强，盆地沉降速率明显大于沉积速率，湖水变深、范围扩大，为欠补偿沉积，以半深湖-深湖相暗色泥岩沉积为主，河流带来了丰富的矿物质，为藻类等水生生物的生长提供了条件，该时期是烃源岩的主要形成期。中苏门答腊盆地渐新统下部便形成于这种环境（图 2-32）。渐新世晚期为裂陷后期，断层活动减弱，盆地沉降速率降低，海水侵入，为三角洲-滨浅海相泥岩、碳酸盐岩、三角洲砂岩沉积。中新世早-中期为拗陷期，盆地整体沉降，发育海退型三角洲、碳酸盐岩礁滩及滨浅海泥岩、砂岩沉积。中新世晚期之后盆地经历了一次较强的挤压反转，是大型挤压背斜的形成期。

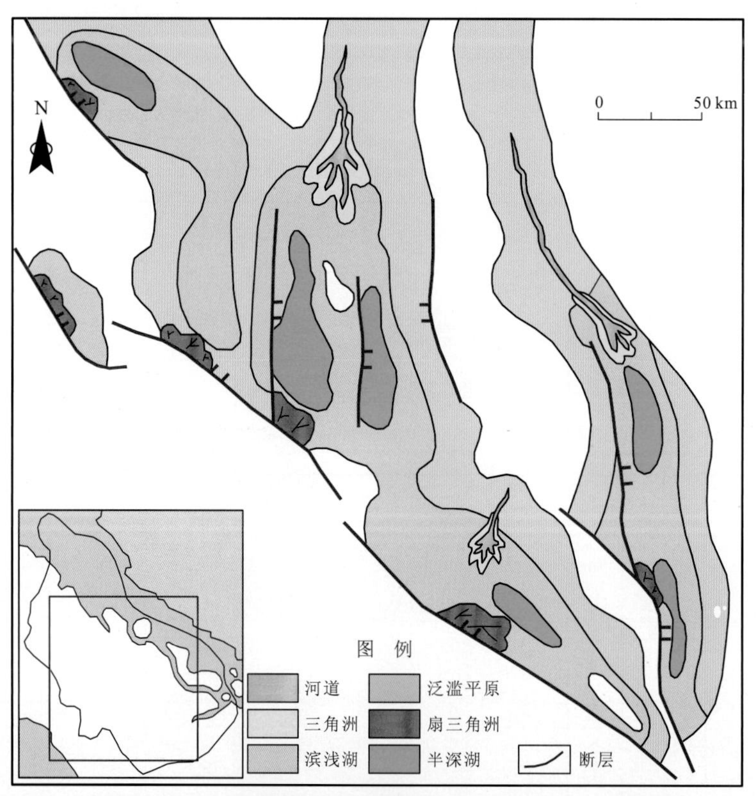

图 2-32　中苏门答腊盆地渐新统下部河流-湖泊体系图

北、中、南苏门答腊盆地和西、东爪哇盆地的早期裂陷、晚期拗陷，具有早期湖相沉积、晚期海相沉积的双层结构，这种演化特征决定了这 5 个盆地具有两套烃源岩及两套成藏组合。始新世中期—渐新世早期主要形成湖相泥质烃源岩，湖泊藻类是最重要的有机质来源，烃源岩 TOC 含量为 1%～12%，干酪根类型为 I 型或 II_1 型，生油为主，已发现的石油绝大多数来自裂谷期湖相烃源岩。渐新世晚期—中新世形成的三角洲-滨浅海相的煤、碳质泥岩、暗色泥岩为第二套烃源岩，有机质主要来自三角洲平原-沼泽环境生长的高等植物，泥岩 TOC 含量为 0.5%～5%，煤层 TOC 含量可达 50%，干酪根类型以 III 型或 II_2 型为主，生成了大量天然气，伴生少量轻质原油。5 个盆地中天然气主要来自上部陆源海相、海陆过渡相烃源岩。虽然 5 个盆地均发育裂陷期和拗陷期两套烃源岩，但不同盆地又有差别，其中，中苏门答腊盆地与西爪哇盆地北部的巽他次盆地主要烃源岩为始新统湖相烃源岩，北苏门答腊盆地主要烃源岩为渐新统海相泥岩，而南苏门答腊盆地、西爪哇盆地南部阿米朱诺（Ardjuno）次盆地和 C-J 次盆地，东爪哇盆地的主要烃源岩是海陆过渡相三角洲煤系烃源岩（图 2-33），含气多的盆地可能与烃源岩埋藏深、演化程度高有关。

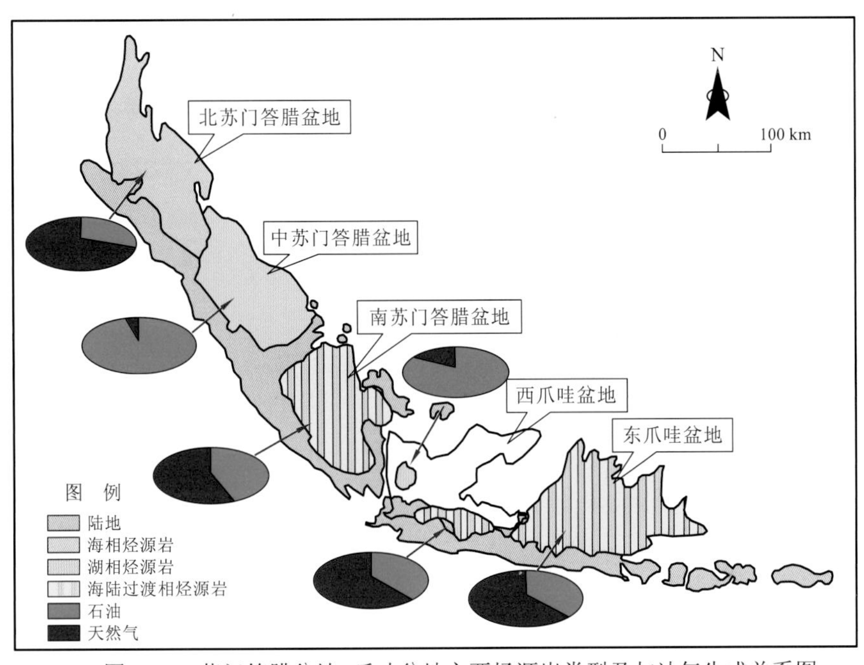

图 2-33　苏门答腊盆地-爪哇盆地主要烃源岩类型及与油气生成关系图

二、中苏门答腊盆地烃源岩与油藏分布的关系

中苏门答腊盆地面积为 13 万 km^2，裂谷期湖相烃源岩最发育，已发现的石油储量为 21.6 亿 m^3，占盆地油气总量的 95%。中苏门答腊盆地具有凹凸相间的构造格局，凹陷呈不对称的半地堑结构（图 2-34），凹陷走向为北西向、北西西向，呈窄长条状。裂谷期湖相烃源岩分布于凹陷内，与中国东部的渤海湾盆地非常相似。中苏门答腊盆地初始形成时为始新世中期，此时凹陷边界正断层开始活动，下降盘逐渐演化成彼此孤立的断陷小湖泊，上升盘为剥蚀区，风化的碎屑物质被近距离搬运，在湖边形成扇体，以杂色粗碎屑沉积为主，暗色泥岩较少，属于盆地的初始裂陷期。始新世晚期—渐新世早期，凹陷边界断层活动增加，盆地沉降幅度增大，湖水变深，湖域增大，大-中型河流发育，碎屑物经一定距离搬运，在凹陷缓坡区及长轴方向形成了三角洲、扇三角洲（图 2-32），在湖底形成浊积扇。渐新世中-晚期，断层活动减弱，湖水变浅，海

侵开始，形成了滨浅海-河流相沉积；渐新世末期该盆地发生了一次抬升，遭受剥蚀准平原化。中新世开始盆地整体下降进入拗陷期，断层对沉积不具有控制作用，沉积了大规模的河流-三角洲-滨浅海砂岩，形成了盆地最重要的储集层。拗陷后期受西南部印度洋板块的持续挤压作用，盆地发生反转，形成了一批北西—南东向挤压反转背斜，为油气聚集创造了条件。

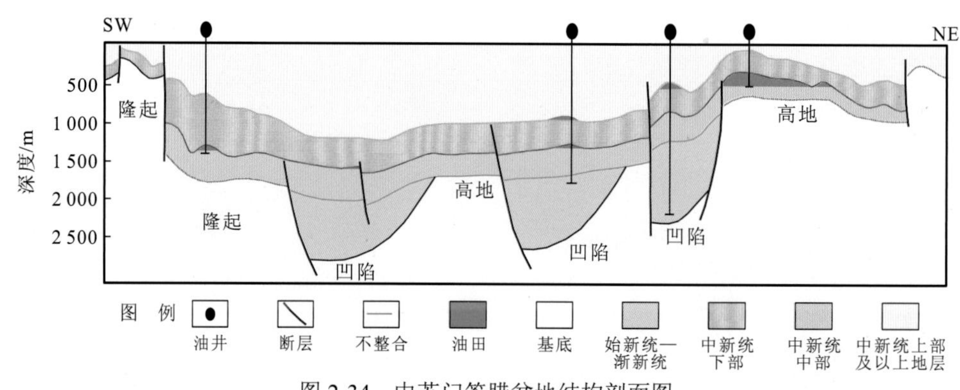

图 2-34　中苏门答腊盆地结构剖面图

中苏门答腊盆地原油低硫、高含蜡，来自典型的非海相烃源岩。在强裂陷期控凹断层活动强，差异升降幅度大，下降盘湖水变深，发育稳定的半深湖-深湖相优质泥岩，利于有机质的保存。同时，河流带来了丰富的矿物质，保证了藻类水生生物的繁殖，藻类死亡后沉于湖底，形成黑褐色、黑灰色泥岩。该泥岩甲基甾烷 C_{28}-C_{30} 的浓度高，TOC 含量为 1.0%～12.0%，平均为 4.4%，I_H 为 100～900 mg HC/g TOC，干酪根类型为 I 型或 II_1 型，是一套类型好的优质烃源岩（图 2-35）。

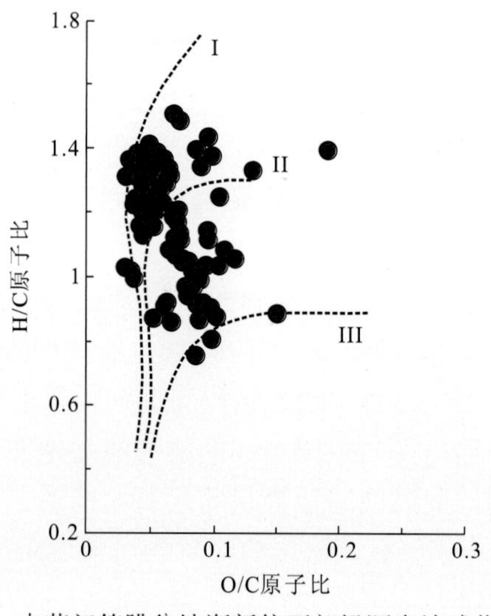

图 2-35　中苏门答腊盆地渐新统下部烃源岩地球化学特征

裂谷期湖相烃源岩生成了大量的油气，形成了一些大型油田，油气田分布与烃源岩分布的叠合图显示了较好的“源控”特征（图 2-36）。中苏门答腊盆地大致可划分为

4 个拗陷（次拗或次盆），其中：北部的巴鲁门（Barumun）次拗虽发育半深湖相沉积，但规模小，且有机质不丰富，因此几乎未生成大规模油气；中部的中央拗陷发育该盆地最大面积的半深湖相沉积（北部河流带来了丰富的营养物质），最大厚度可达千米，埋藏深度为 2000 m 以下，生成的油气储量约为 21.62 亿 m^3，占整个盆地发现油气的 90%以上；南部的塔卢克（Taluk）次盆和东部的望加丽（Bengkalis）次拗的有效烃源岩厚度较薄且埋藏浅，生烃范围小，河流带来的营养物质不丰富，因此仅生成一定规模的油气，总储量为 2.54 亿 m^3，约占整个盆地发现油气的 10%。另外，平面上，油气主要分布于凹陷内部的隆起或缓坡凸起之上，当凹陷边缘大断裂较发育且断至浅层，沟通了油源与圈闭，则油气直接沿着断裂运移至烃源岩上方的圈闭中成藏；当通源断层不发育，油气则在区域盖层控制下，靠不整合面、砂体或小断层运移至缓坡带凸起圈闭成藏。

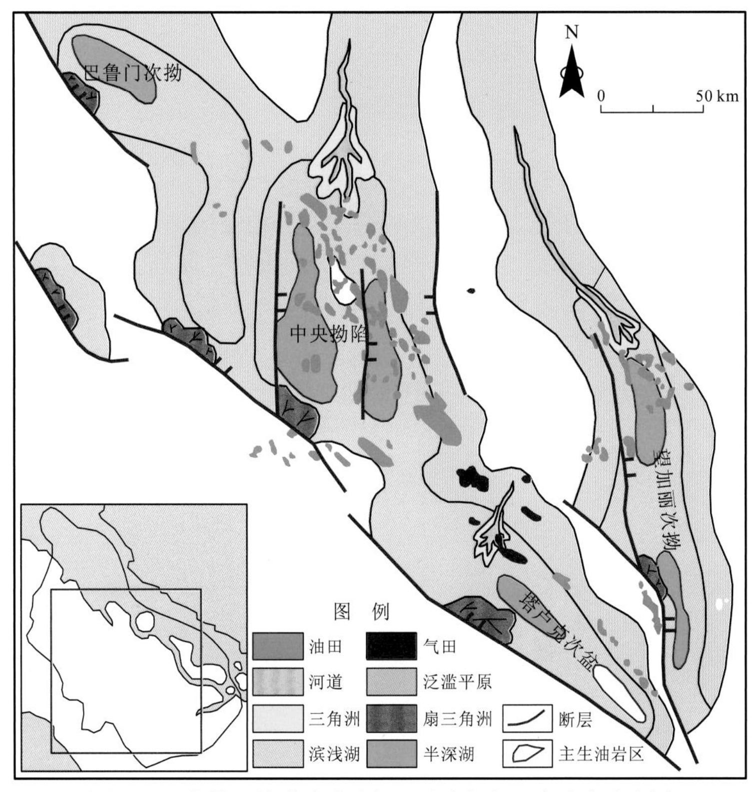

图 2-36　中苏门答腊盆地油气田分布与烃源岩分布叠合图

中苏门答腊盆地基底埋藏浅，地温梯度高，平均为 4.98 ℃/100 m，在 Pedada 油田测得的地温梯度高达 13.66 ℃/100 m。盆地出现异常高温及高地温梯度，对烃源岩的成熟非常有利，大大降低了烃源岩的生烃门限。因此，中苏门答腊盆地在地下 1200 m 左右即可进入生油门限。中苏门答腊盆地发育上、中、下三套储盖组合，分别对应于拗陷期、裂谷期与裂谷前三个时代。上组合储层为中新统中-下部河流、三角洲、滨海相砂岩，储层厚度大、分布广、物性好，孔隙度为 25%～40%，渗透率为（300～2300）$\times10^{-3}$ μm^2，盖层是中新统中-上部浅海相泥岩，储盖配置好。上组合是中苏门答腊盆地最重要的一套储盖组合，在该组合已发现的油气储量占中苏门答腊盆地总储量的88.14%（图2-37）。中组合为裂谷期发育的自生自储自盖式组合，始新统及渐新统湖相三角洲、浊积扇砂岩为储层，孔隙度为18%～23%，渗透率为（10～120）$\times10^{-3}\ \mu m^2$，半深湖-深湖相泥岩为盖层，目前在此组合中发现的油气储量占中苏门答腊盆地总储量的11.44%（图2-37）。以盆地基底的花岗岩、石英岩、安山岩、千枚岩裂缝为储层，以上部湖相泥岩为盖层，构成了盆地的下储盖组合，在该“上生下储”组合中发现了少量的“潜山”油气藏。

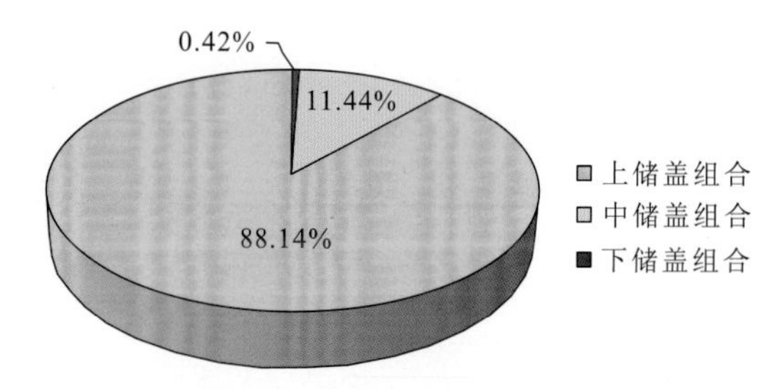

图2-37　中苏门答腊盆地三套储盖组合油气储量统计图

中苏门答腊盆地最重要的储油圈闭是晚中新世压扭作用形成的挤压背斜和断背斜，这两类背斜具有类型好、面积大、幅度高的特征。著名的Minas油田（图2-38）、Duri油田（图2-34、图2-39）等都是以压扭背斜为圈闭且断层控藏的油田，储层均为中新统下部三角洲相细－粗砂岩，砂岩累计厚度最大可达180 m。Minas油田可采地质储量为9亿m^3，储层埋深为600～800 m，圈闭面积充满度为86%，是东南亚最大的油田。Duri油田的可采储量为5.5亿m^3。另外，与断层有关的断鼻、断块圈闭，与基底有关的潜山地层圈闭及构造-岩性复合性圈闭也见油气聚集，是今后勘探挖潜的主要类型。

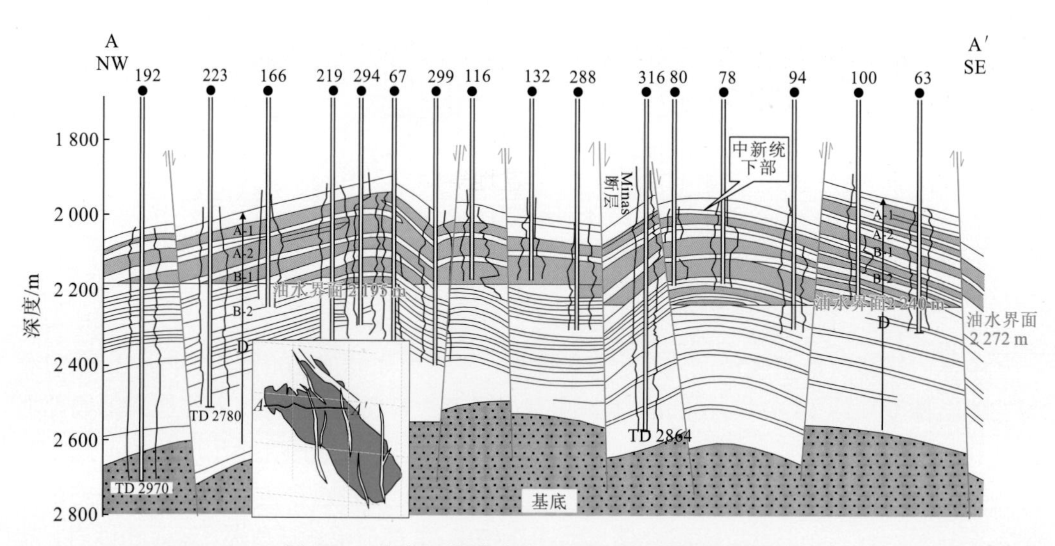

图2-38　中苏门答腊盆地Minas油田油藏剖面图

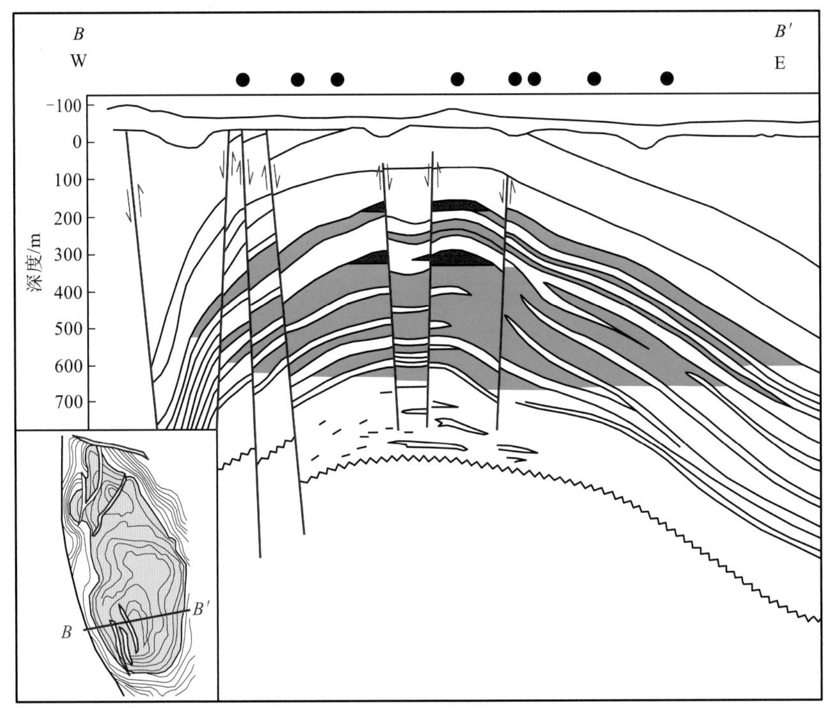

图 2-39　中苏门答腊盆地 Duri 油田油藏剖面图

第六节　非洲中生代河流-湖泊体系与石油的依存关系

一、非洲中生代湖相盆地河流-湖泊体系对烃源岩的控制

在非洲大陆中部（苏丹、乍得、中非等国家）发育了众多的中生代湖相盆地，如迈卢特盆地、穆格莱德盆地、喀土穆盆地、多赛奥盆地、多巴盆地、邦戈盆地、特米特（Temit）盆地等（图 2-40），其形成时间、演化历史与中国的松辽盆地相似，在白垩纪形成了优质的烃源岩，石油富集。白垩纪湖相盆地是非洲中部重要的产油区。中国石油天然气集团公司在迈卢特盆地、穆格莱德盆地、邦戈盆地等发现了许多油田，是中国的石油公司在海外勘探最成功的例证。

非洲中部的白垩纪湖相盆地面积一般为 2 万～29 万 km^2，盆地内凹陷与凸起相间，断层发育，断层控制了盆地的形成演化、烃源岩的展布及油气的聚集，从成因来看，这些盆地属于陆内裂谷盆地，均经历了早期断陷、晚期拗陷的构造演化历史。

白垩纪早期控凹大断层活动强烈，盆地沉降快，沉降速率大于沉积速率，湖水变深，半深湖-深湖相泥岩发育，河流带来了丰富的营养物质，藻类等水生生物发育，沉积了主力烃源岩，是盆地主要形成期；而后断层活动变弱，湖水变浅，为河流-滨浅湖环境，以粗碎屑沉积为主。早白垩世晚期—晚白垩世早期断层活动再次加强，湖水再次加深，可容空间增大，沉积了浅湖-半深湖相泥岩，是区域性盖层。晚白垩世盆地整体抬升，湖水退出，经历了剥蚀-准平原化、拗陷发展阶段。

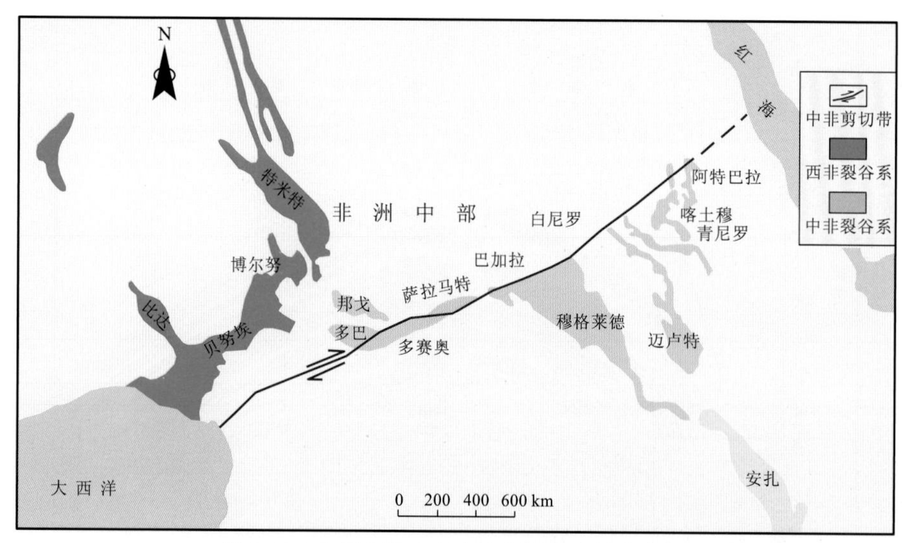

图 2-40 非洲大陆中部中生代湖相盆地分布图

从上述盆地演化历史可以看出，非洲中部盆地在白垩纪经历了两期裂陷。第一期裂陷最强，主要形成了半深湖-深湖相沉积，湖盆周边河流经过古老的火成岩剥蚀区，溶解了钾、磷等矿物质带入湖泊，加之气候温暖，藻类等水生生物繁盛，藻类死亡之后在湖底缺氧环境下得以保存，形成了优质烃源岩。这些盆地烃源岩有机质丰度高，如迈卢特盆地 TOC 含量为 0.32%～3.24%，平均为 2.08%；穆格莱德盆地 TOC 含量为 1.00%～5.00%，平均为 1.30%；多赛奥盆地 TOC 含量为 2.00%～13.00%，平均为 2.50%；干酪根类型均为 I 型和 II_1 型（表 2-14），生油条件好，奠定了石油富集的基础。

表 2-14 中非裂谷系盆地烃源岩特征表

盆地	主要烃源岩	干酪根类型	热成熟度	TOC 含量/%	证实程度
邦戈	下白垩统湖相泥岩	II_1、I	成熟油窗	平均 1.98，最高 6.95	证实
多巴	下白垩统湖相泥岩	I、II	成熟油窗	1.00～4.00	证实
多赛奥	下白垩统湖相泥岩	I、II_1	成熟油窗	2.00～13.00，平均 2.50	证实
萨拉马特	下白垩统湖相泥岩	未证实		未证实	未证实
穆格莱德	下白垩统湖相泥岩	I、II_1	成熟油窗	1.00～5.00，平均 1.30	证实
迈卢特	下白垩统湖相泥岩	II、I	成熟油窗	0.32～3.24，平均 2.08	证实
喀土穆	下白垩统湖相泥岩	I、II、III		0.32～2.83，平均 1.70	证实

在湖盆演化过程中，周边陆地风化的碎屑物质经河流带入湖边，形成了三角洲、扇三角洲、水下扇，尤其是在两期裂陷之间的回返期，河流、三角洲、扇三角洲发育，形成了优质的砂岩储层，再次裂陷又沉积了厚度大、横向分布稳定的泥岩盖层，组成了优越的储盖组合。泥岩盖层厚度一般为 180～500 m；砂岩储层孔隙度为 12.6%～35.2%（平均为 28%），渗透率为（2.0～10900）$\times 10^{-3}\ \mu m^2$（平均为 $158\times 10^{-3}\ \mu m^2$）。与中国东部中新生代湖相裂谷盆地相似，非洲中部白垩纪湖相盆地发育了披覆背斜、逆牵引背斜、断

鼻、断块等构造圈闭，为石油的聚集提供了条件。

非洲中部白垩纪湖相盆地石油资源丰富，目前已在迈卢特盆地发现石油可采储量为2.8亿m^3，穆格莱德盆地为3.2亿m^3，多巴盆地为1.7亿m^3，特米特盆地为0.3亿m^3。这些盆地仍具有较大的勘探潜力，此外还有其他一些新盆地勘探程度很低，具有发现大-中型油田的潜力。

二、穆格莱德盆地烃源岩与油藏的依存关系

穆格莱德盆地位于非洲苏丹境内，呈北西走向，面积为29.1万km^2，是一个中生代—新生代湖相裂谷盆地。盆地内凹陷与凸起相间分布、断裂发育，北西向大断裂控制了油气的形成、演化与油气田展布。穆格莱德盆地的发展可分为中生代断陷和新生代拗陷阶段（图2-41）。中生代断陷又可细分为两期裂陷，每期裂陷的早期断层活动较弱，湖水

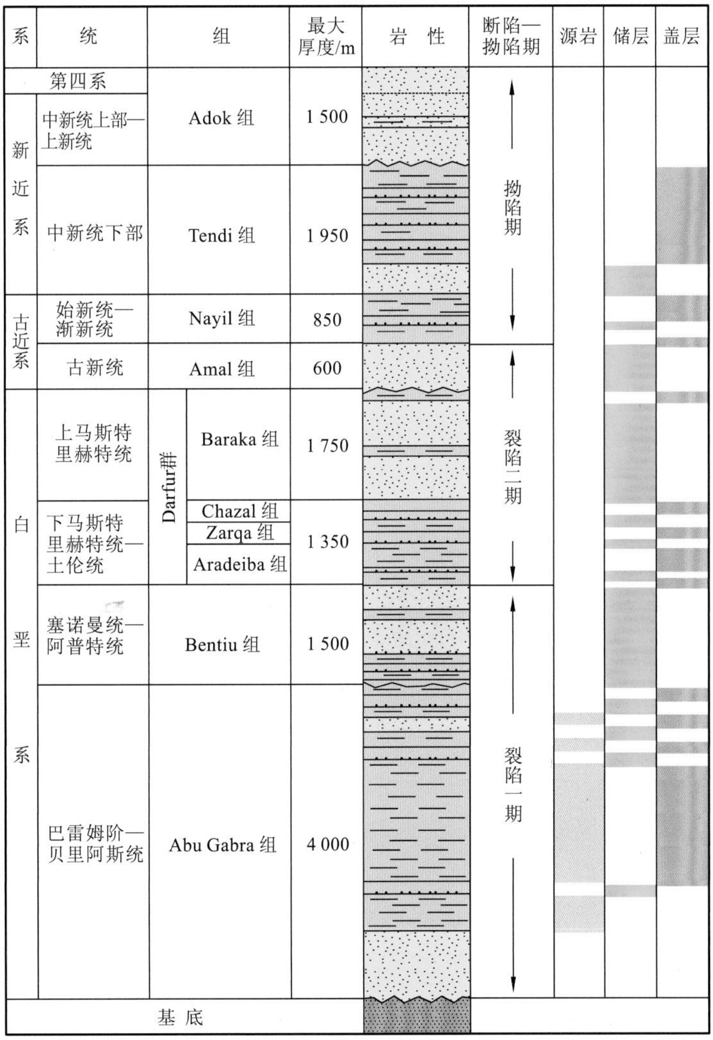

系	统	组	最大厚度/m	岩性	断陷—拗陷期	源岩	储层	盖层
第四系		Adok组	1 500		拗陷期			
新近系	中新统上部—上新统							
	中新统下部	Tendi组	1 950					
古近系	始新统—渐新统	Nayil组	850					
	古新统	Amal组	600		裂陷二期			
白垩系	上马斯特里赫特统	Darfur群 Baraka组	1 750					
	下马斯特里赫特统—土伦统	Darfur群 Chazal组 / Zarqa组 / Aradeiba组	1 350					
	塞诺曼统—阿普特统	Bentiu组	1 500		裂陷一期			
	巴雷姆阶—贝里阿斯统	Abu Gabra组	4 000					
基底								

图2-41　穆格莱德盆地构造沉积演化简图

较浅，以近源的河流形成的近岸扇、扇三角洲、滨湖-浅湖相沉积为主；裂陷中期断层活动强，湖水变深，沉降速率大于沉积速率，河流经过火成岩、正变质岩剥蚀区，溶解了矿物质带入湖泊，为藻类等水生生物的大量繁殖创造了条件，同时湖底缺氧，死亡的生物得以保存，形成了高有机质丰度的泥岩，是盆地内主要的烃源岩；裂陷晚期断层活动减弱，湖水变浅，以河流-三角洲、滨湖-浅湖相砂泥岩互层沉积为主，是储层重要形成期（图 2-42）。每期裂陷湖水都经历了浅—深—浅的过程，对应沉积物是粗—细—粗，是盆地内重要的储层与盖层形成期。在新生代拗陷期，断层活动较弱，断层对沉积控制作用减弱，以整体沉降为主。

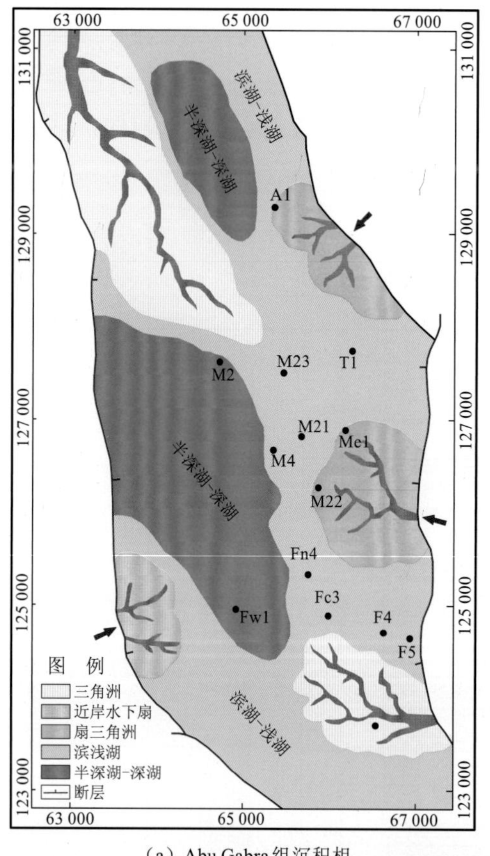

（a）Abu Gabra组沉积相

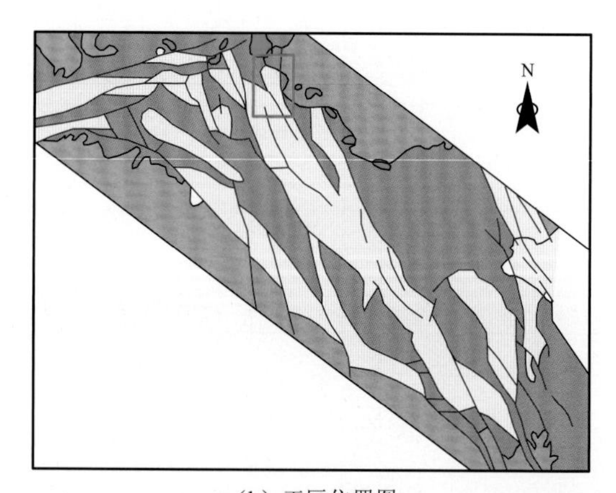

（b）工区位置图

图 2-42 穆格莱德盆地富拉（Fula）拗陷 Abu Gabra 组沉积体系分布图

穆格莱德盆地主力成藏组合是下生上储型，即第一期强裂陷期泥岩生油、第一期裂陷后期至第二期裂陷早期砂岩储油、第二期裂陷中期泥岩盖油。该盆地内主要储油圈闭是凹陷边界大断层下降盘的逆牵引背斜、滚动背斜、断鼻、断块，以及凸起上的披覆背斜。盆地内油田紧邻生烃凹陷内半深湖-深湖相发育区分布（图 2-43），由于断层分隔、地形起伏、湖相砂体横向变化大，石油的横向运移距离不大，纵向运移活跃。主要油田分布在控制烃源岩展布大断层的上下盘及邻近生油凹陷的凸起上，具有明显的“源控”特征。

穆格莱德盆地主力烃源岩发育于早白垩世裂陷期，以泥岩为主，地震剖面上为一组连续平行强反射，烃源岩有效厚度为 40～90 m，TOC 含量为 1%～5%，S_1+S_2 为 8～17 mg HC/g ROCK，干酪根类型为 I 型和 II_1 型，I_H 为 400～800 mg HC/g TOC，以生油为主。

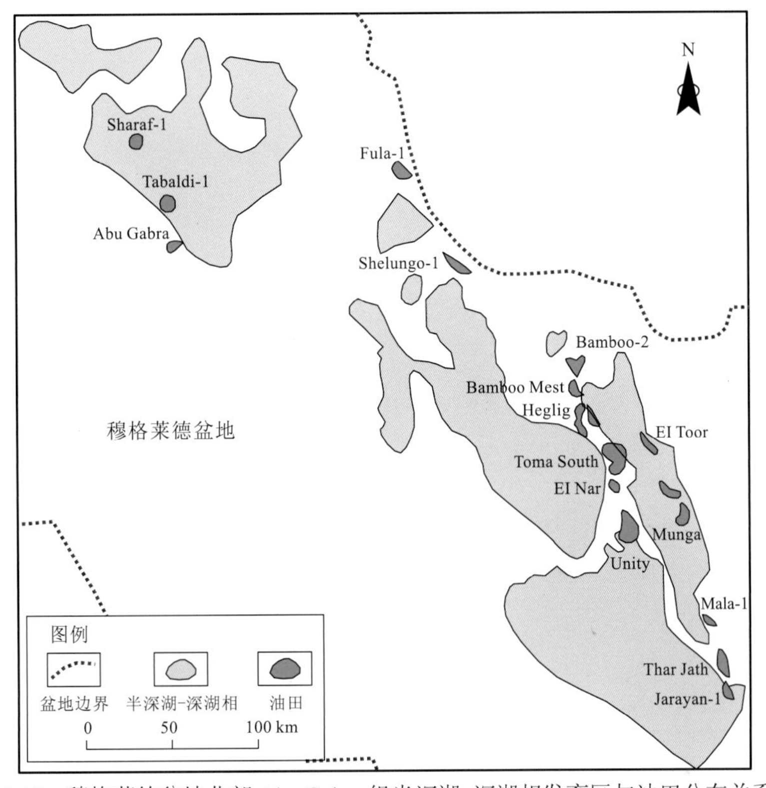

图 2-43　穆格莱德盆地北部 Abu Gabra 组半深湖-深湖相发育区与油田分布关系图

第七节　东非裂谷新生代河流-湖泊体系与石油的依存关系

一、东非裂谷新生代湖相盆地河流-湖泊体系对烃源岩的控制

东非裂谷也称“东非大裂谷”，位于非洲东部，是世界上最大的新生代断裂带。东非裂谷北起阿法尔（Afar）盆地，经过坦桑尼亚克拉通，南至马拉维湖，全长约 3500km，宽 30～150km，分为东、西两支（图 2-44）。东支位于埃塞俄比亚、肯尼亚和坦桑尼亚境内，南北长 2100km，东西宽 30～150km。西支位于乌干达、刚果（金）、卢旺达、布隆迪、坦桑尼亚和马拉维境内，南北长 2500km，东西宽 50～100km。东非裂谷内共发育 16 个凹陷（或地堑），有的地质学家称作次盆，各凹陷间有凸起（隆起）相隔，这些地堑为湖相沉积，其地质特点与中国东部中新生代湖相裂谷盆地相似。笔者将裂谷东支和西支称为东部盆地和西部盆地，盆地内分为凹陷和凸起。东非裂谷 16 个凹陷具有不同的构造特征，形成了相对独立的烃源岩和含油气系统。

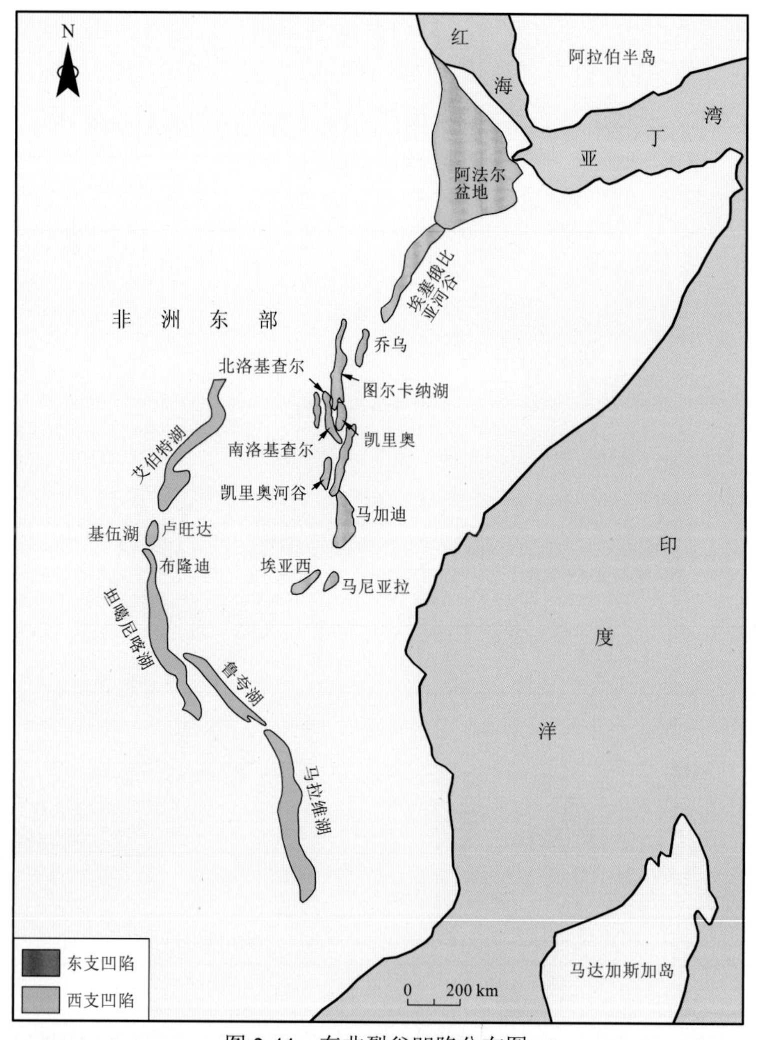

图 2-44 东非裂谷凹陷分布图

新生代中期阿法尔地幔柱开始活动（约 31 Ma），造成阿拉伯板块从非洲板块分离，形成了三叉裂谷系，东非裂谷是其中夭折的一支。早渐新世开始，三叉裂谷系的东支持续强烈拉张形成洋壳，演化为亚丁湾盆地。三叉裂谷系北西支于晚渐新世开始拉张，将非洲与阿拉伯大陆分离，形成红海，红海平均水深 558 m，最大水深 2 514 m。红海南部中央地堑区内为洋壳，两侧基底仍属陆壳。而西南支东非裂谷“夭折”，至今在陆壳之上广泛发育湖泊与火山。东非裂谷东部盆地形成于渐新世（31 Ma），受北端阿法尔地幔柱的影响，火山活动异常活跃，现今已进入裂谷后期；而西部盆地形成晚，从晚中新世（10 Ma）开始裂陷，火山少，至今仍处于主要裂谷期。西部盆地内分布着艾伯特、爱德华（Edward）和坦噶尼喀等 6 个湖泊，湖泊面积大（2 300～32 900 km^2）、水深（60～1 470 m），这说明裂谷处于强烈断陷期，地幔仍在强烈拱升，也可能不断演化成大洋。

（一）东部盆地河流-湖泊沉积对烃源岩的控制

东部盆地面积 73 856 km^2，其内分布有图尔卡纳湖凹陷、凯里奥凹陷、南洛基查尔凹陷和凯里奥河谷凹陷等 11 个凹陷（图 2-44），凹陷之间被凸起所分割，目前因资料太少、研究程度低，还没有对这些凸起命名。在东部盆地 11 个凹陷内，仅中部的南洛基查尔凹陷勘探程度较高。南洛基查尔凹陷的面积为 2 180 km^2，二维地震测线长为 3 383 km，测网密度最小为 0.5 km×1.5 km，最大为 5 km×6 km，三维地震为 951 km^2，已钻井 29 口，发现了 8 个油田。图尔卡纳湖凹陷、乔乌凹陷、北洛基查尔凹陷、凯里奥凹陷和凯里奥河谷凹陷只有少量二维地震资料。每个凹陷也仅钻了 1 口或 2 口探井，其中除 2016 年在凯里奥河谷凹陷第一口探井 Cheptuket-1 井见 700 m 油气显示外，其余均为干井。其他的凹陷既无探井，也无地震资料，大部分凹陷的周边凸起被火山岩覆盖。总之，东部盆地是一个勘探程度非常低的盆地，截至目前，只有南洛基查尔凹陷获得油气发现。

南洛基查尔凹陷为西陡东缓的箕状半地堑。该凹陷经历了渐新世和中新世早-中期两期裂陷旋回演化。第一期旋回，Loperot 组沉积时期为初始裂陷期，此时凹陷以冲积扇-河流相砂岩沉积为主，夹薄层泥岩，砂岩厚度大；强裂陷期沉积了 Loperot 组页岩，裂谷进一步拉张，主要发育滨浅湖相及三角洲相，蕨类植物繁盛，湖水较浅，岩性为砂泥岩薄互层，夹少量黑色泥岩；裂陷后期 Lokhone 组仍以三角洲及滨浅湖相沉积为主，但是裂谷活动减弱，物源供给充足，三角洲范围扩大，砂岩厚度大。第二期旋回缺少初始裂陷期，强裂陷期沉积 Lokhone 组页岩，此时裂谷快速拉张，主要发育半深湖-深湖相（图 2-45），湖泊水深，分布范围广，气候温湿，河流挟带大量的矿物质进入湖泊，造成淡水藻类勃发，形成厚层灰黑色泥岩。Auwerwer 组沉积时期进入裂陷后期，湖水逐渐变浅，物源供给充足，东部缓坡发育大面积三角洲相沉积，并不断向湖盆中心推进。中中新世晚期，火山活动剧烈，凹陷东部大幅隆升，沉积中断，顶部覆盖薄层玄武岩，南洛基查尔凹陷裂谷演化结束。

（二）西部盆地河流-湖泊沉积对烃源岩的控制

东非裂谷西部盆地的面积为 147 782 km^2，其内有 5 个凹陷，北部的凹陷勘探程度较高，资料较多；南部的凹陷没有进行勘探，资料很少。北部的艾伯特凹陷已钻 91 口探井，发现了 17 个油气田；中部的坦噶尼喀凹陷二维地震资料较多，1986 年阿莫科公司在其北部陆上钻了 2 口探井，均为干井；而南部的马拉维凹陷只有少量质量较差的老地震资料，勘探程度更低。在西部盆地内，凹陷形成时间具有北部早、南部晚的特点，以致北部凹陷新近系沉积厚度更大。根据前期研究成果，西部盆地石油地质条件具有北好、南差的特点。艾伯特凹陷发现的油气田最多（其他凹陷没有发现油气田），资料最丰富，研究也最深入。下面以艾伯特凹陷为例，论述西部盆地的沉积与烃源岩。

艾伯特凹陷面积为 8 850 km^2，以现代湖泊中心为界，东面属乌干达，西面属刚果（金）。艾伯特凹陷形成于晚中新世（10 Ma），经历了初始裂陷期、强裂陷期、裂陷后期一个完整旋回的第一期裂陷演化，目前处于第二期裂陷的初始期。晚中新世早期东非裂谷西支断裂

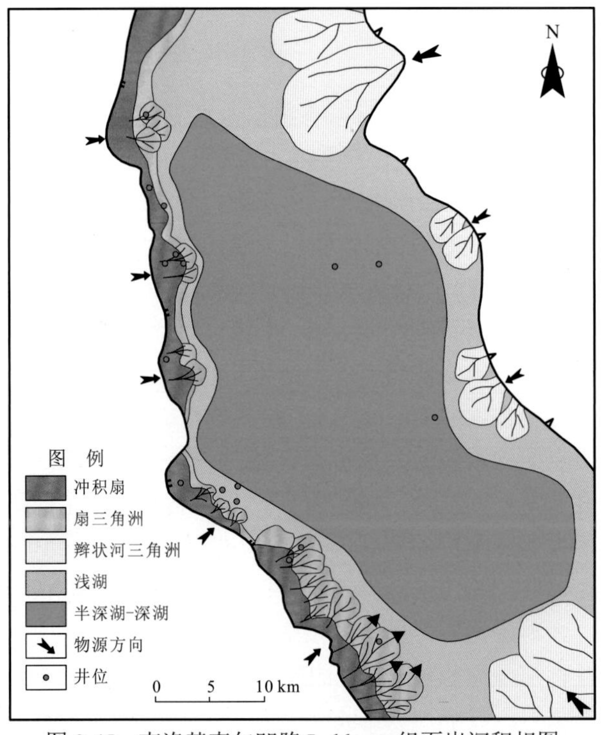

图 2-45　南洛基查尔凹陷 Lokhone 组页岩沉积相图

带开始活动，在主断层下降盘形成小型湖泊，湖泊周边陆源碎屑丰富，经短距离搬运，在湖泊周边形成了近岸扇、扇三角洲，粗碎屑沉积发育，暗色泥岩范围较小，为初始裂陷期。中新世晚期—上新世早期为强裂陷期，凹陷边界断层活动强，沉降速率大于沉积速率，气候温湿，雨量充沛，湖水变深，湖域面积增大，凹陷以半深湖-深湖相暗色泥岩沉积为主，并伴有长轴方向的大型三角洲、短轴方向的扇三角洲（图 2-46），与这些三角洲、扇三角洲相对应的河流经过火成岩剥蚀区，溶解了丰富的矿物质并带入湖泊，为藻类（盘星藻和葡萄藻）（图 2-47）等水生生物的生长创造了条件。此时湖水深，湖底缺氧，藻类死亡后，形成了优质烃源岩。上新世晚期—更新世，凹陷边界断层活动减弱，湖水变浅，以河流三角洲-滨浅湖沉积为主，属裂陷后期发展阶段。在全新世边界断层复活，湖水再次加深，现今该湖泊最大水深达 58 m，每年以 2 cm 的速率张裂，处于第二期裂陷的初始期。

二、东非裂谷盆地烃源岩与油藏的依存关系

（一）东部盆地烃源岩与油藏的依存关系

钻井揭示东部盆地的南洛基查尔凹陷发育两套烃源岩，主力烃源岩为下中新统 Lokhone 组页岩湖相暗色泥岩，在凹陷中心厚度达 1 500 m，次要烃源岩为渐新统 Loperot 组页岩湖相泥岩。凹陷内 Loperot-1 井在埋深 1 140～1 373 m 钻遇了下中新统烃源岩，TOC 含量为 1.2%～6.8%，平均为 3.2%；S_1+S_2 普遍大于 6.0 mg HC/g ROCK，平均为

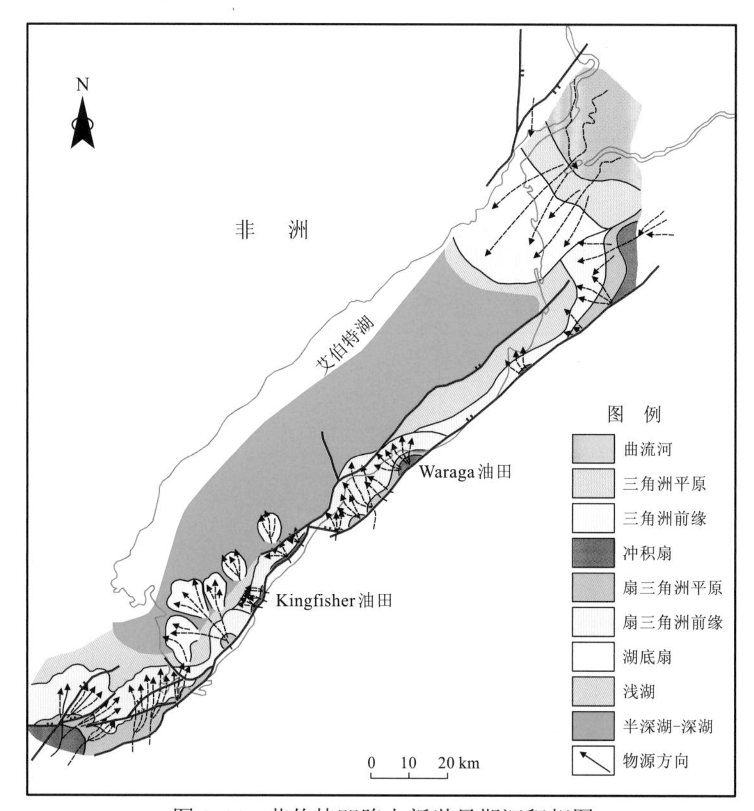

图 2-46　艾伯特凹陷上新世早期沉积相图

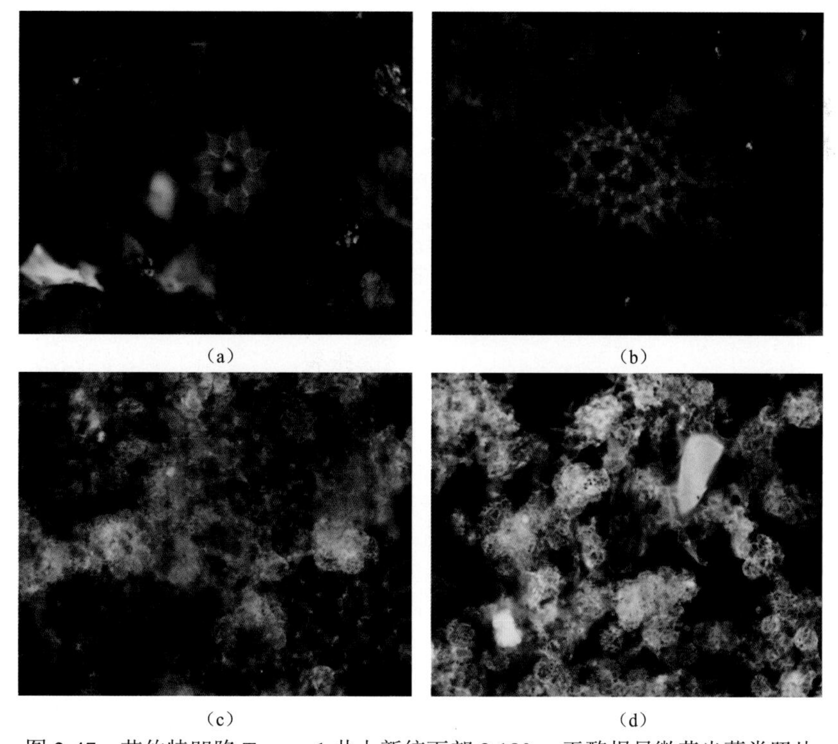

图 2-47　艾伯特凹陷 Turaco-1 井上新统下部 2 180 m 干酪根显微荧光藻类照片

15 mg HC/g ROCK；I_H一般大于 440 mg HC/g TOC（图 2-48），干酪根类型主要为 I 型和 II 型（图 2-49）；R_o为 0.6%～0.65%，表明烃源岩已经成熟；干酪根组分以腐泥组的无定形体为主，形成于富营养的深水湖泊环境。渐新统烃源岩埋深 2 451～2 600 m，TOC 含量为 0.5%～1.8%，平均为 1.0%；S_1+S_2为 0.3～2.39 mg HC/g ROCK，I_H多为 60～300 mg HC/g TOC（图 2-48），干酪根类型主要为 II—III 型；R_o为 1.05%～1.10%，已成熟。东部盆地火山活动强，地温梯度高，南洛基查尔凹陷钻井揭示平均地温梯度为（3.6～4.6）℃/100 m，有利于有机质热演化。

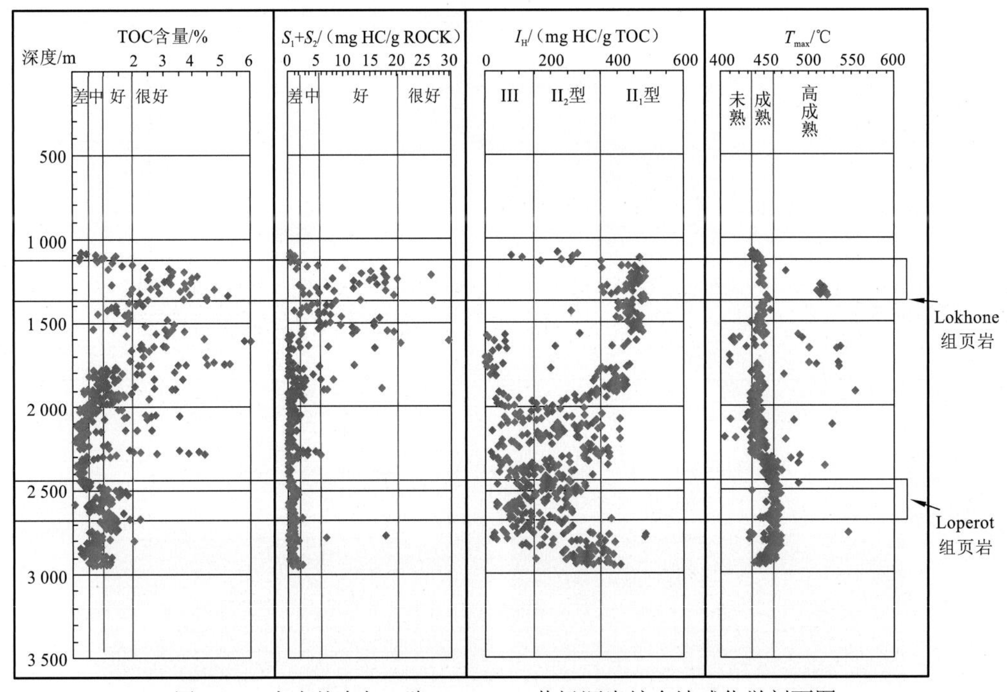

图 2-48 南洛基查尔凹陷 Loperot-1 井烃源岩综合地球化学剖面图

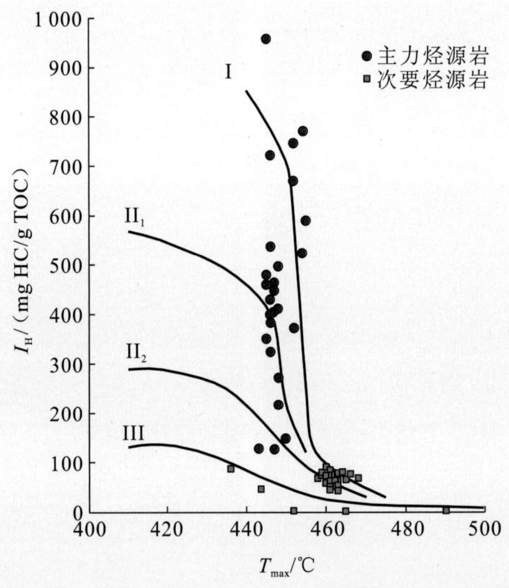

图 2-49 南洛基查尔凹陷 Loperot-1 井下中新统烃源岩地球化学分析图

南洛基查尔凹陷在中新世中期断层活动变弱，湖水变浅，发育河流-滨浅湖沉积，形成了主力储集层 Auwerwer 组下段，该层段发现的石油地质储量占整个南洛基查尔凹陷的 94%。东部缓坡带发育大规模的辫状河-辫状河三角洲沉积体系，储层单层厚度为 1.5～30 m，砂岩孔隙度为 14.6%～28.9%，渗透率为（13～2428）$\times10^{-3}$ μm^2。西部陡坡带发育冲积扇-扇三角洲沉积体系，扇三角洲砂岩储层物性好，储层单层厚度为 1～19.8 m，单井累计厚度为 119～347 m，砂岩孔隙度为 12.8%～27.9%，渗透率为（12.5～482）$\times10^{-3}$ μm^2。西部陡坡带 Ngamia-1 井 Auwerwer 组下段连续含油层段超过 400 m。值得一提的是，边界断层之上沉积了冲积扇致密泥质砂岩，使得边界断层的侧向封闭性强（图 2-50），这种致密的泥质砂岩作为侧向封堵层，形成了高丰度油田。

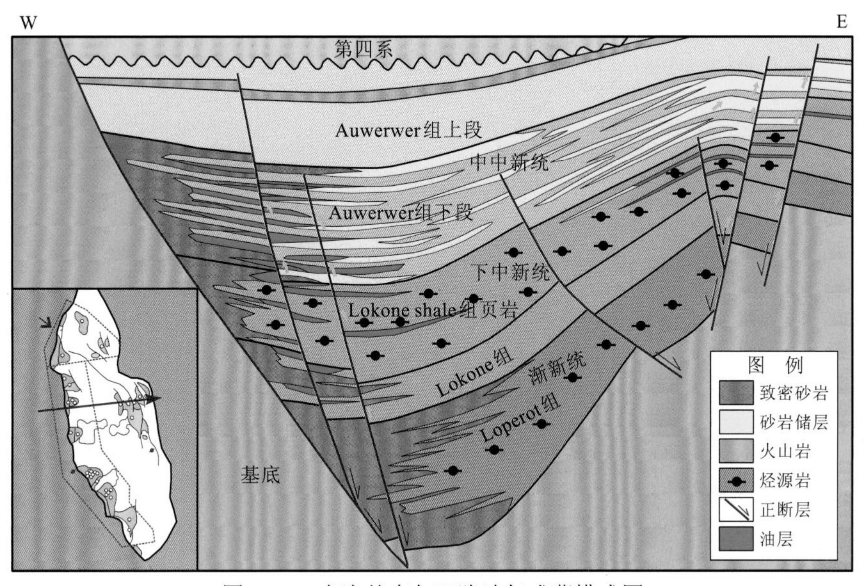

图 2-50　南洛基查尔凹陷油气成藏模式图

目前在南洛基查尔凹陷发现的油田多数位于西部陡坡带，紧邻烃源岩展布（图 2-51），具有近源成藏的特点；凹陷东部缓坡带成熟烃源岩附近也有油田发现。

（二）西部盆地烃源岩与油藏的依存关系

艾伯特凹陷主力烃源岩形成于中新世晚期—上新世早期强裂陷期，当时湖水深，湖域面积大，长轴方向的河流带来了丰富的矿物质，气候温暖湿润，这些条件有利于藻类等水生生物的生长。藻类死亡后，在湖底易于保存，暗色泥岩中有机质丰度高。对洼陷带内的 Ngassa-2 井中新统上部—上新统下部（2325～3193 m）的样品化验，结果表明，TOC 含量为 3.07%～9.80%（表 2-15），干酪根类型为 I 型、II_1 型，属好—优质烃源岩，地温梯度为（3～9）℃/100 m，成熟门限为 2550 m。

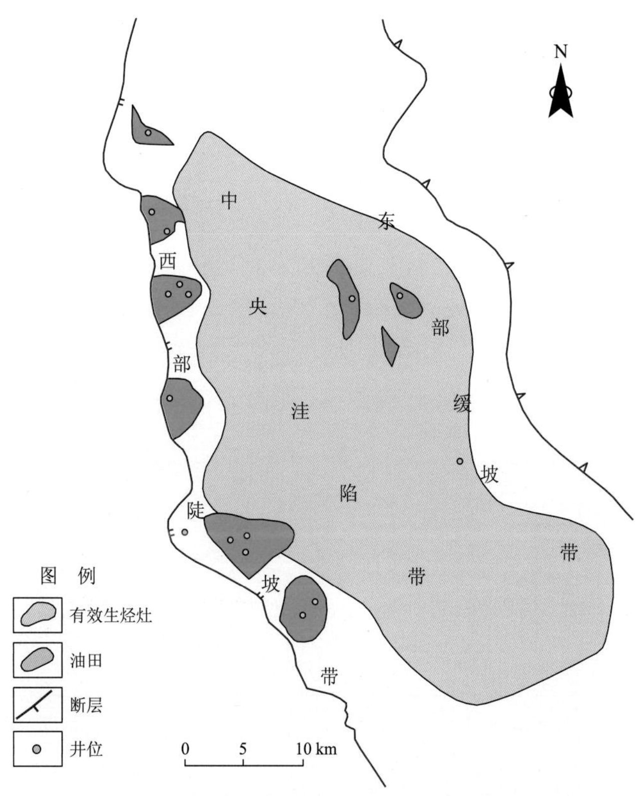

图 2-51　南洛基查尔凹陷有效生烃灶与油田分布图

表 2-15　艾伯特凹陷 Ngassa-2 井地球化学分析表

样品编号	岩性	埋深/m	TOC 含量/%	S_1/（mg HC/g ROCK）	S_2/（mg HC/g ROCK）	S_1+S_2/（mg HC/g ROCK）	I_H/(mg HC/g TOC）	I_O/（mg CO_2/g TOC）	I_P/(mg HC/g TOC）	T_{max}/℃
2268-1	绿灰色泥岩	1 110	1.65	0.02	1.07	3.66	65	222	0.02	433
2268-2	绿灰色泥岩	1 300	1.39	0.03	1.12	1.98	81	142	0.03	432
2268-3	浅-中灰色泥岩	1 500	1.30	—	—	—	—	—	—	—
2268-4	浅-中灰色泥岩	1 625	1.25	0.02	0.87	2.08	70	166	0.02	436
2268-5	浅-中灰色泥岩	1 700	2.00	0.05	3.31	2.94	166	147	0.01	440
2268-6	浅-中灰色泥岩	1 860	0.87	—	—	—	—	—	—	—
2268-7	浅-中灰色泥岩	1 895	0.58	—	—	—	—	—	—	—
2268-8	浅-中灰色泥岩	1 935	0.56	—	—	—	—	—	—	—
2268-9	浅-中灰色泥岩	1 995	0.95	—	—	—	—	—	—	—
2268-10	绿灰色泥岩	2 065	0.69	—	—	—	—	—	—	—
2268-12	浅-中灰色泥岩	2 184	0.90	—	—	—	—	—	—	—
2268-13	灰色泥岩	2 325	3.07	0.39	14.00	1.75	456	57	0.03	446

续表

样品编号	岩性	埋深/m	TOC 含量/%	S_1/（mg HC/g ROCK）	S_2/（mg HC/g ROCK）	S_1+S_2/（mg HC/g ROCK）	I_H/（mg HC/g TOC）	I_O/（mg CO_2/g TOC）	I_P/（mg HC/g TOC）	T_{max}/℃
2268-14	灰色泥岩	2 740	4.90	—	—	—	—	—	—	—
2268-15	褐色泥岩	2 761	3.20	1.58	15.96	1.28	499	40	0.09	445
2268-16	褐色泥岩	2 878	9.67	4.46	47.48	1.74	492	18	0.09	444
2268-17	褐色泥岩	2 932	5.49	—	—	—	—	—	—	—
2268-18	褐色泥岩	2 962	7.21	1.78	37.71	1.99	523	28	0.05	445
2268-19	中-深灰色泥岩	3 004	3.82	—	—	—	—	—	—	—
2268-20	中-深灰色泥岩	0 352	4.46	1.09	17.47	1.37	392	31	0.06	477
2268-21	褐色泥岩	3 118	9.48	3.92	52.57	1.63	555	17	0.07	445
2268-22	褐色泥岩	3 139	4.78	1.73	20.48	1.20	428	25	0.08	447
2268-23	褐色泥岩	3 193	9.80	5.00	39.39	0.73	407	7	0.11	439

艾伯特凹陷现今仍处于裂谷发展阶段，凹陷的储层以三角洲、扇三角洲、近岸水下扇砂体为主。凹陷西部勘探及研究程度低，资料很少；北部、东部和南部勘探程度高，资料多，研究比较深入。凹陷北部的长轴缓坡带发育大型河流-三角洲沉积体系，其三角洲平原及前缘砂岩是凹陷最重要的储层，储层单层厚度为 2～20 m，单井累计厚度为 26～116 m，砂岩孔隙度为 17.1%～38.7%，渗透率为（23～1 836）$\times 10^{-3}$ μm^2。三角洲前缘砂岩与凹陷内烃源岩呈指状接触，并且接触面积大，将烃源岩内生成的石油“吸入”至储层中，然后向上倾方向侧向运移，在斜坡断块圈闭中聚集，形成旁生侧储的成藏模式（图 2-52），生、运、储配置非常好。目前在凹陷北部大型三角洲发育区，发现了 Jobi-Rii 油田、Jobi-East 油田、Ngiri 油田、Kasamene 油田等大-中型优质油田，单个油田的地质储量为 5 000 万～20 000 万 m^3，将成为东非重要的产油区。

艾伯特凹陷东南部和东部陡坡带主要发育扇三角洲和近岸水下扇。凹陷东南部 Kingfisher 油田的主要储层是扇三角洲前缘砂体（图 2-52），砂岩单层厚度为 0.7～46 m，单井储层总厚度为 300～456 m，储层孔隙度为 11.5%～28.0%，渗透率为（38～1 576）$\times 10^{-3}$ μm^2；地层砂地比为 26%～48%，砂泥配置好，为 Kingfisher 大型油田的形成创造了条件。凹陷东部 Waraga 油田的储层是近岸水下扇砂体，为砂岩和泥岩互层，砂岩单层厚度为 1.1～90.5 m，泥岩单层厚为 7.4～38.4 m，砂地比为 22%～81%，砂岩孔隙度为 15.2%～28.6%、渗透率为（157～1 986）$\times 10^{-3}$ μm^2。Waraga 油田盖层虽然稍显不足，但烃源充足也形成了千万立方米级的中型油田。艾伯特凹陷的西北部勘探程度低，没有探井，也没有发现油田。在凹陷的东北部、东部和南部勘探程度较高，发现了一批油田。说明凹陷中央的石油经砂体横向运移，再经断层垂向运移，运移距离远，但已发现的油田环绕烃源岩呈环带状展布（图 2-53），具有明显的“源控”特征。

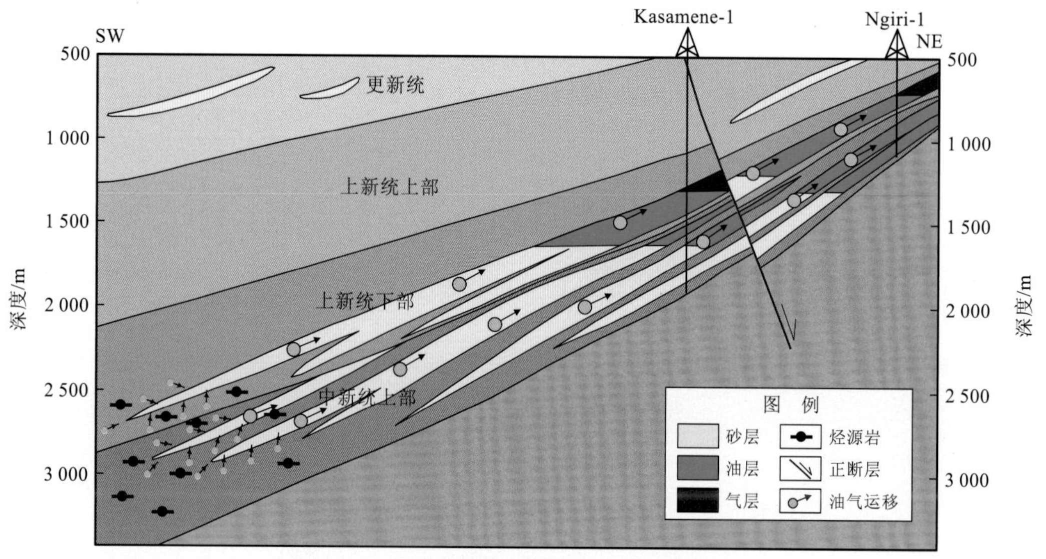

图 2-52　艾伯特凹陷缓坡带油气成藏模式图

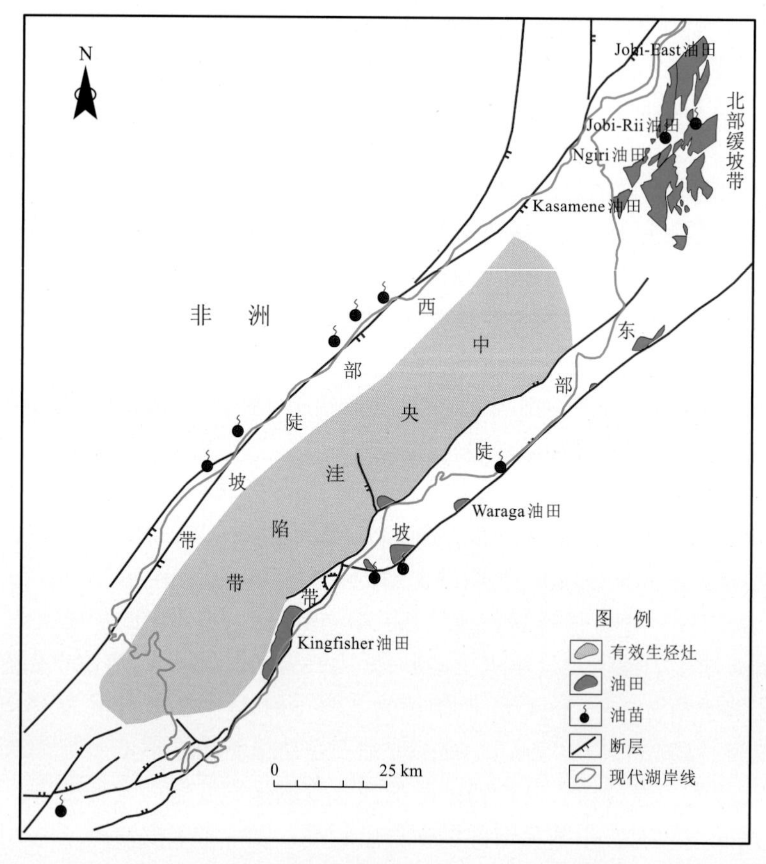

图 2-53　艾伯特湖凹陷有效生烃灶与油田分布图

第八节　大西洋中生代河流-湖泊体系与石油的依存关系

一、大西洋中生代湖相盆地河流-湖泊体系对烃源岩的控制

大西洋两岸（非洲西海岸和美洲东海岸）是世界上重要的产油区，著名的桑托斯盆地、坎普斯盆地、尼日尔三角洲盆地、加蓬盆地、下刚果盆地、宽扎盆地等主要含油气盆地都位于大西洋两岸。根据目前的勘探和研究成果，在南美洲东海岸和非洲西海岸分别发育了 22 个和 16 个中新生代沉积盆地，单个盆地面积为 5.6 万～42.8 万 km^2。这些盆地多数具有双层结构，是典型的叠合盆地：晚侏罗世—早白垩世是湖相裂谷盆地，晚白垩世—新近纪为被动大陆边缘盆地；在湖相和海相地层间发育了一套局限海盐岩，以这套盐岩为界，分为盐下湖相和盐上海相两个勘探层系，为两套成藏组合（图 2-54）。

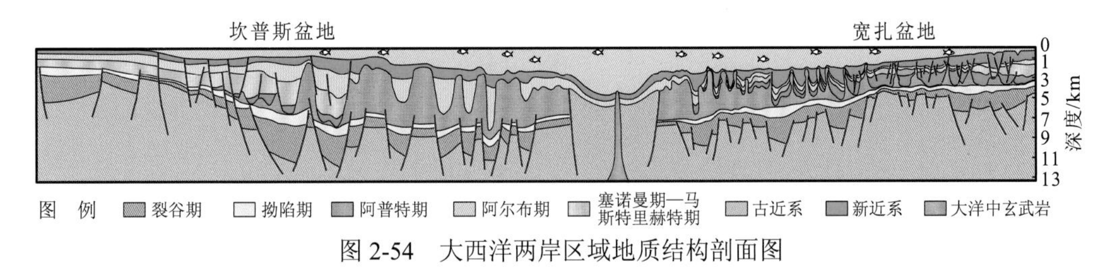

图 2-54　大西洋两岸区域地质结构剖面图

大西洋两岸被动大陆边缘盆地的形成具有相似的特点，成因与演化具有很好的代表性。在二叠纪，劳亚（Laurasia）大陆与冈瓦纳（Gondwana）大陆连在一起，共同组成了泛大陆，现今的非洲西岸与美洲东岸在该时期位于同一个板块内；在三叠纪—早白垩世，这一地区从北至南发育了一系列串珠状的板块内断陷湖盆，这些湖盆内断层较多，活动性较强，导致岩石圈破碎并诱发了地幔物质在岩石圈薄弱地带上拱，而地幔上拱又加剧了地壳上部拉张，拉张变薄的地壳又促进了地幔进一步上拱，最后形成了洋壳，产生了大西洋两岸的被动大陆边缘盆地（图 2-55）。从大西洋的成因与构造演化历史可以看出，被动大陆边缘盆地的形成与下部湖相裂谷盆地的存在有一定的因果关系，因此从油气勘探的角度看，在许多被动大陆边缘盆地之下，很可能还有湖相裂谷沉积层系，这是深部一个重要勘探领域，值得石油地质学家重视。

大西洋两岸中新生代盆地是典型的叠合盆地，上覆的被动大陆边缘盆地沉积地层较厚（1 500～6 000 m），加之在一些盆地发育厚层盐岩（500～3 000 m），导致下伏湖相裂谷地层地震资料质量较差，使得裂谷层系的研究还不够深入，许多地质问题仍然认识不清。随着今后技术进步、资料改善及勘探程度的不断提高，对湖相裂谷层系的研究将会不断深入。根据现有资料，石油地质学家对下部湖相裂谷层系的研究已经取得一些阶段性认识，认为南大西洋两岸的湖相盆地存在共轭关系。在侏罗纪—早白垩世，两岸共轭盆地是一个统一连通的湖盆；而在裂开形成洋壳时，并不是平均分开，区域上在湖相沉积盆地的不同位置，开裂的比例不同，即不均匀开裂。如南美的桑托斯盆地宽度大，地层厚度大，而对应西非的纳米贝（Namibe）湖相盆地宽度小，地层厚度大（图 2-56）；在

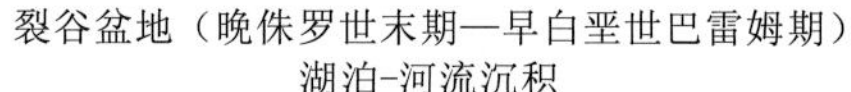

湖泊-河流沉积

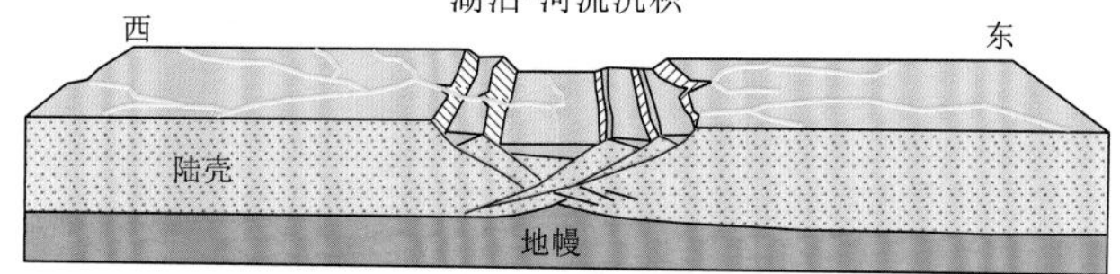

裂谷盆地（早白垩世巴雷姆期—阿普特期）

低水位前积、过渡期盐沉积

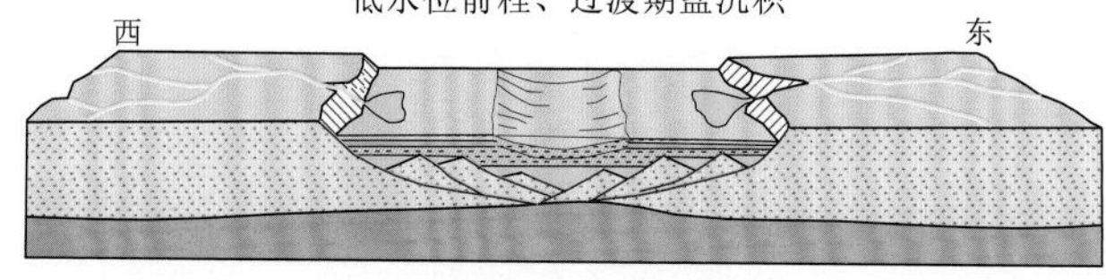

大西洋被动边缘盆地（早白垩世阿普特期—晚白垩世塞诺曼期）

白垩系海进沉积物

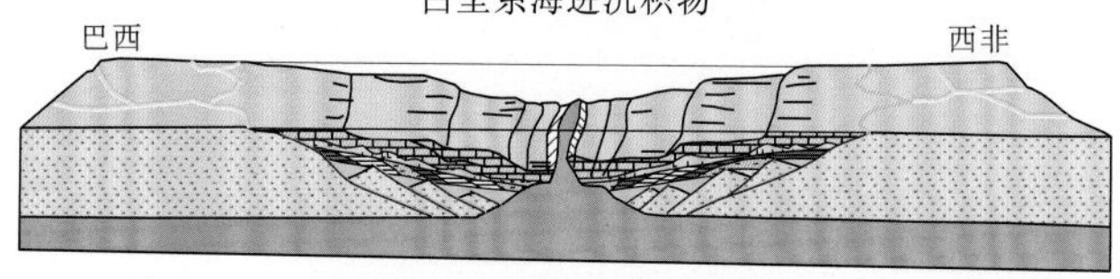

大西洋被动边缘盆地（晚白垩世塞诺曼期—现今）

古近纪—新近纪海退巨层序

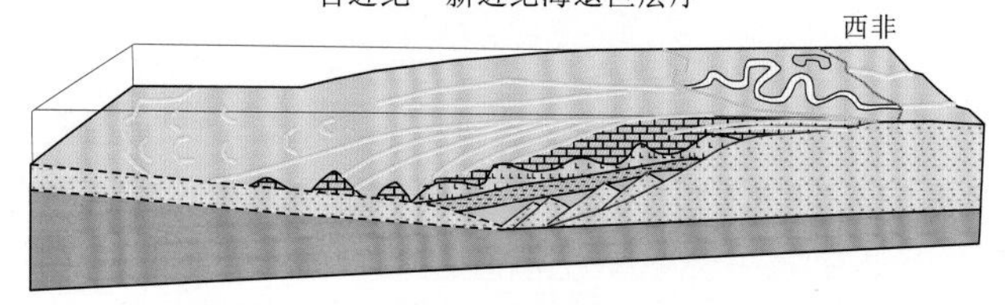

图 2-55　大西洋两岸盆地构造演化模式图

南美的坎普斯盆地与西非的宽扎盆地宽度、地层厚度接近；再往北的下刚果盆地、加蓬盆地则刚好相反，西非一侧较大，而南美一侧较小。侏罗纪—早白垩世南大西洋两岸湖相盆地共轭关系和开裂比例，是目前世界地质学研究的一个热点课题。

大西洋两岸湖相盆地的形成、发展时间不尽相同，北部的毛塞几比（MSGB）盆地、利比里亚（Liberia）盆地主成盆期是三叠纪—侏罗纪，而南部的奥兰治（Orange）盆地、宽扎盆地、下刚果盆地、加蓬盆地、桑托斯盆地、坎普斯盆地的主成盆期为早白垩世盐岩沉积之前（图 2-57）。这些湖相裂谷盆地都经历了早期初始裂陷、强裂陷期、拗陷期的演化过程，盆地内凹陷与凸起相间，断层控制了沉积地层及生储盖的展布。初始裂陷期为洪积、冲积、扇三角洲等粗碎屑沉积；强裂陷期断层活动性强，盆地沉降速率大于沉积速率，湖水深、范围大，以半深湖-深湖相泥岩沉积为主，并伴有三角洲沉积；拗陷期断层活动弱，湖水浅，有些盆地发育湖相碳酸盐岩礁滩沉积，有的盆地以河流-三角洲沉积为主。

大西洋两岸湖相盆地是世界上最重要的湖相生油盆地，巴西东海岸的桑托斯盆地、坎普斯盆地、普提瓜尔盆地、塞阿拉盆地、亚马孙（Amazon）盆地等已发现的石油 95% 来自裂谷期湖相烃源岩，非洲的宽扎盆地、下刚果盆地、加蓬盆地等已发现的石油储量

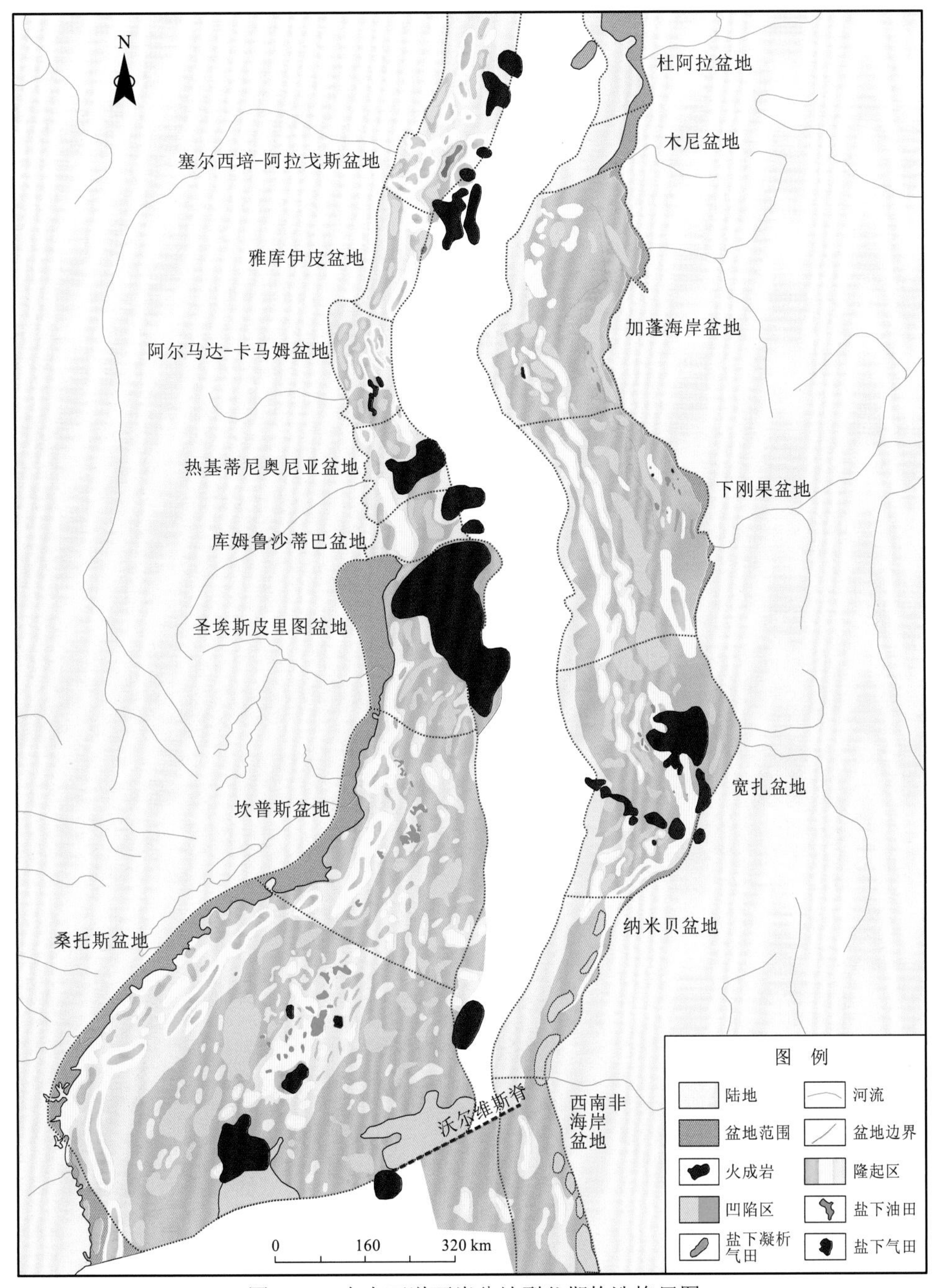

图 2-56　南大西洋两岸盆地裂谷期构造格局图

近 50%来自裂谷期湖相烃源岩。部分学者认为尼日尔三角洲盆地的石油主要来自白垩系湖相烃源岩。裂谷期湖相泥岩是大西洋两岸湖相盆地最重要的烃源岩，桑托斯盆地具有代表性。桑托斯盆地在强裂陷期湖水较深，大型河流带来了丰富的矿物质，使藻类水生生物大量繁殖，藻类死亡后在湖底易于保存，形成的暗色泥岩有机质丰度高（TOC 含量一般为 2.0%～6.0%）、类型好（I 型、II_1 型），是优质烃源岩（图 2-58）。

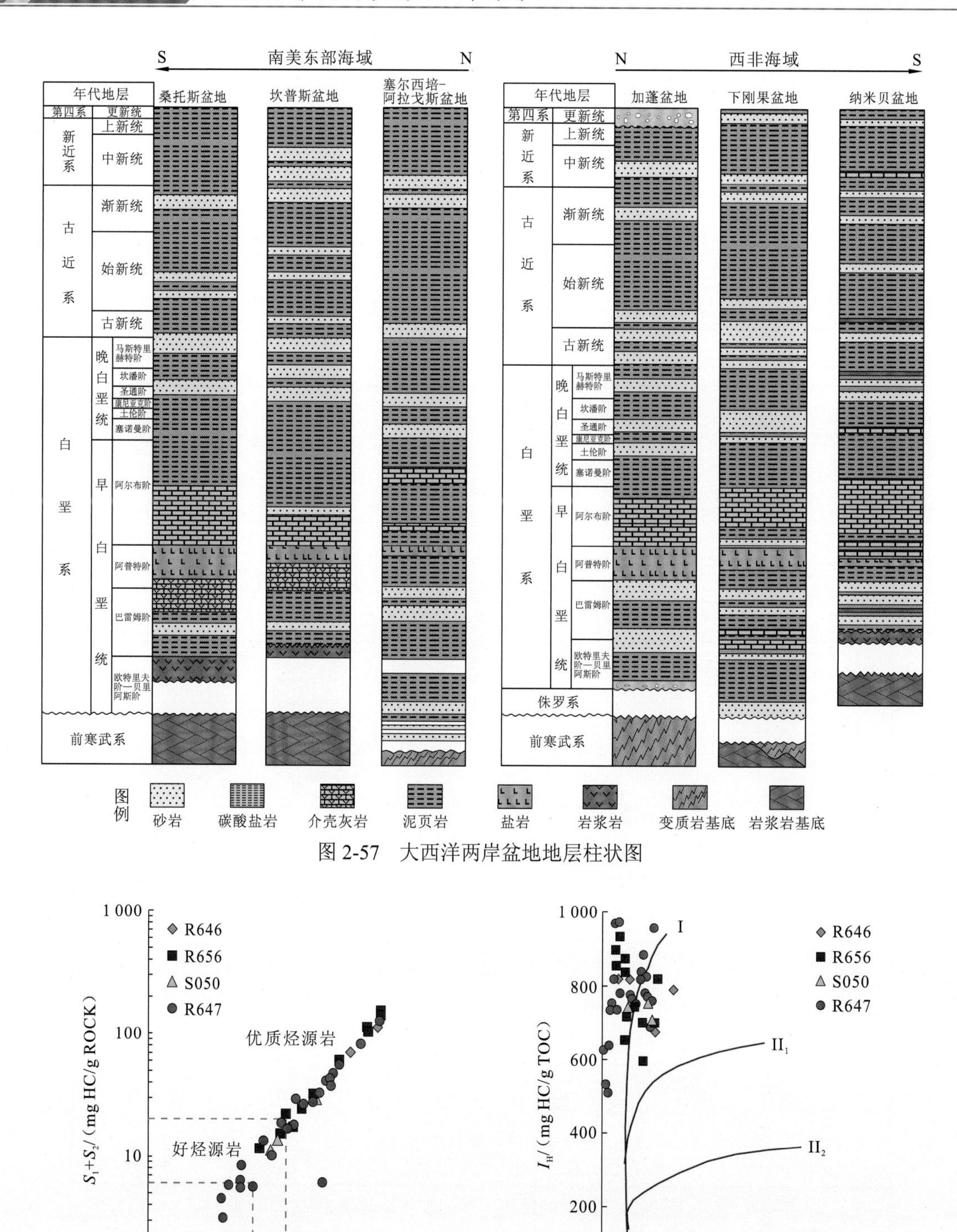

（a）TOC含量与S_1+S_2相关图　　（b）I_O与I_H相关图

图 2-58 桑托斯盆地裂谷期烃源岩有机质丰度和类型

二、大坎普斯湖相盆地烃源岩与油藏的依存关系

坎普斯盆地位于巴西东部海岸，面积为 $15.6\times10^4km^2$，其北面是圣埃斯皮里图盆地，南面是桑托斯盆地。有的学者认为这几个盆地之间均有一条北西走向的走滑断层，其实它们整体是一个大坎普斯盆地（图 2-59），该大盆地的面积为 $58.7\times10^4km^2$。大坎普斯盆地勘探程度较高，已发现石油可采储量为 $46.5\times10^8m^3$，天然气为 $5295\times10^8m^3$，是巴西已发现油气储量最多的盆地。

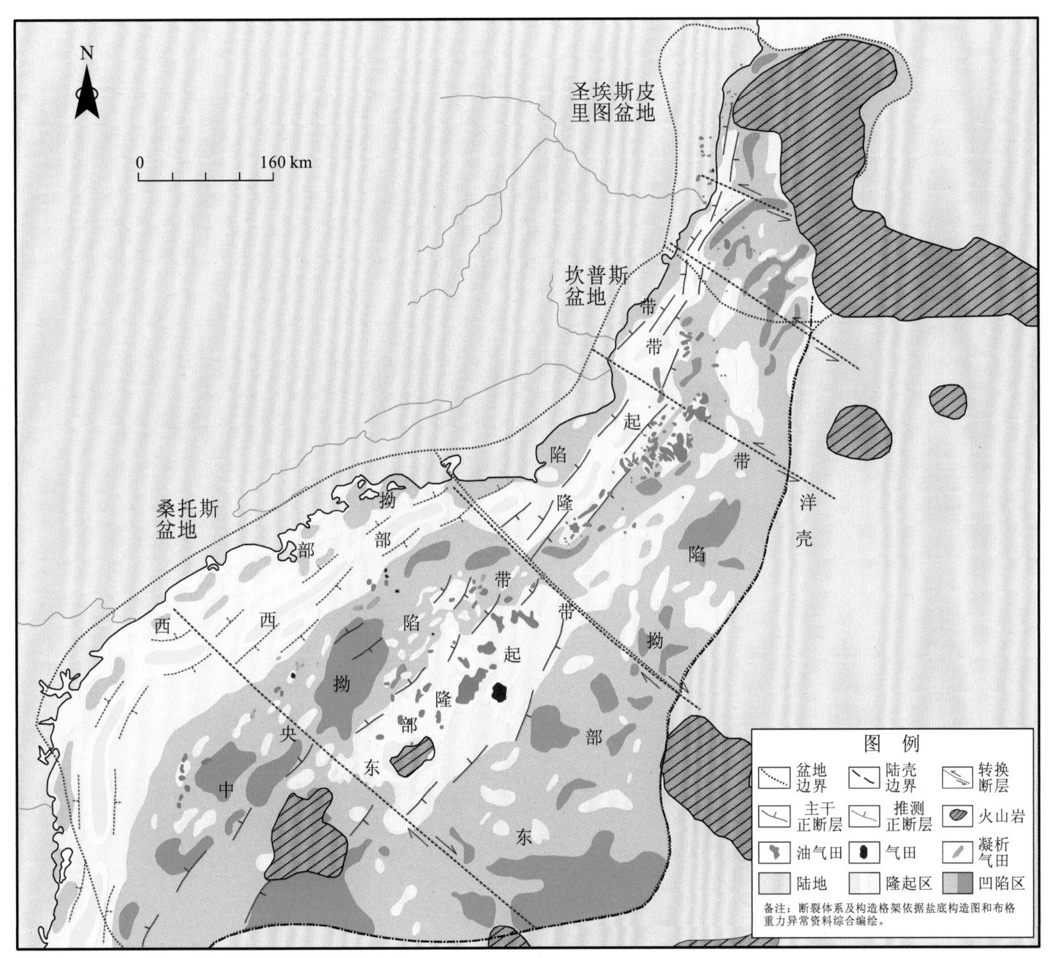

图 2-59　大坎普斯盆地构造格局图

在绝大多数文献中，大坎普斯盆地被认为是典型的被动大陆边缘盆地，笔者认为大坎普斯盆地是一个典型的叠合盆地。坎普斯盆地在早白垩世主力烃源岩形成时，大坎普斯盆地是一个湖相裂谷盆地，已发现的石油储量几乎全部来自这套湖相烃源岩。早白垩世晚期随着南美洲、非洲板块的分离和大西洋的形成，大坎普斯盆地变为被动大陆边缘盆地，海相烃源岩因埋藏较浅未达到成熟，有机质丰度也很低，对油田贡献很小。应该

以主力烃源岩形成时期，是盆地的主要的成盆期，这个时期的盆地类型就是现在的主要类型，因为烃源岩是控制油气富集程度的最重要因素。从这一角度来看，坎普斯盆地应属于湖相裂谷盆地。

大坎普斯盆地的演化可分为早期湖相、晚期海相两个阶段，每一个阶段里又可细分为三个次级阶段。早期湖相阶段可分为早期裂陷、强裂陷、后期裂陷三个次级阶段。晚期海相阶段可分为早期半封闭海湾、中期局限海、晚期开阔海三个次级阶段。大坎普斯盆地的基底是侏罗纪玄武岩，在早期裂陷次级阶段，东部的大断层开始活动，形成初始裂谷，湖水浅、面积小，沉积物粗，为洪积扇、冲积扇砂岩、砂砾岩，以及滨浅湖泥岩沉积。进入早白垩世强裂陷次级阶段，控盆断层活动强、差异升降幅度大，为欠补偿沉积，湖水深、面积大，以半深湖-深湖相泥页岩、三角洲砂岩、浊积砂岩沉积为主（图2-60）。在后期裂陷次级阶段，断层活动减弱，沉降速率变小，湖水变浅但面积较大，主要为浅湖相泥岩、介壳碳酸盐岩沉积。

图 2-60　大坎普斯盆地强盛裂陷次级阶段沉积相图

早白垩世晚期，随着地幔上拱，地壳张裂，在非洲大陆与美洲大陆间开始出现了洋壳。早白垩世湖泊中有海水断续侵入，从此结束了大坎普斯盆地湖相裂谷发展阶段，而进入了海相被动大陆边缘演化阶段。海相地层沉积期依然可分为三个阶段，晚白垩纪早期（阿普特期）海水断续进入，为半封闭海湾，海水含盐度高，沉积了厚层的盐岩、膏盐；随着陆壳的进一步张裂，海域进一步扩大，大坎普斯盆地在晚白垩中期（阿尔布期—

土伦期）为局限海环境，海水含盐度仍较高，沉积了滨浅海相泥岩、浊积岩；晚白垩纪晚期，大西洋形成，坎普斯盆地为开阔海，含盐度正常，沉积了浅海-半深海相泥岩，夹浊积岩。

坎普斯盆地发育下部湖相和上部海相两套烃源岩。下部湖相泥岩有机质丰度高、类型好，已生成了大量石油；上部海相泥岩有机质丰度低、类型差，是未成熟的潜在气源岩。钻井揭示坎普斯盆地湖相烃源岩是目前世界上最优质的湖相烃源岩之一。在早白垩世中期湖水深、面积大，且盐度较高，湖边河流带来了丰富的矿物质，使藻类大量繁殖，藻类死亡后保存条件好，形成的泥岩有机质丰度高（TOC 含量为 2.0%～9.0%），主要为 I 型干酪根，I_H 高达 900 mg HC/g TOC，S_1+S_2 一般大于 10 mg HC/g ROCK（图 2-61）。由于上覆厚盐层的热导率好，地温梯度较低（2.5 ℃/100 m），此烃源岩虽埋藏深，但仍处于生油窗内（R_o 为 0.8%～0.9%）。经油源对比分析，大坎普斯盆地已发现的石油全部来自盐下湖相烃源岩。盐上海相烃源岩有机质丰度低，TOC 含量一般为 0.5%～1.5%，干酪根类型以 III 型、II_2 型为主，且埋藏浅，处于未成熟阶段，为无效烃源岩。

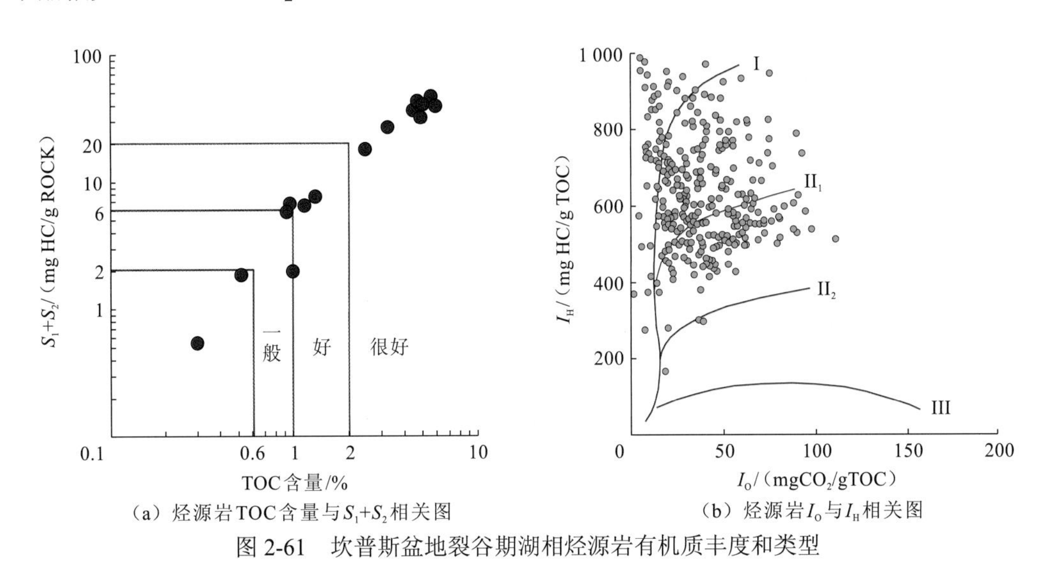

（a）烃源岩TOC含量与S_1+S_2相关图　（b）烃源岩I_O与I_H相关图

图 2-61　坎普斯盆地裂谷期湖相烃源岩有机质丰度和类型

大坎普斯盆地下部湖相烃源岩干酪根类型主要为 I 型，无定形组分含量达 90%（图 2-62），而上部海相烃源岩干酪根类型主要为 III 型，无定形含量普遍低。近 10 年全球大量勘探资料揭示，很多盆地海相烃源岩干酪根类型为低丰度的 III 型，而湖相烃源岩干酪根类型为高丰度的 I 型，这与传统的认识刚好相反。开阔的广海盆地一般不能形成优质烃源岩，优质海相烃源岩形成于半封闭的海湾。

大坎普斯盆地发育上、中、下三套成藏组合（图 2-63）。上组合是下生上储型，下白垩统裂谷期湖相烃源岩生油，上白垩统—古近系为储油层系。在该套组合中，储层包括上白垩统、古新统—始新统、渐新统—中新统三期深水浊积砂岩，砂岩单层厚度为 50～300 m，储层孔隙度为 20%～30%，渗透率为（100～400）$\times 10^{-3}$ μm^2；浅海-半深海相泥

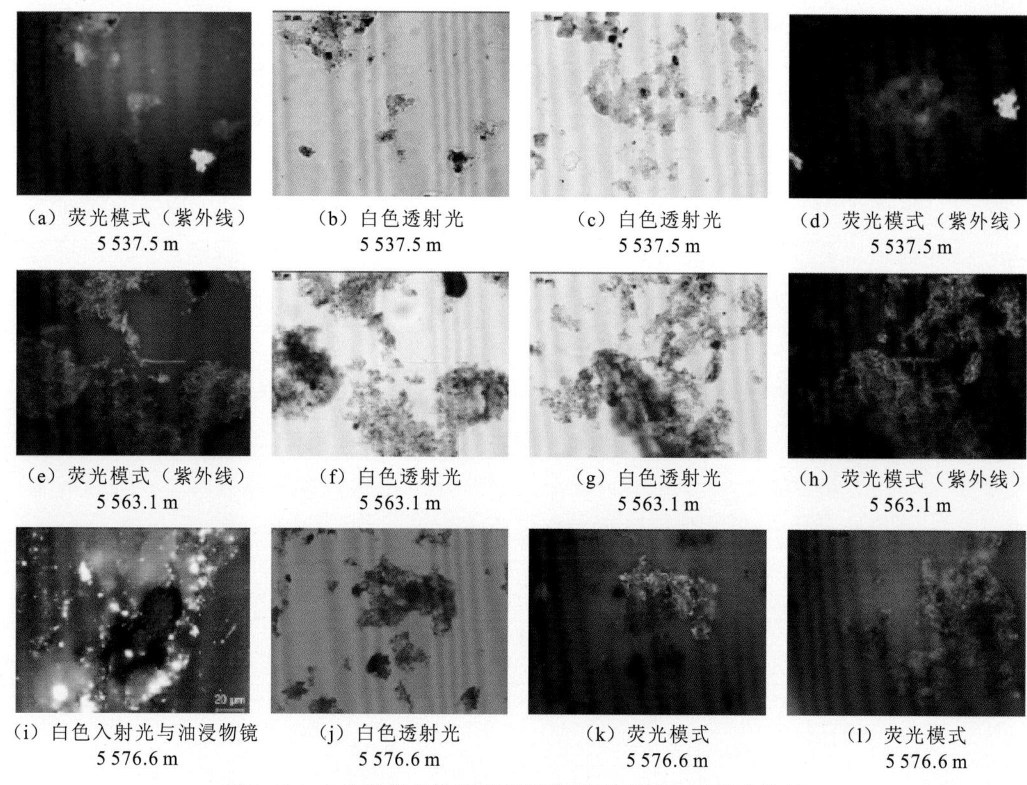

（a）荧光模式（紫外线）5 537.5 m　（b）白色透射光 5 537.5 m　（c）白色透射光 5 537.5 m　（d）荧光模式（紫外线）5 537.5 m

（e）荧光模式（紫外线）5 563.1 m　（f）白色透射光 5 563.1 m　（g）白色透射光 5 563.1 m　（h）荧光模式（紫外线）5 563.1 m

（i）白色入射光与油浸物镜 5 576.6 m　（j）白色透射光 5 576.6 m　（k）荧光模式 5 576.6 m　（l）荧光模式 5 576.6 m

图 2-62　大坎普斯盆地裂谷期湖相烃源岩无定形组分特征

（a）、（b）5 537.5 m 烃源岩无定形有机质显微镜下特征，同一视域，紫外荧光和白色透射光；（c）、（d）5 537.5 m 烃源岩无定形有机质显微镜下特征，同一视域，白色透射光和紫外荧光；（e）、（f）5 536.1 m 烃源岩无定形有机质显微镜下特征，同一视域，紫外荧光和白色透射光；（g）、（h）5 536.1 m 烃源岩无定形有机质显微镜下特征，同一视域，紫外荧光和白色透射光；（i）、（j）5 536.1 m 烃源岩无定形有机质显微镜下特征，同一视域，白色透射光和紫外荧光；（k）、（l）5 576.6 m 烃源岩无定形有机质显微镜下特征，同一视域，油浸物镜白色透射光和白色透射光

岩为盖层。该组合是该盆地最重要的成藏组合，全盆地已发现的石油储量的 67.5%赋存于该组合中。中组合也是下生上储型，储层以下白垩统阿尔布阶海相碳酸盐岩为主，包括部分三角洲砂体，其中海相碳酸盐岩的孔隙度多为 17%～21%，渗透率变化较大，普遍为（300～1 200）$\times10^{-3}$ μm^2；漂移期海相泥岩是主要的盖层，层间的泥灰岩也具有封堵能力，在这套组合中发现的石油储量占到盆地总储量的 11.7%。下组合以下白垩统湖相介壳灰岩为储层，介壳灰岩的孔隙度为 10%～25%，渗透率为（50～500）$\times10^{-3}$ μm^2；烃源岩同样为裂谷期湖相烃源岩；盖层为上覆厚层盐岩。在下组合发现的石油储量约占盆地总储量 20.7%，该组合在桑托斯盆地是最重要的成藏组合（图 2-64）。

由浊积体与断层复合组成的构造-岩性复合圈闭是坎普斯盆地最重要的储油圈闭类型，已发现的石油储量的 67%分布于此类圈闭中；其次是浊积体岩性圈闭，储量占 29%；而构造圈闭中，储量只占 4%。构造-岩性复合圈闭与岩性圈闭占绝对优势，是坎普斯盆地的特色。盐窗边的断层是油气运移的最主要通道，油气以纵向运移为主，深湖相裂谷系生成的石油沿断层运移至附近的海相浊积体中聚集而近源成藏，油气田紧邻湖相烃源岩分布是坎普斯盆地重要的运聚特征（图 2-65）。

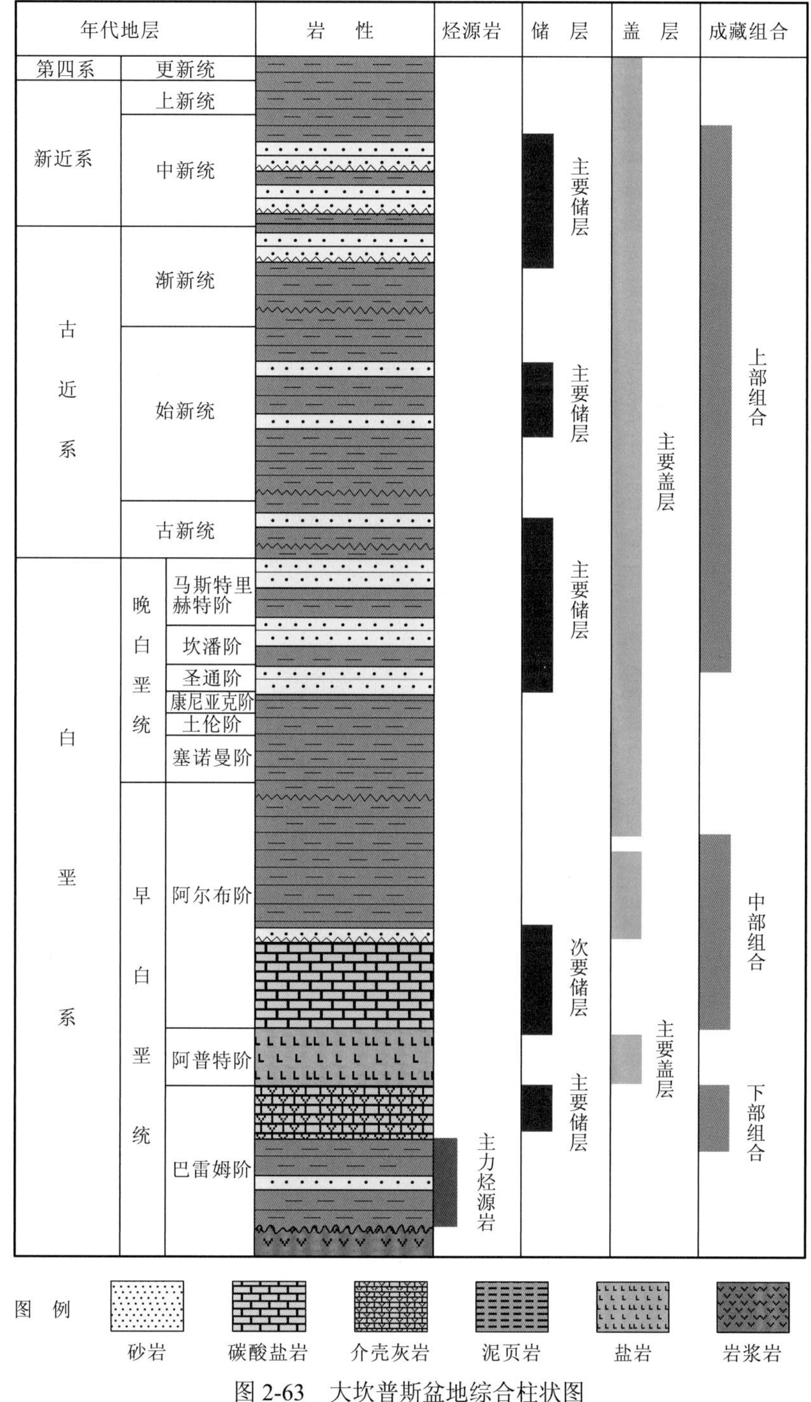

图 2-63　大坎普斯盆地综合柱状图

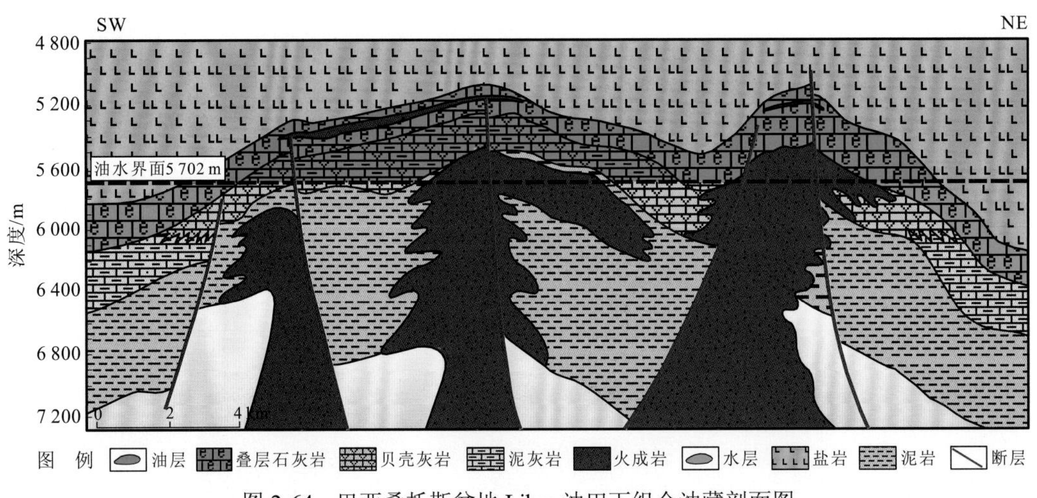

图 2-64　巴西桑托斯盆地 Libra 油田下组合油藏剖面图

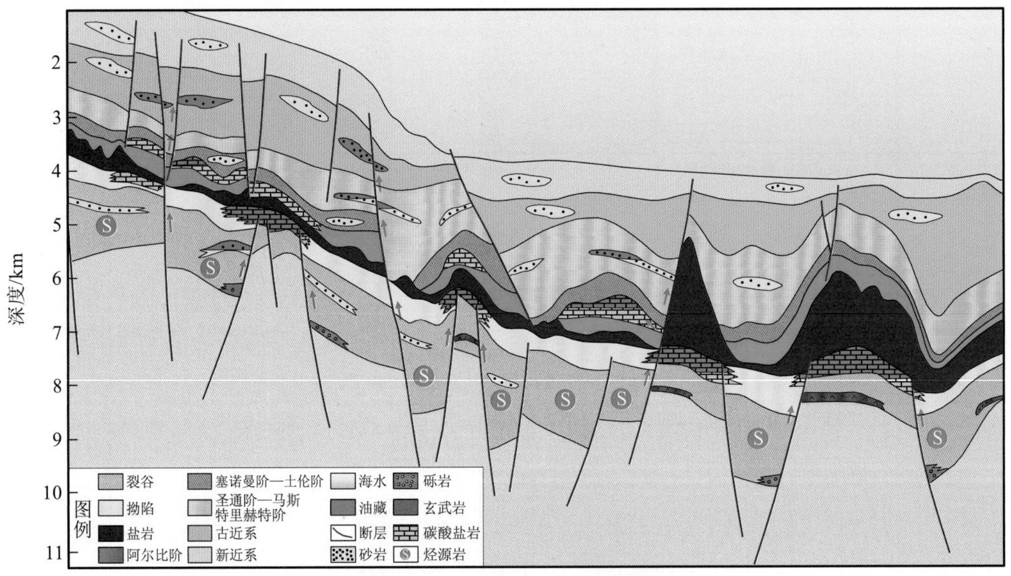

图 2-65　坎普斯盆地油气成藏模式图

第三章 河流-海湾体系是海相石油分布的主要场所

石油形成于海洋和湖泊两种环境。“陆相生油”理论研究目前已较成熟和完善，但对于海相烃源岩的形成机理与分布特征则并不十分清楚。海相烃源岩沉积有机质的富集机理和形成模式一直是学术界研究的热点问题（梁狄刚 等，2009；张水昌 等，2005；Huc，1995；Pederson and Calvert，1990）。20 世纪 80 年代以来，就海相高有机质丰度沉积地层形成的主要控制因素，存在保存条件与有机质生产力两方面的争论。前者认为主控因素是沉积或底水环境必须为厌氧条件，后者认为主控因素是有机质生产力（Huc，1995；Pederson and Calvert，1990）。很多研究表明，高有机生物产率与富 TOC 沉积层之间具有更多、更强的关联性证据（Parrish，1980）。

在研究中国及世界海相含油气盆地油气富集规律过程中，笔者逐渐认识到河流-海湾体系是控制海相石油分布的主要控制因素（邓运华，2018；Deng，2012）。海湾常常是大型河流的入口处，河流带入的营养物质在相对封闭的海湾环境中不易被稀释，保障了生物的繁盛（邓运华，2018；Deng，2012）。海湾处于半封闭环境，波浪作用相对于大洋较弱，能保持较高的营养物质浓度，保证水生生物的大量生长；海湾环境也有利于有机质的保存，形成优质烃源岩。同时，河流带来丰富的碎屑物，沉降速率快，地层厚度大，形成的富有机质的烃源岩往往埋深较大，有利于烃源岩的热演化。世界石油主要分布在河流-海湾体系和河流-湖泊体系内。波斯湾盆地、西西伯利亚盆地、墨西哥湾盆地、北海盆地等是全球主力产油区，这些富含油气盆地的主力烃源岩的形成环境则处于河流-海湾体系。

第一节 河流-海湾体系沉积特征

河流-海湾体系发育海相烃源岩，质量好，以倾油为主。海相烃源岩母质生物勃发所需要的营养物质来源于盆地周缘的基底，由河流挟带注入。

一、河流-海湾体系沉积环境

受河流-海湾体系控制，中东-北非地区在古生代早志留世沉积了一套全球重要的海相烃源岩。奥陶纪末—早志留世，波斯湾和北非地区均位于冈瓦纳古陆北缘，为古特提斯洋的陆表海（宽度约 2000km），东、南、西三面为冈瓦纳古陆，北接古特提斯洋，是一个大型的海湾体系。奥陶纪末期，冈瓦纳古陆南部漂移至南极附近，导致了冰期的出现。晚奥陶世，极地冰川扩大至冈瓦纳古陆并覆盖了阿拉伯板块西部。晚奥陶世末，冰川融化导致海平面上升。盆地边缘阿拉伯地盾形成的河流带来大量富含营养物质的淡水，导致海湾沉积环境大量藻类等低等水生生物繁盛，形成了有机质的高生产力；古隆起导致海湾沉积环境的水体产生分层，形成了有利于有机质保存的缺氧底水环境，而笔石更容易在微含氧或亚氧化的水体进食，因而形成了志留系热页岩的常见化石。

晚侏罗世，在低纬度波斯湾盆地、墨西哥湾盆地形成了优质海相碳酸盐岩烃源岩；而在中纬度西西伯利亚盆地和北海盆地则形成了高丰度的海相页岩烃源岩。晚侏罗世，波斯湾盆地处于赤道热带温暖湿润气候带，构造上为稳定的新特提斯洋被动大陆边缘，西北部为受限海洋通道，南北受非洲板块和欧亚板块所夹持，起伏地形的海脊和障壁岛（古扎格罗斯山）阻碍了新特提斯洋与波斯湾的水体循环，沉积环境为地势平缓的浅水陆表海环境，发育碳酸盐岩/蒸发岩台地沉积（图 3-1），形成了优质的海相烃源岩。

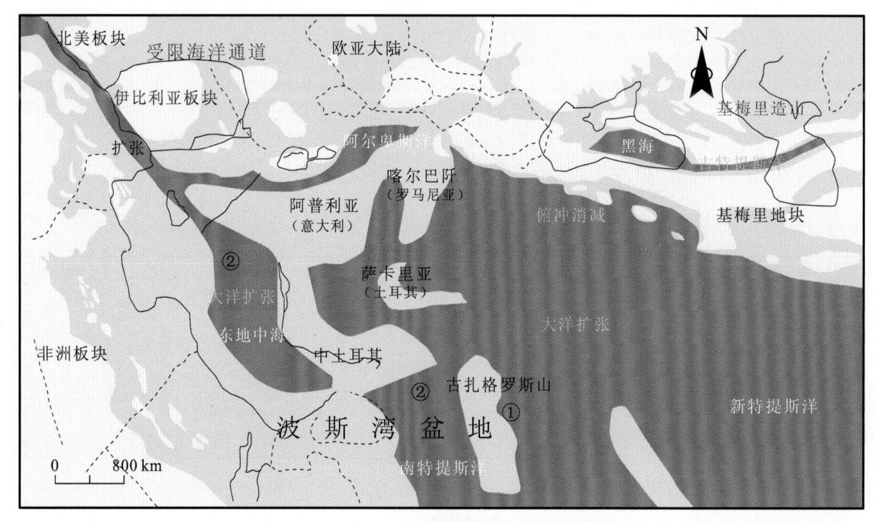

（a）晚侏罗世

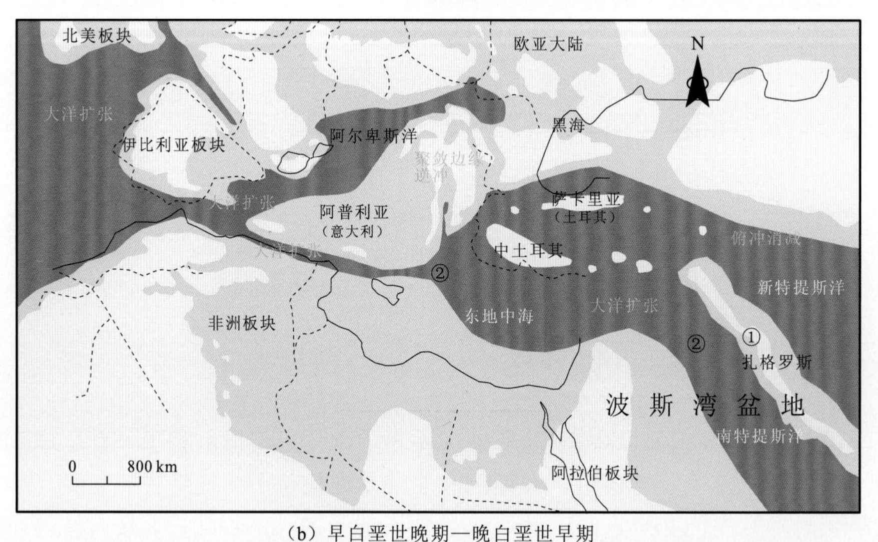

（b）早白垩世晚期—晚白垩世早期

图 3-1 波斯湾盆地晚侏罗世—晚白垩世古地理分布图

①起伏地形的海脊和障壁岛（古扎格罗斯山等）阻碍了水体的循环；②受限的海洋通道

晚侏罗世，墨西哥湾盆地处于典型的海湾沉积环境，海湾东南部出口一直面临北大西洋，北、西、东三面均为北美板块的陆地，为上侏罗统牛津阶和提塘阶海相烃源岩沉积的有机质发育与富集提供了稳定的低沉积速率与缺氧-静海沉积环境。墨西哥湾盆地处于低纬度热带温暖湿润气候带，广泛发育碳酸盐岩/浅海相钙质碎屑岩和半深海相钙质细碎屑岩（图 3-2），形成了上侏罗统牛津阶、提塘阶优质的海相烃源岩。墨西哥湾盆地南部浅水区上侏罗统牛津阶烃源岩 TOC 含量为 2%～6%，平均为 2.5%，I_H 最大为 660 mg HC/g TOC，干酪根类型为 I 型、II 型。上侏罗统提塘阶烃源岩，TOC 含量为 2%～22.8%。上侏罗统海相烃源岩沿海岸线呈环带状分布特征，这严格受控于古地理的分布格局。

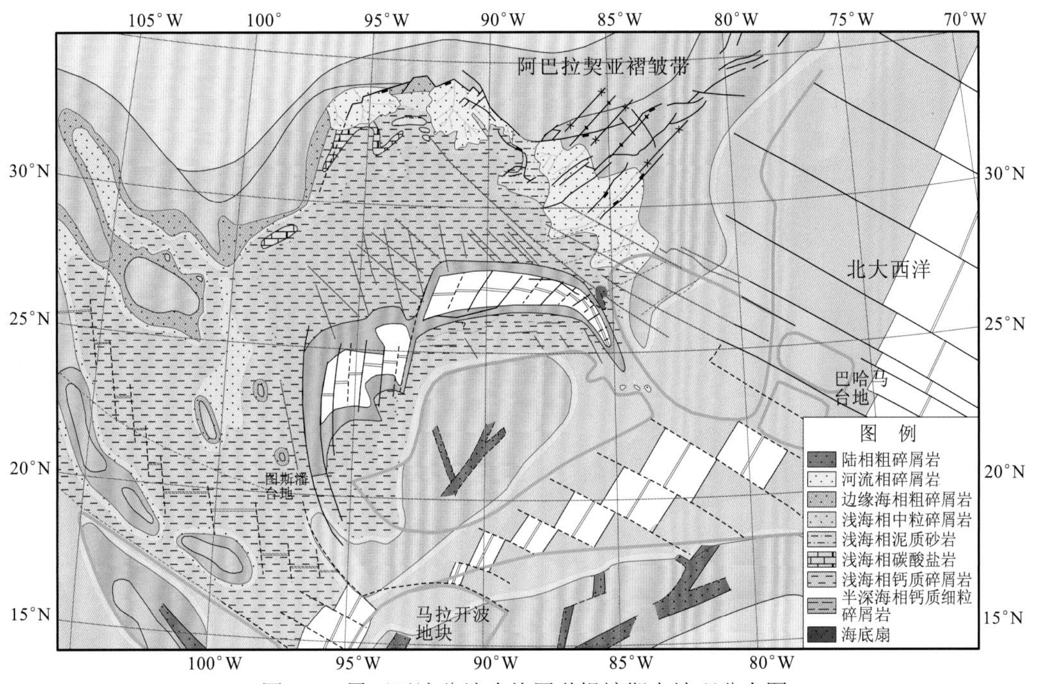

图 3-2　墨西哥湾盆地晚侏罗世提塘期古地理分布图

晚侏罗世，西西伯利亚盆地属于典型的海湾沉积环境，海湾北部出口面临北大西洋-北冰洋，西、南、东三面均为西伯利亚板块的陆地。西西伯利亚盆地主要位于亚热带和温带的温暖湿润气候带内，沉积环境为地势平缓的闭塞海湾环境。在缺氧的海湾盆地，沉积有机质会逐渐聚集在同心圆或牛眼构造模式的深部静水区域，此处接近烃源岩沉积中心，是沉积物厚度最大的地方（Peters et al.，2005）。上侏罗统 Bazhenov 组烃源岩形成于一个大型的、缺氧海湾沉积环境，有机质丰度呈近似同心圆状，向盆地中心呈增高趋势（图 3-3）。Bazhenov 组 TOC 含量平均值为 5%，TOC 含量变化较大，盆地边缘为 2%～3%，盆地中心可超过 10%（Peters et al.，2007）。Surgut-31 井 Bazhenov 组 TOC 含量可达 40.2%，I_H 高达 840 mg HC/g TOC（Peters et al.，1994）。由于河流或水道影响的浊积流及其相关的重力流导致 Bazhenov 组烃源岩 TOC 含量同心圆状分布复杂化。

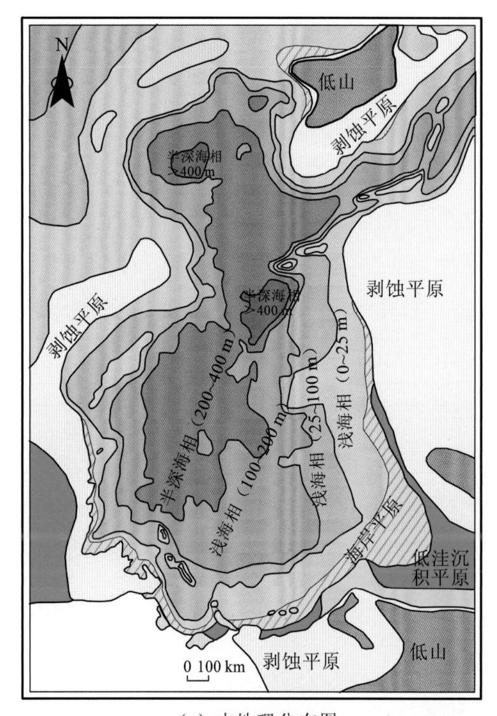

（a）古地理分布图

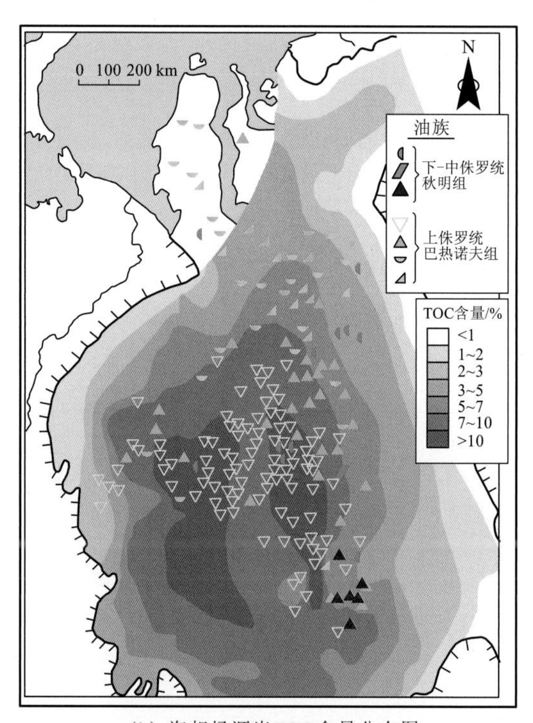

（b）海相烃源岩TOC含量分布图

图 3-3 西西伯利亚盆地提塘期古地理及海相烃源岩 TOC 含量分布图

（Kontorovich et al.，2013；Peters et al.，2007）

从晚侏罗世至早白垩世，北海盆地处于典型的海湾沉积环境，海湾南北出口分别为大西洋和北大西洋，东、西两向面均为欧洲大陆和北美大陆格陵兰的陆地。北海盆地为上侏罗统海相烃源岩沉积有机质发育与富集提供稳定的低沉积速率与浅海陆架闭塞海湾沉积环境。上侏罗统钦莫利阶海相烃源岩分布特征严格受控于古地理分布格局。

白垩纪可能是古太古代以来地球历史上最温暖的时期，两极无冰，从两极至赤道的地温梯度变化微弱。温暖的海水和较低的温度梯度导致环流滞缓和全球性的底水缺氧，从而有利于海相烃源岩的形成及发育。早白垩世，波斯湾盆地和墨西哥湾盆地基本继承侏罗纪古地理和古气候格局（图 3-1、图 3-2），沉积了一套优质的海相碳酸盐岩烃源岩。例如，波斯湾盆地受起伏地形海脊和障壁岛（古扎格罗斯山）的作用，阻碍了水体的循环，沉积了一套区域性分布的富有机质海相碳酸盐岩，地球化学指标优越，是一套重要的烃源岩，波斯湾盆地的白垩系 Natih 组烃源岩，TOC 含量一般都大于 2%，最大可达 5%，干酪根类型为 I 型和 II_1 型。

二、海相烃源岩发育的营养物质基础

盆地基底岩性对烃源岩发育和形成具有重要的作用。盆地基底岩性为火成岩或变质岩，能形成丰富的营养物质，包括 P、Fe、Zn 及微量元素（Ni、V、Co、Ti、Mn 和 Cr 等），这些营养盐为藻类勃发提供了先决条件，有利于优质海相烃源岩的发育。沉积岩的母岩一般为火成岩、变质岩或原来的沉积岩，在其形成过程中，母岩含有营养物质被消耗殆尽，缺乏丰富的营养物质而不利于藻类发育，进而影响海相烃源岩的形成与发育。

波斯湾盆地的基底为前寒武系花岗岩。波斯湾盆地西南部的阿拉伯地盾出露面积为31 万 km^2（图 3-4），为波斯湾盆地海相烃源岩的形成与发育提供了丰富的营养物质。西西伯利亚盆地的基底为二叠系—三叠系，三叠系地堑贯穿盆地南北分布；蛇绿岩分布于盆地西部和南部；前寒武系地块主要分布于盆地的中部和南部（Ulmishek，2003）。基底三叠系岩性主要为基性玄武岩，中三叠统玄武岩层厚度变化较小，主要有基性火成岩和酸性火成岩两类火成岩，未发现中性火成岩。95%的火山岩属于基性玄武岩，具有典型的、比较均一的化学-矿物学成分，主要矿物组分有橄榄石-单斜辉石，主要岩石类型为透蛋白石玄武岩，具有辉绿结构，有时为无斑隐晶结构或斑状结构，杏仁构造，常见到粒玄岩-伟晶岩的结构，偶然见到粒玄岩的侵入体，形成于中-晚三叠世。火成岩的基底岩性为下侏罗统海相烃源岩发育提供了丰富的营养物质（图 3-5）。

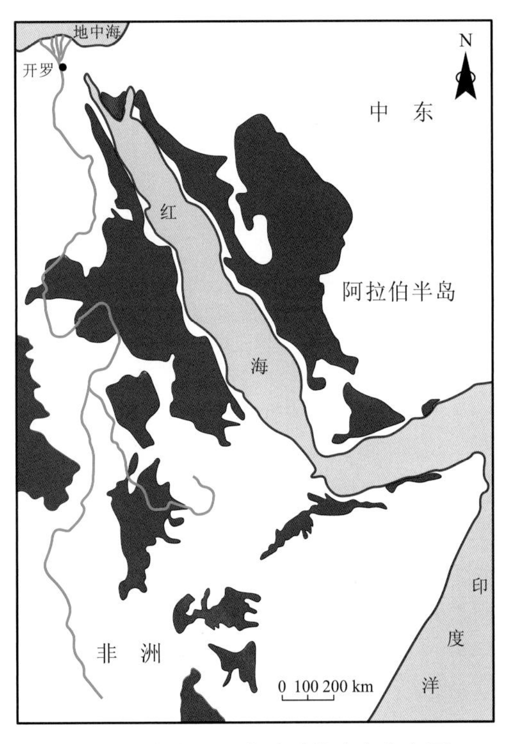

图 3-4　中东阿拉伯地盾花岗岩分布图

北海盆地维金地堑的基底由副变质岩组成，包括片岩、石英岩及云英岩。中侏罗世，北海盆地热隆升，表现为东西向拉张、火山喷发频繁、区域隆升，导致下侏罗统和三叠系的广泛剥蚀。热隆起期表现为盆地被中央地堑横切的广阔穹窿，隔断了北极洋与特提斯洋的连通，使得维金地堑、中央地堑和马里湾地堑三者交汇区域火山活动加剧。同时，在维金地堑南部、埃格尔松（Egersund）拗陷、挪威沿岸和中央地堑区域也局部伴随火山活动。火成岩或基底岩性为海相烃源岩的发育提供了丰富的营养物质。

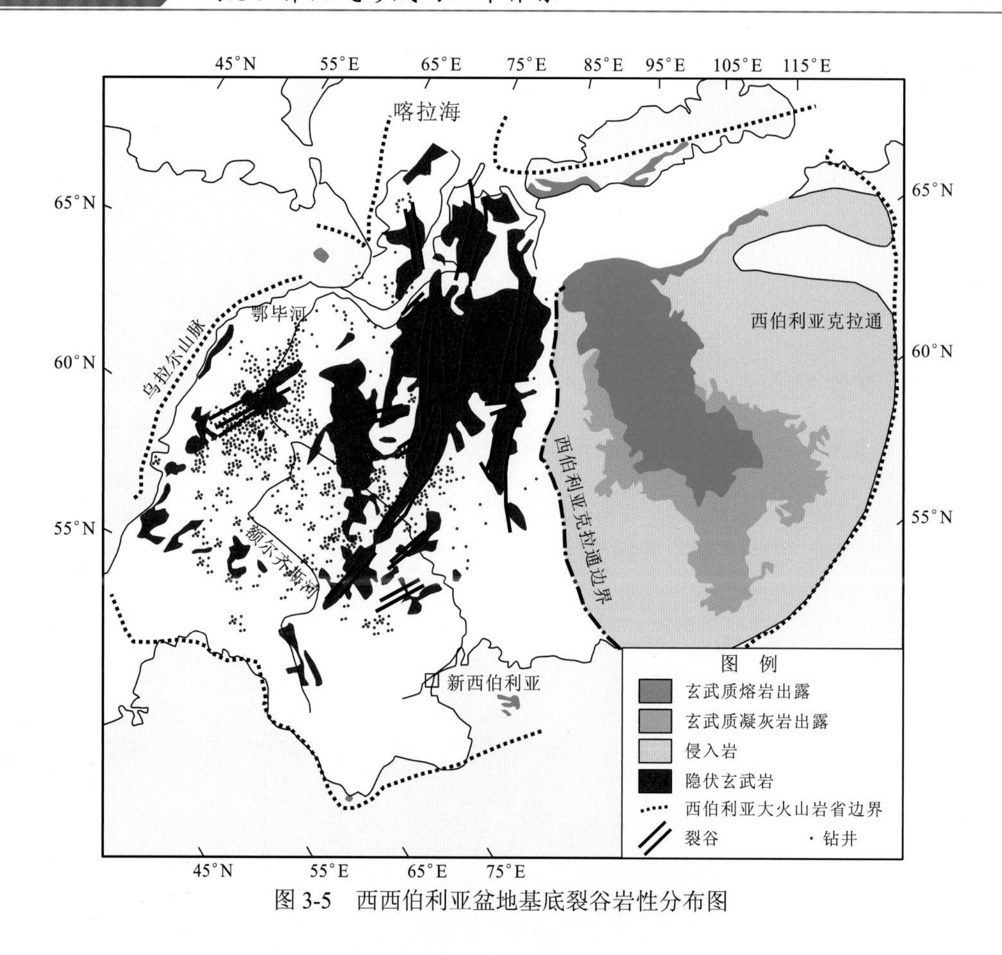

图 3-5　西西伯利亚盆地基底裂谷岩性分布图

三、海相烃源岩发育的营养物质来源

由于上升流提供的营养物质仅局限分布于开阔的大陆架边缘盆地，因此，在海湾环境下，淡水的河流注入为盆地内发育海相烃源岩提供了丰富的营养物质。在阿拉伯地盾和北非撒哈拉克拉通识别出众多上奥陶统古河谷（图 3-6），表明该地区在晚奥陶世—志留纪具有丰富的淡水补给，为发育优质的海相烃源岩提供了丰富的营养物质。

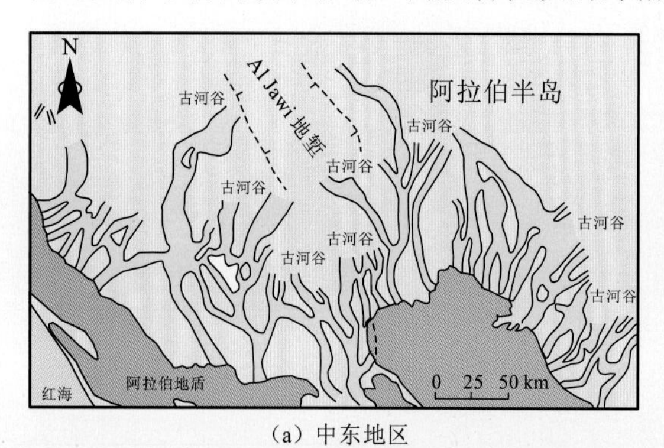

（a）中东地区

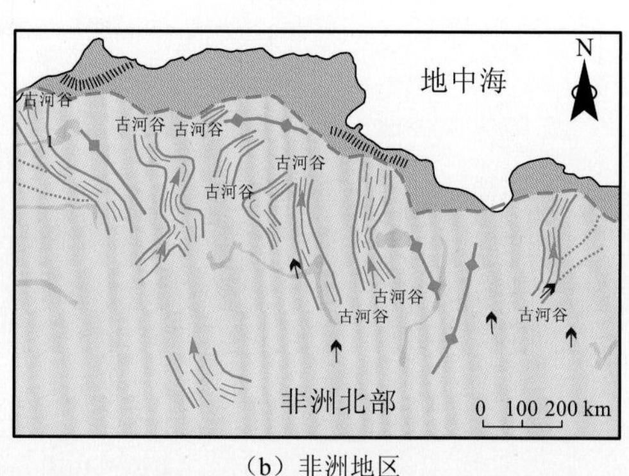

（b）非洲地区

图 3-6　中东-北非地区古特提斯古河谷分布图（Le Heron et al.，2009）

北非迈尔祖格（Murzuq）盆地东部边缘 CDEG-2a 井揭示，下志留统 Tanezzuft 组热页岩处于浅海相海岸线边缘，主要分布于古冰川峡谷内。撒哈拉克拉通高地淡水河流的注入提供了丰富的 Zr、Ti、Nb、U、Ni、Co、V 和 Mn 等微量元素营养盐（图 3-7），为生物的生命活动、繁盛提供了必需的营养物质。早白垩世阿普特期，波斯湾盆地周缘地区也发育众多古河流，这些古河流为优质海相烃源岩的发育提供了营养物质。

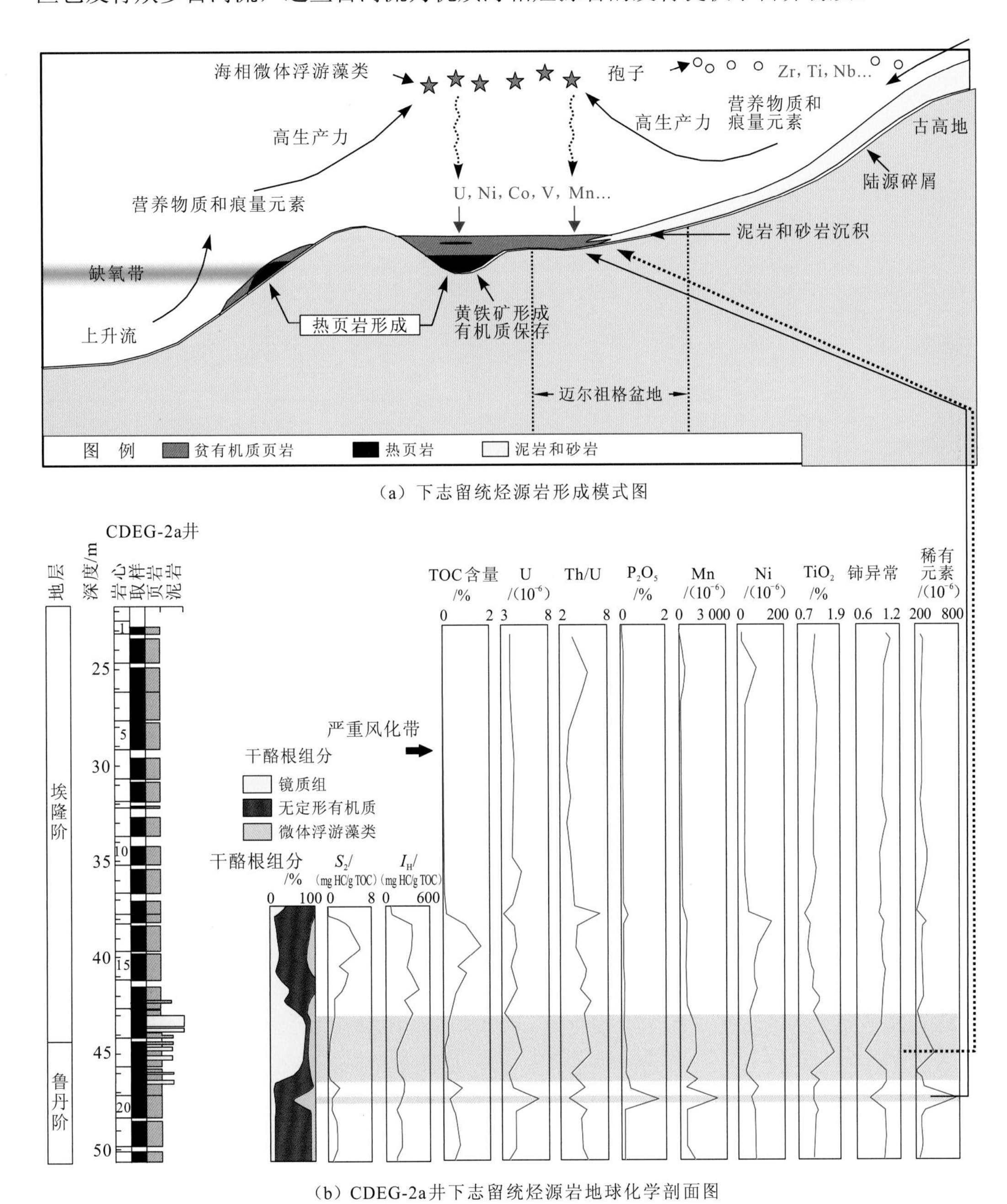

图 3-7　北非地区古特提斯下志留统热页岩营养物质来源分析（Meinhold et al.，2013）

西西伯利亚盆地发育大量的古河流，河流走向以大-中型南北向为主，源头源自盆地南部边缘，河流延伸长，几乎贯穿整个盆地，流域面积大；盆地东部、西部边缘发育的河流以近东西向为主，河流延伸较短，流域面积较小（图 3-8）（Kontorovich et al.，2013）。西西伯利亚盆地钻井揭示了河流相沉积物（图 3-8）（Kontorovich et al.，2013）。

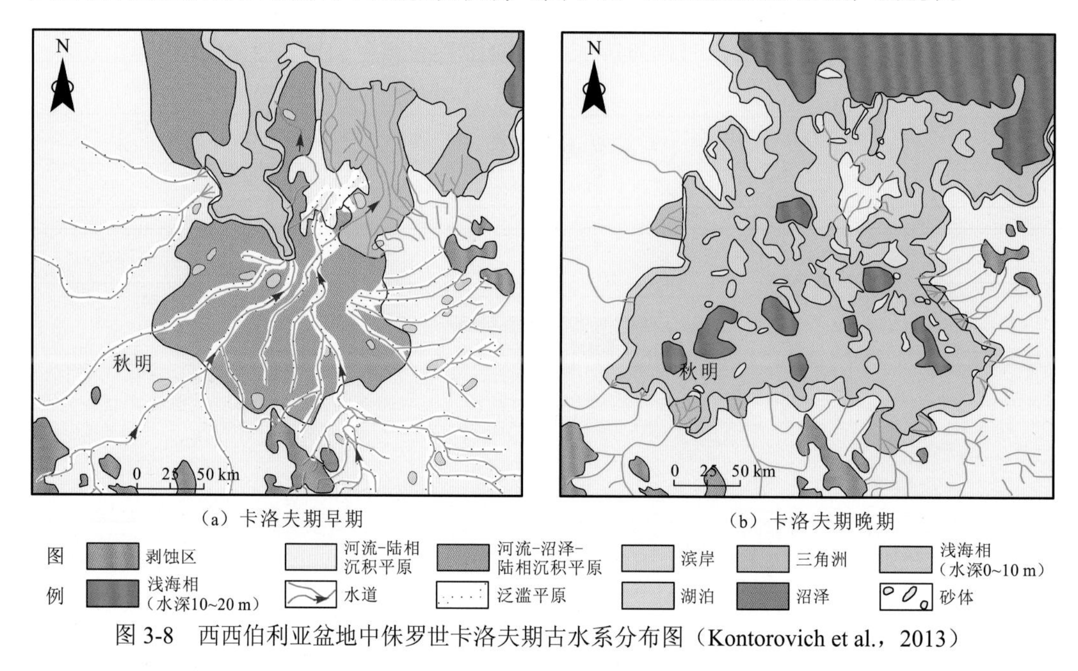

（a）卡洛夫期早期　　（b）卡洛夫期晚期

图 3-8　西西伯利亚盆地中侏罗世卡洛夫期古水系分布图（Kontorovich et al.，2013）

第二节　河流-海湾体系生物特征

在河流-海湾体系内，古生物以海相藻类为主，但随着地质时代的变迁，其藻类的种属及其伴生的动植物种属也发生变化。

一、河流-海湾体系古生代古生物特征

早古生代植物界是以海生藻类为主。奥陶纪—志留纪的分带化石是笔石，可以作为洲际间的对比依据。志留纪是单笔石最繁盛的时代。根据笔石的种属及结构特征，可将早志留世划分为三期：鲁丹期、埃隆期和特列奇期，对应于三阶热页岩（烃源岩）（图 3-9）。中东地区伊拉克 Akkas-1 井揭示了鲁丹阶和特列奇阶烃源岩。北非地区利比亚 ESR-1 井揭示了鲁丹阶、埃隆阶和特列奇阶三套烃源岩。四川盆地这三套烃源岩都发育的只有川东北镇巴林场剖面；大多数剖面发育下面两套烃源岩；只发育第三套特列奇阶烃源岩的有川北南江桥亭剖面（图 3-9）。全球海平面的上升对烃源岩的发育有控制作用。

鲁丹期笔石是直笔石，包括锯笔石、栅笔石、尖笔石等；埃隆期笔石是以弯曲状的笔石为主，包括半耙笔石和单笔石；特列奇期笔石以螺旋状的笔石为主，包括螺旋笔石、

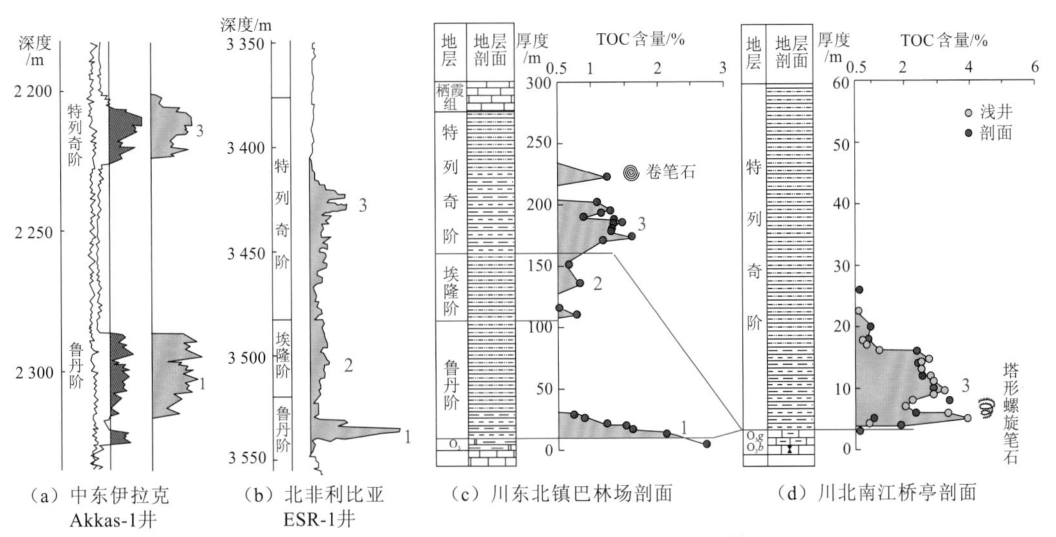

图 3-9　全球早志留世热页岩剖面对比图（梁狄刚 等，2009）

1.鲁丹阶烃源岩；2.埃隆阶烃源岩；3.特列奇阶烃源岩

螺旋奥氏笔石、弓笔石和卷笔石等（图 3-10）。中东地区鲁丹阶—埃隆阶烃源岩主要由无定形藻类构成，并含有笔石、壳质体和孢子等（图 3-11）。在中国四川盆地下志留统鲁丹阶—特列奇阶烃源岩检测出丰富的藻类，包括红藻（红藻囊）、褐藻、底栖藻席和疑源类等（图 3-12），并含有高丰度的笔石，以螺旋状的笔石为主，包括螺旋笔石、螺旋奥氏笔石、弓笔石和卷笔石等（图 3-13）。

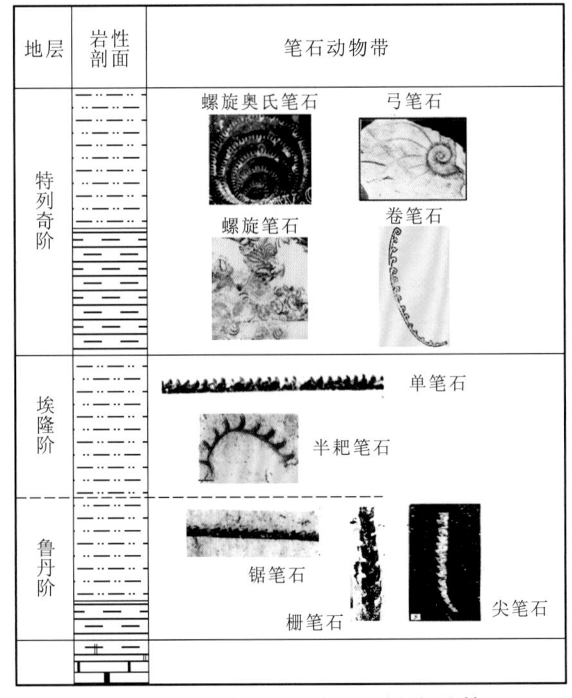

图 3-10　全球下志留统笔石分布图（梁狄刚 等，2009）

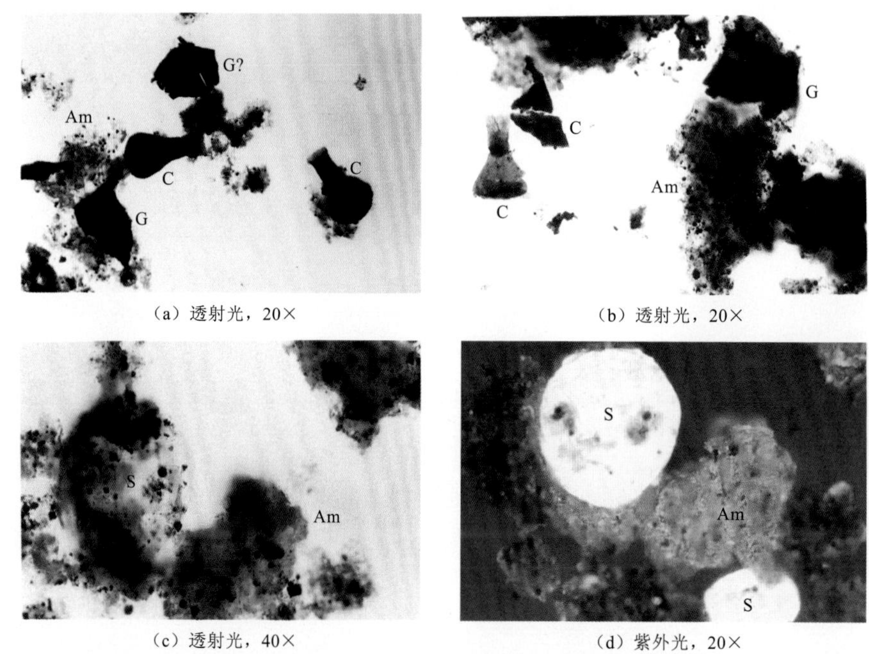

（a）透射光，20×　（b）透射光，20×

（c）透射光，40×　（d）紫外光，20×

图 3-11　中东地区下志留统海相烃源岩显微镜检特征（Cole et al.，1994）

Am.无定形有机质；C.壳质体；G.笔石；S.孢子

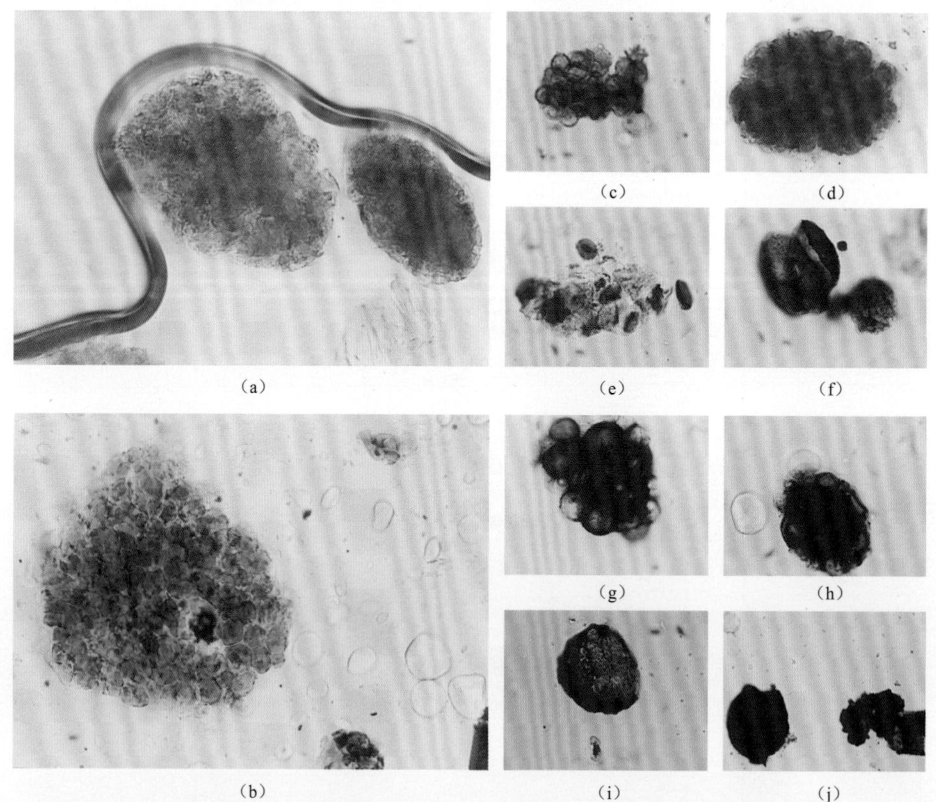

（a）　（b）　（c）　（d）　（e）　（f）　（g）　（h）　（i）　（j）

图 3-12　四川盆地利川毛坝剖面志留系鲁丹阶烃源岩中的红藻囊（梁狄刚 等，2009）

（a）～（d）红藻囊果；（e）～（j）褐藻生殖窝和其中的孢子囊

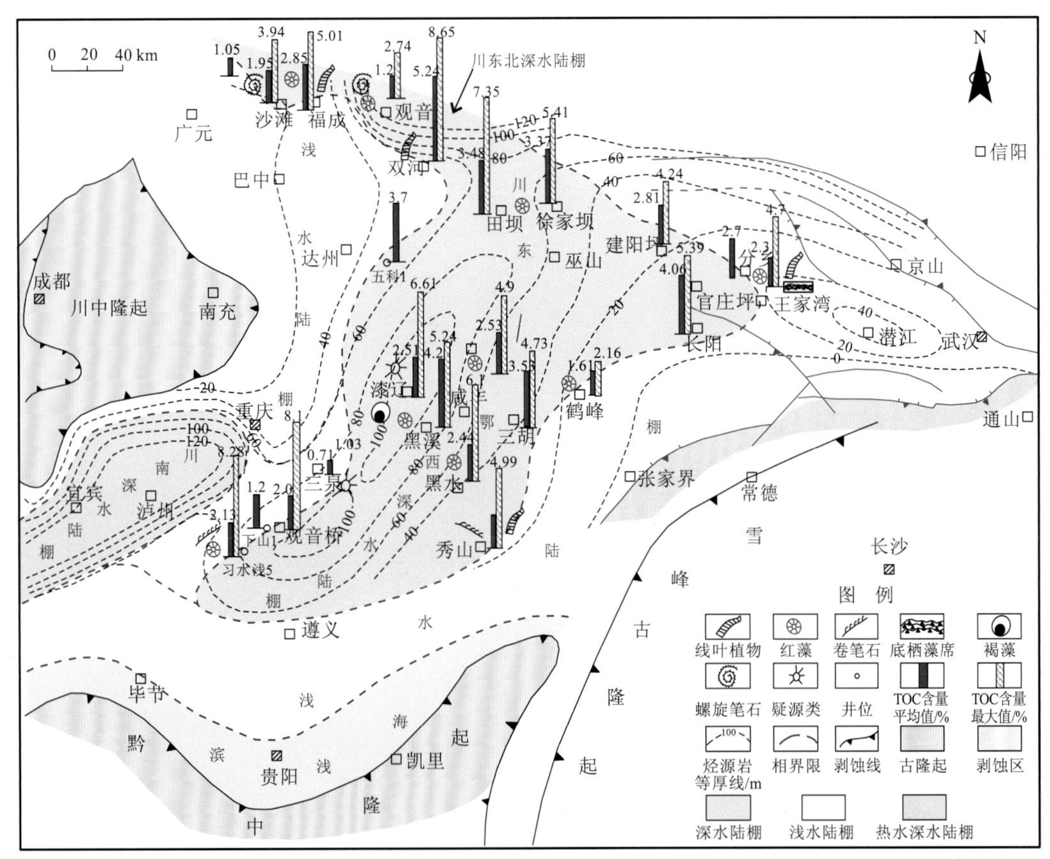

图 3-13　中上扬子地区上奥陶统—下志留统烃源岩沉积-生物相图（梁狄刚 等，2009）

二、河流-海湾体系中生代古生物特征

晚侏罗世，全球气候普遍温暖潮湿。波斯湾盆地、墨西哥湾盆地和北海盆地主要位于热带和亚热带气候带内，气候温暖湿润。波斯湾盆地和墨西哥湾盆地的沉积环境为地势平缓的闭塞海湾陆架环境，发育海相碳酸盐岩和蒸发岩系，为海相藻类发育、繁殖和勃发提供了先决条件，形成了上侏罗统优质的富含藻类有机质的海相碳酸盐岩烃源岩。北海盆地主要发育高丰度的海相页岩，也含有丰富的藻类。

波斯湾盆地上侏罗统海相碳酸盐岩烃源岩显微组分以藻类为主，但仍可见少量的孢子和花粉（图 3-14）。墨西哥湾盆地南部上侏罗统提塘阶海相烃源岩露头样品的显微组成以无定形藻类为主（图 3-15）。北海盆地上侏罗统钦莫利阶海相烃源岩检测出大量的无定形藻类组分（图 3-16）。

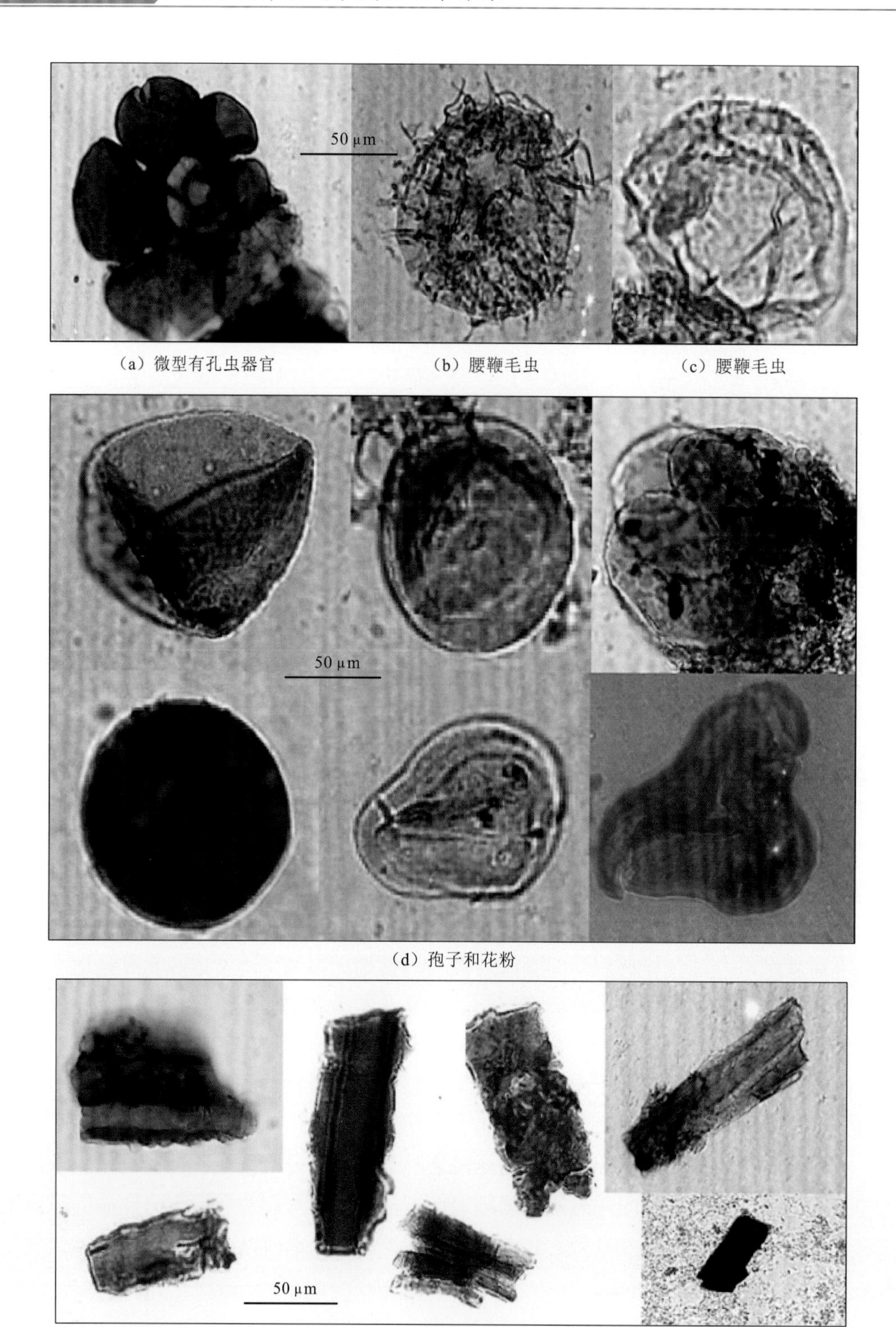

（a）微型有孔虫器官　（b）腰鞭毛虫　（c）腰鞭毛虫

（d）孢子和花粉

（e）植物碎片

图 3-14　波斯湾盆地上侏罗统烃源岩显微组分（Hakimi et al.，2012）

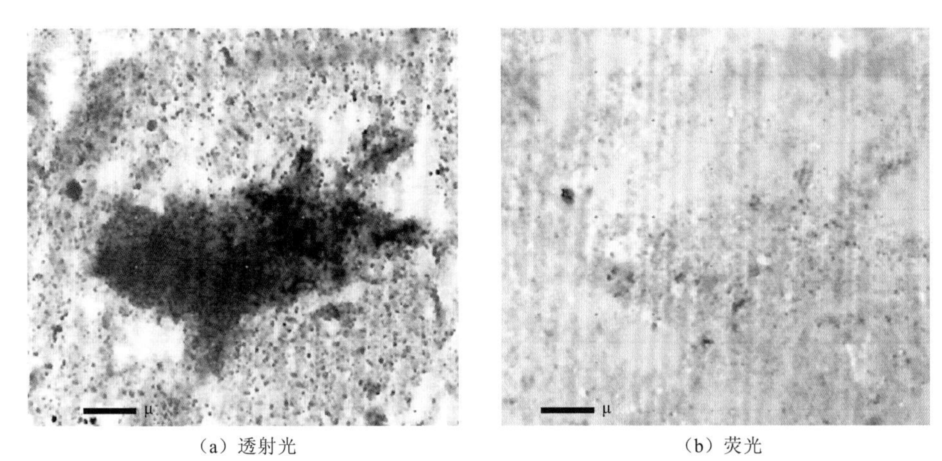

（a）透射光　　（b）荧光

图 3-15　墨西哥湾盆地南部提塘阶烃源岩露头样品显微组分（Clara Valdes et al.，2009）

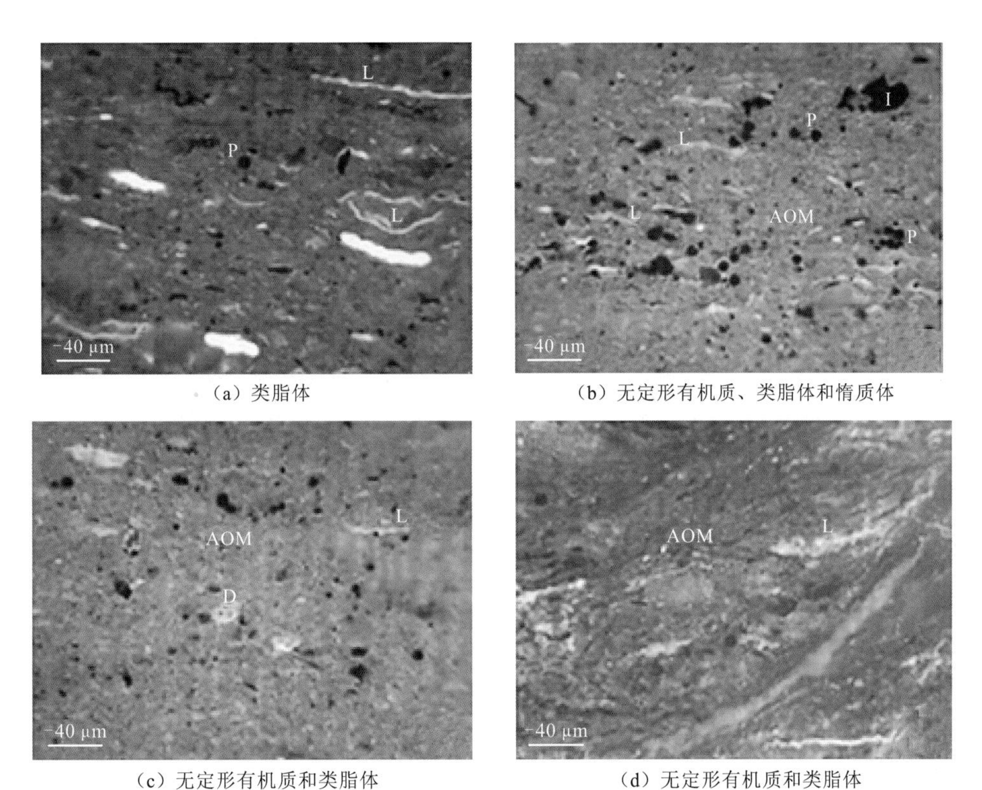

（a）类脂体　　（b）无定形有机质、类脂体和惰质体

（c）无定形有机质和类脂体　　（d）无定形有机质和类脂体

图 3-16　北海盆地上侏罗统钦莫利阶海相烃源岩显微组分（Petersen et al.，1995）

AOM. 无定形有机质；L. 类脂体；I. 惰质体；P. 黄铁矿

白垩纪，波斯湾盆地和墨西哥湾盆地继承了晚侏罗世古气候特征，位于热带和亚热带气候带内，不发育煤系沉积。沉积环境为地势平缓的闭塞海湾陆架环境，发育海相碳酸盐岩和蒸发岩系。波斯湾盆地白垩系烃源岩检出大量的藻类（包括沟鞭藻类）及其无定形（图 3-17），表明白垩系烃源岩的生源以低等水生生物菌藻类为主。墨西哥湾盆地白垩系烃源岩显微组分也检测出藻类（图 3-18），表明其生源以低等水生生物为主。

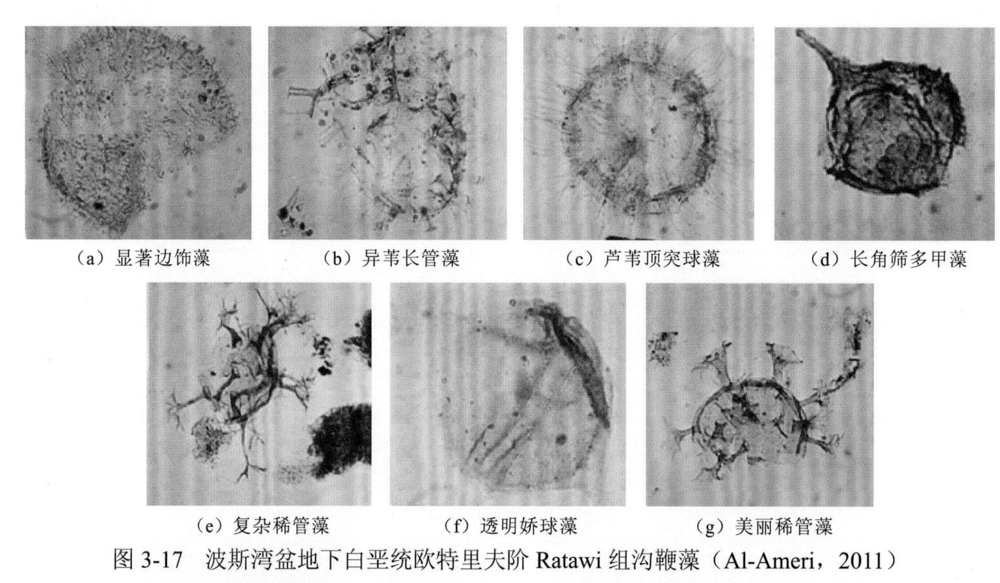

（a）显著边饰藻　（b）异苇长管藻　（c）芦苇顶突球藻　（d）长角筛多甲藻

（e）复杂稀管藻　（f）透明娇球藻　（g）美丽稀管藻

图 3-17　波斯湾盆地下白垩统欧特里夫阶 Ratawi 组沟鞭藻（Al-Ameri，2011）

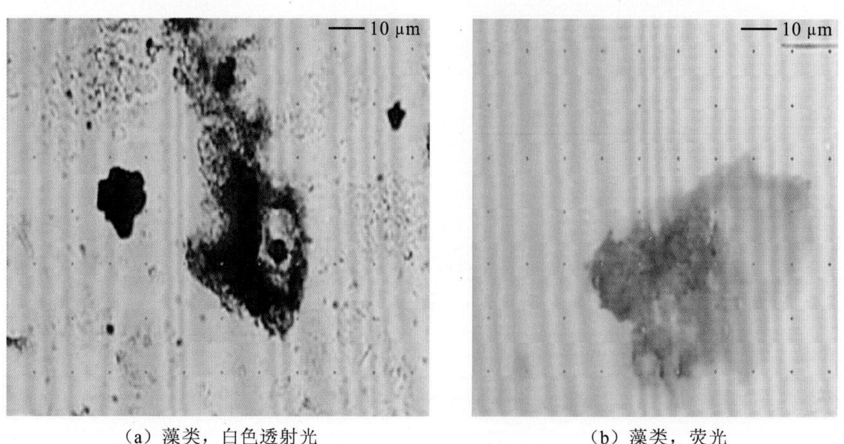

（a）藻类，白色透射光　（b）藻类，荧光

图 3-18　墨西哥湾盆地南部下白垩统烃源岩钻井样品显微组分（Iturralde-Vinent，2003）

第三节　古特提斯古生代河流-海湾体系与石油共生关系

在古生代，古特提斯洋处于巨大的河流-海湾体系，普遍发育被动大陆边缘浅海相烃源岩，如现在的波斯湾盆地（古生界）、古达米斯盆地、三叠盆地、伊利济（Illizi）盆地和四川盆地等，都是全球重要的产油气区。下志留统烃源岩为全球重要烃源岩之一，其产生的油气储量占世界总储量的 9%（Klemme and Ulmishek，1991）。

一、古特提斯古生代河流-海湾体系对烃源岩的控制

古生代，中东波斯湾和北非地区均位于冈瓦纳古陆北缘，为古特提斯洋被动大陆边缘的陆表海（宽度约为 2 000 km）。晚奥陶世末，冰川融化导致海平面上升，在幅员广阔、

平坦的冈瓦纳古陆北缘陆表海陆架上发生了广泛、大规模的海侵，在整个中东-北非广大地区沉积了下志留统底部浅海相富有机质热页岩（Lüning et al.，2000）。淡水河流的注入为盆地内发育海相烃源岩提供了丰富的营养物质。受限的洋流导致陆表海陆架形成有利于有机质保存的缺氧底水，笔石更容易在微含氧或亚氧化的水体进食，进而形成了志留系热页岩常见化石。

志留纪，海平面仅仅到达浅海陆架深凹处（图 3-19），因此，富含有机质热页岩的分布局限于古凹陷，在古高地则未发生沉积作用（图 3-19）。热页岩形成的主要控制因素包括：①古隆起导致海湾沉积环境水体产生分层；②冰川融化形成的淡水河流注入，带来了丰富的营养物质。

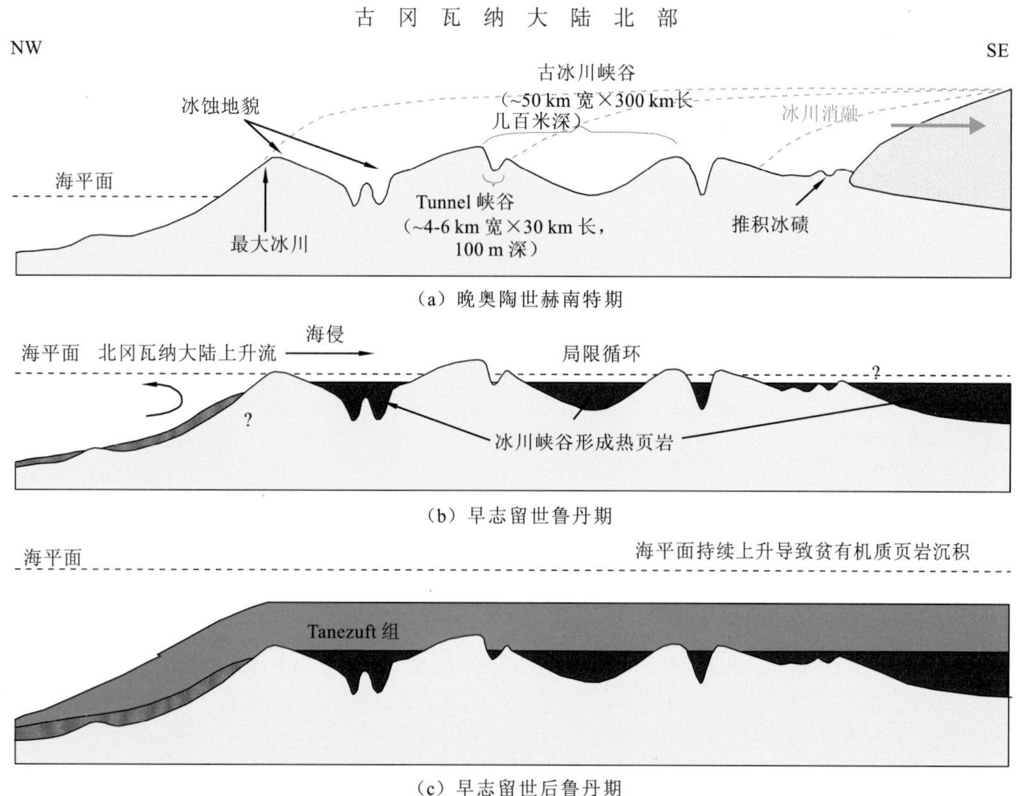

图 3-19　波斯湾盆地下志留统热页岩形成示意图（Le Heron et al.，2009）

晚奥陶世赫南特期，低位体系域，高频率冰期与间冰期循环，冰川成因储层；早志留世鲁丹期，海浸体系域早期，热页岩沉积；早志留世后鲁丹期，海浸体系域，贫有机质沉积

二、古特提斯烃源岩与油气藏的依存关系

（一）中东下志留统海相烃源岩与油气藏的依存关系

根据测井伽马射线特征，可将波斯湾盆地下志留统 Qalibah 组 Qusaiba 段划分为三种类型：热页岩、温页岩和冷页岩（Cole et al.，1994）。热页岩具有高的伽马射线值（伽

马射线值≥150 API 度)，主要形成于缺氧还原环境，为优质烃源岩（TOC 含量≥2.0%）；温页岩具有中等的伽马射线值，形成于贫氧环境，主要为中等烃源岩；低伽马射线值的冷页岩沉积于富氧环境，为非烃源岩（Lüning et al.，2000；Cole et al.，1994）。

在中阿拉伯次盆，下志留统底部 Qusaiba 段热页岩通常为暗灰色至黑色薄层静海相页岩，TOC 含量平均值为 3%～5%，最高可达 20%，为 II 型干酪根，倾油，包含大量的壳质组和笔石（Cole et al.，1994）；志留系热页岩达到成熟阶段生烃之后，其 TOC 含量和 S_2 降低。根据伽马射线值为 150 API 度，TOC 含量为 2%，热页岩钻井实测厚度为 4 m。中阿拉伯次盆志留系热页岩[下热页岩（鲁丹阶）和上热页岩（埃隆阶）]TOC 达到好—很好的标准。在西阿拉伯次盆，Akkas 气田 Akkas-1 井志留系热页岩 TOC 含量平均值为 5%，最高可达 16%。在扎格罗斯山前，志留系烃源岩仅仅出露于两个地方：赫甘库姆（Kuh-e-Gahkum）和赫法拉罕（Kuh-e-Faraghan）。在赫甘库姆，志留系为黑色页岩，TOC 含量为 1%～4%，I_H 为 50～200 mg HC/g TOC，厚度为 40 m，但有机质已经处于过成熟阶段（T_{max} 为 457 ℃）（Bordenave，2008）。波斯湾盆地志留系热页岩沉积中心位于 Ghawar 油田东南部，最厚达 75 m，向卡塔尔隆起逐渐减薄为 15 m，甚至为 5 m（图 3-20）。志留系热页岩已处于高成熟—过成熟阶段，从波斯湾盆地西南部向东北部，其成熟度逐渐增大（图 3-21）。

古生界油气系统主要储层：泥盆系 Jubah 组砂岩、Jauf 组砂岩，下二叠统 Unayzah 组砂岩、上二叠统 Khuff 组碳酸盐岩。古生界区域盖层是 Khuff 组顶部膏盐。上二叠统 Khuff 组是中东地区古生界最重要的储层之一，Khuff 组碳酸盐岩储层的原始孔隙度和渗透率一般较低，但次生孔隙的发育极大地提高了其储集物性，从而使其成为好和极好的储层。卡塔尔隆起 Khuff 组由白云化生粒灰岩、白云岩和硬石膏组成，储层孔隙包括溶模孔隙、粒间孔隙和晶间孔隙。储层的厚度和物性变化很大，在海上 Bul Hanine 气田，厚度为 520～790 m，储层物性差—中等；而在 North 气田，厚度为 850 m，储层物性好—极好，孔隙度可超过 30%，渗透率可达 300×10^{-3} μm^2，Khuff 组构成了 North 气田的主力产层。Unayzah 组的物性在大部分地区都很好，纯净的河流相砂岩的孔隙度平均值为 18%，渗透率平均值为 650×10^{-3} μm^2。风成砂岩的储层质量最高，一般孔隙度都能达到 20%，平均渗透率为 1170×10^{-3} μm^2。Khuff 组底部页岩、膏岩是 Unayzah 组储层的直接盖层。从区域来看，波斯湾盆地志留系 Qusaiba 段页岩的沉积中心有 4 个，分别位于中阿拉伯次盆和鲁卜哈利（Rub Al Khali）次盆西北部（图 3-22），这 4 个烃源灶达到成熟阶段之后，向邻近有利的圈闭运移聚集。North 气田是全球第一大气田，气源主要来源于志留系热页岩。鲁卜哈利次盆海域 Zakum 油气田、Nasr 油气田、Arzanab 油气田、Fateh 油气田和 Satah 油气田等古生界储层油气也主要来源于志留系热页岩。中东地区下志留统优质海相烃源岩控制着沉积盆地油气藏的分布范围及资源规模。

（二）北非下志留统海相烃源岩与油气藏的依存关系

北非是非洲乃至全球重要产油气区，北非原油可采储量为 68.80 亿 m^3，天然气可采储量为 7.66 万亿 m^3（Ahlbrandt，2014）。在北非，主要发育下志留统鲁丹阶底部热页岩，并可能发育鲁丹阶顶部热页岩。在利比亚的迈尔祖格盆地 E1-NC174 井 2 216 m 处揭示

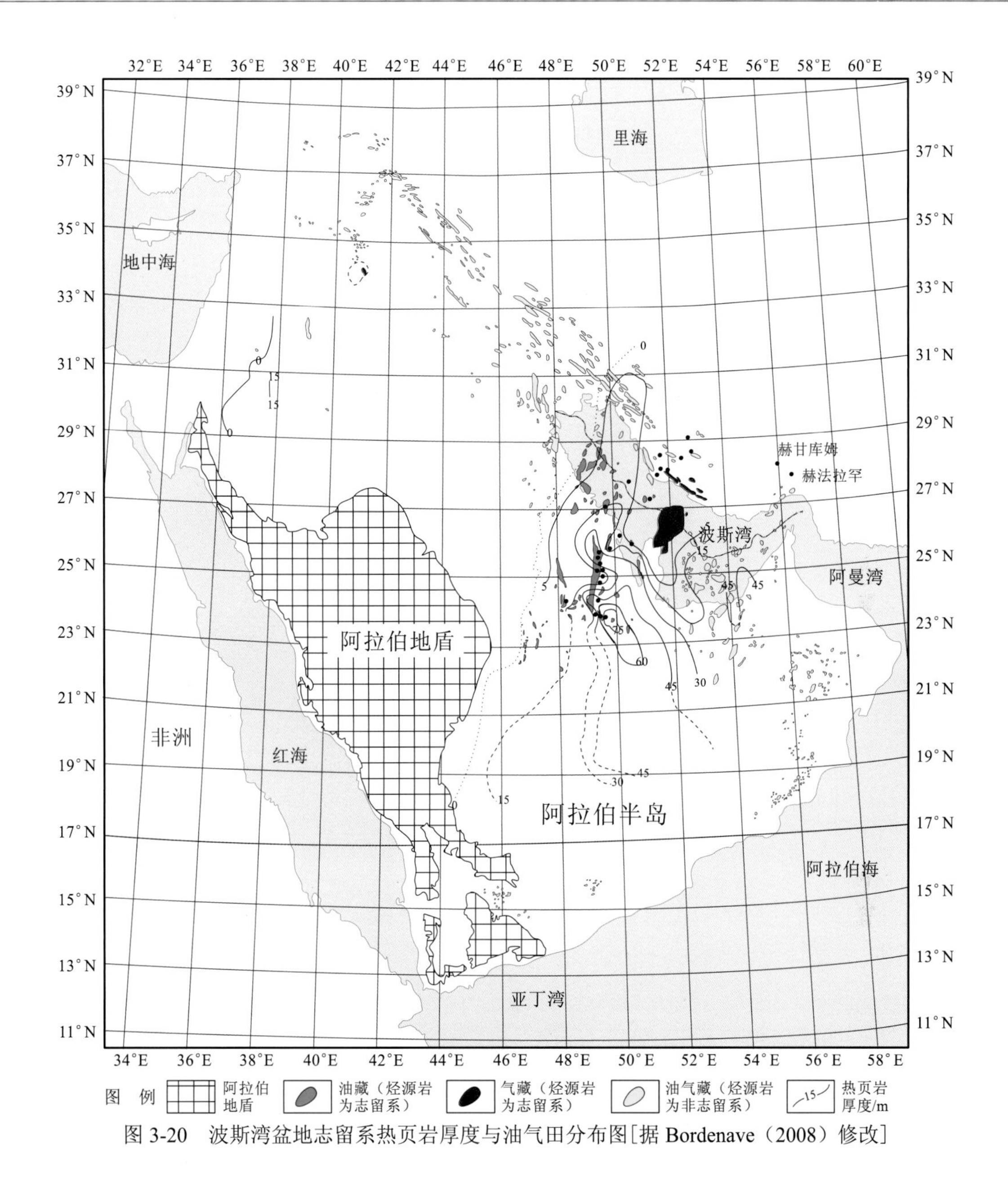

图 3-20 波斯湾盆地志留系热页岩厚度与油气田分布图[据 Bordenave（2008）修改]

了高丰度鲁丹阶底部热页岩，以伽马射线值为 200 API 度、TOC 含量为 3%作为北非下志留统鲁丹阶热页岩标准下限值（图 3-23）。已证实下志留统热页岩主要分布于北非中部古生界—中生界叠合盆地和古生界克拉通边缘盆地（图 3-24）。

迈尔祖格盆地下志留统热页岩样品均达到优质烃源岩标准（图 3-25）。北非地区下志留统热页岩 TOC 含量主要为 1.0%～17.0%，高丰度的下志留统热页岩主要分布于伊利济盆地中部和瓦迪迈阿（Oued Mya）盆地、古达米斯盆地的北部地区。迈尔祖格盆地下

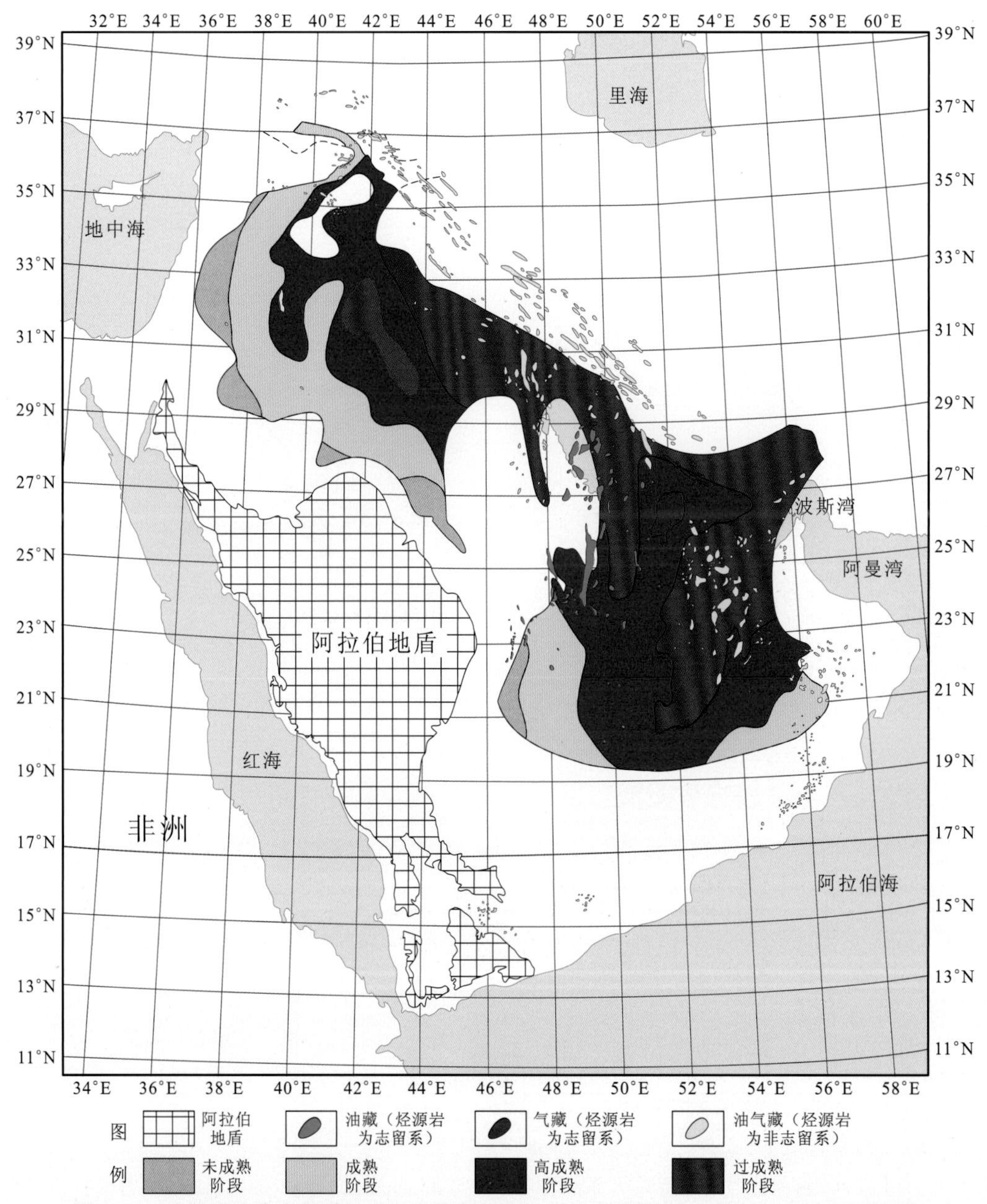

图 3-21　波斯湾盆地志留系热页岩成熟度与油气田分布图[据 Bordenave（2008）修改]

志留统热页岩样品属于 II 型干酪根，倾油（图 3-25），主要处于成熟阶段。在干酪根显微镜下可观察到丰富的镜状体和黄铁矿。北非地区拜尔肯（Berkine）盆地、伊利济盆地下志留统热页岩成熟度主要处于成熟晚期—过成熟阶段，中部、南部成熟度较高，处于高成熟—过成熟阶段，西南部及东北部成熟度较低，处于成熟晚期阶段。

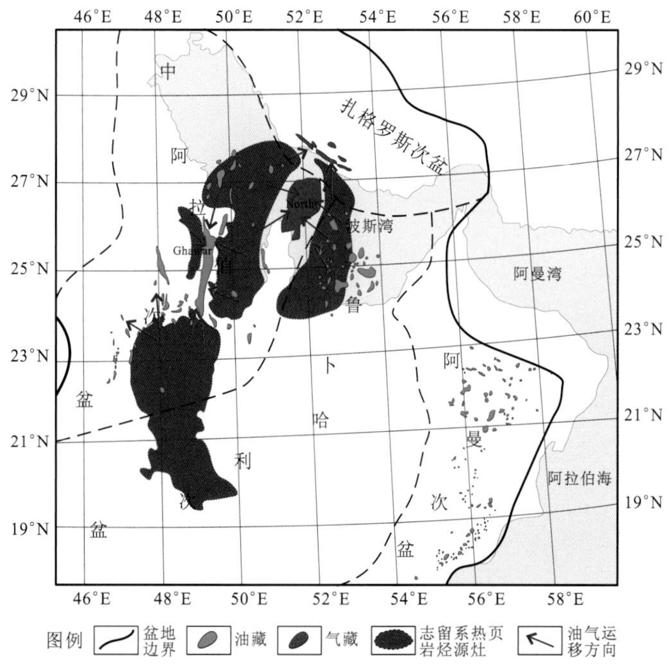

图 3-22　中东波斯湾志留系热页岩烃源灶与油气田分布图

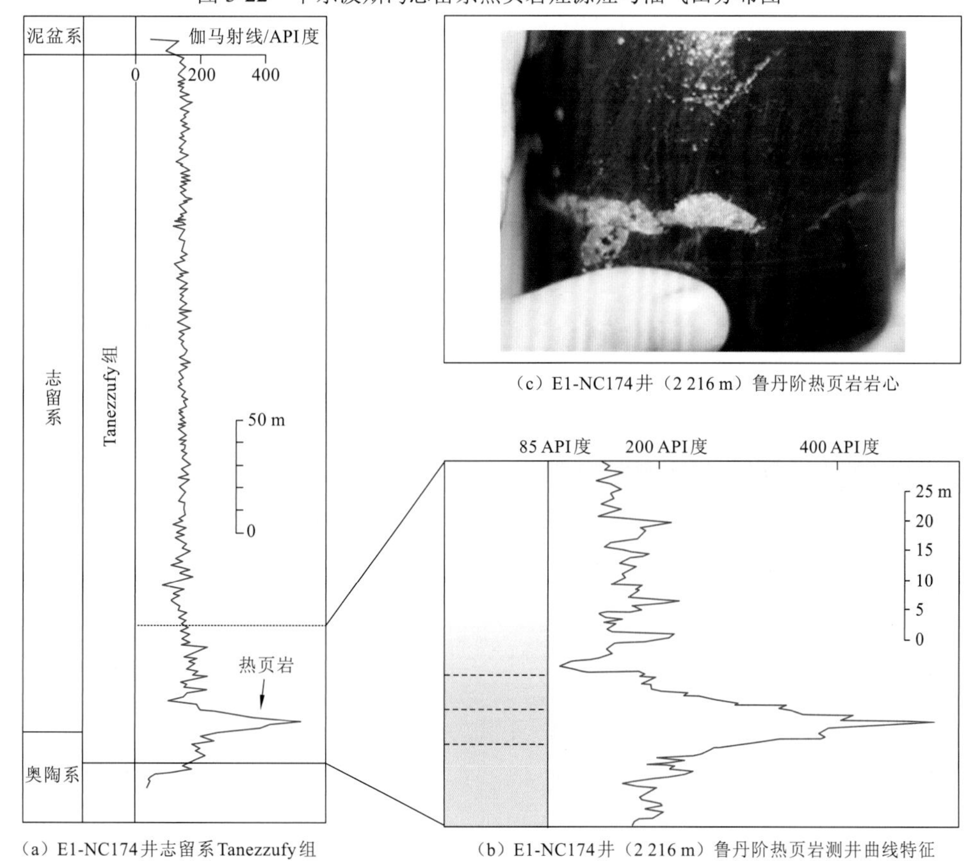

(a) E1-NC174井志留系Tanezzufy组页岩测井曲线特征

(b) E1-NC174井（2 216 m）鲁丹阶热页岩测井曲线特征

(c) E1-NC174井（2 216 m）鲁丹阶热页岩岩心

图 3-23　北非迈尔祖格盆地 E1-NC174 井 2 216 m 热页岩（Craig et al.，2008）

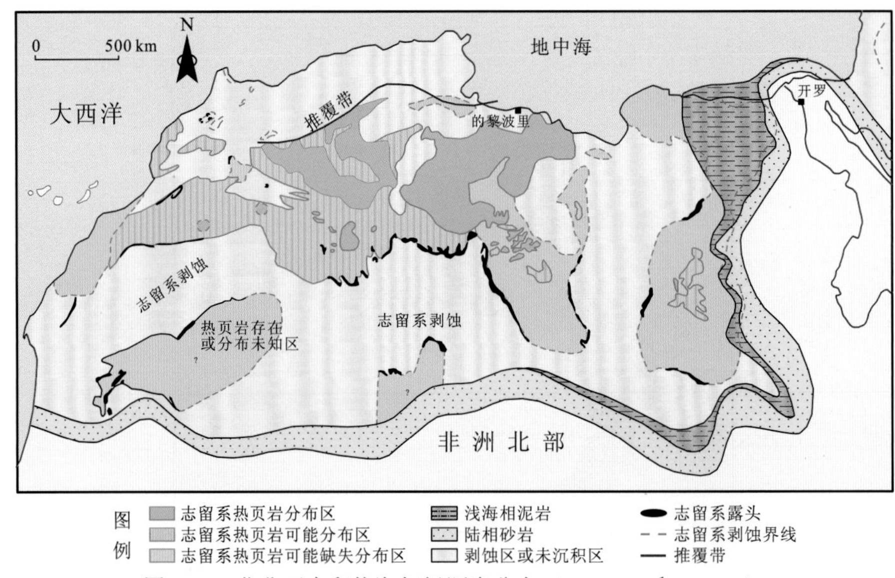

图 3-24　北非下志留统海相烃源岩分布（Craig et al.，2008）

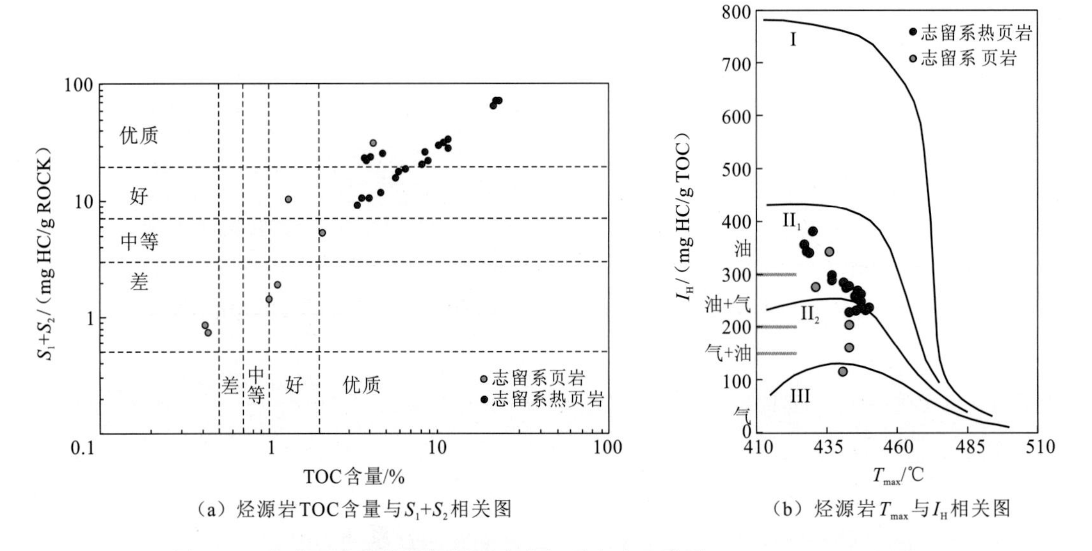

（a）烃源岩TOC含量与S_1+S_2相关图　　（b）烃源岩T_{max}与I_H相关图

图 3-25　北非下志留统海相烃源岩有机质丰度及类型（Craig et al.，2008）

北非古达米斯盆地、伊利济盆地、三叠盆地中的烃源岩也是古特提斯洋盆中沉积的志留系热页岩。剥蚀-缺失导致志留系烃源岩分布不均，烃源岩位置控制了油气田展布，烃源岩埋深决定了流体性质，深埋地区以气为主，中-浅埋地区以油为主。储层是三叠系和寒武系，寒武系砂岩具有孔隙-裂缝双重储集空间，圈闭为古潜山、披覆背斜和断鼻。志留系烃源岩生成油气后，沿断层垂向运移，沿不整合面砂体横向运移至圈闭中聚集（图 3-26）。

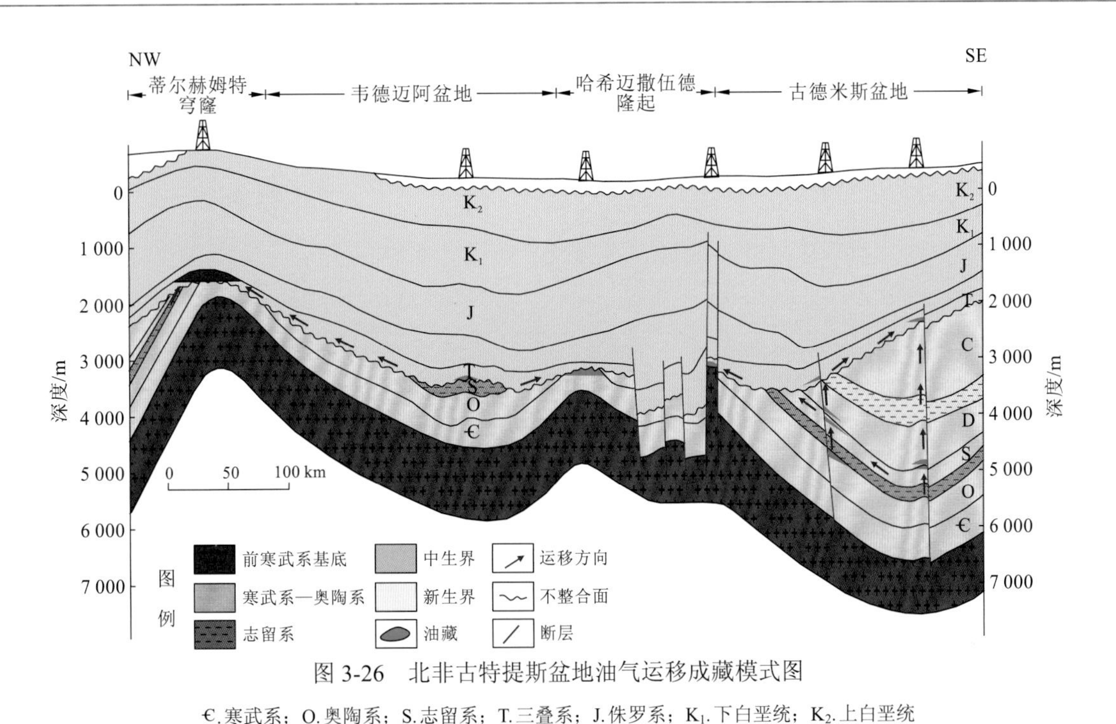

图 3-26 北非古特提斯盆地油气运移成藏模式图

€.寒武系；O.奥陶系；S.志留系；T.三叠系；J.侏罗系；K_1.下白垩统；K_2.上白垩统

第四节 波斯湾盆地中生代河流-海湾体系与石油的共生关系

波斯湾盆地位于中东板块，西部与阿拉伯地盾相邻，东北部、北部分别为扎格罗斯褶皱带、托罗斯褶皱带，西北边界为死海（Dead Sea）断裂，东南部紧邻亚丁湾和阿拉伯海（图 3-27）。波斯湾盆地面积约为 350 万 km^2。波斯湾盆地可划分为阿曼次盆、鲁卜-哈利次盆、中阿拉伯次盆、美索不达米亚（Mesopotiamia）次盆、扎格罗斯次盆和西阿拉伯次盆等二级构造单元（图 3-27）。波斯湾盆地具有比较稳定的大地构造背景。该盆地长期发育河流-海湾体系，形成了多套中生界、新生界海相优质烃源岩，遍及侏罗系、白垩系和古近系（白国平，2007），形成了多套含油气系统。主要的产油层包括侏罗系、白垩系和古近系—新近系。区域盖层包括二叠系 Khuff 组顶部、侏罗系顶部和中新统顶部膏盐，白垩系的致密灰岩和页岩也构成了重要的区域盖层。

波斯湾盆地具有非常丰富的油气资源，其最终可采储量为 1 144 亿 m^3，占全球石油最终可采储量的 48%（Halbouty，2003）。已发现的油田主要分布于两个区域。①波斯湾盆地中部油气区，主要分布于鲁卜-哈利次盆、中阿拉伯次盆，发育上侏罗统和白垩系海相碳酸盐岩烃源岩，主要产油层为侏罗系和白垩系。其中的 Ghawar 油田为世界第一大油田。②波斯湾盆地西北部油气区，主要分布于扎格罗斯次盆和美索不达米亚次盆，主要发育白垩系海相碳酸盐岩和古近系海相页岩烃源岩，主要产油气层为白垩系和古近系。

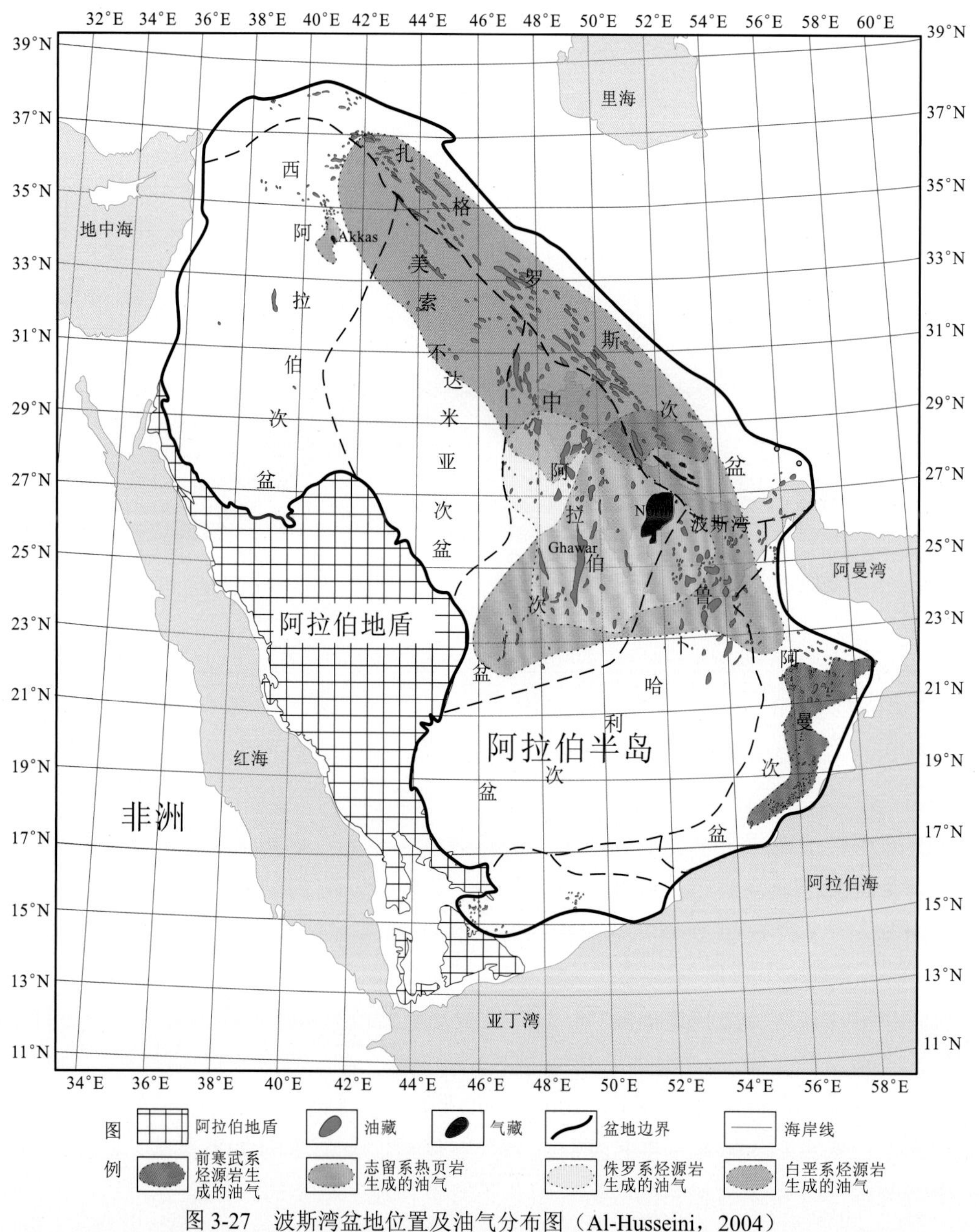

图 3-27　波斯湾盆地位置及油气分布图（Al-Husseini，2004）

一、波斯湾盆地中生代河流-海湾体系对烃源岩的控制

侏罗纪，波斯湾盆地处于新特提斯洋的被动大陆边缘，气候处于热带干旱气候带，干旱蒸发气候和温暖湿润气候交替，发育蒸发岩系和碳酸盐岩。海西期，扎格罗斯山系形成新特提斯洋的水下沉积障壁，在障壁内侧，是受局限的浅海陆架碳酸盐岩，发育缺氧条件的潟湖沉积，形成了海相泥灰岩或页岩烃源岩。

侏罗纪海平面多次升降，形成了多套海相优质碳酸盐岩烃源岩，包括中侏罗统 Sargelu 组，上侏罗统 Tuwaiq Mountain 组、Diyab 组和 Hanifa 组海相烃源岩。以上侏罗统 Tuwaiq Mountain 组、Diyab 组和 Hanifa 组海相烃源岩最为发育。晚侏罗世，波斯湾盆地发育广泛的海相碳酸盐岩沉积，主要发育台内盆地蒸发相、浅水碳酸盐岩陆架相和深水碳酸盐岩陆架相盆地边缘相，在盆地边缘发育蒸发岩/碳酸盐岩台地混合相。在南阿拉伯湾次盆、中阿拉伯次盆和格尼亚（Gotnia）次盆发育深水碳酸盐岩陆架相/盆地边缘相，是上侏罗统海相烃源岩主要发育有利区（图 3-28）。晚侏罗世末，波斯湾盆地广泛发育盐岩等蒸发岩沉积，是侏罗系含油气系统良好的区域盖层。

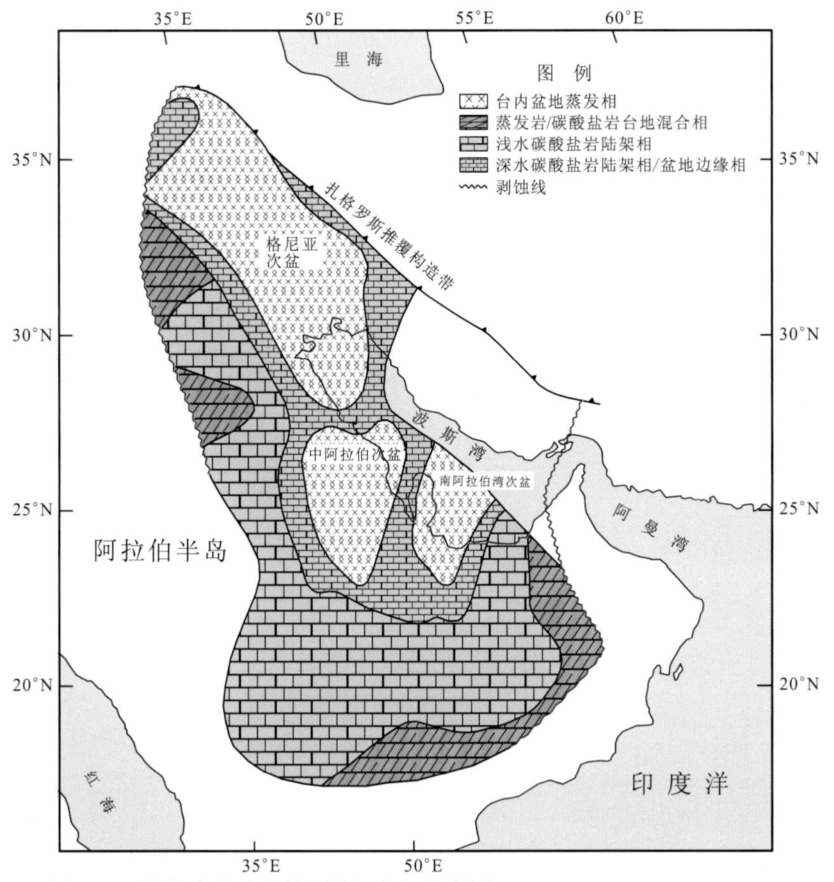

图 3-28　波斯湾盆地上侏罗统沉积相分布图（Fox and Ahlbrandt，2002）

白垩纪，波斯湾盆地基本上继承了侏罗纪的沉积格局。白垩纪可能是太古宙以来地球历史上最温暖的时期，两极无冰，导致从两极至赤道的地温梯度变化微弱。温暖的海水和较低的温度梯度导致环流滞缓和全球性的底水缺氧，从而有利于烃源岩的形成及发育。波斯湾盆地继承了侏罗纪新特提斯洋的浅海陆架碳酸盐岩沉积格架。起伏地形的海脊和障壁岛（古扎格罗斯山）阻碍了水体的循环，波斯湾盆地处于新特提斯洋和大西洋之间受限制的海洋通道，形成静水的沉积环境。同时，处于热带湿润气候和干旱气候交替发育，形成了海相烃源岩、储层和盖层叠合发育。河流带来的大量富营养淡水导致了海湾的高生产率；在海平面高位期，浅海内陆架盆地的水深（50～100 m）足以在高生产率的透光带下形成缺氧咸水层。高生产率、低沉积速率与缺氧-静海环境的结合导致了波斯湾盆地浅海内陆架海湾富有机质碳酸盐岩的沉积，形成了白垩系高丰度的海相碳酸盐岩泥岩和泥灰岩烃源岩。

白垩纪发育多套海相碳酸盐岩烃源岩，形成了波斯湾盆地白垩系—新近系含油气系统，该含油气系统储量位居全球第一（Peters et al.，2005）。早白垩世欧特里夫期—巴雷姆期，发育 Makkul 组/Garau 组海相烃源岩，在波斯湾盆地广泛分布；早白垩世阿普特期—晚白垩世阿尔布期，波斯湾盆地发育 Zubair 组、Gadvan 组海相烃源岩；晚白垩世塞诺曼期—土伦期发育 Mauddud 组、Rumaila 组和 Sarvak 组海相烃源岩，在波斯湾盆地广泛分布。

晚白垩世末期，新特提斯洋逐渐闭合，导致古地貌发生巨变，形成了广泛的海退，从而导致波斯湾盆地浅海陆架面积急剧减小，沉积环境变得局限，仅在伊朗西南部沉积了浅海相古近系海相页岩。中新世，非洲-阿拉伯板块向欧亚板块俯冲，新特提斯洋逐渐消亡，此时阿拉伯东北被动大陆边缘变成了一个碰撞边缘，形成了扎格罗斯造山带。新特提斯洋逐渐闭合，发生了广泛的海退，导致其沉积范围逐渐萎缩，形成了更加闭塞的海湾沉积环境。古近系 Pabdeh 组为浅海相碳酸盐岩台地和深海相碎屑岩沉积，局限分布于扎格罗斯次盆西北部。

二、波斯湾盆地烃源岩与油气藏的依存关系

（一）上侏罗统海相烃源岩与油气藏的依存关系

油气勘探实践表明，波斯湾盆地中生界侏罗系油气主要分布于中阿拉伯次盆，少量油气分布于鲁卜-哈利次盆西北部。侏罗系烃源岩是中东最重要的烃源岩。中阿拉伯次盆陆地的上侏罗统 Hanifa 组/Tuwaiq Mountain 组烃源岩样品均具有很高的 TOC 含量和 S_1+S_2，达到优质烃源岩标准，表明其具有很高生烃潜力（图 3-29），其干酪根类型主要为 II 型（图 3-30）（Harris et al.，2005）。波斯湾盆地上侏罗统烃源岩 $\delta^{13}C$ 为 -26.00‰～-26.50‰。上侏罗统 Hanifa 组/Tuwaiq Mountain 组海相碳酸盐岩烃源岩主要分布于中阿拉伯次盆的中部（图 3-31），是中阿拉伯次盆中生界主力烃源岩。

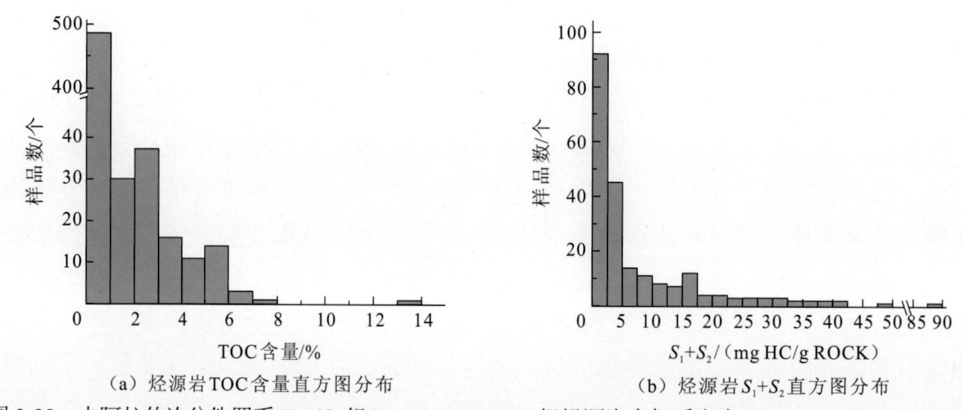

（a）烃源岩TOC含量直方图分布　　（b）烃源岩S_1+S_2直方图分布

图 3-29　中阿拉伯次盆侏罗系 Hanifa 组/Tuwaiq Mountain 组烃源岩有机质丰度（Harris and Katz，2008）

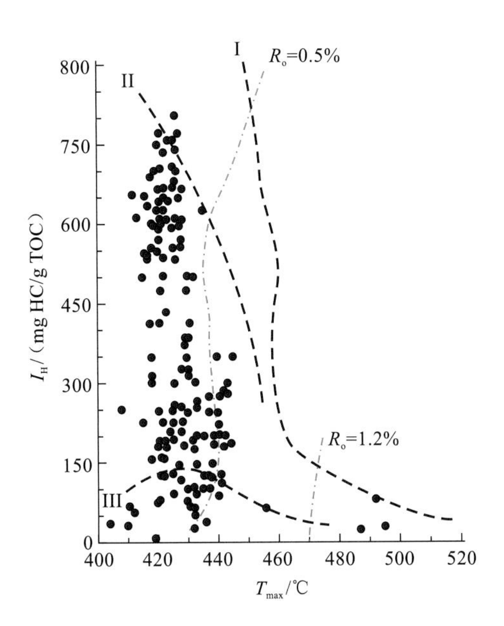

图 3-30　中阿拉伯次盆侏罗系 Hanifa 组/Tuwaiq Mountain 组烃源岩干酪根类型（Harris and Katz，2008）

卡塔尔隆起的上侏罗统 Hanifa 组烃源岩生成的原油，在上侏罗统阿拉伯组碳酸盐岩储层内运移聚集，上侏罗统 Hith 组膏岩层则是侏罗系油气系统的区域性盖层。其上侏罗统 Hanifa 组 TOC 含量为 1.0%～6.0%，干酪根显微组分主要为腐泥组。在海相碳酸盐岩沉积环境中，随着硫还原作用而富集硫；卟啉化合物中钒的相对稳定性比镍高而造成低镍/钒值。含硫量为 4.9%～8.9%，富含硫，δ^{13}C 为-24.9‰～-28.5‰，低镍/钒值，表明其形成于碳酸盐岩沉积环境。波斯湾盆地上侏罗统 Hanifa 组烃源岩 R_o 为 0.7%～1.0%，处于成熟阶段。在深凹处可达到高成熟阶段。上侏罗统 Tuwaiq Mountain 组 TOC 含量平均为 3.52%，热解烃 S_2 为 22.2 mg HC/g ROCK，I_H 最高为 600 mg HC/g TOC，干酪根类型为 II 型，主要由无定形有机质（蓝绿藻）构成。在 Khurais 油田，Tuwaiq Mountain 组烃源岩厚度为 142 m，烃源岩 δ^{13}C 为-26.0‰～-26.5‰。上侏罗统 Tuwaiq Mountain 组烃源岩厚度最大为 150 m，位于中阿拉伯次盆 Khurais 油田北部，向四周逐渐减薄（图 3-32）。

波斯湾盆地石油主要分布在中生界和新生界，储油层以侏罗系海相碳酸盐岩、白垩系碳酸盐岩与三角洲-滨海相砂岩、古近系—新近系海相碳酸盐岩为主。盖层以上侏罗统膏盐盖层、白垩系泥岩盖层、古近系—新近系泥岩及膏盐盖层为主，主力成藏组合为上侏罗统和下白垩统成藏组合。盆地圈闭的形成主要受基底活化隆升、盐拱和扎格罗斯造山控制，圈闭类型有盐底辟背斜、披覆背斜、挤压背斜及断鼻构造，圈闭类型好，规模大。盆地的油气运移主要是垂向运移和近距离横向运移，断层是最重要的垂向运移通道，砂岩、碳酸盐岩储层和不整合面是主要的横向输导体。波斯湾盆地的石油主要分布在波斯湾海域及周边陆上地区，以中阿拉伯次盆、扎格罗斯褶皱带、鲁卜-哈利次盆和阿曼次盆为主，基底拼合隆升形成的挤压构造带、盐拱构造带及扎格罗斯挤压形成的背斜带为

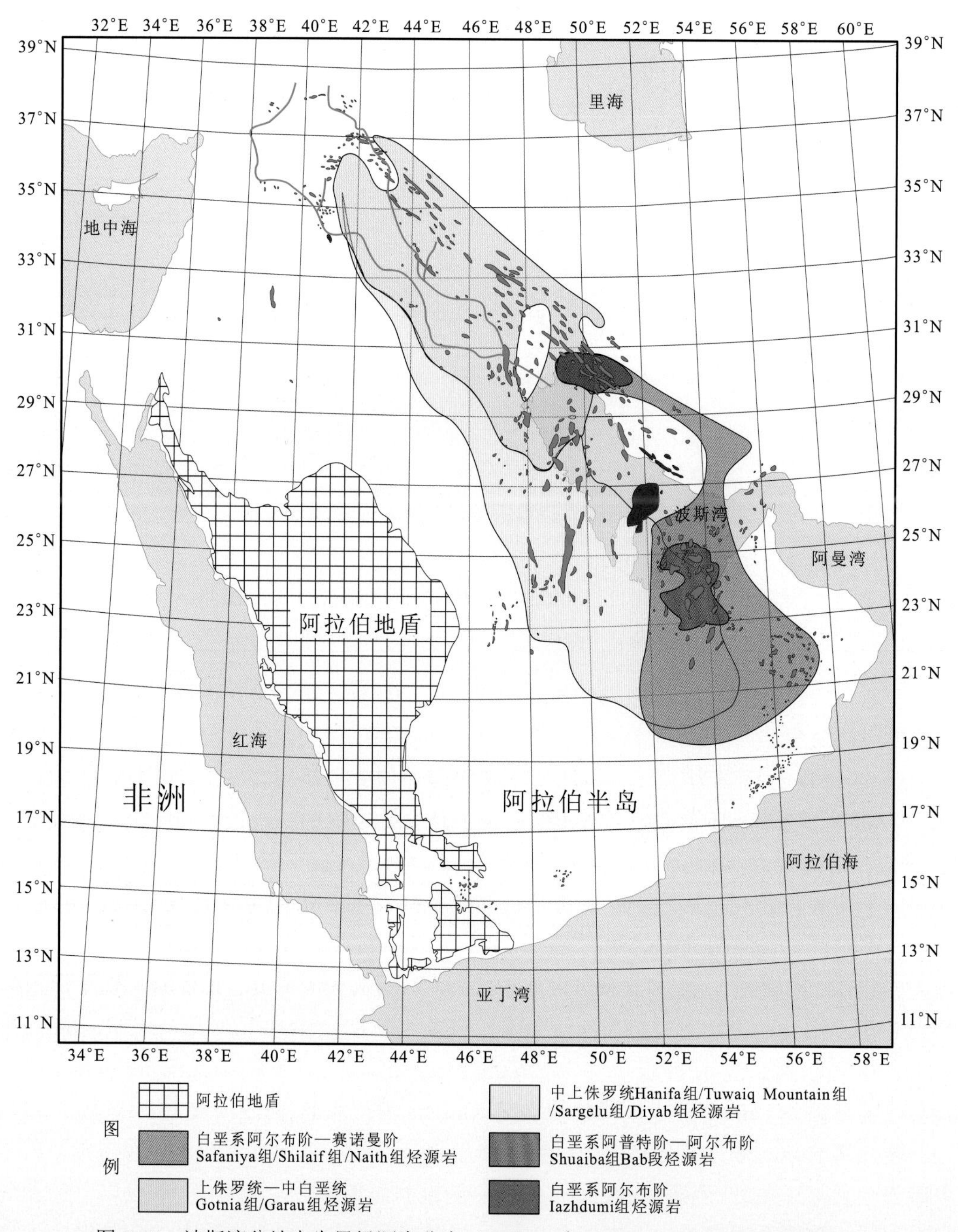

图 3-31　波斯湾盆地中生界烃源岩分布（Aali et al.，2006；Al-Husseini，2004）

主要的油气聚集区（图 3-33）。全球最大的油田——Ghawar 油田位于波斯湾盆地基底拼合隆升形成的大型背斜构造带上，圈闭类型为大型长垣隆起形成的背斜，烃源岩为侏罗系灰泥岩，主力储层为上侏罗统碳酸盐台地颗粒灰岩、鲕粒灰岩，上覆膏盐层具有很好的封盖能力，可采石油储量达 217 亿 m^3。

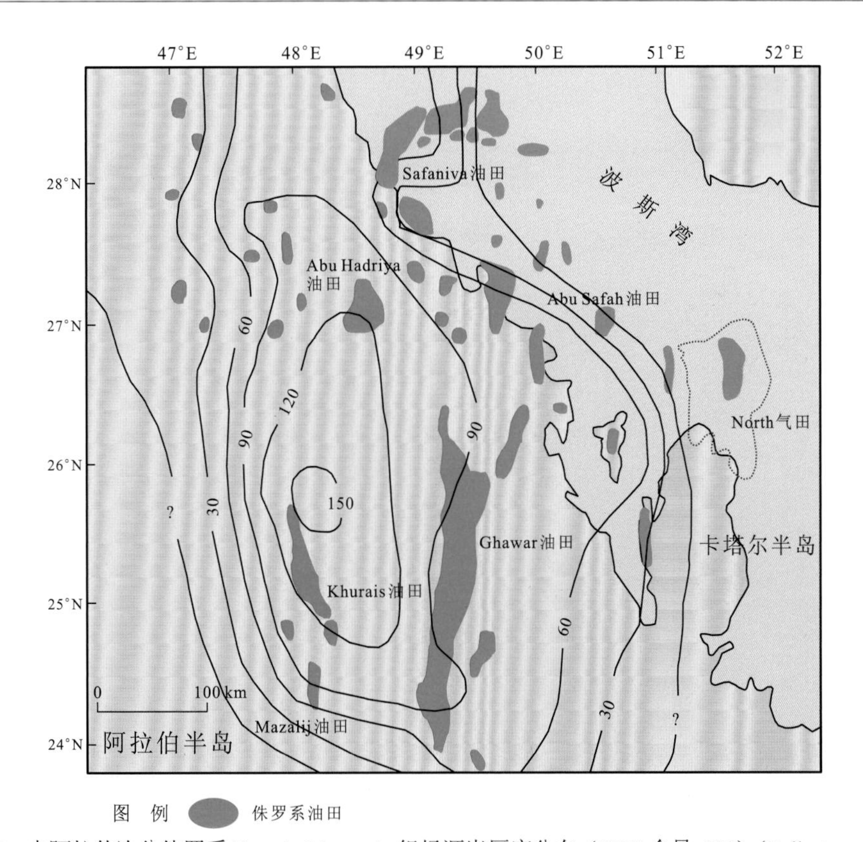

图 3-32　中阿拉伯次盆侏罗系 Tuwaiq Mountain 组烃源岩厚度分布（TOC 含量>1%）（Pollastro，2003）

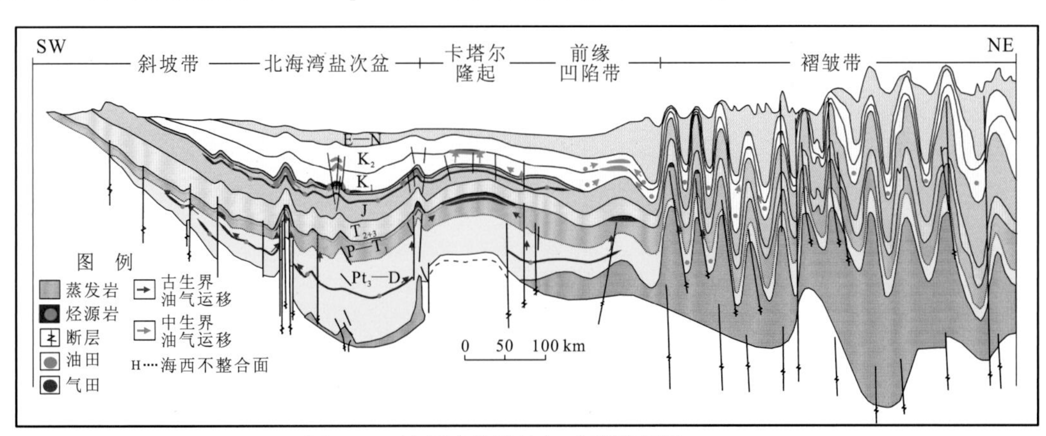

图 3-33　波斯湾盆地油气成藏模式图

Pt_3—D.新元古界—泥盆系；P—T_1.二叠系—下三叠统；T_{2+3}.中-上三叠统；J.侏罗系；K_1.下白垩统；

K_2.上白垩统；E—N.古近系—新近系

（二）白垩系海相烃源岩与油气藏的依存关系

白垩纪，波斯湾盆地主要发育浅海相（或开阔海相）碳酸盐岩台地和深海相碎屑岩沉积，发育多套生储盖组合。油气主要分布于扎格罗斯次盆和美索不达米亚次盆，在鲁卜-哈利次盆北部和阿曼次盆北部也有分布。白垩系海相碳酸盐岩烃源岩主要分布于扎格罗斯次盆和美索不达米亚次盆，其次分布于鲁卜-哈利次盆的北部和阿曼次盆的北部地区（图 3-34）。

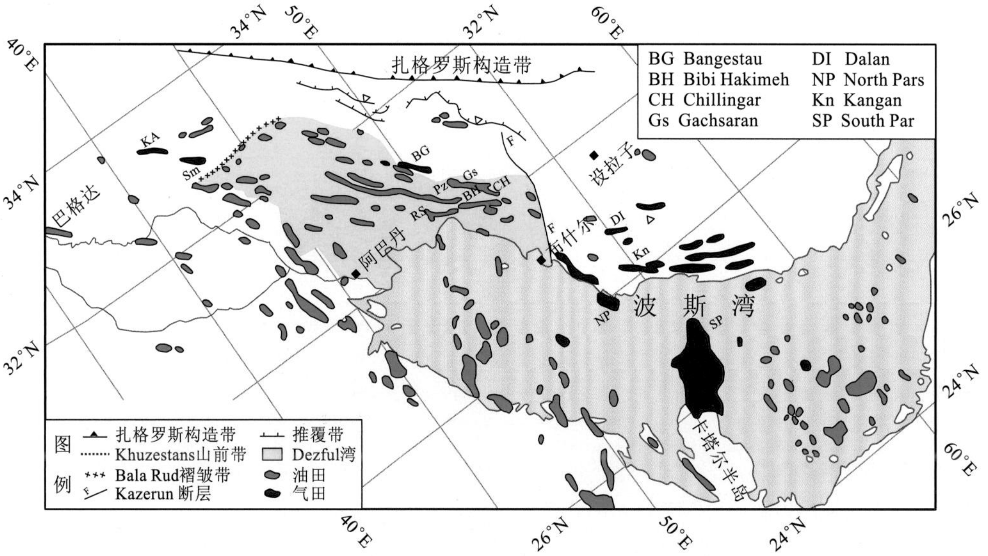

图 3-34　扎格罗斯次盆西南部白垩系油气分布（Bordenave and Hegre，2005）

白垩系油藏主要分布于扎格罗斯次盆的西南部（图 3-35），最重要的储层为塞诺曼阶—土伦阶 Sarvak 组灰岩，烃源岩为白垩系阿尔布阶 Kazhdumi 组。白垩系阿尔布阶 Kazhdumi 组为沉积低能闭塞环境的含沥青泥岩，厚度约 300 m，TOC 含量为 1.0%～11.0%，平均值为 5.0%，S_2 最高可达 60 mg HC/g ROCK，I_H 最高可达 700 mg HC/g TOC，干酪根类型为II型。R_o 主要为 0.5%～0.9%，处于低成熟—成熟早期阶段，含硫量为 1.0%～5.0%（Bordenave et al.，2005）。白垩系阿尔布阶 Kazhdumi 组的最大厚度为 300 m，白垩系油藏和少量气藏主要分布于白垩系 Kazhdumi 组烃源灶周缘（图 3-35）。

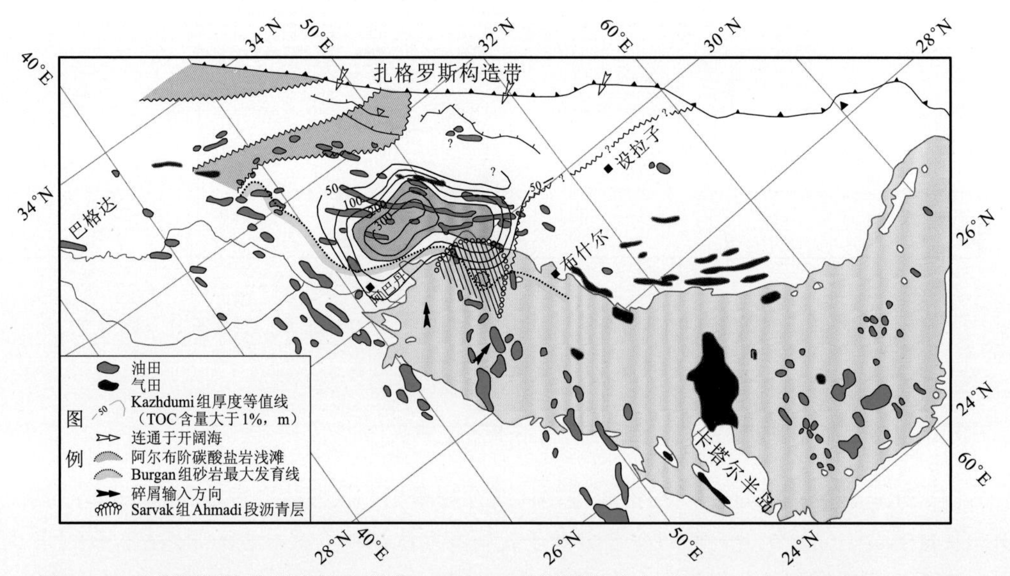

图 3-35　扎格罗斯次盆西南部白垩系 Kazhdumi 组烃源岩分布（Bordenave and Hegre，2005）

第五节　西西伯利亚盆地中生代河流-海湾体系与石油共生关系

西西伯利亚盆地是全球面积第二大的含油气盆地，石油储量可与波斯湾盆地相媲美。同时，西西伯利亚盆地也是俄罗斯面积最大、油气储量最大和油气产量最大的含油气盆地。该盆地原油产量占俄罗斯原油产量的70%，天然气产量约占俄罗斯天然气产量的90%，其巨大的油气资源足以影响全球的油气市场。西西伯利亚盆地是俄罗斯油气储量最大和产量最高的盆地，已发现油气田859个，其中有600个油田，147个油气田，112个气田（凝析气田），石油可采储量为245亿 m^3。最大气田为Urengoyskoe气田，可采储量为9.50万亿 m^3，位列全球第三大气田；最大油田是Samotlor油田，可采储量为25.44亿 m^3，位列全球第四大油田。

西西伯利亚盆地西缘以乌拉尔山脉为界，东以叶尼塞（Yenisey）河为界，与东西伯利亚山地相邻，南接阿尔泰山系、萨彦（Sayan）岭和哈萨克（Kazakh）丘陵地带，北缘为喀拉海，濒临北冰洋，面积达330万 km^2，为全球最大面积含油气盆地（图3-36）

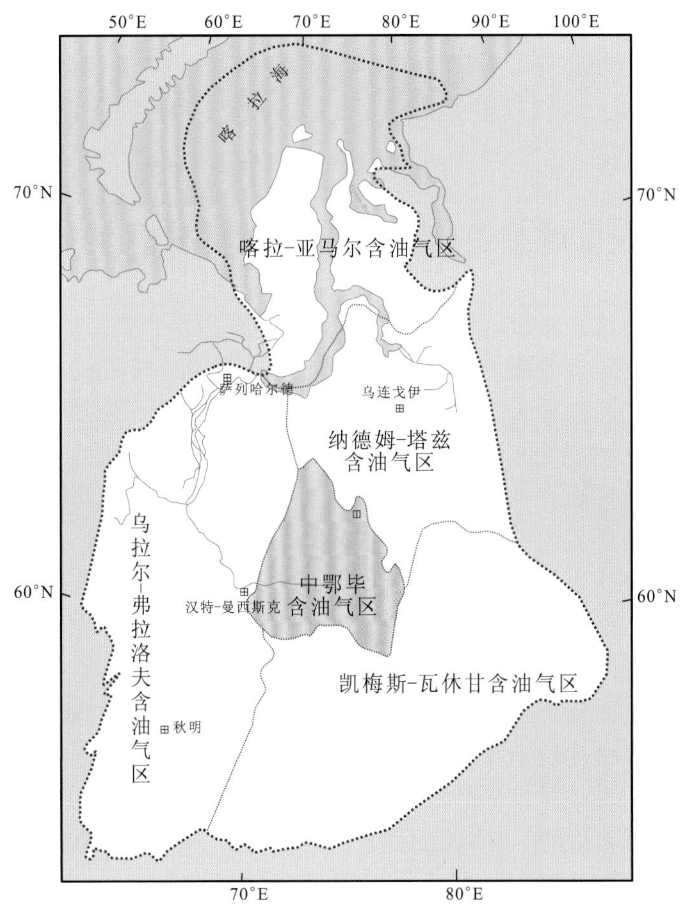

图3-36　西西伯利亚盆地位置及油气分布图[据Ulmishek（2003）修改]

（Brekhuntsov et al.，2011）。在大地构造区划上，西西伯利亚盆地是一个台坪（巨型台向斜）。该巨型台向斜与乌拉尔山脉、叶尼塞山岭、泰梅尔（Taimyr）山岭、阿尔泰-萨彦褶皱区和哈萨克褶皱区一起构成乌拉尔-蒙古年轻地台的北半部，该年轻地台是在新元古代及古生代地槽建造和造山建造出露于台坪的周缘，构成了地盾和褶皱系，而在台坪区强烈沉降并沉积了中新生界地台盖层（金之钧和王志欣，2007）。乌拉尔-蒙古年轻地台的基底是由乌拉尔-蒙古活动构造带组成的，该活动带的演化经历了新元古代和古生代，即从第一个泛大陆解体到第二个新的泛大陆形成的地质历史时期。中生代在泛大陆二期范围内由于地壳分裂作用，乌拉尔-蒙古年轻地台形成了广泛分布的大陆裂谷系统。二叠纪与三叠纪之交的大陆解体作用导致了北极-北大西洋巨型裂谷系统的形成，中生代在该裂谷系统之上形成了一系列沉积盆地，其中最大的一个就是西西伯利亚盆地。西西伯利亚盆地三叠纪古裂谷系统位于北极-北大西洋巨型裂谷系统的最东边。

西西伯利亚盆地面积巨大，不同地区的油气层位、油气相态、油气藏埋藏深度、油气资源丰度等具有很大的差异，因此可划分为 5 个含油气区，即喀拉-亚马尔含油气区、纳德姆-塔兹含油气区、乌拉尔-弗拉洛夫含油气区、中鄂毕含油气区和凯梅斯-瓦休甘含油气区（图 3-36）。西西伯利亚盆地侏罗系、白垩系及其之上的沉积物厚度最大超过 4.5 km，沉积物厚度具有“南薄北厚”的分布特征（Ulmishek，2003）。西西伯利亚盆地油气平面上具有“南油北气”的分布特征；纵向上具有“上气下油”的分布特征。原油主要赋存于下白垩统；天然气则主要赋存于上白垩统。西西伯利亚主要烃源岩包括中-下侏罗统（Tyumen 组等）烃源岩、上侏罗统 Bazhenov 组烃源岩和白垩系烃源岩。

一、西西伯利亚盆地中生代河流-海湾体系对烃源岩的控制

侏罗纪气候普遍温暖潮湿。西西伯利亚盆地位于亚热带和温带的温暖湿润气候带内，沉积环境为地势平缓的闭塞海湾环境，形成了上侏罗统高丰度的优质海相烃源岩。侏罗纪—白垩纪，西西伯利亚盆地长期发育河流-海湾体系，形成了侏罗系、白垩系等多套优质海相烃源岩及多套海相油气系统。早侏罗世普林斯巴期，西西伯利亚盆地已处于海湾环境，盆地北部为浅海相，水深小于 25 m；中部为海岸平原和低洼沉积平原；南部为剥蚀平原，河流流向主要是西南—东北向（Kontorovich et al.，2013）。早侏罗世托阿尔期早期—中侏罗世卡洛夫期，西西伯利亚盆地为海湾环境，盆地北部、中部为浅海相，水深逐渐增大，最大可达 100～400 m；低洼沉积平原位于盆地的东南部，剥蚀平原为盆地的四周（Kontorovich et al.，2013）。晚侏罗世牛津期，西西伯利亚盆地沉积环境主要为浅海相，水深表现为北深南浅，水深最大为 100 m；海岸平原和低洼沉积平原位于盆地东南部，剥蚀平原和低山位于盆地的周缘（Kontorovich et al.，2013）。晚侏罗世提塘期（伏尔加期），西西伯利亚盆地海平面急剧上升，盆地中心主要为半深海相，水深表现为中部深、四周浅的分布格局，水深最大处超过了 400 m，向外为浅海相；海岸平原和低洼沉积平原位于盆地东南部，分布更加局限；剥蚀平原和低山仅仅位于盆地的边缘（Kontorovich et al.，2013）（图 3-37），盆地接受了广泛的沉积。

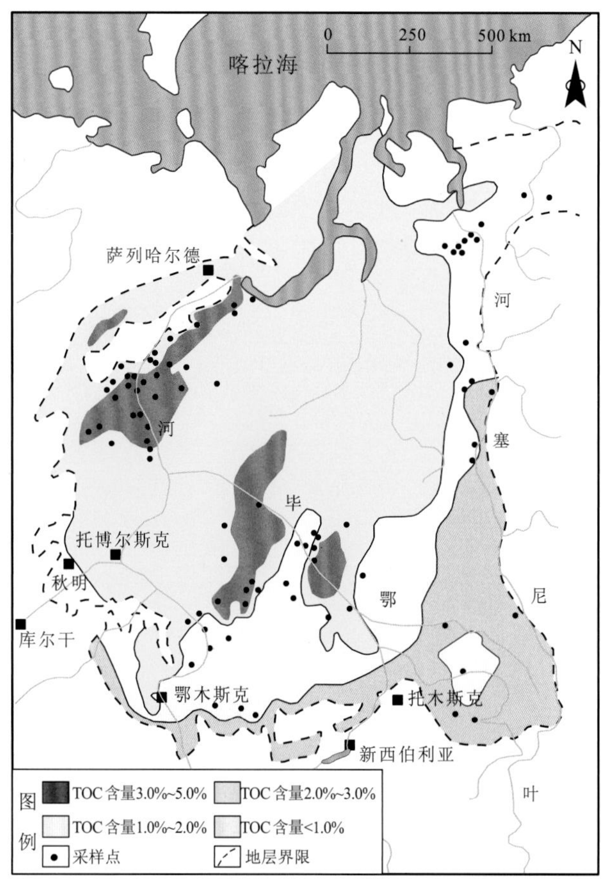

图 3-37　西西伯利亚盆地下-中侏罗统 TOC 含量分布图（Kontorovich et al., 1997）

侏罗纪，两极均存在陆地，导致气候普遍温暖潮湿。西西伯利亚盆地主要位于温带气候带内，构造上为稳定的西西伯利亚板块被动大陆边缘，沉积环境为地势平缓的闭塞海湾环境。晚侏罗世，西西伯利亚盆地处于温带，温暖湿润，为海相藻类发育、繁殖和勃发提供了先决条件。西西伯利亚盆地发育大量的古河流，河流走向以南北向为主，并且南北向河流以大-中型为主，源头源自盆地南部边缘，河流延伸长，几乎贯穿整个盆地流域面积大；盆地东部、西部边缘发育的河流以近东西向为主，河流延伸较短，流域面积较小（图 3-8）。西西伯利亚盆地边缘河流带来大量的营养物质，导致海湾环境中大量的藻类繁盛，形成了高生产力，在安静、低能、水体流通不畅的浅海陆架海湾闭塞环境内沉积了富含藻类的海相页岩，形成了优质海相烃源岩。

二、西西伯利亚盆地烃源岩与油气藏的依存关系

（一）下-中侏罗统海相烃源岩与油气藏的依存关系

西西伯利亚盆地北部以海相碎屑岩为主，中南部则以海陆交互相为主。下-中侏罗统地层厚度表现为北厚南薄的分布特征（Ulmishek，2003）。

西西伯利亚盆地下-中侏罗统烃源岩 TOC 含量很高。TOC 含量为 3.0%～5.0%的烃源岩主要分布于盆地的中南部和西北部，分布较为局限；TOC 含量为 2.0%～3.0%的烃源岩分布于整个盆地；TOC 含量为 1.0%～2.0%的烃源岩主要分布于盆地的东部和南部；TOC 含量小于 1%的烃源岩主要分布于盆地东部和南部，TOC 含量整体表现为中心高、周缘低的近似同心圆状的分布特征（图 3-37）。下-中侏罗统烃源岩 TOC 含量同心圆状等值线呈现复杂化分布特征，这是河流或水道影响的浊积流及其相关的重力流所导致的。西西伯利亚盆地 Ponomaryovskaya-2 井揭示了下侏罗统普林斯巴阶烃源岩，其有机质丰度很高，TOC 含量为 5%～15%，达到了优质烃源岩标准。西西伯利亚盆地下-中侏罗统烃源岩 I_H 最高为 320 mg HC/g TOC，一般小于 200 mg HC/g TOC，主要为 II_2 和 III 型干酪根。西西伯利亚盆地下-中侏罗统烃源岩成熟度表现为西北高东南低的分布特征，南部成熟度为低成熟—成熟阶段，北部则为成熟—高成熟阶段，局部达到过成熟阶段。侏罗系底面成熟度代表侏罗系烃源岩最大成熟度。侏罗系底面成熟度分布表现为南低北高，南部主要处于低成熟—成熟晚期阶段，北部则处于高成熟—过成熟阶段（Kontorovich et al.，2009）（图 3-38）。

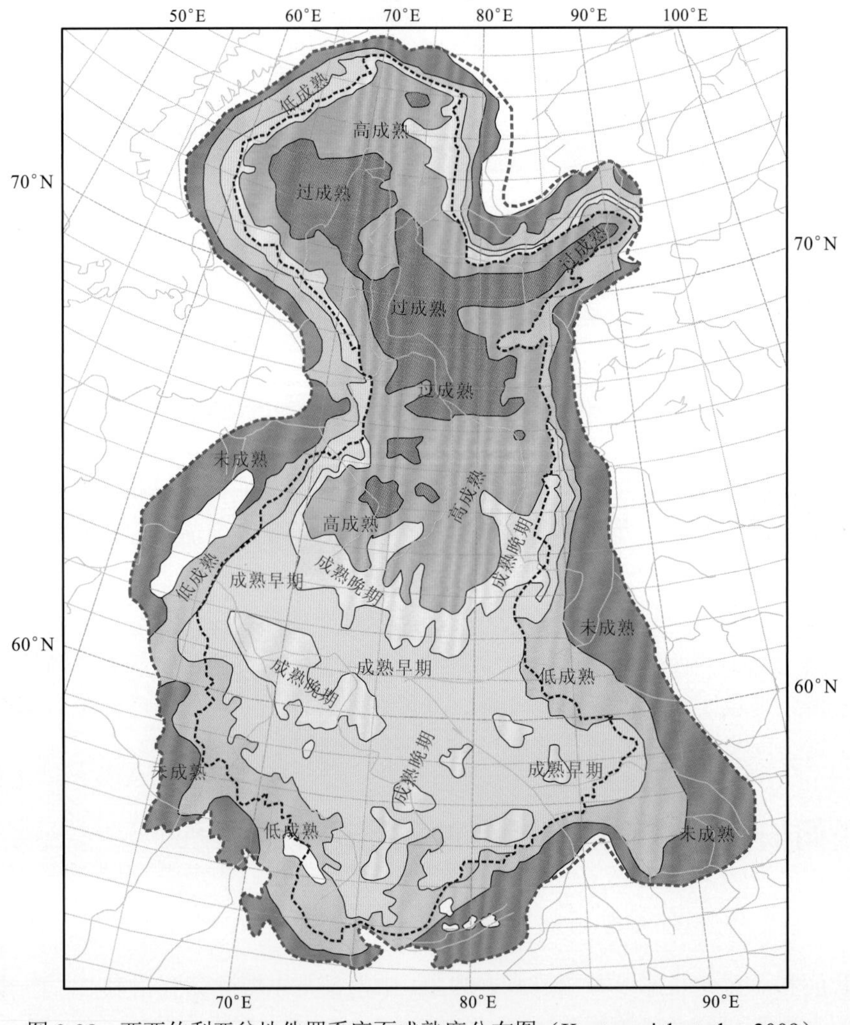

图 3-38　西西伯利亚盆地侏罗系底面成熟度分布图（Kontorovich et al.，2009）

下–中侏罗统海相烃源岩生成的油气主要赋存于下–中侏罗统。代表性的局部地层单元为Tyumen组，主要分布于盆地的中南部和东部，是一套陆相碎屑岩系，夹有少量的海相地层，总厚度为300～500 m。盆地北部是滨海相碎屑岩系，分布广泛，厚度可达2000 m，是远景良好的储层。下–中侏罗统海相烃源岩形成的油气藏都是在大型基底隆起的斜坡上或沿着隆起阶地发育的岩性或地层遮挡的圈闭内，该区的主要产层是由基底的风化剥蚀和堆积形成的。该产层的孔隙度、渗透率、地层厚度受基底岩石成分、基底隆起高度和侏罗纪期间增长的裂缝强度所控制。

（二）上侏罗统海相烃源岩与油气藏的依存关系

西西伯利亚盆地上侏罗统Bazhenov组烃源岩中部以深水沉积为主，周缘以浅水碎屑岩沉积为主（Ulmishek，2003），这受控于晚侏罗世西西伯利亚的半深海相和浅海相古地理格局。上侏罗统Bazhenov组地层厚度表现为西南薄东北厚。

西西伯利亚盆地Bittem-25井揭示了上侏罗统Bazhenov组高丰度的烃源岩，其TOC含量为5%～27%，S_2为20～140 mg HC/g ROCK，I_H为400～600 mg HC/g TOC（Lopatin et al.，2003）（图3-39）。在缺氧的海湾盆地，沉积有机质会逐渐聚集在同心圆或牛眼构造模式的深部静水区域，此处接近烃源岩沉积中心，是沉积物厚度最大的地方（Peters et al.，2005）。上侏罗统Bazhenov组烃源岩形成于一个大型的、缺氧海湾沉积环境，有机质丰度呈近似同心圆状向盆地中心增高。Bazhenov组TOC含量平均值为5.0%，TOC含量变化较大，盆地边缘为2.0%～3.0%，盆地中心可超过10.0%（Peters et al.，2007）[图3-3（b）]。

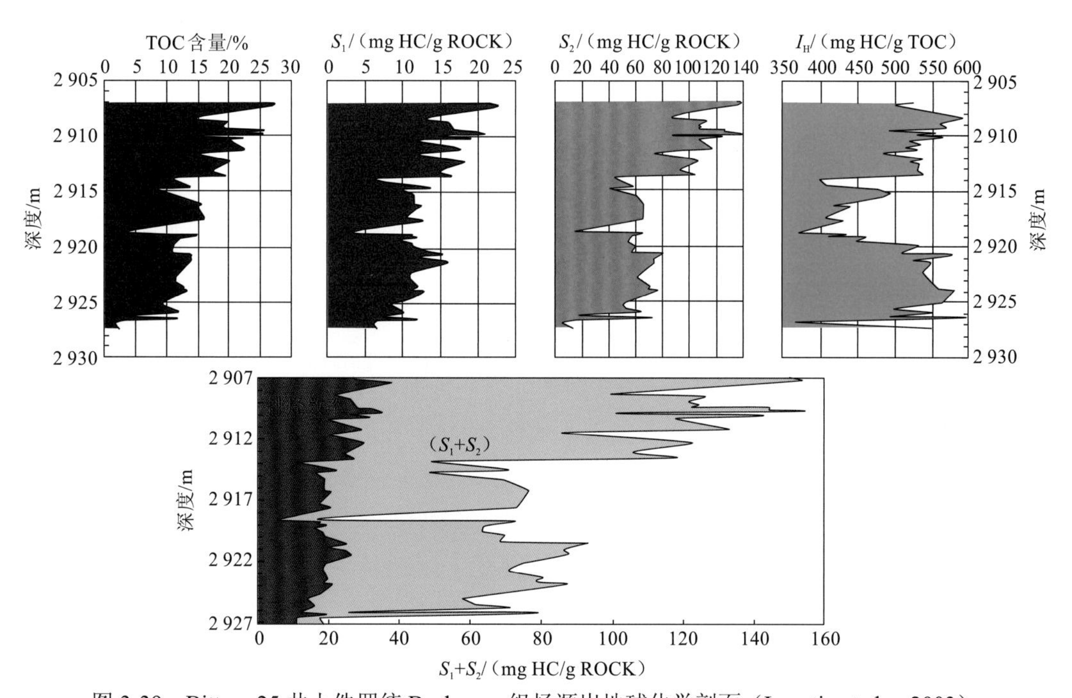

图3-39　Bittem-25井上侏罗统Bazhenov组烃源岩地球化学剖面（Lopatin et al.，2003）

Surgut-31 井 Bazhenov 组 TOC 含量可达 40.2%，I_H 高达 840 mg HC/g TOC（Peters et al.，1994）。受浊积流及其相关的重力流影响，Bazhenov 组烃源岩 TOC 含量同心圆状分布复杂化。Bazhenov 组烃源岩干酪根组分主要由无定形的浮游、胶状藻类物质构成。干酪根碳同位素值（$\delta^{13}C$）为-28‰～-25‰（PDB，美国白垩系似箭石碳同位素标准值，下同）。Bazhenov 组烃源岩抽提物碳同位素值为-28‰～-33‰。西西伯利亚盆地中鄂毕地区和北部地区的上侏罗统 Bazhenov 组烃源岩主要属于 II_1 型干酪根（图 3-40）。

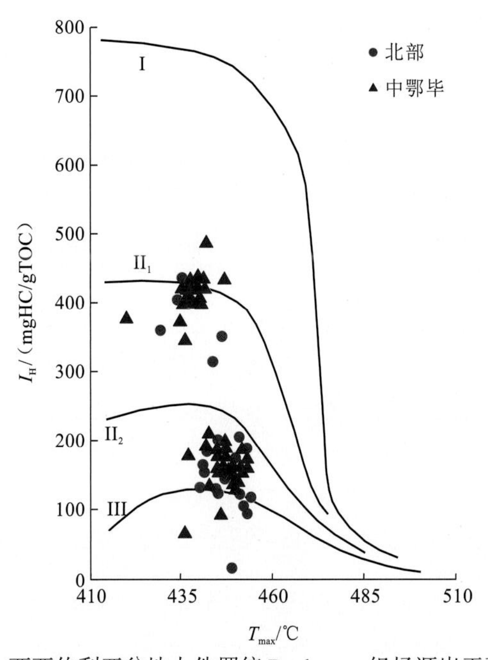

图 3-40　西西伯利亚盆地上侏罗统 Bazhenov 组烃源岩干酪根类型

西西伯利亚盆地上侏罗统 Bazhenov 组烃源岩成熟度表现为南低北高的分布特征，南部主要处于成熟早期—成熟高峰期阶段，而北部主要处于成熟高峰期—高成熟阶段。侏罗系顶面成熟度代表侏罗系烃源岩最小成熟度。侏罗系顶面成熟度的分布也表现为南低北高的分布特征，南部主要处于低成熟—成熟早期阶段，北部则处于成熟晚期—高成熟阶段（Kontorovich et al.，2009）（图 3-41）。

上侏罗统 Bazhenov 组海相烃源岩生成的油气在盆地大型背斜圈闭内聚集成藏，如盆地中部的 Urengoyskoe 长垣形成了世界上著名的巨型油气田，如 Samotlor 油田和 Urengoyskoe 气田。上侏罗统 Bazhenov 组海相烃源岩生成的油气赋存在多套储层，如中—上侏罗统卡洛夫阶—牛津阶储层，上侏罗统钦莫利阶—提塘阶储层，下白垩统贝里阿斯阶储层，下白垩统瓦兰今阶、欧特里夫阶、巴雷姆阶储层组合，上白垩统阿尔布阶—塞诺曼阶储层。上侏罗统卡洛夫阶—牛津阶储层主要分布在盆地的中部和西南部。自 Urengoyskoe 长垣向西，砂岩逐步被泥岩取代，含油气层尖灭。油气藏分布在很大程度上受区域沉积相-岩性所控制，产层主要含油，厚度为 50～300 m。上侏罗统钦莫利阶—提塘阶 Bazhenov 组储层主要分布在盆地中部的中鄂毕地区，Bazhenov 组储层主要由含沥青泥岩及生物碎

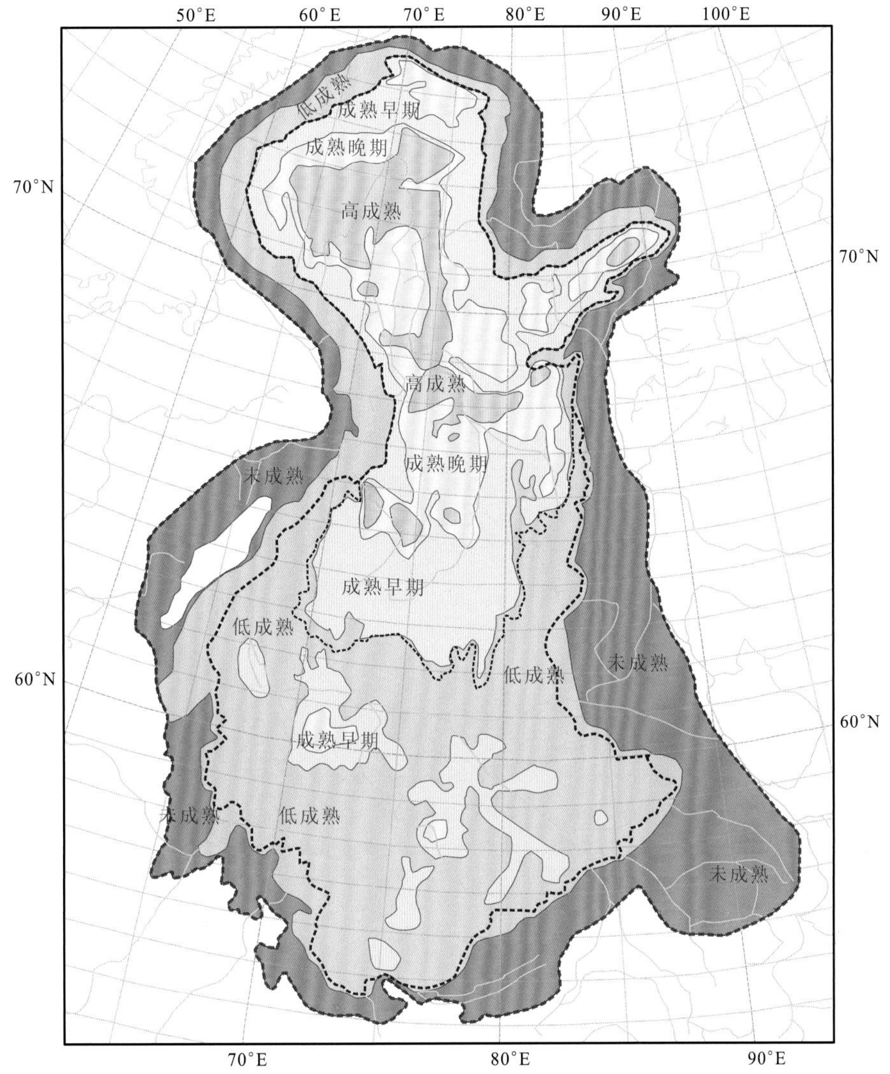

图 3-41　西西伯利亚盆地侏罗系顶面成熟度分布（Kontorovich et al.，2009）

屑灰岩组成，储层厚度为 30～60 m。下白垩统瓦兰今阶、欧特里夫阶、巴雷姆阶储层组合，是西西伯利亚盆地主力产油气层，广泛分布在盆地的中部、北部和南部，岩性主要由浅海-滨海相砂岩、粉砂岩和泥岩构成。上白垩统阿尔布阶—塞诺曼阶储层主要分布在盆地的中北部，油气赋存状态以天然气和凝析油为主，上覆土伦阶泥岩是有效盖层，是 Urengoyskoe 气田等大气田的主力产层。

西西伯利亚盆地侏罗系和白垩系油气藏具有以下显著的平面分布特征：随着储层时代变新，油气藏分布发生由南向北的迁移特征；侏罗系油气藏主要分布在西西伯利亚盆地的中南部；下白垩统油气藏主要分布在盆地的中北部；上白垩统油气藏主要分布在盆地的北部（图 3-42）。油气藏规模具有南小北大的分布特征（图 3-42）。不同地质时代的油气藏规模均表现为南小北大的分布特征。

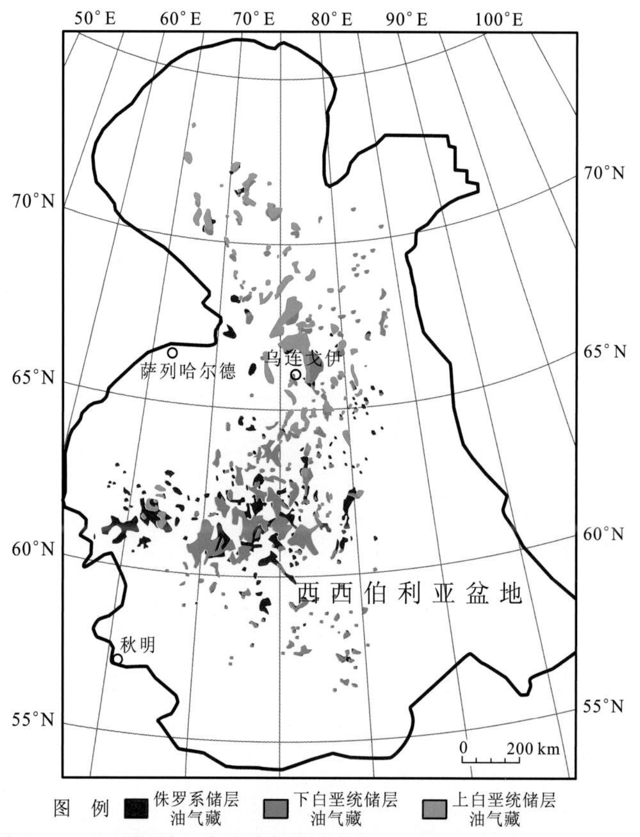

图 3-42　西西伯利亚盆地油气藏分布（Brekhuntsov et al.，2011）

第六节　墨西哥湾盆地中生代河流-海湾体系与石油共生关系

墨西哥湾盆地是世界上油气最为富集的三大油区之一。自 20 世纪 80 年代初，墨西哥湾已经成为深水区勘探和生产作业的中心区，引领全球深水区油气勘探的热潮，开拓了深水区含盐盆地勘探新技术、新方法的前沿领域。墨西哥湾盆地油气广泛分布于墨西哥湾北部浅水次盆、墨西哥湾北部深水次盆、布尔戈斯（Burgos）次盆、坦皮科（Tampico）次盆、韦拉克鲁斯（Veracruz）次盆、苏瑞斯特次盆等构造单元，在地理位置上，从陆地、浅水区、深水区均有分布。目前在该盆地发现 624 个油气田，石油可采储量 108.45 亿 m^3。

一、墨西哥湾盆地中生代河流-海湾体系对烃源岩的控制

墨西哥湾盆地位于北美洲大陆和古巴岛环抱的海域（图 3-43），为近圆形的构造盆地，面积超过 200 万 km^2，沉积厚度可达 20km，从晚三叠世到全新世均有分布。盆地北部与北美洲大陆东南缘接壤，呈现宽度超过 500km 的海岸平原，地形平坦，大陆架宽

阔，具有被动陆缘特征；盆地西部与北美洲陆缘带——东马德雷（Madre）造山带接壤，因造山作用的影响，呈明显挤压构造特征，构造线近北西向，形成明显的大陆陡坡，海岸平原的宽度小于 50km，陆架变窄，水深快速增大。盆地东南部为尤卡坦（Yucatan）地块，与盆地呈突变关系，陡坡向南急剧增高。盆地东部为佛罗里达地块，与盆地呈突变关系，陡坡向东急剧增高。

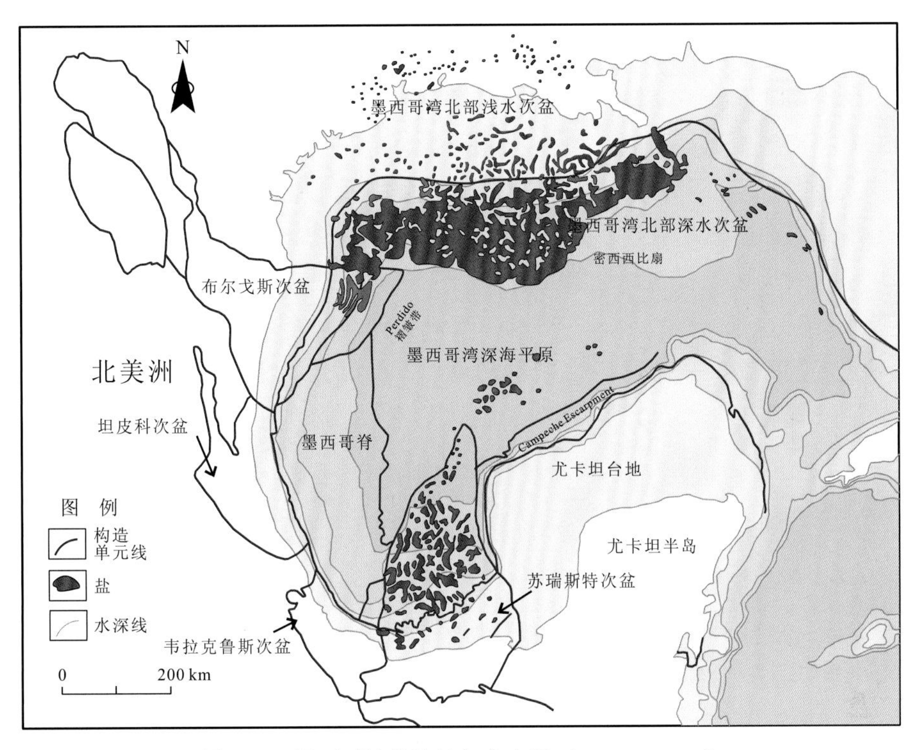

图 3-43　墨西哥湾盆地油气分布图（USGS，2000）

墨西哥湾盆地又可以划分为多个次盆：墨西哥湾北部浅水次盆、墨西哥湾北部深水次盆、布尔戈斯次盆、坦皮科次盆、韦拉克鲁斯次盆、苏瑞斯特次盆等。从大地构造位置来看，墨西哥湾盆地位于太平洋板块向北美板块俯冲碰撞，以及北美板块与南美-非洲板块碰撞对接的复杂构造部位。墨西哥湾盆地西部明显受太平洋板块与北美板块之间中新生代俯冲碰撞活动的影响，而东部的墨西哥湾盆地区则受北美板块与南美-非洲板块的接合，以及中新生代的裂解作用的控制。同时，北美板块与南美-非洲板块之间的一系列微板块[加勒比（Caribbean）板块等]的运动和变化控制了墨西哥湾盆地的形成和构造演化。墨西哥湾盆地构造演化阶段可划分为三个阶段（Iturralde-Vinent，2003）：晚三叠世—中侏罗世的裂谷期，发育上三叠统湖相沉积和中侏罗统盐；晚侏罗—晚白垩世的漂移期，以海相碳酸盐岩和蒸发岩系沉积为主，形成了多套海相碳酸盐岩烃源岩；古近纪—现今的前陆和挠曲期，以碎屑岩沉积充填为主，发育古近系海相三角洲相烃源岩，生源具有陆源高等植物和海相藻类双重贡献，是重要的气源岩。

（一）晚侏罗世河流-海湾体系对海相烃源岩发育的控制

晚侏罗世，墨西哥盆地主要位于低纬度热带和亚热带气候带内，气候偏干旱，不发育煤系沉积。沉积环境为地势平缓的闭塞海湾陆架环境，形成了上侏罗统牛津阶和提塘阶高丰度的优质海相碳酸盐岩烃源岩。晚侏罗世牛津期，墨西哥湾盆地继承了早中侏罗世海湾沉积环境格局，盆地被北美大陆所包围，仅仅在西南部开口面向太平洋和加勒比海道，沉积环境为浅海陆架缺氧及高盐条件下的闭塞潟湖或滨岸塞卜哈（Sabkha）沉积环境，该时期发育为海相碳酸盐岩和蒸发岩沉积，形成了高丰度上侏罗统牛津阶海相碳酸盐岩烃源岩。晚侏罗世提塘期，海平面急剧上升，墨西哥湾盆地面积迅速扩大，在东南部和西南部有两个开口，分别面向北大西洋和太平洋，提塘阶沉积分布范围比牛津阶要广泛，沉积环境为浅海陆架缺氧沉积环境，主要发育海相碳酸盐岩页岩和泥岩沉积，在盆地边缘发育滨海三角洲相或者过渡相粗碎屑岩沉积。晚侏罗世，墨西哥湾盆地发育大量的古河流，河流走向有两个，分别为西北—东南向和东北—西南向，其中西北—东南向古水系发源于古火山群。晚侏罗世—白垩纪，墨西哥湾盆地长期发育河流-海湾体系，形成了上侏罗统、白垩系等多套优质海相烃源岩以及多套海相油气系统。

（二）白垩纪河流-海湾体系沉积对海相烃源岩发育的控制

早白垩世，墨西哥湾盆地基本继承了侏罗纪古地理和古气候格局，早白垩世碳酸盐岩烃源岩沉积环境盐度明显高于晚侏罗世提塘期。海湾东南部开口面向北大西洋。早白垩世阿普特期—阿尔布期海平面继续上升，盆地迅速向北美洲大陆延伸，主要为浅海相碳酸盐岩、蒸发岩及半深海相碳酸盐岩页岩和泥岩沉积。晚白垩世土伦期，全球发生地质历史时期大规模海侵，在北美洲大陆，海侵贯穿整个北美洲大陆，墨西哥湾盆地呈现南北两个开口，分别面向北大西洋和北冰洋。墨西哥湾盆地主要发育浅海相碳酸盐岩、蒸发岩及半深海相碳酸盐岩页岩和泥岩沉积（图 3-44）。在盆地边缘，发育滨海相粗碎屑岩沉积。浅海相古隆起发育浅海相碳酸盐岩台地沉积，形成了优质海相碳酸盐岩储层。浅海陆架潟湖发育高盐度、缺氧的沉积环境，形成了上白垩统浅海相优质海相碳酸盐岩烃源岩（图 3-44）。半深海，主要发育海相碳酸盐岩页岩和泥岩沉积。

早白垩世阿普特期，墨西哥湾盆地北部主要发育近南北向古河流，河流延伸较长，流域面积大；西部火山群古水系延伸较短，直接注入盆地。晚白垩世土伦期，海侵贯通整个北美洲大陆，墨西哥湾盆地东部发育自东向西的古水系，河流延伸较长，流域面积大；盆地西部发育自西向东的古河流，河流延伸较短，流域面积较小。墨西哥湾盆地边缘河流带来大量的营养物质，导致海湾环境大量藻类繁盛，形成了高生产力；在安静、低能、水体流通不畅的浅海陆架海湾闭塞环境内沉积了富含藻类的海相页岩，形成了优质海相烃源岩。

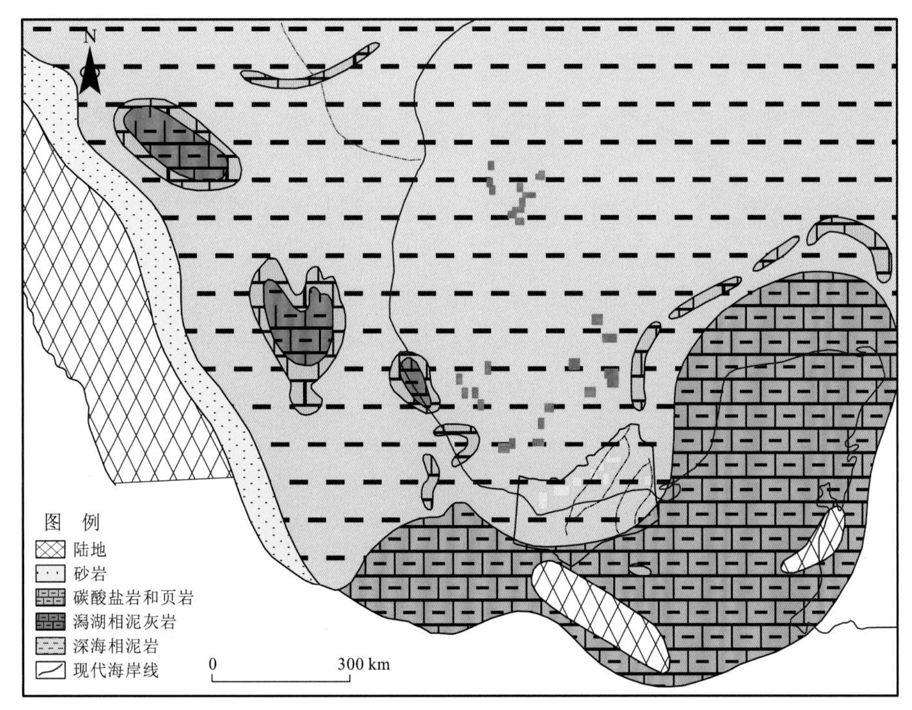

图 3-44　墨西哥湾盆地晚白垩世岩相古地理分布图（Jacques and Clegg，2002）

二、墨西哥湾盆地中生代烃源岩与油气藏的依存关系

晚侏罗世—白垩纪，墨西哥湾盆地长期发育河流-海湾体系，主要有三套海相烃源岩，分别为上侏罗统牛津阶海相烃源岩、提塘阶海相烃源岩和白垩系海相烃源岩。

（一）上侏罗统牛津阶海相烃源岩与油气藏的依存关系

墨西哥湾盆地上侏罗统牛津阶 Smackover 组烃源岩由褐色-黑色薄层状灰质泥岩所组成，具有藻类和细菌特征，干酪根主要由无定形有机质构成，其形成于缺氧及高盐条件下的闭塞潟湖或滨岸塞卜哈沉积环境（Claypool and Mancini，1989）。墨西哥湾盆地北部陆上和浅水区钻井揭示牛津阶 Smackover 组烃源岩（537 个岩心样品）TOC 含量整体较低，TOC 含量平均为 0.54%，属于差—中等烃源岩，氢指数 I_H 一般小于 250 mg HC/g TOC（Sassen，1990）。这可能是因为牛津阶 Smackover 组烃源岩生烃之后，造成烃源岩有机质丰度较低。牛津阶 Smackover 组未成熟海相烃源岩 I_H 主要为 600～860 mg HC/g TOC。墨西哥湾盆地南部苏瑞斯特次盆牛津阶海相烃源岩 TOC 含量为 0.7%～11.0%，平均值为 2.22%，S_1+S_2 为 2.14～81.39 mg HC/g ROCK，平均值为 12.64 mg HC/g ROCK，属于中等—优质烃源岩[图 3-45(a)]，I_H 最大为 239～749 mg HC/g TOC，平均值为 503 mg HC/g TOC，干酪根类型为 I 型、II 型[图 3-46（a）]。坦皮科次盆牛津阶烃源岩 TOC 含量为 0.5%～5.0%，平均值为 1.7%，S_2 为 2.00～19.00 mg HC/g ROCK，平均值为 8 mg HC/g ROCK。

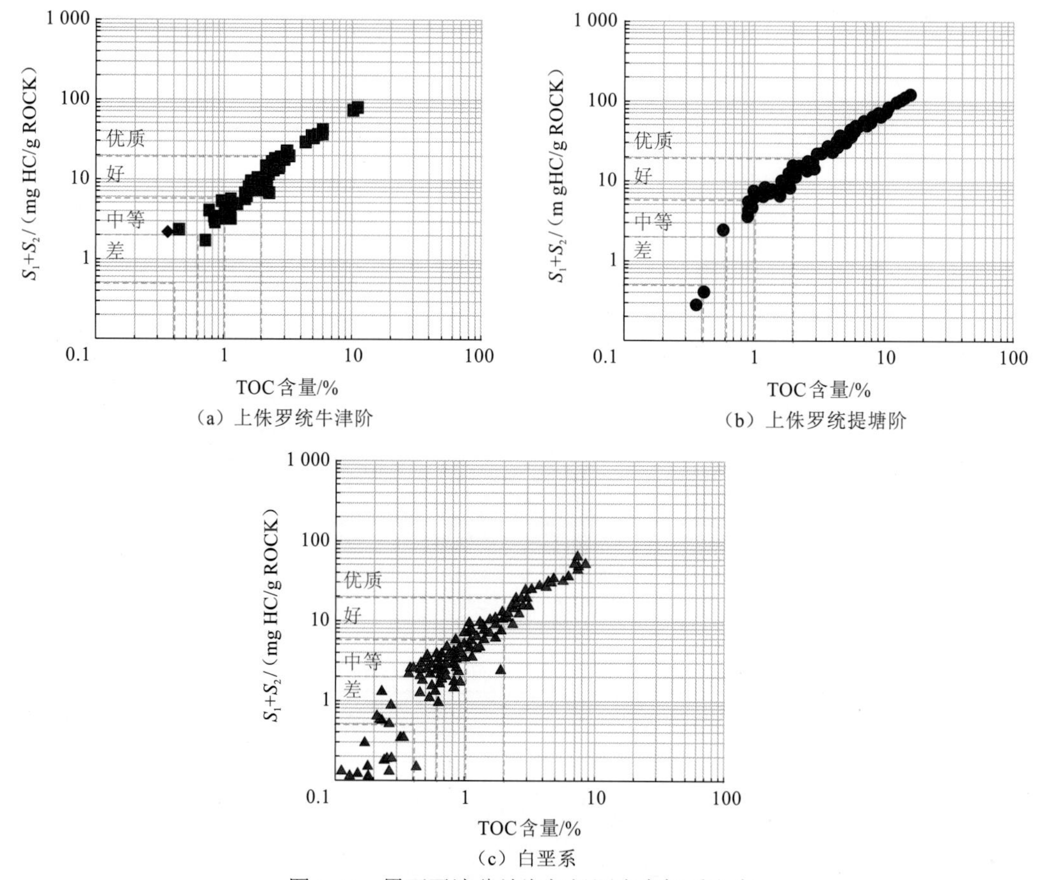

图 3-45　墨西哥湾盆地海相烃源岩有机质丰度

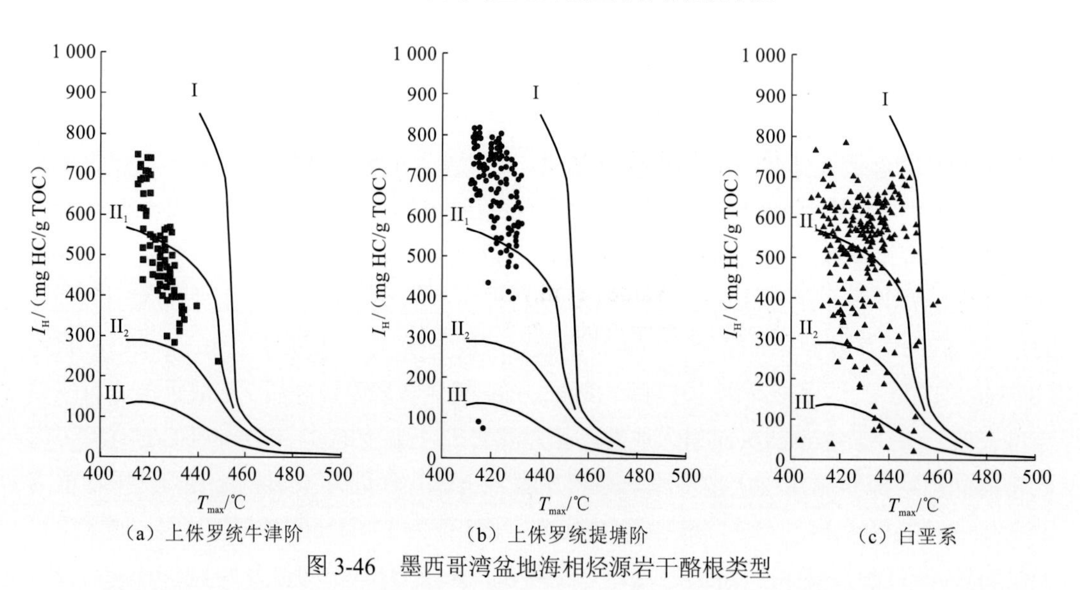

图 3-46　墨西哥湾盆地海相烃源岩干酪根类型

在墨西哥湾盆地北部，牛津阶海相烃源岩直接覆盖在中侏罗统岩盐之上，厚度较薄，呈稳定分布，延伸较短，主要分布于盆地北部陆上和浅水区。平面上，牛津阶烃源岩主要分布在墨西哥湾北部陆上和浅水区（图 3-47），在墨西哥湾盆地南部苏瑞斯特次盆东北部也有分布。牛津阶海相烃源岩生成的油气主要在牛津阶碳酸盐岩储层富集成藏，形成的油气藏也局限分布于墨西哥湾盆地北部陆上和浅水区及南部苏瑞斯特次盆东北部。

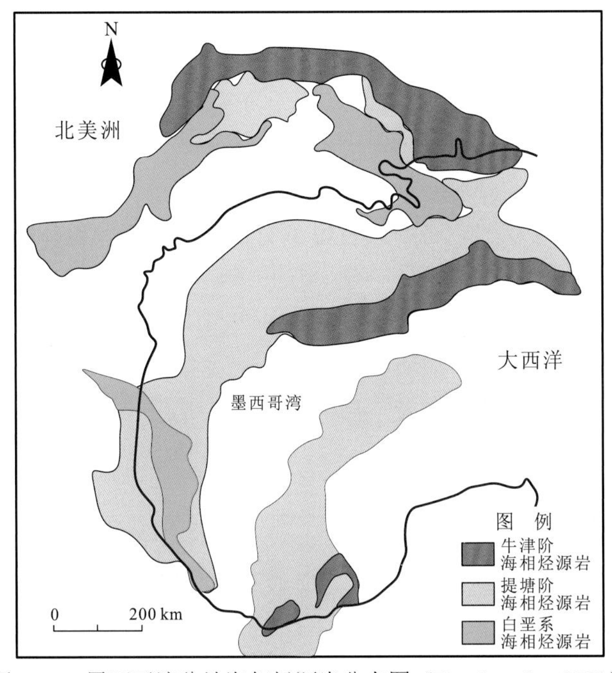

图 3-47　墨西哥湾盆地海相烃源岩分布图（Hood et al.，2002）

（二）上侏罗统提塘阶海相烃源岩与油气藏的依存关系

墨西哥湾盆地苏瑞斯特次盆揭示了高丰度的上侏罗统提塘阶海相烃源岩，TOC 含量主要为 0.89%～15.6%，平均值为 4.07%，S_1+S_2主要为 3.69～125.2 mg HC/g ROCK，平均值为 30.02 mg HC/g ROCK，达到好－优质烃源岩标准[图 3-45（b）]，I_H最大为 397～818 mg HC/g TOC，平均值为 677 mg HC/g TOC，干酪根类型为 I 型、II 型[图 3-46（b）]。对墨西哥湾南部提塘阶海相烃源岩露头样品显微镜下观察，发现提塘阶海相烃源岩生源贡献以低等水生生物为主（Clara Valdes et al.，2009）。韦拉克鲁斯次盆、坦皮科次盆、布尔戈斯次盆等的钻井也揭示了高丰度的上侏罗统提塘阶海相烃源岩。在墨西哥湾盆地北部地震剖面，提塘阶海相烃源岩厚度较薄，呈现稳定分布，延伸较远，从盆地北部陆上和浅水区一直延伸至深水区（Hood et al.，2002）。墨西哥湾盆地提塘阶分布广泛，陆上、浅水区和深水区均有分布（图 3-47），是墨西哥湾盆地油气的主力烃源岩，为墨西哥湾盆地形成众多巨型油气田奠定了雄厚的物质基础。

通过油-岩地球化学对比证实，已发现油田储量的 94%来自侏罗系提塘阶海相烃源岩（Guzman-Vegam and Mello，1999）。该盆地主要发育中生界碳酸盐岩和古近系—新近系碎屑岩两类储层，盖层为海相泥岩或页岩。中生界储层多分布于盆地中南部，主要为高能环境的鲕粒滩相灰岩、生物礁灰岩和低能环境的盆地相泥灰岩，而低能环境的盆地相泥灰岩储层物性不佳，往往需要裂缝改造。古近系—新近系储层主要为河流-三角洲砂岩和深水浊积扇砂岩，是盆地主要的油气贡献层系。在盆地的中北部，以古新统—始新统的 Wilcox 组砂岩储层为主，储层净厚度平均为 160 m，孔隙度为 23%，渗透率为 $310\times10^{-3}\ \mu m^2$，盖层为各地层单元内的海进页岩和盐岩。在盆地南部以新近系浊积扇砂岩为重要储层，平均厚度为 220 m，孔隙度为 21%，渗透率为 $100\times10^{-3}\ \mu m^2$，厚层的海相泥岩或页岩及浅层异地盐体是区域性盖层。

墨西哥湾盆地是受复杂盐岩活动影响的被动陆缘盆地，发育逆牵引背斜、挤压背斜、盐底辟构造、断鼻、断块及地层岩性圈闭。靠陆地一侧，主要发育高角度的断块或断鼻圈闭；浅水区处于拉张滑脱区，主要发育逆牵引背斜、断块及断鼻圈闭；深水区处于逆冲前缘和盐活动叠加区，主要发育各类复杂盐相关构造和逆冲挤压背斜圈闭，局部发育深水浊积岩性体。盆地具有近源成藏的特点，油气发现都与深大断裂或邻近的盐间微盆密切相关。深大断裂及底辟盐岩是重要的油气垂向运移通道，砂体和碳酸盐岩体是重要的横向输导层，微盆中提塘阶烃源岩排出的油气沿着断裂和盐岩向上就近运移至盐核背斜、盐遮挡圈闭中聚集成藏（图 3-48）。

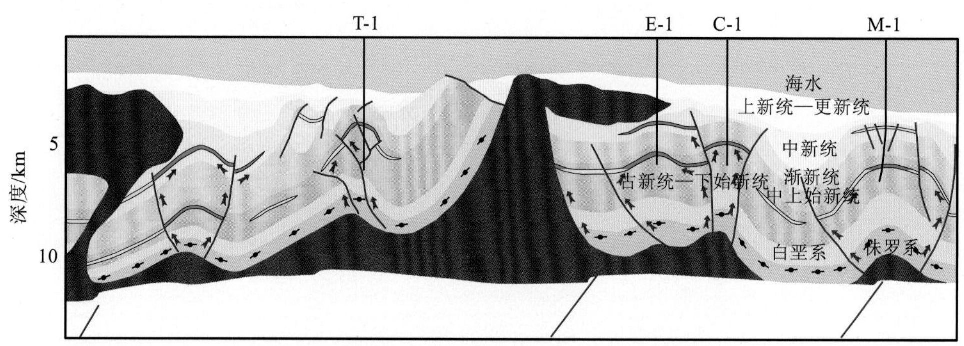

图 3-48　墨西哥湾盆地盐岩发育区成藏模式图

（三）白垩系海相烃源岩与油气藏的依存关系

墨西哥湾盆地南部苏瑞斯特次盆白垩系海相烃源岩 TOC 含量为 0.41%～8.54%，平均值为 1.43%，S_1+S_2 主要为 0.16～67.32 mg HC/g ROCK，平均值为 8.62 mg HC/g ROCK，主要属于中等－优质烃源岩[图 3-45（c）]，I_H 最大为 23～869 mg HC/g TOC，平均值为 501 mg HC/g TOC，干酪根类型为 I 型、II 型[图 3-46（c）]。墨西哥湾盆地北部南佛罗里达下白垩统阿尔布阶 Sunniland 组烃源岩 I_H 接近 700 mg HC/g TOC，沉积于海侵之后的静海环境，为 II_2 干酪根。Sunniland 组烃源岩及其生成的原油局限分布于南佛罗里达。对墨西哥湾南部下白垩统海相烃源岩钻井样品显微镜观察，发现白垩系海相烃源岩生源贡献以低等水生生物为主。这类烃源岩在坦皮科次盆也有钻井揭示。白垩系海相烃源岩在墨西哥湾盆地沿海岸线呈现半环状分布（图 3-47）。在墨西哥苏瑞斯特次盆陆域，白垩系海相烃源岩生成的油气主要赋存于白垩系碳酸盐岩储层，属于自生自储的成藏模式，盖层是上覆的古近系—新近系泥岩。

第七节　北海盆地中生代河流-海湾体系与石油共生关系

北海盆地油气资源的勘探始于1959年荷兰巨大的格罗宁根（Croningen）气田的发现（图3-49）。北海盆地的油气勘探主要经历了三个阶段：1964～1970年的大规模勘探阶段，1971～1976年的全面勘探和大发现阶段，1977年以后的局部少量发现阶段。至今北海浅水区域的勘探已较成熟，北海盆地已发现150多个大型油气田，其石油产量位居世界第四位，仅次于波斯湾盆地、西伯利亚盆地和墨西哥湾盆地。截至目前，石油可采储量为101.76亿m^3。盆地内发育三个主要次级产油气构造单元：维金地堑发现的油气田数目超过217个，发现原油储量为39.75亿m^3，天然气储量为1.81万亿m^3（共57.24亿m^3）；中央地堑发现的油气田数目超过240个，最终可采储量约为30.21亿m^3原油和超过1.36万亿m^3天然气（共42.93亿m^3）；英-荷次盆发现的油气田数目超过233个，最终可采储量约为1.49亿m^3原油和24.90万亿m^3天然气。2000年油气产量达到峰值3.72亿m^3。

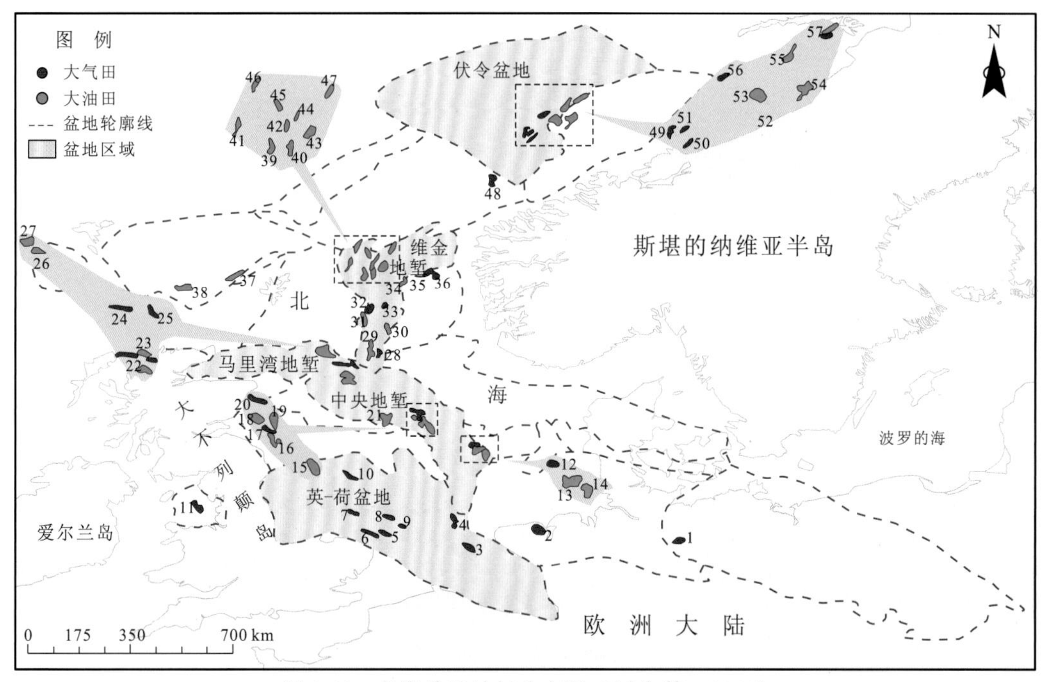

图3-49　北海盆地油气分布图（刘政 等，2011）

1.Salzwedel气田；2.Groningen气田；3. Bergen气田；4.Placid气田；5.Leman气田；6.Hewett气田；7.Audrey气田；8.Viking气田；9.Indefatigable气田；10.West Sole气田；11.Morecambe气田；12.Tyra气田；13.Halfdan油田；14.Dan油田；15.Valhall油田；16.Eldkfisk油田；17.Edda油田；18.West Ekofisk油田；19.Ekofisk油田；20.Albuskjell气田；21.Fulmar油田；22.Forties油田；23.Buzzard油田；24.Britannia气田；25.Block 16/26气田；26.Claymore油田；27.Piper油田；28.Sleipner Ost油田；29.Sleipner Vest油田；30.Grane油田；31.Beryl油田；32.Bruce气田；33.Frigg油田；34.Block 30/3油田；35.Oseberg油田；36.Troll气田；37.Clair油田；38.Schiehallion油田；39.Ninian油田；40.Alwyn North油田；41.Cormorant油田；42.Brent油田；43.Gullfaks油田；44.Statfjord油田；45.Thistle油田；46.Magnus油田；47.Snorre油田；48.Ormen Lange油田；49.Kristin油田；50.Lavrans气田；51.Smoerbukk气田；52.Midgard油田；53.Heidrun油田；54.Draugen油田；55.Skarv-idun油田；56.Block 6506/06-01气田；57.Norne油田

北海盆地为一克拉通内裂谷盆地，位于大不列颠（Great Britian）岛、欧洲大陆和斯堪的纳维亚（Scandinavian）半岛之间，为大西洋东北部的边缘海，北邻挪威海，西北以设得兰（Shetland）群岛为界，南至伦敦（London）-布拉班特（Brabant）隆起，东面以波罗的（Baltic）地盾为界，面积约为 57.5 万 km^2。中北海隆起及林克-宾芬隆起将整个北海区域划分为北北海盆地和南北海盆地。根据地形地貌可以划分出一系列正、负向构造单元。北北海盆地主要包括维金地堑、中央地堑、马里湾地堑和挪威-丹麦次盆地、东设得兰台地及霍达（Horda）台地等；南北海盆地主要包括英-荷次盆、西北德国次盆。北海盆地的基底大部分为加里东期（局部为前寒武系）结晶变质岩系。基底之上发育了泥盆纪以来的地层，总厚度超过 10km。地层岩性以海相和陆相碎屑岩为主，仅晚白垩世发育碳酸盐岩（白垩岩），晚二叠世发育蒸发岩夹碳酸盐岩；其他地层化学沉积比较局限。南北海盆地主要发育上古生界及三叠系，残留分布侏罗系及以上地层；北北海盆地以新近纪裂谷沉积为主，常直接覆盖于泥盆系或基底之上，仅中北海区有较多二叠系和局部的石炭系分布。

一、北海盆地中生代河流-海湾体系对烃源岩的控制

北海中生代断裂是北极-北大西洋断裂系的一部分,它的形成和演化与北大西洋及特提斯洋的构造演化密切相关。北海盆地的断裂活动始于三叠纪初期，至晚侏罗世—白垩纪初期达到高潮，随后逐渐减弱，并最终于古新世停止活动；其间在中侏罗世早期，中部发生了一次大规模的区域性隆起活动。前中生代的大陆碰撞和板块增生基本上形成了北海海域及邻区现今的大地构造格局，而新近纪的构造演化则控制着北海海域及邻区盆地与油气的分布。

北海盆地构造演化阶段可划分为三个阶段（卢景美 等，2014；Isaksen，2004）：热沉降盐盆期、裂陷期和拗陷期（卢景美 等，2014；Isanksen，2004）。

（1） 热沉降盐盆地阶段发育在泥盆纪—二叠纪。晚石炭世，北海区域性隆升，北部泥盆系—石炭系遭受大量剥蚀。二叠纪为陆内裂谷阶段。晚二叠世，干旱的赤底统盆地持续沉降，形成一套盐岩，最终导致大范围海侵。

（2） 裂陷阶段主要发育在三叠纪和侏罗纪。①早三叠世，欧洲西北部和中部形成了一套复杂的多方向性地堑体系和海槽，包括维金地堑与中央地堑。②晚三叠世瑞替期到早侏罗世赫塘期，北海南、中部区域为开阔海相沉积环境，形成了陆相含煤沉积。辛涅缪尔晚期，北极洋和特提斯洋通过维金地堑及霍达台地相连。侏罗纪早期，北海盆地内火山活动较弱，断裂活动未引发热隆起作用。③中侏罗世，北海盆地中部区域性的抬升，隔断了北极洋与特提斯洋的连通，使得维金地堑、中央地堑和马里湾地堑三者接触区域火山活动加剧，同时在维金地堑南部、埃格尔松拗陷、挪威沿岸和中央地堑区域，也局部伴随火山活动。阿林期—巴通期，维金地堑北部仍为持续沉降作用；而中央地堑

的轴部发生上隆，并遭受剥蚀，阿林期—巴柔期早期尤为明显。巴柔期中期—巴通期，中央地堑内为陆相到湖相的沉积环境，初期仅局限于盆地内，后期范围较广。巴通期，维金地堑与中央地堑沉降速率加大，中央地堑遭受海侵，表明北海裂谷穹窿作用已终止。④牛津期—提塘期，中央地堑裂谷肩部逐渐被海水淹没，钦莫利期晚期之后，北海中部区域与英格兰（England）南部之间形成了海湾。同时北海裂谷系部位的地壳伸展速率明显加快，构造活动多集中于维金地堑、中央地堑及马里湾地堑。伴随海平面上升和局部盐运动，晚侏罗世裂谷拉伸运动达到顶峰。富含有机质的钦莫利阶海相页岩沉积于缺氧的海湾环境中，成为维金地堑、中央地堑等北海北部地区的主力烃源岩。⑤白垩纪至今被动陆缘阶段。早白垩世，北海盆地快速沉降，沉积一套开阔海相的泥岩和页岩，局部高地为裂谷轴向区提供陆相短物源。

（3）拗陷阶段主要发育在白垩纪、古近纪—新近纪。晚白垩世，北海盆地沉积白垩纪石灰岩，大部分地区被海水覆盖，只有苏格兰（Scotland）和挪威的局部高地、格陵兰出露在水面。

北海盆地主要烃源岩包括上侏罗统钦莫利阶海相烃源岩（图 3-50），形成于半封闭海湾浅海相沉积环境。钻井揭示钦莫利阶海相烃源岩主要为褐黑色-深灰色泥岩，一般钻井揭示钦莫利阶海相烃源岩厚度为 50～250 m，最厚达 1 200 m（图 3-51）。钦莫利阶海相烃源岩分布控制了北海盆地油气分布特征及资源规模（图 3-52）。北海盆地北部原油主要分布于维金地堑、中央地堑等（图 3-49）。

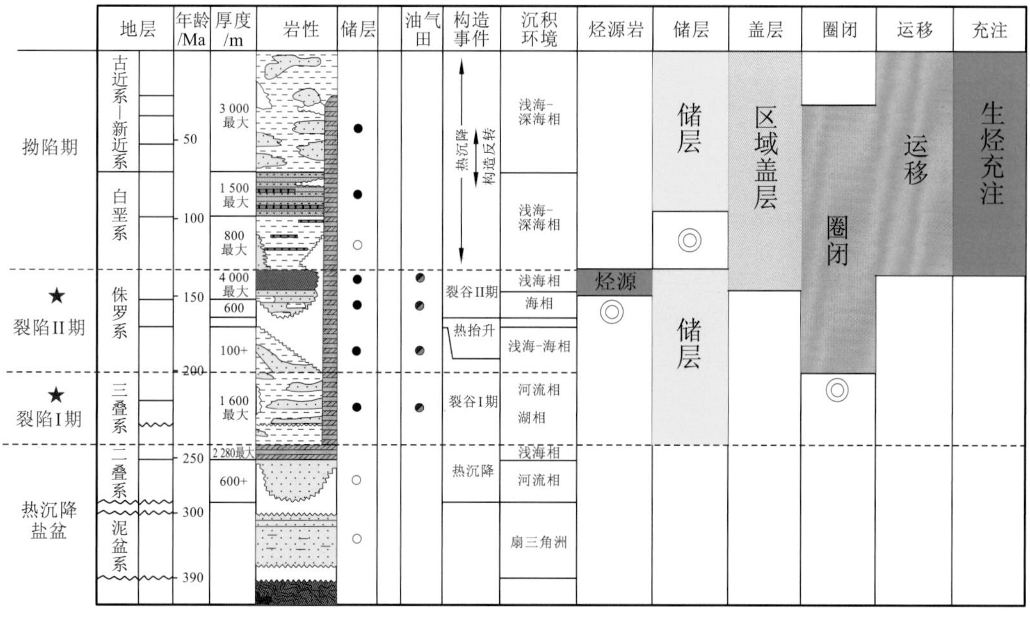

图 3-50 北海盆地综合柱状图

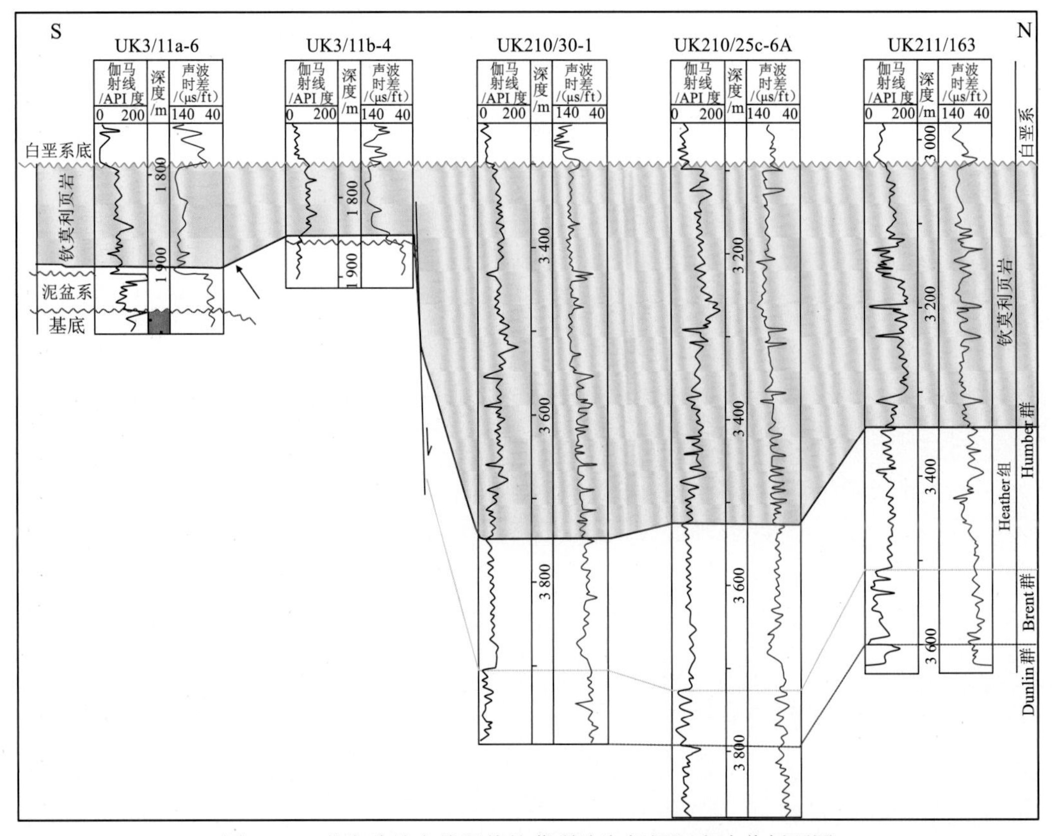

图 3-51　北海盆地上侏罗统钦莫利阶海相烃源岩连井剖面图

二、北海盆地烃源岩与油气藏的依存关系

北海盆地主要发育上侏罗统钦莫利阶海相烃源岩，是北海盆地主力的油源岩。北海盆地上侏罗统钦莫利阶海相烃源岩由黑色薄层状页岩所组成，具有藻类和细菌特征，干酪根主要由无定形有机质构成，其形成于缺氧条件下的闭塞海湾沉积环境。北海盆地钻井解释的上侏罗统钦莫利阶高丰度的海相烃源岩具有高伽马射线特征。上侏罗统钦莫利阶海相烃源岩 TOC 含量主要为 2.0%～12.0%，最高可达 16.0%，S_2 主要为 3～69 mg HC/g ROCK，达到好—优质烃源岩标准（图 3-53）。北海盆地上侏罗统钦莫利阶海相烃源岩 I_H 最高可达 800 mg HC/g TOC，主要为 I 型、II_1 型干酪根（图 3-53），以倾油为主。钦莫利阶海相烃源岩显微组分以无定形有机质为主，表明其生源贡献是海相藻类低等水生生物为主。北海盆地中央地堑、马里湾地堑、维金地堑的中部上侏罗统钦莫利阶海相烃源岩 TOC 含量最高，超过 7%，分别向这三个地堑周缘逐渐降低。通过氢指数、产率指数[productivity index，I_P，$I_P=S_1/(S_1+S_2)$]与埋深的变化关系，可以确定北海盆地上侏罗统钦莫利阶海相烃源岩的生烃门限约为 3800 m。

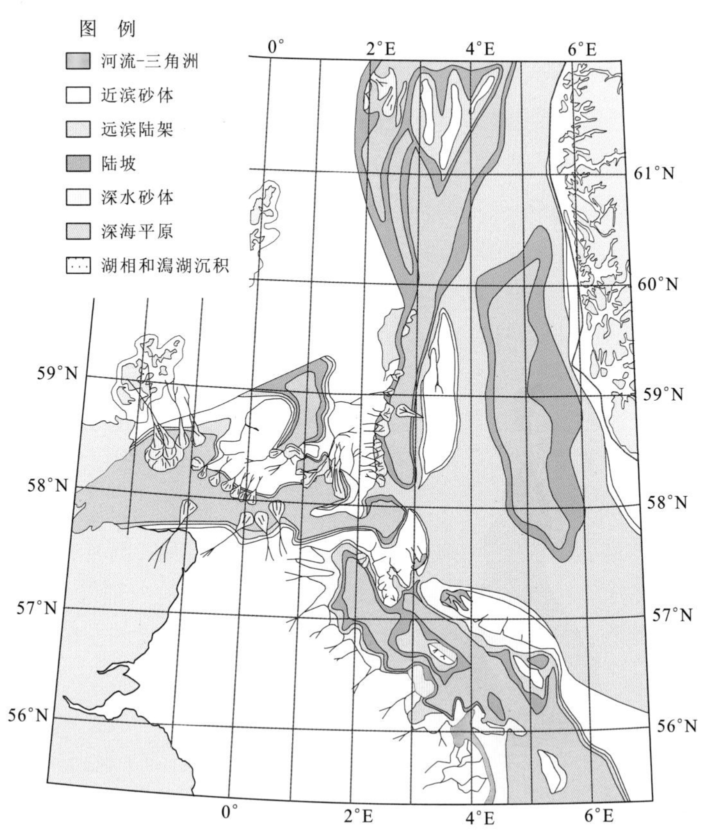

图 3-52　北海盆地上侏罗统钦莫利阶海相烃源岩分布图

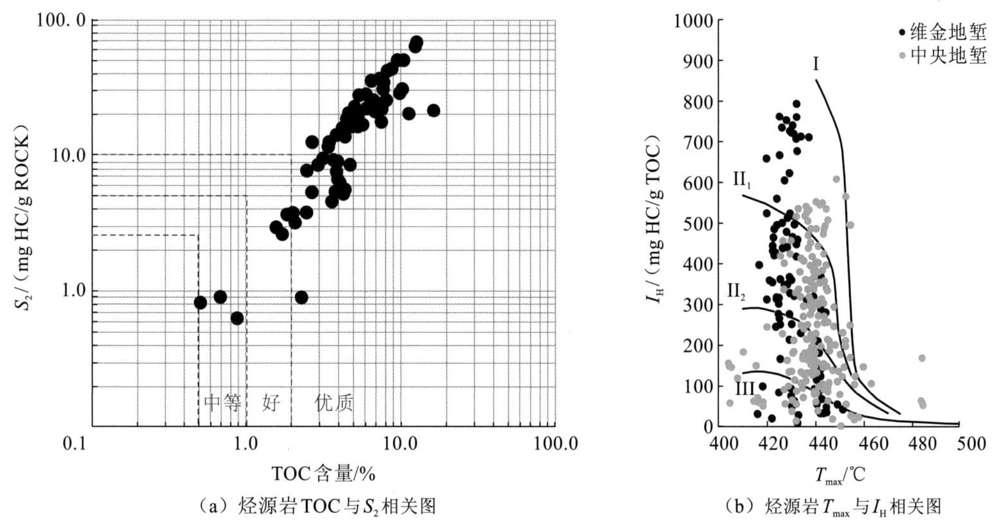

图 3-53　北海盆地上侏罗统提塘阶钦莫利组海相烃源岩丰度及类型

维金地堑和中央地堑的上侏罗统钦莫利阶海相烃源岩成熟度主要处于成熟阶段，在这两个地堑的中部，钦莫利阶烃源岩成熟度最高可达高成熟—过成熟阶段，而在地堑周缘，则主要处于未成熟阶段。构造控制沉积，沉积决定了油气的生、储、盖条件。北海盆地烃源岩是上侏罗统提塘阶局限海页岩，厚度较小（50～250 m），高伽马，低密度，品质优良，TOC 含量一般为 2.0%～9.8%，干酪根类型为 I－II_1 型。这套优质烃源岩提供了北海盆地绝大部分的石油储量。储集层主要有三套：下部侏罗系滨海相砂岩，占已发现石油储层的 62%，砂层单厚一般为 11～60 m，孔隙度为 12%～31%，渗透率为（100～3 000）$\times 10^{-3}\ \mu m^2$，是最重要的储集层；中部白垩系三角洲，海底扇砂岩，单层厚度为 10～25 m，孔隙度为 14%～21%，渗透率为（120～3 500）$\times 10^{-3}\ \mu m^2$，其中已发现石油储量占 18%；上部新生代三角洲、浊积扇砂岩单层厚度为 3～18 m，孔隙度为 21%～35%，渗透率为（7.7～2 000）$\times 10^{-3}\ \mu m^2$，其中已发现石油储量占 15%。中生代－新生代海相泥岩是油气藏的良好盖层。

北海盆地的主要储油圈闭有披覆背斜圈闭、底辟背斜圈闭、断鼻圈闭、断块圈闭、地层不整合圈闭、构造-岩性复合圈闭等。在侏罗系主要发育有地层不整合圈闭和披覆背斜圈闭，也发育盐岩上拱形成的底辟背斜圈闭及盐岩遮挡鼻状构造圈闭等。在白垩系主要是岩性-构造圈闭、底辟构造圈闭和披覆构造圈闭等，新生代古近系则以纯岩性圈闭为主。该盆地油气运移距离较短，一般小于 10km，并且沿断层的垂向运移为主，是典型的源控。油气田主要分布在维金地堑、中央地堑、马里湾地堑内部及邻区隆起（图 3-54），三个地堑的油气富集程度不同，以维金地堑最富，占已发现储量的 60%，中央地堑占 30%，马里湾地堑占 10%。

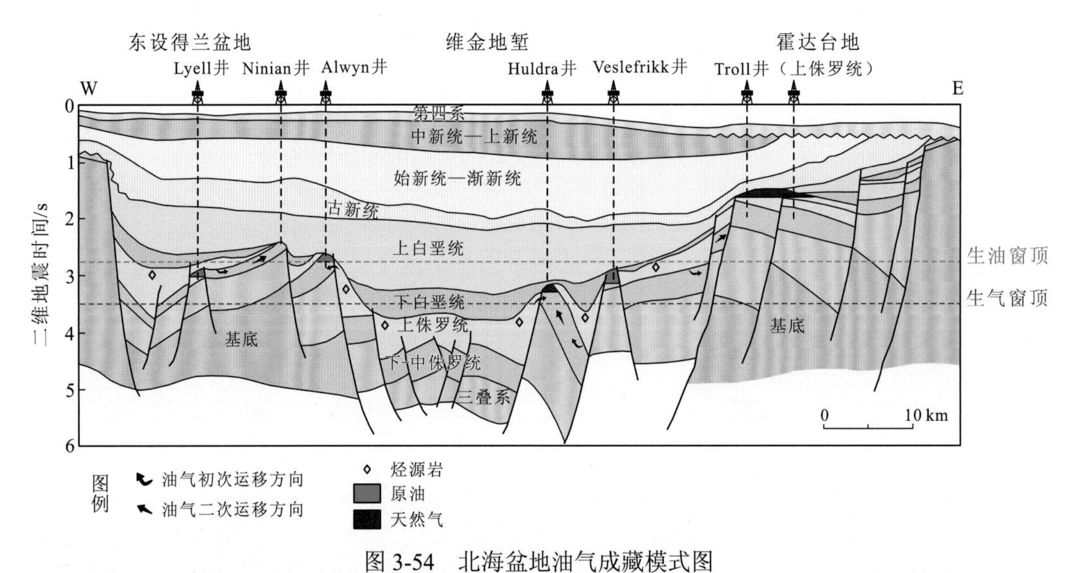

图 3-54　北海盆地油气成藏模式图

第八节　南大西洋晚白垩世河流-海湾体系与石油共生关系

南大西洋两岸被动大陆边缘盆地主要包括西非海岸的科特迪瓦盆地、加蓬盆地、下刚果盆地、宽扎盆地、纳米贝盆地和沃尔维斯盆地，以及南美海岸的埃斯普利图桑托盆地、坎普斯盆地、桑托斯盆地、帕拉塔斯（Pelatos）盆地等（图 3-55）。这些被动大陆边缘盆地均具有相同的构造演化阶段。海相油气田的勘探和发现主要有两个阶段：20 世纪

90 年代前期，海相油气勘探主要集中于陆地和浅水区，发现的油气田以中-小型油气田为主，这些盆地包括桑托斯盆地、宽扎盆地、北加蓬次盆等；20 世纪 90 年代后期，海相油气勘探逐步向深水区拓展，发现了一些巨型海相巨型油气田，即下刚果盆地 Girassol 油田（发现于 1996 年，可采储量为 1.40 亿 m^3）、Kizomba 油田（1998 年，可采储量为 3.18 亿 m^3）、科特迪瓦盆地 Jubilee 油田（2007 年，可采储量为 2.86 亿 m^3）、圭那亚 Stabroek 区块（2017 年，可采储量为 2.23 亿 m^3）等。这些巨型油气田的发现引领了深水区油气勘探的热潮。这些海相巨型油田的储层为上白垩统或古近系浊积扇和浊积水道砂岩，水深为 500～2000 m。其主力烃源岩为上白垩统塞诺曼阶—土伦阶海相烃源岩。海相烃源岩发育受控于南大西洋构造演化和沉积充填。南大西洋两岸沉积盆地主要发育三套海相烃源岩，即阿尔布阶海相烃源岩、塞诺曼阶—土伦阶海相烃源岩和马斯特里赫特阶—古新统海相烃源岩。

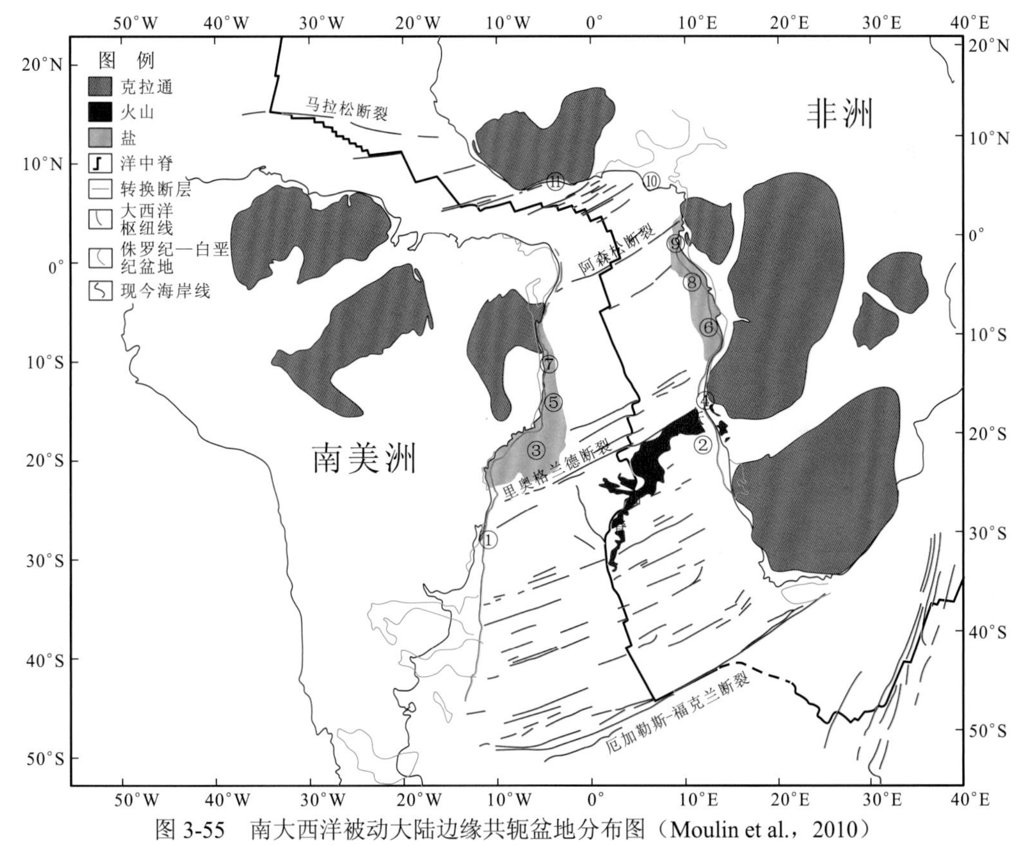

图 3-55 南大西洋被动大陆边缘共轭盆地分布图（Moulin et al.，2010）

①帕拉塔斯盆地；②沃尔维斯盆地；③桑托斯盆地；④纳米贝盆地；⑤坎普斯盆地；⑥宽扎盆地；⑦圣埃斯皮里图盆地；⑧下刚果盆地；⑨加蓬盆地；⑩尼日尔三角洲盆地；⑪科特迪瓦盆地

一、南大西洋晚白垩世河流-海湾体系对烃源岩的控制

南大西洋被动大陆边缘发育众多共轭沉积盆地（图 3-55），这些盆地具有相同的构

造演化阶段，可划分为三个阶段（Lentini et al.，2010；Versfelt，2010）（图 3-56）：裂谷期、过渡期和漂移期。第一阶段裂谷期为半地堑湖相沉积，裂谷地层包括两期，第一期早白垩世欧特里夫期主要发育火成岩；第二期早白垩世巴雷姆期发育半咸水-咸水湖相泥岩沉积。第二阶段过渡期，由于南大西洋里奥格兰德/沃尔维斯火山脊间歇性阻隔，海水间歇性地进入与蒸发，在南大西洋中部桑托斯盆地、坎普斯盆地、宽扎盆地、圣埃斯皮里图盆地、下刚果盆地和加蓬盆地等含油气盆地广泛发育上白垩统晚期阿普特阶盐岩。第三阶段漂移期在早白垩世晚期阿尔布期以浅海相碳酸盐岩沉积为主；从早白垩世晚期阿尔布期至新近纪更新世发育多次海侵、海退旋回，广泛发育海相页岩、泥灰岩和浊积砂岩。从早白垩世晚期阿普特期末开始，大西洋逐渐裂开，进入漂移期，开始发育海相沉积。阿尔布期，南大西洋为封闭海湾，沉积环境主要为浅海相沉积，在古地貌的背景以碳酸盐岩台地为主，发育海相碳酸盐岩烃源岩。晚白垩世塞诺曼阶—土伦期，南大西洋属于局限海沉积环境，发育海相黑色页岩烃源岩。塞诺曼阶—土伦阶海相烃源岩是南

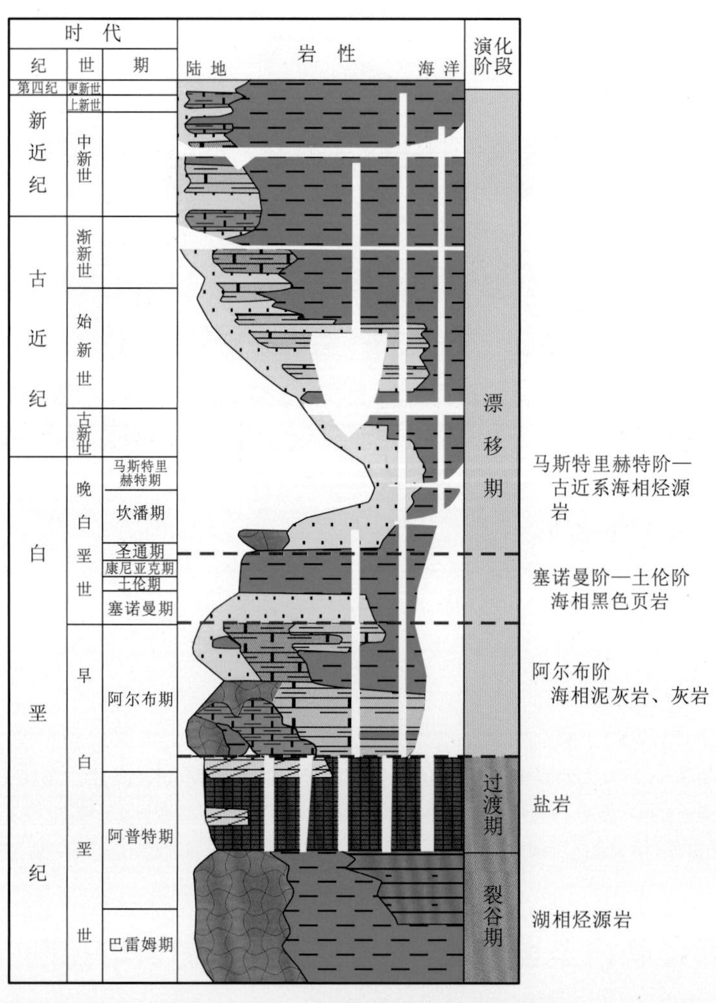

图 3-56 南大西洋两岸盆地综合柱状图

大西洋海相地层中丰度最高、类型最好、分布最广泛的海相烃源岩。在南大西洋的美洲东海岸和非洲西海岸各自发育了多个中新生代沉积盆地，具有双层结果。在湖相和海相地层间带发育了一套局限海盐岩，以这套盐岩为界，分为盐下湖相和盐上海相两个勘探目的层，是两套成藏组合。

二、南大西洋烃源岩与油气藏的依存关系

（一）上白垩统海相烃源岩纵向分布特征

南大西洋两岸盆地主要发育两套海相烃源岩，分别为下白垩统阿尔布阶海相烃源岩和上白垩统塞诺曼阶—土伦阶海相烃源岩。南大西洋两岸盆地海相烃源岩纵向展布特征如下：在 TOC 含量>2.0%分布范围，塞诺曼阶—土伦阶海相烃源岩最优，阿尔布阶海相烃源岩质量稍微逊色（图 3-57）。

（二）上白垩统海相烃源岩平面分布特征

南大西洋两岸盆地下白垩统阿尔布阶海相烃源岩质量以中等—好烃源岩为主，塞尔西培盆地最优，TOC 含量平均值为 1.84%，S_1+S_2 平均值为 6.42 mg HC/g ROCK，达到中等—优质烃源岩标准（图 3-58）。南大西洋两岸盆地烃源岩整体呈现北好南差的分布特征。西非海岸盆地阿尔布阶海相烃源岩质量与巴西海岸盆地相当，差距较小。

南大西洋两岸盆地上白垩统塞诺曼阶—土伦阶海相烃源岩质量以好—优质烃源岩为主。西非海岸盆地上白垩统塞诺曼阶—土伦阶海相烃源岩质量略优于巴西海岸盆地。西非海岸盆地塞诺曼阶—土伦阶海相烃源岩质量呈现南、北盆地均发育好—优质烃源岩，其中科特迪瓦盆地 TOC 含量平均值为 3.00%，S_1+S_2 平均值为 12.7 mg HC/g ROCK；宽扎盆地 TOC 含量平均值为 2.43%，S_1+S_2 平均值为 13.4 mg HC/g ROCK。巴西海岸盆地塞诺曼阶—土伦阶海相烃源岩质量呈北好南差的分布特征，其中北部的塞尔西培-阿拉戈斯盆地 TOC 含量平均值为 1.53%，S_1+S_2 平均值为 5.54 mg HC/g ROCK，南部的桑托斯盆地 TOC 含量平均值为 0.91%，S_1+S_2 平均值为 1.90 mg HC/g ROCK（图 3-59）。

（三）上白垩统塞诺曼阶—土伦阶海相烃源岩与油气藏的依存关系

南大西洋白垩系发育两套海相烃源岩，分别为下白垩统阿尔布阶海相烃源岩和上白垩统塞诺曼阶—土伦阶海相烃源岩。南大西洋的原生海相油气田主要来源于塞诺曼阶－土伦阶海相烃源岩。因此，下面将主要论述上白垩统塞诺曼阶—土伦阶海相烃源岩与油气藏的依存关系。

南大西洋两岸盆地发育高丰度的塞诺曼阶—土伦阶海相烃源岩，其生成油气向上运移至上白垩统或古近系浊积扇和浊积水道。南大西洋非洲海岸宽扎盆地、下刚果盆地、加蓬盆地等，盐下湖相烃源岩与盐上海相烃源岩形成了大量油气，发现了许多油气田。盐上海相烃源岩有机质丰度均较高，其生油气量及油气类型取决于上覆地层厚度，即热

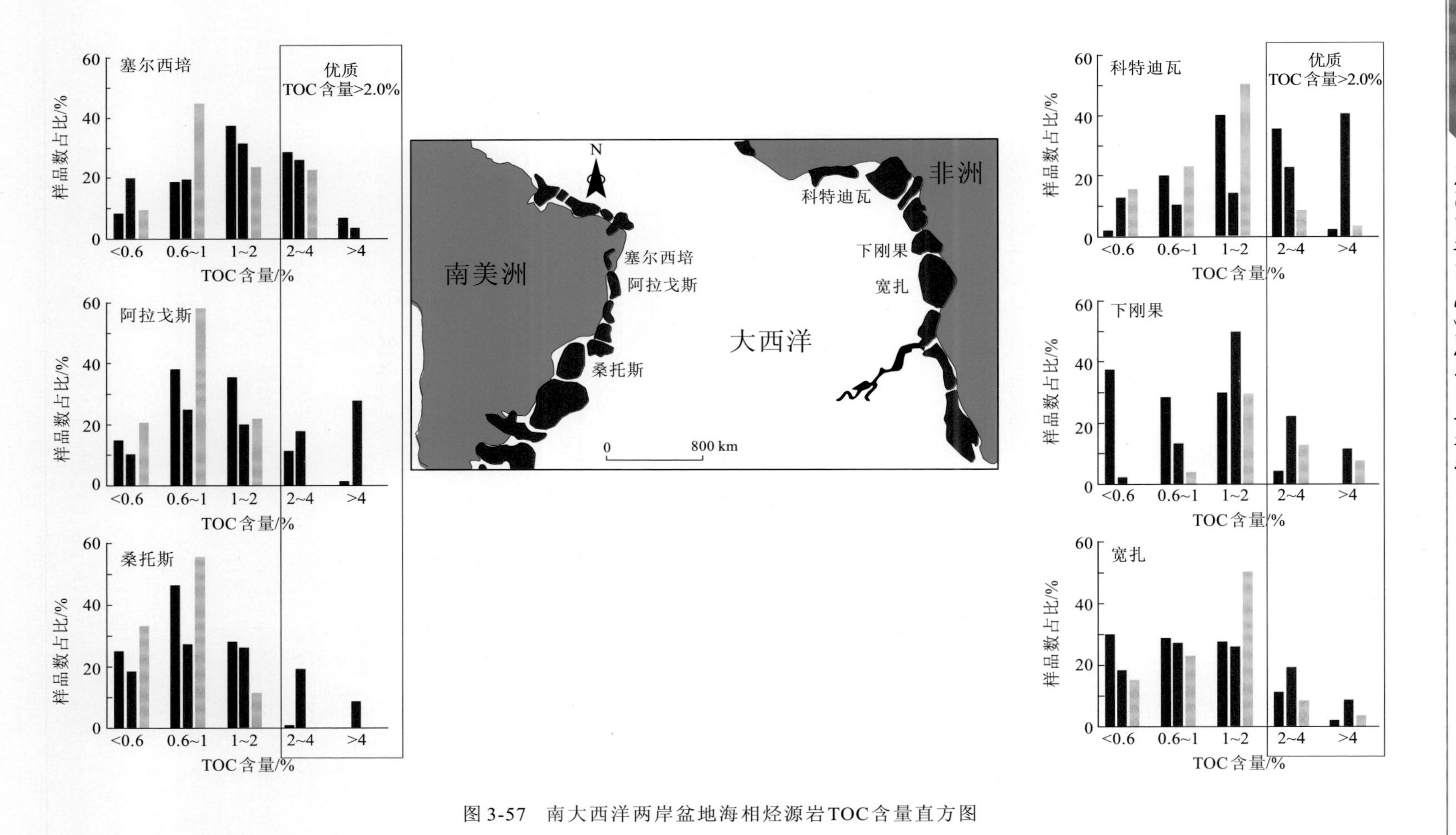

图 3-57 南大西洋两岸盆地海相烃源岩TOC含量直方图

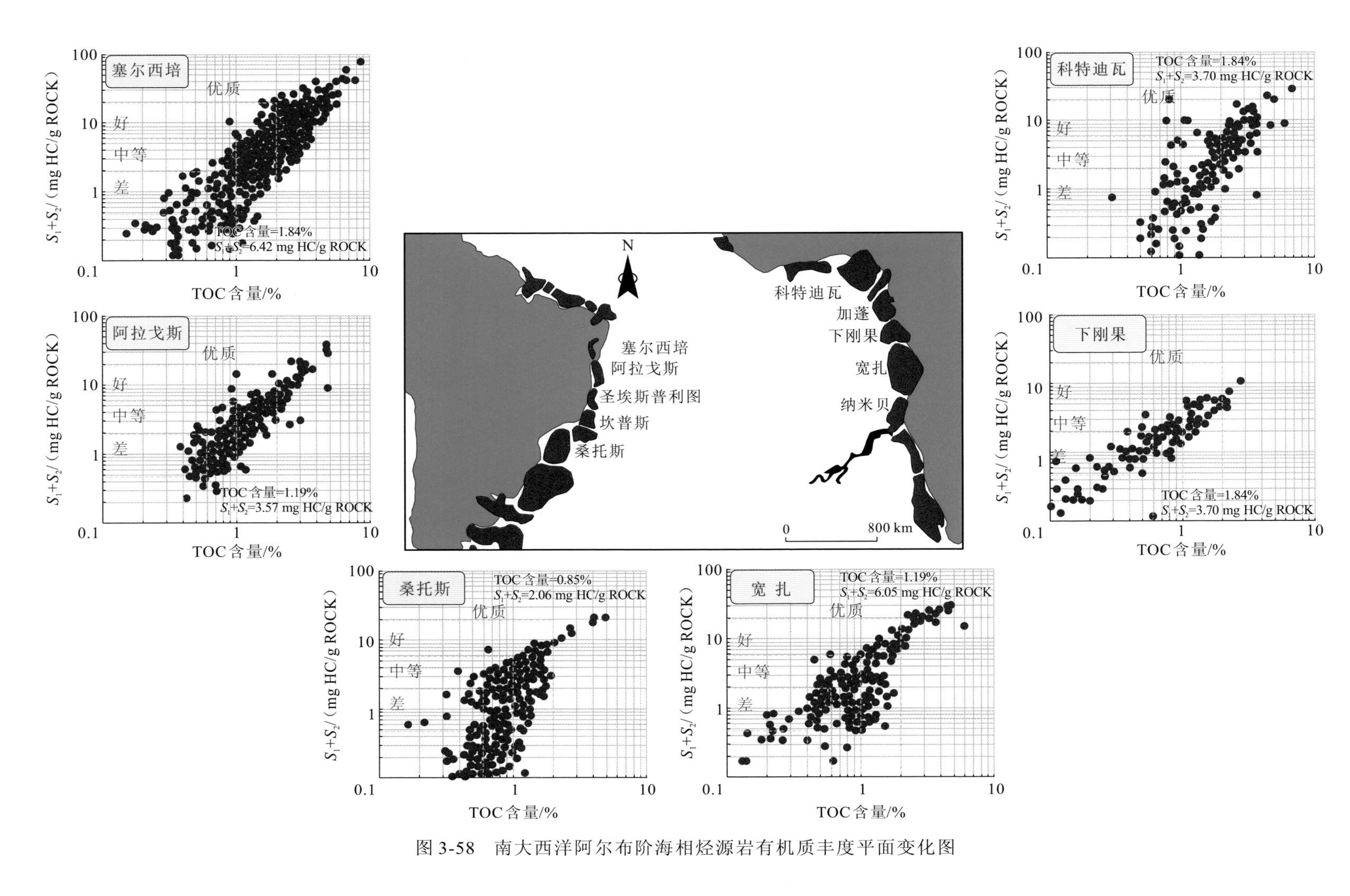

图 3-58　南大西洋阿尔布阶海相烃源岩有机质丰度平面变化图

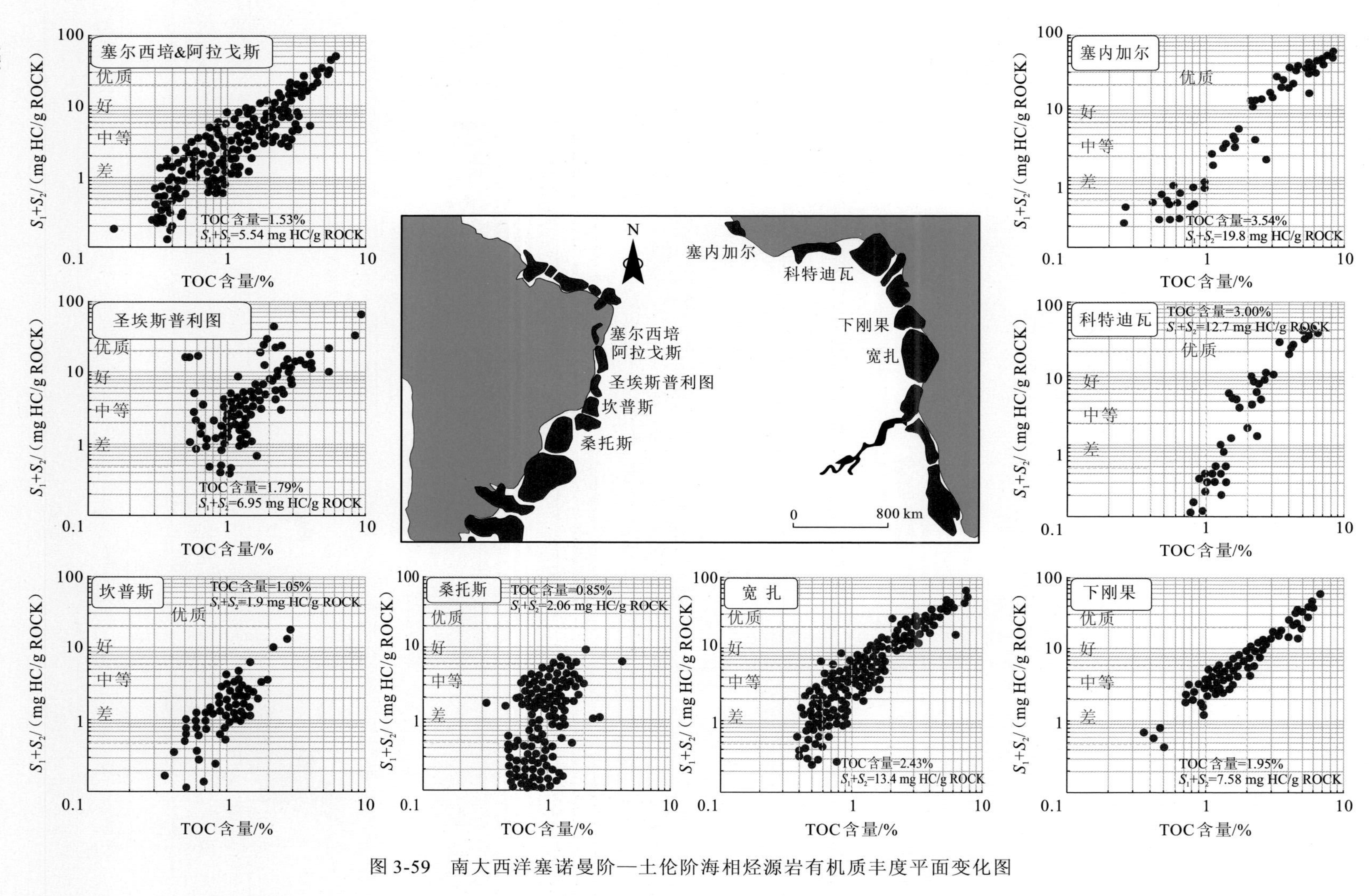

图 3-59 南大西洋塞诺曼阶—土伦阶海相烃源岩有机质丰度平面变化图

演化程度。在刚果次盆，新近系地层巨厚，中–上白垩系烃源岩埋藏深，演化程度高，生成的油气量大，且天然气丰富。在南美海岸的桑托斯盆地、坎普斯盆地、埃斯波托桑托盆地等，盐上海相烃源岩 TOC 含量为 1.8%～3.0%，干酪根类型为 II_2－III 型，埋藏也较浅。目前已发现的油气 90%来自盐下湖相烃源岩，盐上海相烃源岩贡献小。

南大西洋非洲海岸宽扎盆地、下刚果盆地、加蓬盆地等的储集层主要有重力流水道–朵叶砂体、礁–滩相碳酸盐岩。重力流水道–朵叶砂体单砂层厚一般为 0.2～26.4 m，孔隙度为 13%～36%，渗透率为（50～6 830）$\times 10^{-3}\ \mu m^2$，礁–滩相碳酸盐岩储层单层厚一般为 0.7～206 m，孔隙度为 5.3%～23%，渗透率为（0.01～178）$\times 10^{-3}\ \mu m^2$。由于早白垩世以来大西洋是持续海侵，水体不断加深，在这些储层之上，沉积厚度大（1 000～3 000 m）且横向稳定分布的海相泥岩，是很好的区域性盖层，储–盖配置好。南大西洋中部主要的储油气圈闭有盐底辟背斜、构造–岩性复合圈闭、岩性圈闭等。由于早白垩世局限海半封闭条件下沉积了较厚的盐岩（200～1 000 m），在大陆架下倾掀斜和差异压力作用下，塑性盐岩流动，形成了盐底辟构造。重力流砂体之上泥岩厚，横向稳定，利于构造–岩性及岩性圈闭的形成，所以在中大西洋盆地盐底辟构造、构造–岩性复合圈闭、岩性圈闭发育，且规模较大（一般为 30～100 km^2），有利于形成大中型油气田（图 3-60）。南大西洋中部盐岩活动，形成的盐筏、盐株等盐体，阻止了油气横向运移，加之海相泥岩厚，分布广，而重力流砂体相对范围小，连通性差，因此油气的横向运移距离不大，以沿断裂的纵向运移为主，烃源岩的位置控制油气田的展布。

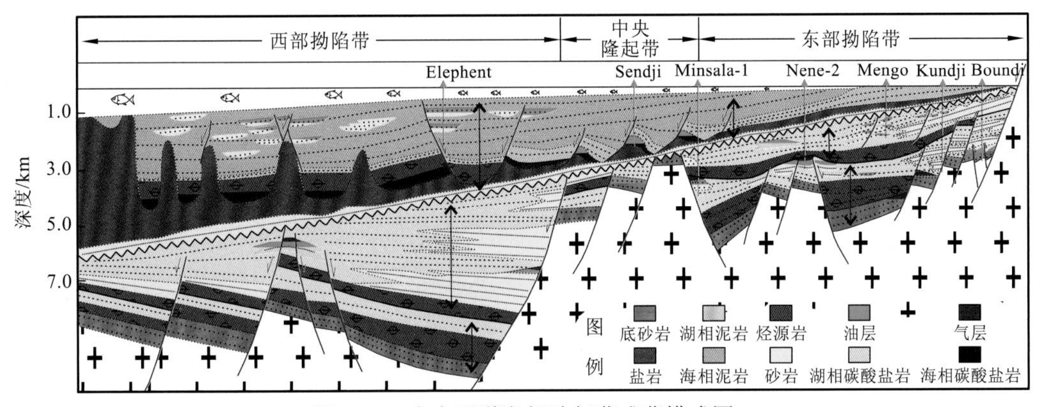

图 3-60　南大西洋海相油气藏成藏模式图

第四章 河流-三角洲体系是天然气分布的主要场所

世界上多数产气区与三角洲伴生，尤其在古近系—新近系，三角洲盆地成为重要的海相含油气盆地类型之一。大型河流-三角洲的发育是导致海相河口区烃源岩复杂化的重要影响因素（Deng，2016；邓运华，2010；胡利民，2010）。河流挟带大量的陆源有机物质，同时河流-三角洲沉积环境下的河口区生物群类型控制烃源岩类型，影响了油气的生成类型、成藏及其分布特征。在这种海陆交互的地质环境下受多种因素的制约，沉积类型多变，烃源岩生源多样，发育了多种类型有机质，主要包括河流入海所带来的大量陆源有机质，三角洲平原-滨海平原沼泽发育的陆相高等植物，以及海盆内发育的低等水生生物。针对三角洲盆地烃源岩的多样性，以墨西哥湾盆地北部区域、北卡那封盆地、尼罗河三角洲盆地、库泰盆地和巴布亚盆地为例，详细探讨在此类环境下烃源岩沉积环境、地球化学特征及成藏特征等。

第一节 河流-三角洲体系烃源岩沉积特征

一、河流-三角洲体系烃源岩沉积环境

大陆边缘盆地的烃源岩，往往受河流-三角洲的影响，其有机质生源输入多样，干酪根类型具有海洋低等水生生物和陆源高等植物双重输入的特点，同时沿岸发育的大型三角洲，也是陆源高等植物有机质成煤的重要场所（邓运华，2010）。依据有机质来源的不同，可将河流-三角洲环境下发育的烃源岩分为三角洲平原-滨海平原沼泽煤系烃源岩和前三角洲-浅海泥质烃源岩两种类型。

（一）三角洲平原-滨海平原沼泽煤系烃源岩

发育在三角洲平原-滨海平原沼泽环境的煤系烃源岩，岩性主要为煤和碳质泥岩，有机质来自陆源高等植物。该类烃源岩的形成主要受气候、构造、地貌和水文条件等因素的共同作用。其中，气候条件提供了聚煤作用的物质基础，同时影响了植物的群落类型，常作为聚煤盆地形成的区域背景来考虑。构造、地貌和水文条件是具体聚煤盆地形成、演化的主要控制因素。煤系烃源岩的形成取决于以上各个影响因素之间的动态组合——沉积环境的平衡补偿，泥炭的堆积和保存需要足够的高水位覆盖正在腐烂的植物并阻止

其被氧化，同时水位又要足够的低以确保活着的植物不被淹死，而且可容空间变化速率必须与泥炭沉积速率保持某种平衡关系，才有利于泥炭的堆积和成煤。在气候潮湿的大陆边缘盆地大型三角洲平原沼泽环境，高等植物繁盛，在盆地沉降、相对海平面变化周期、植物遗体供给速率达到一定的平衡状态时，易发育大规模的煤系地层。例如，墨西哥湾北部沿海地区和北卡那封盆地等，受河流-三角洲的影响，发育多套含煤层系，成为全世界重要的产煤及产气区。一旦这种均衡状态遭到破坏，泥炭层的堆积也就随之终止，这也是在沉积旋回中，煤层只在一定层位出现的重要原因。

在各种类型的三角洲沉积体系中，以河流作用为主的河控三角洲体系往往为成煤作用提供了更有利的环境条件。首先，不断推进的三角洲平原及三角洲前缘滨岸地带，是泥炭沼泽发育的良好场所。三角洲朵叶废弃之后，低平的地势和良好的含水土壤是高等植物生长和成煤的场所。其次，潮控三角洲也是良好的成煤场所，受潮汐和河水双重作用的影响，多是以泥炭坪和水生沼泽成煤为主的成煤模式。该类煤层的最大特点是多形成高硫煤，并且煤中壳质组含量较高，横向上分布稳定。浪控三角洲，由于受到高能量海浪的侵蚀和氧化，难以形成厚煤层。

对于不同类型的三角洲沉积体系，由于环境的差异，煤层在规模、空间展布和地球化学特征上有明显的不同。大型河控、潮控三角洲平原为煤系烃源岩最为发育的沉积相带。这种环境下，地势低洼、水体滞留，有利于植被的生长，形成厚度较大、分布稳定的泥炭沉积，长期的覆水环境有利于泥炭发育并最终成煤。

（二）前三角洲-浅海环境泥质烃源岩

在前三角洲-浅海环境下发育的烃源岩有机质生源多样，受到陆地河流和海洋作用的共同影响。在河口-前三角洲沉积区，烃源岩中多以河流挟带入海的陆源有机质为主，远离岸区方向，烃源岩中海相自生有机质呈逐渐增多的趋势。

大陆边缘海域，河流不仅可以带来大量的陆源有机质，而且与之相关的“河口”作用极大地影响着陆源物质的输送和埋藏范围。同时河流流域、河流类型、物源岩性，河口区的水动力条件、地形变化、河流挟带悬浮物质，海域的沉积速率、水体条件和有机质再悬浮条件等（胡利民，2010），共同制约了该类烃源岩的发育。而对于地质时期环境因素难以恢复，但究其根本，主要受到气候、构造运动、海平面变化、沉积环境的制约。该类烃源岩较常见，一般发育于三角洲分流水道径流作用较弱的前三角洲-浅海或者是经过二次搬运的海底扇区域。区内除容纳近岸较高的初级生产形成的海洋（自生的）有机质外，还聚集了河流输入的部分陆源（外来的）有机质。在此环境中发育的烃源岩，表现出陆源有机质的海相沉积特征，而有机碳的埋藏作用又主要发生在弱氧化-还原环境条件下。这就决定了多数情况下，受大河影响的大陆边缘海湾、开阔海环境及大陆边缘前三角洲体系的海相烃源岩，其显微组分组成以镜质组＋惰质组—壳质组为主，指示有机质生源的生物标志化合物和稳定碳同位素呈陆源高等植物明显输入的特征。

二、河流-三角洲体系烃源岩发育的控制因素

三角洲沉积区及邻近海域烃源岩特征主要受气候变化、构造运动、海平面变化和沉积环境等因素的综合作用，它们对烃源岩类型、有机质丰度、生烃潜力及展布特征皆有影响。

（一）气候变化

气候变化直接控制了植物繁衍、植物残体泥炭化及保存，同时也影响了煤系烃源岩的类型、丰度及展布特征。地质历史时期的聚煤作用主要发生于温暖潮湿气候带，因此湿度是成煤的首要条件。每年的大多数时间降水量要大于蒸发量，在这种条件下，土壤中水分含量较高，有利于沼泽植物的发育，并且大量的强降水可以在短时间提高盆地沼泽化的面积，促使煤系地层的广泛发育。

（二）构造运动

构造运动是成煤作用过程中的主导因素，盆地的沉降速率相对稳定，与泥炭堆积速率相匹配，有利于煤系地层的发育和富集。同时，盆地内大型三角洲的发育，总伴随着充足的物源供给和持续的盆地沉降，前三角洲及邻近海域迅速增厚的富有机质泥岩层，弥补了该类烃源岩生烃能力的不足。

（三）海平面变化

海平面变化直接影响着烃源岩特征及沉积规模。海平面逐步上升，水体覆盖沼泽和湿地，泥炭堆积结束，成煤作用开始，同时也是泥质烃源岩发育的开始。而在海侵期，相对缺氧的水体环境，是泥质烃源岩发育的重要因素。

（四）沉积环境

沉积环境是影响烃源岩特征的主控因素，同时也受到气候、海平面变化、构造运动的共同作用，所以是综合因素共同作用的结果。目前来看世界上煤系烃源岩的形成都受到河流-三角洲的影响。高成熟演化水系的发育推进了整个区域准平原化的进程，加大了土壤含水量，控制了不同类型植被的分布范围，为成煤作用提供了先决条件。沉积环境的不同，也导致了成煤作用的差异。例如，同在三角洲环境，三角洲平原沼泽、潟湖和滨海平原沼泽环境下所形成的烃源岩，其显微组分、生物标记化合物等都有明显的区别。

第二节　河流-三角洲体系烃源岩发育模式

一、不同环境下烃源岩发育模式

对比多个大型河流-三角洲盆地中有机质发育的沉积背景差异，烃源岩共有 4 种主要发育模式。

（一）三角洲平原沼泽煤系烃源岩

该类型煤系烃源岩主要发育于大型河控三角洲平原沼泽，形成于气候温暖潮湿、陆源碎屑物供应充足、古地形平坦和盆地可容空间稳定增长的古地理环境。广泛分布的厚层煤主要发育在地势低缓、土壤含水量较高的三角洲平原河道间、河道间湾和废弃河道地区的沼泽环境，以发育木本植物或者芦苇苔草植物的中-低位沼泽为主。该煤层厚度稳定，横向连续性较好，长期发育在相对偏氧化的水体环境。煤层显微组分镜质组含量最高，壳质组含量较低。

（二）三角洲平原淡水湖泊/潟湖煤系烃源岩

该类型煤系烃源岩主要形成于三角洲平原上被废弃的河道和决口扇沉积物淤塞的淡水湖泊，或者是障壁岛阻隔而成的潟湖，水体一般不深。由于形成于水下环境，煤层品阶明显优于三角洲平原沼泽煤层，一般为亚烟煤和烛煤。煤层中含有丰富的壳质组分，并含有大量的藻类化石，镜质体结构较少，指示了木本植物的匮乏，并含有较高的氢含量和高发热值。该类型煤层，在煤炭化早期阶段，一般为富有机质软泥，长期处于水下相对偏还原的水体环境，所形成的煤系烃源岩生烃潜力较高。

（三）滨海平原沼泽煤系烃源岩

该类型煤系烃源岩一般发育在滨岸带沼泽。不同于三角洲平原沼泽的木本植物与草本植物共生，以及三角洲平原淡水湖泊/潟湖以水下植物为主的特点，所发育的烃源岩特征介于两者之间。煤层显微组分仍以镜质组为主，壳质组含量介于前两种模式之间，氢指数和发热值也是如此。由于受海洋改造作用明显，煤层中含硫值较高，明显区别于前两种模式。这种模式下发育的煤系地层除了受到构造和气候的影响，海平面变化对其规模及展布特征有很大的制约。

（四）前三角洲-浅海泥质烃源岩

前三角洲-浅海泥质烃源岩是三角洲盆地普遍发育的烃源岩类型。其中的陆源有机质主要来自冲积平原和三角洲平原地区，陆源植物的叶片碎屑、煤屑连同沿海沼泽淡水藻等有机质由内陆地区向河口和浅海迁移。同时河流挟带富营养盐注入，导致海洋中藻类勃发，河口及临近海域有机质含量增高，进一步促进了海源自生有机质的富集。正是由于多种因素的共同作用，形成了生源多样的烃源岩，河流-三角洲的作用对其影响深远。一般情况下，陆源物质输入量适中，水体环境的含氧量较低的环境，有利于混合型烃源岩的发育。反之，快速、大量的陆源碎屑物注入，对烃源岩的保存起着破坏作用。对比典型的海相内源型烃源岩，混合型烃源岩生烃能力有限，但河流挟带的陆源碎屑物在河口和临近海域厚层堆积，对烃源岩品质和丰度方面的欠缺得以弥补，并且快速的堆积速度有利于富有机质泥岩的保存。

二、河流-三角洲体系烃源岩与油气分布

河流-三角洲体系沉积环境的变化导致了烃源岩的类型、丰度在展布特征上的差异，是造成油气分布不均的重要原因。因此，烃源岩成因类型与油气分布有很好的耦合关系，主要体现在干酪根类型、生烃潜力和生烃中心范围这三个方面。

首先，烃源岩干酪根类型决定了油气的分布特征。受沉积环境变化的影响，不同位置的烃源岩类型有明显的差别：若河流供给稳定，并发育大型三角洲，则以发育倾气型干酪根为主；若河流供给弱或以阵发性水流输入为主，发育较小型的三角洲，则为倾油型与倾气型干酪根的混合。大多数三角洲盆地为天然气的主要富集区。其次，烃源岩生烃潜力的差别也影响了油气的分布。例如，煤系烃源岩显微组分中壳质组含量较高，具有生油的潜力。前三角洲-浅海沉积区发育的泥质烃源岩，可能由于与河口距离的不同，烃源岩的显微组分有明显差异。由于受海源有机质贡献增多，而陆源有机质贡献减小的影响，由陆地向海洋方向烃源岩的生烃能力及生油能力呈现逐渐增高的趋势，进而造成了油气平面差异分布特征。最后，生烃中心和油气主要运移指向控制了大油气田的分布。对于发育大型三角洲的盆地，烃源岩和储层发育在同一时期，生烃中心和储层沉积中心高度重合，易形成大油气田。

第三节　墨西哥湾盆地古近纪河流-三角洲体系与天然气共生关系

墨西哥湾盆地位于北美洲大陆和古巴岛相环抱的海域，为近圆形的构造盆地(图 4-1)。盆地北部与美国南部大陆南缘接壤，并发育一个宽度超过 500km 的滨海平原（李双林和张生银，2010；梁杰 等，2010）。

墨西哥湾盆地是中生代—新生代的被动大陆边缘盆地，主要经历了 4 个构造演化阶段：晚三叠世—中侏罗世大陆裂谷初始形成期；中-晚侏罗世海底扩张早期；晚侏罗世—早白垩世海底扩张晚期；晚白垩世末期—新生代三角洲推进沉积及盆地改造阶段。墨西哥湾盆地地层从上三叠统或下侏罗统至新近系发育齐全(图 4-2)，地层总厚度可达 20km，中新生代沉积特征有明显差异。中生代除少量为非海相地层外，其余均为海相地层，陆源碎屑物供给有限，在该时期沉积规模较小；新生代盆地物源供给充足，多来自北美大

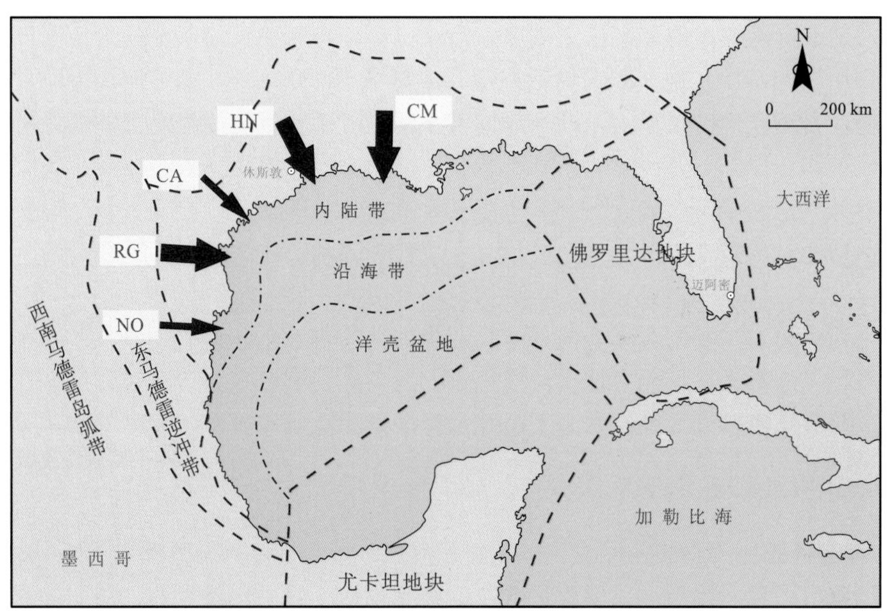

图 4-1　墨西哥湾盆地构造单元分区及水系分布图[据李双林和张生银（2010）修改]

RG. 里奥格兰德河流系统；HN. 休斯敦（Houston）河流系统；CM. 中密西西比河流系统；NO. 诺里亚斯（Norias）河流系统；CA. 卡里佐（Carrizo）河流系统

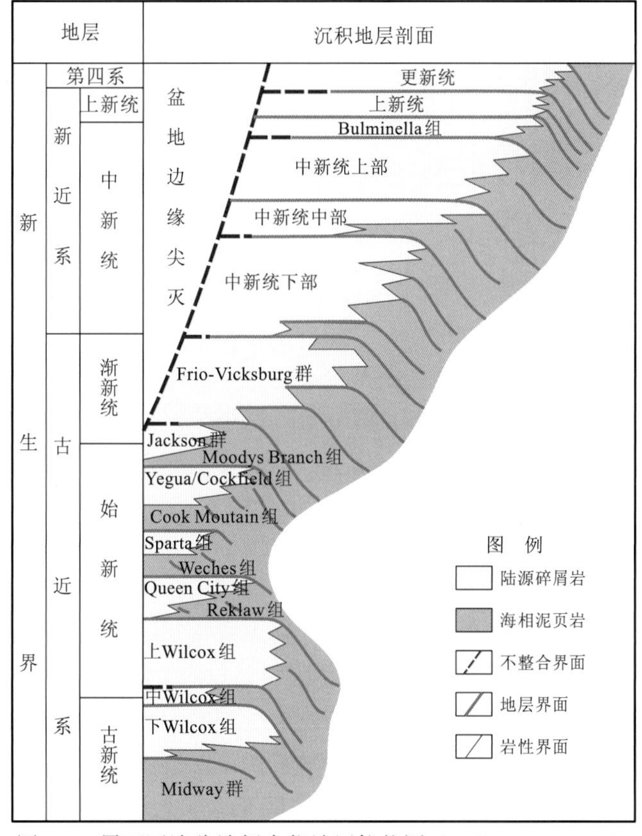

图 4-2　墨西哥湾盆地新生代地层柱状图（Galloway，2008）

陆，在盆地北部区域发育多期次大规模三角洲，伴随着新生代海平面的逐渐下降、海水的退覆作用近一半的盆地被碎屑物所充填（成海燕 等，2010），最终演化为现今的地貌特征。墨西哥湾盆地的大型三角洲一般发育在新生代，但具有生烃潜力的煤系烃源岩多集中在古近系。

一、墨西哥湾盆地古近纪河流-三角洲体系对烃源岩的控制

新生代烃源岩主要发育于墨西哥湾北西缘地区的古近系，该时期研究区水系发育、陆源碎屑物供应量大，形成多期次冲积平原、三角洲、滨海平原等沉积体系。在此沉积背景下，研究区内以煤系烃源岩为主，并发育少量的泥质烃源岩。

（一）烃源岩沉积环境

1. 气候特征

古近纪古新世—始新世，墨西哥湾盆地西北缘地区处于一个炎热、潮湿的亚热带气候带，区内河流-三角洲及滨岸带植被繁茂，沼泽沉积广泛发育。自始新世末期，研究区气候明显转变（Galloway，2008）。受太平洋板块和北美大陆板块相互作用，发生大规模的火山活动，西部造山带隆升。研究区内出现由东到西的气候阶梯性变化，即从佛罗里达州温暖、潮湿的亚热带气候到得克萨斯（Texas）州的干旱气候（Galloway，2008），这种气候格局一直持续到现今。

2. 水系特征

墨西哥湾盆地新生代河流系统主要分布于盆地西北部的边缘地区，对该区域的古地貌、古地理环境进行改造，在古近纪主要发育 5 个河流体系（图 4-3），分别为盆地西缘的里奥格兰德河流系统、盆地西北缘的休斯敦河流系统、盆地北缘的中密西西比河流系统、盆地西缘的诺里亚斯河流系统、盆地西缘的卡里佐河流系统（Galloway，2008）。其中里奥格兰德河流系统、休斯敦河流系统和中密西西比河流系统，在整个古近纪皆发育，河流挟带大量陆源碎屑物在河口区多期叠置，形成了三个三角洲沉积体系。由于所处地形特征及海洋水动力的差别，里奥格兰德河流入海形成浪控三角洲，休斯敦河和中密西西比河入海多形成河控三角洲（Galloway，2008）。诺里亚斯河流系统和卡里佐河流体系规模有限，古近纪出现多次中断，为盆地次要河流系统。

3. 物源及构造演化特征

墨西哥湾盆地古近纪经历了两次大规模的地质改造，造成研究区物源迁移、古地貌转变、河流阶段性变化，对研究区沉积古地理格局有直接的影响。

古新世晚—始新世早期太平洋板块与北美板块之间的俯冲碰撞引起拉勒米（Laramie）造山运动，造成盆地西北边缘物源区科迪勒拉（Cordillera）山脉的大范围隆升（孙萍和王文娟，2010；李双林和张生银，2000）。落基（Rocky）山脉南部和北墨西哥中生代—新生代沉积岩、科迪勒拉中新生代火山岩弧、北墨西哥中部的内陆侵入岩带（图 4-3）成为盆地西北边缘地区的主要物源。始新世早-中期随着太平洋板块俯冲作用的减弱，物

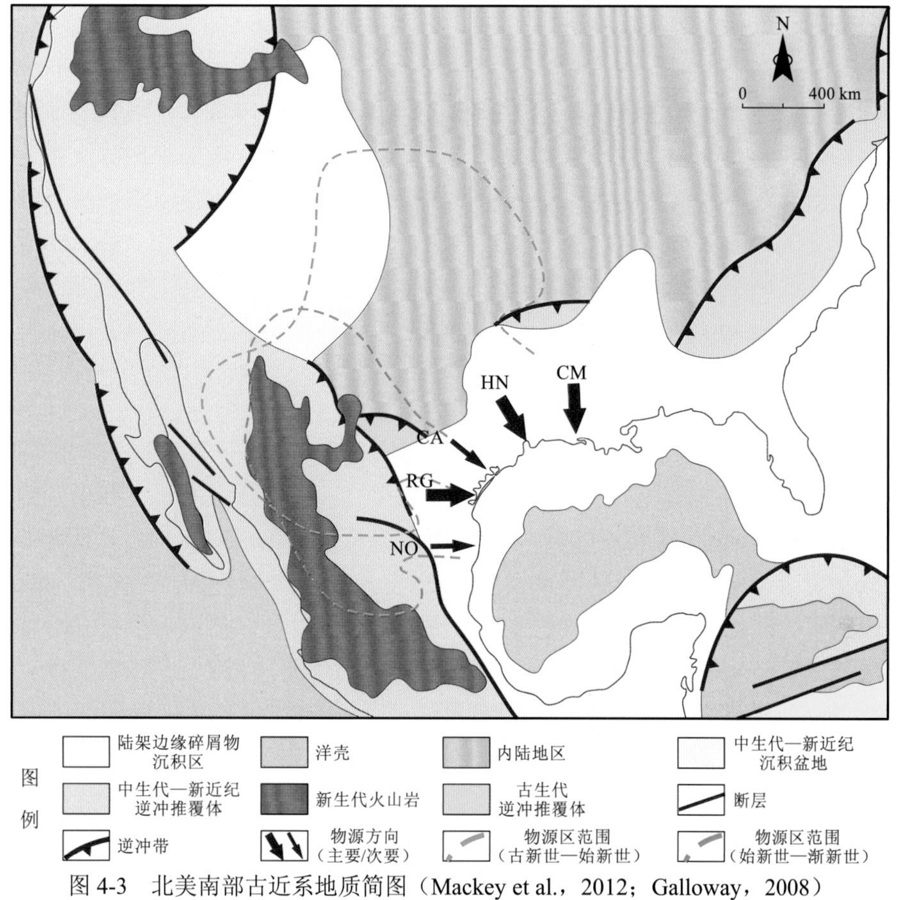

图 4-3　北美南部古近系地质简图（Mackey et al.，2012；Galloway，2008）

RG. 为里奥格兰德河流系统；HN. 休斯敦河流系统；CM. 中密西西比河流系统；NO. 诺里亚斯河流系统；CA. 卡里佐河流系统

源区从盆地西部向东北方向迁移（Mackey et al.，2012）。构造活动同时影响了古地貌的变化，盆地西北部白垩系向东倾斜，盆地中心构造沉降作用加强（Mackey et al.，2012；Galloway，2008），同时物源区的快速隆升导致盆内河流回春现象普遍存在，在盆地西北部发育多个大型河流–三角洲沉积体系（Mackey et al.，2012；Galloway，2008）。中始新—晚始新世，研究区构造活动趋于平静，对盆地内陆源碎屑物供给明显减少。

始新世末期盆地经历了新生代第二次大规模构造运动，并一直延续到新近纪。板块再一次俯冲，墨西哥北部和美国西南部科迪勒拉造山带重新抬升、褶皱、断裂，并伴随岩浆侵入、熔岩喷发等火山活动（李双林和张生银，2010；Galloway，2008）。相对前期，物源区由盆地西北部向西部迁移，更加接近盆地西部边缘，以科迪勒拉中新生代火山岩弧、墨西哥北部的内陆侵入岩带和新生代火山岩为主（Mackey et al.，2012）。同时，盆地古地貌格局发生转变，盆地边缘大幅度掀斜，盆地边缘白垩系和古近系至少被抬高 3 km（Galloway，2008），盆地陆架更加窄陡，河流径流作用增强，盆地中心构造沉降作用进一步加强，致使渐新世陆源碎屑物供给最为充足（Mackey et al.，2012；Galloway，2008），形成了新生代最大规模的三角洲沉积体系。晚渐新世，盆地构造活动减弱，陆源碎屑物供给能力有限，三角洲沉积规模减小。

4. 沉积演化特征

古近纪受盆地西北部物源区隆升的影响，陆源碎屑物供应量大，迥异于白垩纪及以前的沉积格局，在盆地西北部形成多期次冲积平原、三角洲、滨海平原等沉积体系，其中以三角洲的发育最具特色。由于受到海平面变化的影响，古近系可进一步划分为若干个沉积旋回（Galloway，2008）（图 4-2），其中 Recklaw 组、Weches 组、Cook Moutain 组和 Moodys Branch 组以海侵期发育的浅海和滨浅海沉积为主，岩相相对单一；而 Wilcox 群、Queen City 组、Sparta 组、Yegua 组/Cockfield 组、Jackson 群、Vicksburg-Frio 群在海退期发育，以加积型滨海平原和河流-三角洲沉积为主。受气候、物源、构造活动等影响，各层系沉积特征有明显差异。

古近纪早期区域性海侵背景下发育了一套泥岩和泥灰岩地层，晚古新世 Wilcox 群（可细分为三个组，分别为下 Wilcox 组、中 Wilcox 组、上 Wilcox 组）开始发育。盆地西北部物源区隆升，物源供给充足，气候温暖潮湿，地形相对宽缓，多水系发育，在此沉积背景下发育了一套大规模、多期次的河流-三角洲及滨海平原沉积体系（图 4-4），一直持续到早始新世，这是墨西哥湾盆地最重要的成煤时期。在该时期共发育有 5 个独立的河流-三角洲，盆地西北部边缘的休斯敦河浪控三角洲、中密西西比河河控三角洲和西部边缘的诺里亚斯河浪控三角洲、里奥格兰德河浪控三角洲和卡里佐河浪控三角洲（Galloway，2008；Fisher and McGowen，1967）。

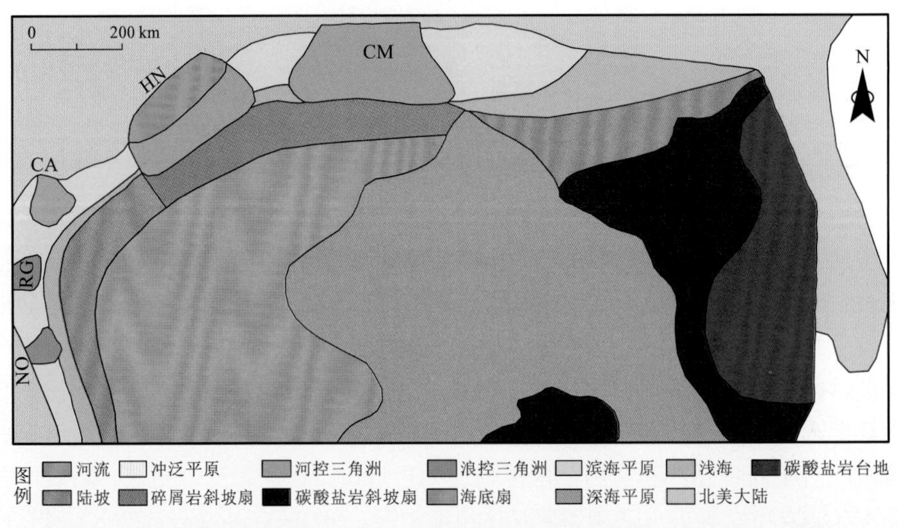

图 4-4　墨西哥湾盆地北部古近系下 Wilcox 组沉积古地理图（Galloway，2008）

RG. 里奥格兰德河流系统；HN. 休斯敦河流系统；CM. 中密西西比河流系统；NO. 诺里亚斯河流系统；CA. 卡里佐河流系统

Claiborne 群主要发育 Queen City 组、Sparta 组和 Yegua 组/Cockfield 组三套陆源碎屑岩沉积层系。始新统中部 Queen City 组沉积时期，由于构造活动减弱，沉积物供应量较前期明显减少，在研究区发育多种沉积类型，包括浪控三角洲、障壁岛、潟湖和滨海平原沉积。其中，以诺里亚斯河和里奥格兰德河浪控三角洲沉积为主（Galloway，2008）（图 4-5），高建设性的休斯敦河的河控三角洲规模较前期减小。

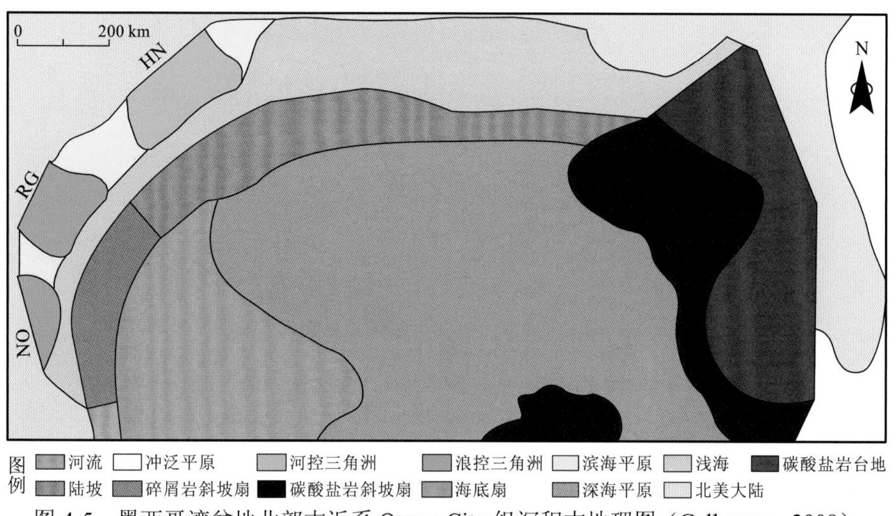

图 4-5 墨西哥湾盆地北部古近系 Queen City 组沉积古地理图（Galloway，2008）

RG.里奥格兰德河流系统；HN.休斯敦河流系统；CM.中密西西比河流系统；

NO.诺里亚斯河流系统；CA.卡里佐河流系统

始新统中部 Sparta 组沉积时期，随着陆源碎屑物供给量减少，河流径流作用减缓，河流负载能力有限，仅发育了小型中密西西比河河控三角洲和里奥格兰德河浪控三角洲。由于受波浪作用影响，三角洲前缘砂体进一步改造为滨岸带和障壁岛，共同组成了在盆地西缘连续分布的砂岩沉积体。Yegua 组/Cockfield 组沉积时期，盆地西部物源区发生大规模板块碰撞，导致物源区向西南迁移，盆地西北部边缘河流径流作用明显增强。受频繁的海平面变化及多次海侵和强制性海退事件的影响，浅海陆架薄层泥页岩与三角洲、滨海平原厚层砂岩层系交替出现（Galloway，2008）。该时期在盆地西北边缘发育两个大型三角洲（图 4-6），分别为休斯敦河的河控三角洲和里奥格兰德河的浪控三角洲；由于远离物源区，在盆地北缘发育的中密西西比河河控三角洲沉积规模较小。

始新统最上部 Jackson 群沉积时期，三角洲休斯敦河和卡里佐河河控三角洲和滨海平原砂体沉积仅发育于盆地西北缘（图 4-7），沉积规模较前期明显减小。发育在盆地西部边缘的滨海平原，是 Yegua 组滨岸带-障壁岛-潟湖沉积复合体的延续，向北与休斯敦河河控三角洲相连，从墨西哥北部一直延伸至得克萨斯州中南部海岸。

渐新世研究区进入一个新的构造演化阶段，盆地西部物源区出现大范围隆升和火山喷发等活动，河流系统由前期的西强北弱转变为北强西弱，对盆地西部的沉积格局有很大影响。渐新世墨西哥湾盆地主要发育两套地层，分别为 Vicksburg 群和 Frio 群（Galloway，2008）。渐新世首先沉积的是 Vicksburg 群，该层系主要发育在盆地西部和西北部边缘，层厚较薄，岩性复杂，其他地区 Vicksburg 群基本不发育。

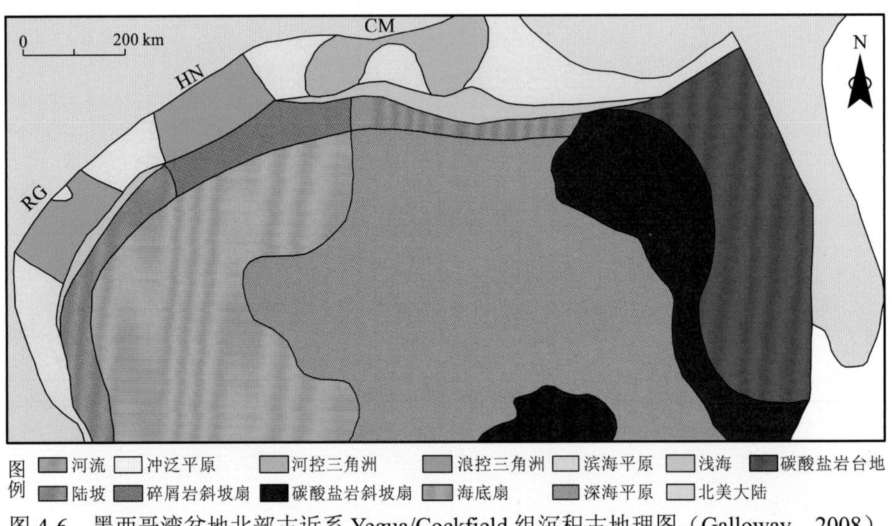

图 4-6 墨西哥湾盆地北部古近系 Yegua/Cockfield 组沉积古地理图（Galloway，2008）

RG.里奥格兰德河流系统；HN.休斯敦河流系统；CM.中密西西比河流系统；

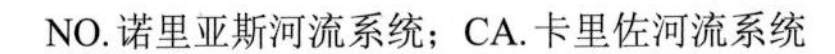

NO.诺里亚斯河流系统；CA.卡里佐河流系统

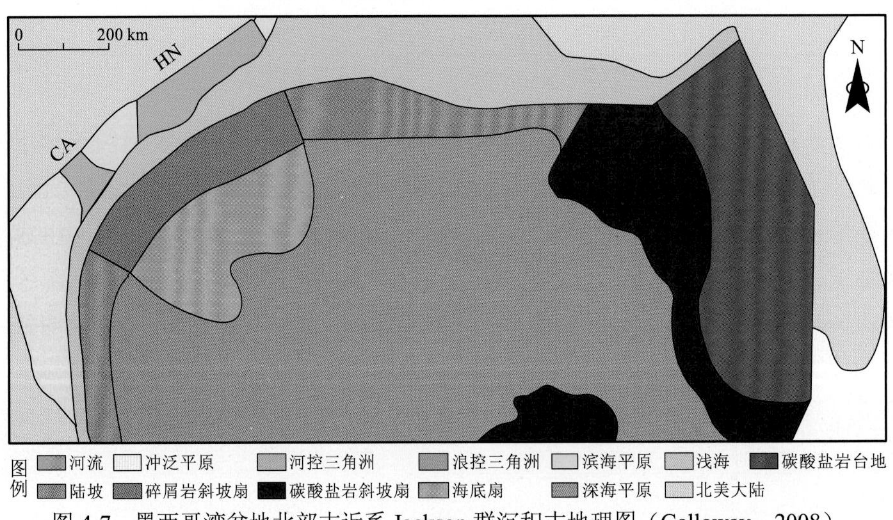

图 4-7 墨西哥湾盆地北部古近系 Jackson 群沉积古地理图（Galloway，2008）

RG.里奥格兰德河流系统；HN.休斯敦河流系统；CM.中密西西比河流系统；

NO.诺里亚斯河流系统；CA.卡里佐河流系统

Frio 群全区分布，是盆内重要的层系之一，受高山近物源、爆炸性火山活动和火山喷发坍塌的共同作用，岩性多以厚层的碎屑岩为主，是墨西哥湾盆地新生代重要的储层之一。该时期盆地西部边缘陆架相对窄陡、河流系统径流作用强、碎屑物负载量大，主要发育了西北边缘区域的里奥格兰德河浪控三角洲、诺里亚斯河浪控三角洲和休斯敦河河控三角洲（Galloway，2008）（图 4-8）。远离物源区的北部边缘，中密西西比河控三角洲发育较晚，且规模最小。渐新世晚期，盆地构造活动减弱，海侵作用达到顶峰，陆源碎屑物供应量逐渐减少，长期发育的三角洲、滨海平原陆源碎屑物沉积体逐渐向陆地退积。受环境的影响，渐新世发育了古近纪最大规模的三角洲，但由于缺乏持续稳定、潮湿的环境，不利于煤层发育，基本不发育煤系烃源岩，与前期有明显的差别。

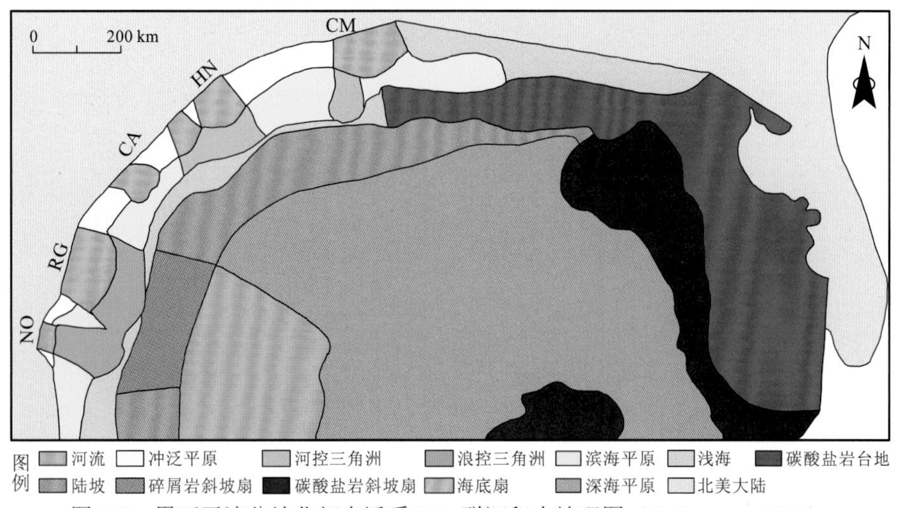

图 4-8　墨西哥湾盆地北部古近系 Frio 群沉积古地理图（Galloway，2008）

RG.里奥格兰德河流系统；HN.休斯敦河流系统；CM.中密西西比河流系统；

NO.诺里亚斯河流系统；CA.卡里佐河流系统

（二）沉积环境对烃源岩的影响

墨西哥湾盆地北部地区自进入古近纪，物源供给充足，在盆地边缘开始发育多套三角洲-滨岸碎屑岩沉积。在此沉积背景下，区内发育了三套煤系烃源岩，分别为 Wilcox 群、Claiborne 群 Queen City 组和 Jackson 群（Ruppert et al.，2002）。由于气候、构造运动、古地貌、物源、水系特征和沉积环境等多因素的变化（图 4-9），对三个层系的烃源岩特征有明显的影响。

Wilcox 群沉积时期，该区处于一个温暖湿润多雨的气候条件，发育了大量草本及木本植物，与现今处于亚热带的墨西哥湾海岸相似。Wilcox 群沉积时期，盆地西北部的拉勒米造山运动，导致物源供给量增大，盆地西北边缘向东南倾斜、沉降。区内水系广布，挟带大量陆源碎屑物涌入，河流逐渐进入高成熟演化阶段，即以侧向迁移作用明显的高弯度曲流河为主，并在入海口形成了大规模、多期叠加的三角洲群（图 4-9），对盆地边缘地区地形的改造作用明显。同时多水系的发育，有助于在三角洲平原地区形成了中-低位沼泽，增加了土壤含水量，发育了大量草本及木本植物，对盆地边缘地区的地形有明显的改造夷平作用，为泥炭堆积提供了平坦的地形。在这种环境下有利于植物的生长，在区内沼泽化、泥炭堆积及进一步成煤（Breyer and McCabe，1986；Fisher and McGowen，1967）。煤层主要发育于两个沉积区域：①分流河道间沉积区，受河道冲刷作用所限，造成煤层在横向及纵向上连续性较差；②分流间湾及废弃河道沉积区，煤层分布范围广泛，但容易受海浪的破坏，尤其当盆地处于区域性海侵时期，或者沿岸带波浪作用强，不利于厚煤层的发育。

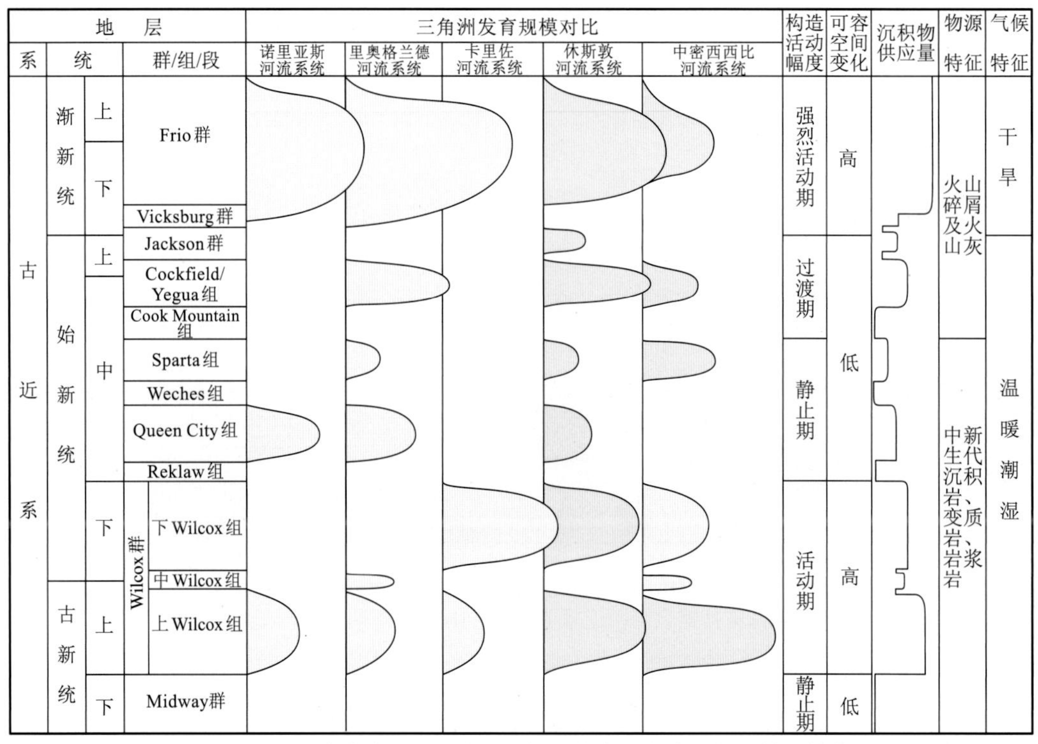

图 4-9 墨西哥湾盆地西北部古近纪烃源岩主要发育层位及其环境特征

明黄色为河控三角洲；浅黄色为浪控三角洲

Queen City 组沉积时期，区内构造活动减弱，沉积物供应量较前期明显减少，三角洲规模萎缩（图 4-9）。在该种环境下，煤系烃源岩主要发育于浪控三角洲平原淡水湖泊/潟湖沉积环境。不同于平原沼泽环境，受水深的影响，发育的煤层缺乏高等植物，以藻类为主，其地球化学指标明显不同于前者。煤层横向的连续性较好，呈扁平状，延伸距离可达 35 km，但厚度较薄，河流对其的改造作用较小，煤层保存相对完整。

Jackson 群沉积时期，三角洲沉积范围进一步萎缩，盆地北部边缘以滨浅海沉积为主（图 4-9），盆地西部边缘发育一广泛分布的滨海平原。在这种沉积环境，煤层形成于海侵时期的滨岸平原潟湖发育末期或沿岸沼泽沉积环境，覆水较浅并远离三角洲沉积区。煤层沉积速率较低、厚度薄、横向连续性大，其外部几何形态和地球化学特征均受海侵作用所控制。

对于不同时期发育的煤系烃源岩，沉积环境是影响烃源岩发育的直接因素。墨西哥湾盆地北部地区古近纪发育的三套煤系烃源岩，虽然形成于不同的环境下，但都受到河流-三角洲的影响。古近纪早期多个高成熟演化阶段水系的发育，推进了整个区域准平原化的进程，加大了土壤含水量，控制了不同类型植被的分布范围。这种水系的改造作用对古地貌特征的影响不仅是体现在同时期，并影响了后期沼泽环境中煤系地层的发育。由于受构造活动的影响，河流径流作用强、气候干旱，古近纪晚期的渐新统 Frio 群不利于煤系烃源岩的发育及富集，虽然为研究区重要的大型三角洲沉积时期。

二、墨西哥湾盆地古近纪烃源岩与油气藏的依存关系

墨西哥湾盆地油气勘探始于 1895 年，现今勘探历史已逾 100 年。墨西哥湾盆地油气资源具有独特的分布特征。油田规模上，45%的油气主要集中在巨型或超大型油田之中；其余的油气资源，大约 37%集中在 560 个大型油田之中，18%集中在数千个小型油田之中。对于不同层位油气分布规律也有不同，中生代油气主要富集在 5 个超大油田中，盆地南部超大油田较多；新生代，主要富集在北部油田，并且分布分散。对于平面特征，油气分布规律也有明显差异，盆地南部地区以产油为主，盆地北部多以产气为主。油气的分布特征主要受控于沉积环境、烃源岩类型、分布特征和热演化史的影响。墨西哥湾盆地北部是新生代重要的含油气区域，自 20 世纪初到现在油气储量高达 159 亿 m^3，古近系占其中的 55%。古近系油气主要聚集在盆地西北部，沿海岸线分布（Hood et al.，2002），并多以气藏为主。油气来源于同层位新生代烃源岩和下伏地层中生代烃源岩，主要储集在渐新世 Frio 群和古新世—始新世 Wilcox 群的河流三角洲、滨海平原-障壁岛砂岩储层中。

（一）煤系烃源岩特征

1. Wilcox 群

Wilcox 群沉积时期，墨西哥湾盆地北部发育了最大规模的煤系地层，基本沿着盆地北部及西北部三角洲-滨海平原沉积区分布（Kull and Kinsland，2006；Hood et al.，2002），延伸距离可达 64～280 km。Wilcox 群煤层多以褐煤为主，并含有部分碳质泥岩和含碳屑砂岩，煤层灰分、汞、砷等含量较低，有较高的发热值。盆内具有工业生产价值的褐煤主要沉积于下 Wilcox 组和上 Wilcox 组，最大厚度可达 5 m，平均厚度一般为 2 m。相对于其他层位，煤层厚度占整个地层比例较高。盆地西北部边缘地区 Wilcox 群天然气探明地质储量为 1 亿 m^3，在得克萨斯州一些地区褐煤储量可达百万吨。Wilcox 群煤层主要发育于河流-三角洲平原沼泽沉积环境（图 4-10）。通过对得克萨斯州 Indio 煤层 15 个样品的综合分析表明，煤层有机质丰度较高，TOC 含量一般为 46%～63%（平均值 56%），S_1+S_2 一般为 130～200 mg HC/g ROCK（平均值为 165 mg HC/g ROCK）。I_H 一般为 220～320 mg HC/g TOC（Hackley et al.，2012）。该层段大多数烃源岩为未成熟的 II 型、III 型。

Indio 煤层显微组分可分为三类，分别为镜质组、惰质组和壳质组。岩样中镜质组含量一般为 56%～85%，平均值为 77%（Hackley et al.，2012），其中碎屑镜质体占主体，明显高于结构镜质体；惰质组含量一般为 2%～21%，平均值为 10%；岩样中壳质组含量最低，一般为 3%～9%，平均值为 6%（Hackley et al.，2012）。Indio 煤层符合褐煤-亚烟煤的特征（Hackley et al.，2012）。由于缺乏壳质组（煤成液态烃的主要组分），H/C 原子比较低，煤层生成液态烃的潜力较差。Indio 煤层 Pr/Ph 和 Pr/n-C_{17} 值分别为 3.4～6.3 和 1.5～6.5（Peters et al.，2005），与陆地富氧环境的有机质来源一致。从饱和烃气相色谱分析结果看，峰值一般集中在 C_{31}～C_{34}。$\delta^{13}C$ 一般为-29.2‰，饱和烃 $\delta^{13}C$ 一般为-29.2‰～-28.8‰，芳烃 $\delta^{13}C$ 为-27.0‰～-27.6‰。Indio 煤层以陆相有机质占主要部分，并以 C_3 植被为主，是被子植物的前期植物，沉积环境为偏氧化的低位及中低位沼泽环境（Widodo et al.，2009）。

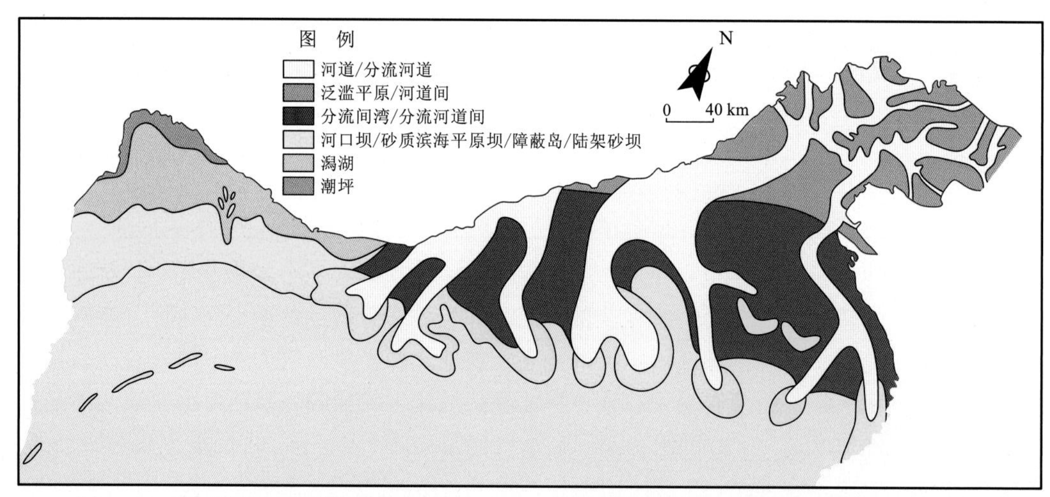

图 4-10 墨西哥湾盆地北部沿海地区下 Wilcox 组沉积相图（Fisher and McGowen，1967）

古近系 Wilcox 群沉积时期发育的大型河控三角洲是墨西哥湾盆地新生代重要的成煤环境，与现今处于亚热带的墨西哥湾海岸相似。受气候和古地貌的影响，Wilcox 群煤系烃源岩主要发育于高成熟演化阶段的大型河控三角洲平原河道间湾及废弃河道区域沼泽环境，以发育低位及中低位沼泽木本植物和木本-草本植物为主。Wilcox 群煤系烃源岩显微组分镜质组含量较高，类脂组含量低，氢指数较低，水体环境为氧化环境。该类煤层虽然品质一般，生烃潜力中等，但分布范围广，沉积厚度大，成为盆地主力生烃层系。

2. Claiborne 群

Claiborne 群沉积时期，继承了早期的沉积格局，仍发育煤系烃源岩，但其地球化学特征较前期有明显改变。作为墨西哥湾盆地另一个重要的煤系地层，Claiborne 群煤炭资源丰富，主要发育于墨西哥湾北部边缘区域 Queen City 组。煤层在品阶、厚度、横向连续性和含气量方面，较 Wilcox 群有明显变化。具有商业开发价值的 Queen City 组煤层，主要是圣佩德罗（San Pedro）和圣托马斯（Santo Tomas）煤层（Hackley et al.，2012），该时期发育的煤层品阶为亚烟煤和烛煤。圣佩德罗煤层和圣托马斯煤层沉积规模明显小于 Wilcox 群，单层厚度为 2～10 m，岩性以碳质页岩、纯度较差的薄煤层为主，TOC 含量一般为 18%～60%，S_1+S_2 为 44～271 mg HC/g ROCK，I_H 一般为 227～463 mg HC/g TOC，氧指数（oxygen Index，I_O）一般为 10～22 mg CO_2/g TOC（Hackley et al.，2012），生烃潜力明显要优于 Wilcox 群煤层。不同于其他层位的是，圣佩德罗和圣托马斯煤层具有丰富的煤素质，并含有非常小的凝胶体，显微组分构成也明显有别于其他层系，主要体现在样品中惰性体含量很少或者没有，壳质组含量较高，特别是该层位含有绿色的藻坐果（类似于角质体），并且孢子体和矿物质非常丰富（Hackley et al.，2012）。圣佩德罗和圣托马斯煤层具有较高的发热值，弱凝结成块（自由膨胀指数为 1.5～2.0），并含有高挥发沥青质。Queen City 组圣佩德罗和圣托马斯煤层发育于一个与前期明显不同的沉积环境，主要体现在煤层显微结构特征与 Wilcox 群有明显的差异（Hackley et al.，2012；Warwick and Hook，1995）。

里奥格兰德地区煤层样品中几乎没有完整的惰性体显微组分（真菌体除外），镜质体结构缺乏，结构腐殖体较少，不含有丝质体，指示了木本植物的匮乏，并且常年处于水下环境，所发育的植被基本不会被炭化或干燥。煤层中含有丰富的密凝胶体、壳质组分和矿物质，造成较高的发热值，并且煤层中含有10%的绿色藻类果实和无脊椎动物外壳碎片，在煤层间的夹层也有发现（Hackley et al.，2012；Warwick and Hook，1995）。这均表明该套煤层形成于常年水体覆盖的沉积环境。Queen City组沉积时期里奥格兰德地区发育了一个大型浪控三角洲的沉积体系（图4-11）（Fisher and McGowen，1967）。圣佩德罗和圣托马斯煤层主要分布在三角洲平原地区，但并非发育在河道间湾或河道间沉积环境，而是三角洲平原地区的淡水湖泊/潟湖环境。在此环境下，轮藻目发育并迅速生长为分布广泛的水下草原，并进一步形成泥炭堆积（Hackley et al.，2012；Warwick and Hook，1995）。

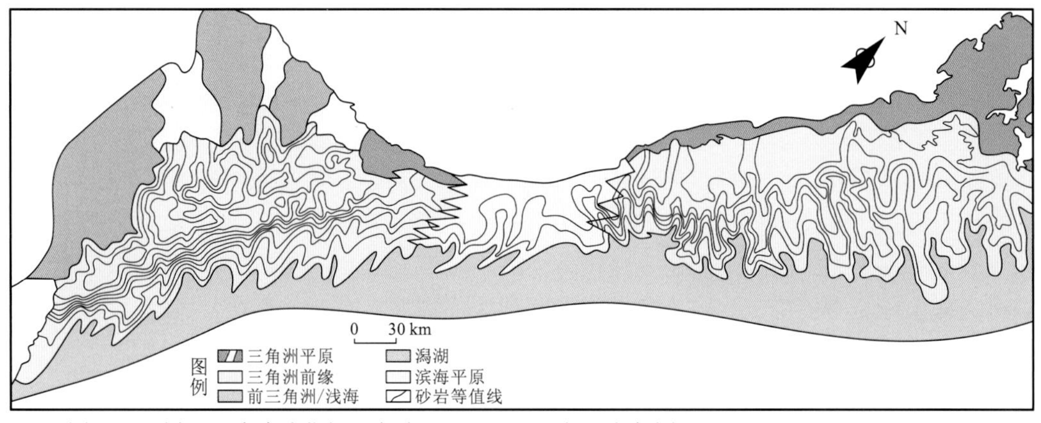

图4-11　墨西哥湾盆地北部沿海地区Queen City组沉积相图（Guevara and Garcia，1972）

综上所述，Queen City组圣佩德罗和圣托马斯煤层主要发育在一个三角洲平原藻类丰富的淡水湖泊/潟湖沉积环境。该套煤层含有丰富的壳质组分，要远远高于Wilcox群的褐煤，并含有较高的氢含量和高发热值。受淡水湖泊/潟湖沉积范围的影响，煤层横向的连续性较好，呈扁平状，延伸距离可达35 km。然而对圣佩德罗和圣托马斯这两套煤层进行对比，由于所处环境的差异，在展布特征上略有不同（Hackley et al.，2012）。圣佩德罗煤层连续性较差，是由于该时期河流作用较强，河流挟带粗碎屑物的多次冲刷、侵蚀，造成该层位煤层灰分含量高且横向分布规模有限（Hackley et al.，2012）。圣托马斯煤层横向连续较好，但厚度较薄，河流对其改造作用较小，煤层保存相对完整（Hackley et al.，2012）。在相同环境下形成的煤层，会受到局部环境因素的影响，使煤层品质和空间展布特征不同。

3. Jackson 群

Jackson群是多次海侵海退作用的产物，全区以海相沉积为主，三角洲沉积仅在局部地区分布。Jackson群由多套海侵-海退沉积体系构成，单个沉积旋回层厚3～15 m（Yancey，1997），由于缺乏陆源碎屑物的注入，Jackson群沉积地层岩性一般以粉砂岩、泥岩、页岩为主，含有大量的木质碎屑和少量的砂岩。Jackson群烃源岩主要发育在得克萨斯中东部-西南部地区，是形成于海侵时期滨海平原沼泽环境的煤系地层（Yancey，1997）。成煤环境的差别可进一步分为西南部和中东部两个区域。

得克萨斯西南部的褐煤主要发育在下 Jackson 群的潟湖沉积环境。煤层显微组分以镜质组（含腐木质体和细屑体/密屑体）为主，可达 65%～85%，壳质组次之（含孢子体和碎屑壳质体），为 12%～31%，惰性组（真菌体或丝质体）含量最低，一般为 1%～4%，局部层位含有鞭毛藻（Yancey，1997）。受附近火山活动的影响，煤层中一些微量元素（Ce、Nb、Ta、Th、Zr）较高（Yancey，1997）。煤层发热值一般为 5 384～8 690 Btu/lb①，明显低于 Claiborne 群。其孢粉特征以沼泽蕨类植物、棕榈植物、草本单子叶植物为主，煤层上下岩层的灰分和藻类均较高（Yancey，1997）。该区域煤层主要形成在潮湿沉积环境下，但并非完全的水下环境。该套褐煤主要沉积在潟湖充填的最后阶段，或者位于废弃障壁岛或滨海平原的草本沼泽或者是草本-木本沼泽环境。受海洋作用的影响，煤层含硫值较高，平均为 2%。

得克萨斯中东部地区，褐煤主要发育在 Jackson 群中部。该时期主要发育三角洲-浅海多旋回的沉积体系（Fisher and McGowen，1967），层厚达 350 m，岩性主要为砂岩和泥岩的混合沉积、煤层及若干层火山灰沉积。该区域褐煤沉积主要发育于海侵时期古土壤面之上的沿岸淡水沼泽（图 4-12）（非海相沉积的古剥蚀面之上），平均厚度为 2.5 m。Jackson 群中部褐煤向上受到海侵作用的影响，在最大海泛期被海水所淹没，由泥炭进一步转化为褐煤（Yancey，1997）。每一期海侵作用也是一次煤层从开始发育、成煤到消亡的过程。海退层系主要为一套向上变粗、由海相过渡到三角洲相的沉积体，仅在局部区域可夹有 1 m 左右的煤层。得克萨斯中东部地区的煤层，主要发育在最大海泛面之下的海岸线附近，并且只有被海水超覆，才会进一步转化为褐煤（Yancey，1997）。

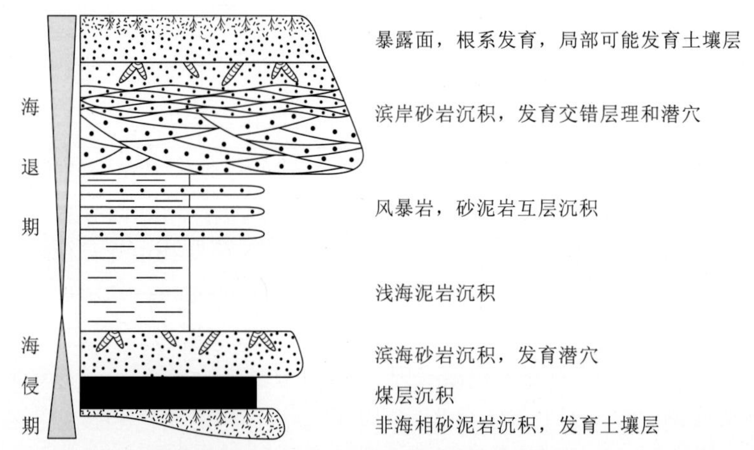

图 4-12　Brazos 河谷地区 Jackson 群中部沉积旋回模式图［据 Yancey（1997）修改］

Jackson 群煤层主要形成于海侵时期的滨岸平原的潟湖发育末期或沿岸沼泽沉积环境，覆水较浅并远离三角洲沉积区。所形成的褐煤灰分高、沉积速率较低、厚度薄、横向连续性大（图 4-13），其外部几何形态和内部特征，皆受海侵作用所控制。正是 Jackson 群沉积时期频繁快速的海平面升降，造成了煤层厚度薄，这与 Wilcox 群的河流-三角洲成煤模式有很大的差异。

① 1 Btu=1.055 06×10^3 J。1 lb=0.453 592 kg。

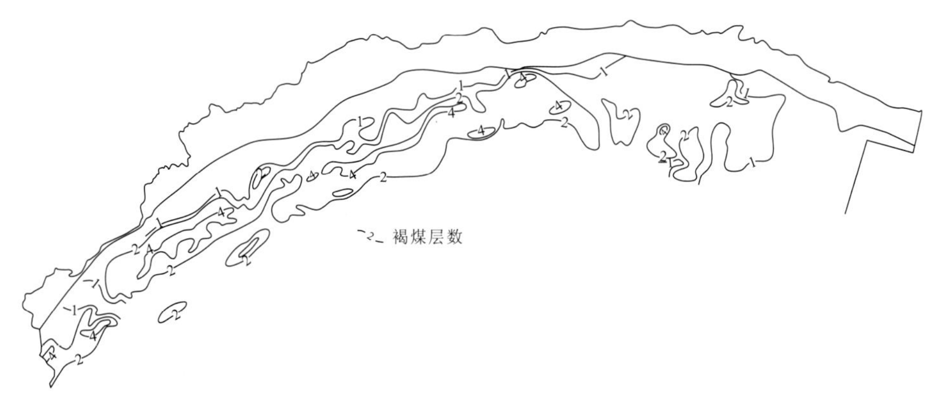

图 4-13　墨西哥湾盆地北部沿海地区 Jackson 群及褐煤层数等值线图［据 Yancey（1997）修改］

（二）烃源岩对油气成藏的影响

墨西哥湾盆地新生代油气一般都储集在盆地北部海岸地区的三角洲前缘-滨海平原障壁岛砂岩中。来自盆地深部烃源岩的油气横跨多个层系迁移至多种岩性和构造圈闭中，油气运移的路径主要为贯穿深层烃源岩和新生代储层的盐底辟、断层等。

墨西哥湾盆地中生代烃源岩早已进入成熟阶段，所生成的油气以短距离垂向运移为主，在盆地演化过程中所发育的大量断层，或者是盐岩滑动、底劈作用形成的断层（图 4-14）（Sassen，1990），是中生代油气的主要运移路径。中生代油气的垂向运移，受压力和温度的控制，尤其受墨西哥湾盆地超高压顶部的影响。新生代下倾地层倾油型烃源岩进入成熟阶段晚、距离盆地边缘储层距离较远（Mcintosh et al.，2010），缺乏大型断层和盐拱构造的进一步沟通，一般沿着岩性界面或层理面向上运移至新生代储层之中，新生代油气迁移路径长，可高达 100km（Mcintosh et al.，2010）。新生代发育的多期煤层，是墨西哥湾主要煤炭资源，同样是重要的倾气型烃源岩。现今，煤层 R_o 为 0.5%～2.0%，已进入生烃高峰，所生成的煤成气就近富集于盆地西北缘三角洲砂岩储集层之中，聚集了该区重要的油气资源。

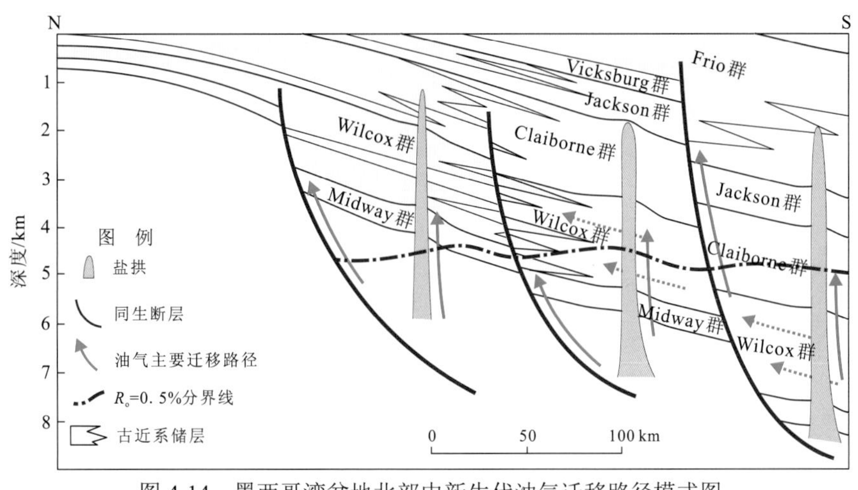

图 4-14　墨西哥湾盆地北部中新生代油气迁移路径模式图

第四节　北卡那封盆地三叠纪河流-三角洲体系与天然气共生关系

北卡那封盆地是一个自晚古生代—新生代持续沉降形成的巨型含油气盆地（张建球等，2008；白国平和殷进垠，2007）。该盆地位于澳大利亚西北大陆架的最南端，是西澳大利亚海岸的中央地带，沿着澳大利亚的西部和西北部海岸延伸超过 1 000 km，盆地呈现为一个狭长的弧型盆地，南起西北海角，北到阿尔戈（Argo）深海平原，东北与柔布克（Roebuck）盆地相邻，西邻加斯科因（Gascoyne）深海平原，盆地面积为 54.44 万 km^2，其中陆上面积为 2.42 万 km^2（图 4-15）（张建球 等，2008；白国平和殷进垠，2007）。北卡那封盆地是澳大利亚的最大油气盆地，天然气储量占油气总储量的 81%（白国平和殷进垠，2007），到 2009 年底已发现油/气藏 194 个（油田 121 个，气田 73 个），发现原油储量为 1.62 亿 m^3，天然气储量为 3.31 万亿 m^3。

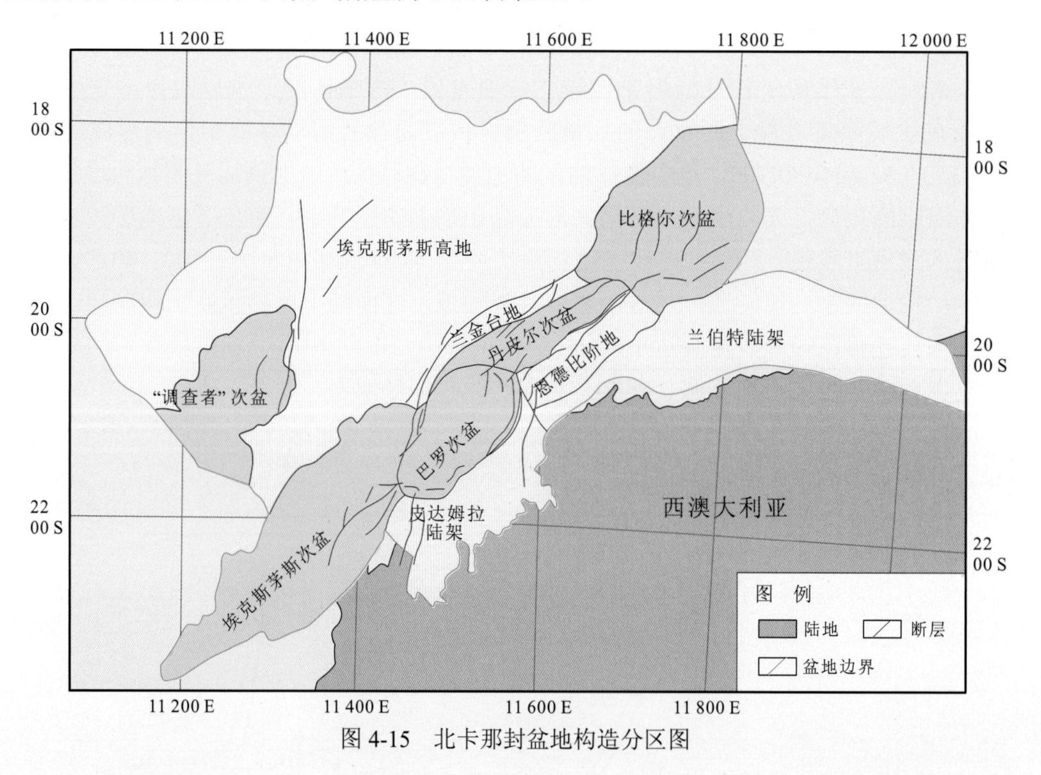

图 4-15　北卡那封盆地构造分区图

北卡那封盆地是在古生代—中生代冈瓦纳大陆破裂基础上形成的典型的被动大陆边缘盆地（Metcalfe，2006；Veevers，2006），受侏罗纪早期的裂谷活动及中侏罗世晚卡洛夫期和早白垩世早瓦兰今期发生的两次解体活动的影响（白国平和殷进垠，2007），大致经历四个构造发展阶段，裂前拗陷阶段、裂谷阶段、大陆解体阶段和被动陆缘发育阶段，与之对应的是四套性质不同的沉积序列。盆地内部基本构造样式受北东东向、北西西向两组断裂控制。在区域沉积作用和断裂活动的影响下，形成了多个次盆、隆凹相间的构造格局（张建球 等，2008），可进一步划分为 10 个构造单元：埃克斯茅斯高地、“调查者”次盆、兰金台地、埃克斯茅斯次盆、巴罗次盆、丹皮尔次盆、比格尔次盆、恩德比阶地、皮达姆拉陆架和兰伯特陆架（图 4-15）（Metcalfe，2006；Veevers，2006）。

一、北卡那封盆地三叠纪河流-三角洲体系对烃源岩的控制

北卡那封盆地中生代以河流-三角洲-海洋沉积为主，发育了多套不同类型的烃源岩，其中上三叠统的煤系烃源岩为主力烃源岩。

（一）烃源岩沉积环境

1. 气候特征

从全球来看，中生代气候明显分为三大阶段：早、中三叠世是历史上著名的干旱气候广布的时期；晚三叠世—中侏罗世则以潮湿气候为特征，欧亚大陆上成煤环境广布；晚侏罗世—白垩纪气候又转为干燥，时代由老到新，干燥气候带不断扩张。中生代气候整体是全球温暖，两极未见冰川沉积，珊瑚礁已延伸到北纬 70°。

三叠纪，北卡那封盆地位于新特提斯洋南缘，气候特征复杂多变，可分为三个阶段：早三叠世全球干旱，具有典型的温室气候；中三叠世大面积干旱-半干旱，局部潮湿；晚三叠世受巨型季风气候的影响，泛大陆两侧为热带潮湿气候区，中部为热带-亚热带干旱气候区（图 4-16）。

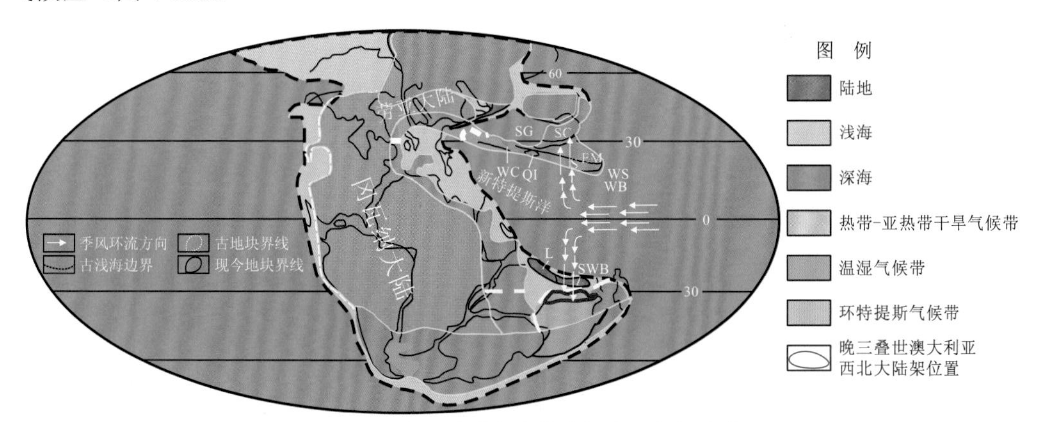

图 4-16　晚三叠世全球构造板块及气候分布

NC. 华北板块；SG. 松潘-甘孜褶皱带；SC. 华南板块；WC. 西基梅里大陆；QI. 羌塘地块；I. 印支（Indo-China）地块；S. 滇缅泰马（Sibumasu）地块；EM. 东马来亚地块；WS. 西滇缅泰马地块；WB. 西缅甸地块；L. 拉萨地块；SWB. 加里曼丹（Kalimantan）古陆

早三叠世全球整体为一个干旱温室气候，赤道到两极温度差异小，干旱气候遍及全球。早三叠世，缺少喜湿植物异孢石松类（*Heterosporous Lycopsids*），耐旱石松（*Lycopsid Pleuromeia*）大量存在，陆生植物生产力明显下降，泥炭沼泽消失，进入无煤期。古高

纬度地区物理风化速度很快。这些都表明早三叠世，全球为干旱炎热气候。由于二叠纪与三叠纪之交的生物大灭绝，早三叠世古生物种类比较单一，生物之间的生存竞争力小，导致早三叠世单一物种在适合生存的环境到处存在。早三叠世北半球（劳亚古陆）以石松肋木（*Lycopsid Pleuromeia*）这类低分异度生物群为主，南半球（冈瓦纳大陆，包括现今的南美洲、非洲、澳大利亚、印度、马达加斯加和南极洲）有二叉羊齿属（*Dicroidium*）和针叶松柏（*The conifer Voltziopsis*）大量分布。

中-晚三叠世，盆地处于东冈瓦纳克拉通北缘与特提斯南缘热带-亚热带潮湿气候区，并受到三叠纪环特提斯洋巨型季风的影响，气候温暖潮湿（图 4-16）。并且当南半球夏季时，研究区季节性降雨量剧增，洪泛频繁，发育多种类型的植物，主要为高地生长的松杉类，低地生长的种子蕨类和真蕨类（图 4-17）。三叠纪末，众多三叠纪生物种群灭绝，气候由晚三叠世温暖潮湿的气候条件转变为早侏罗世的热带-亚热带季节性干旱气候。

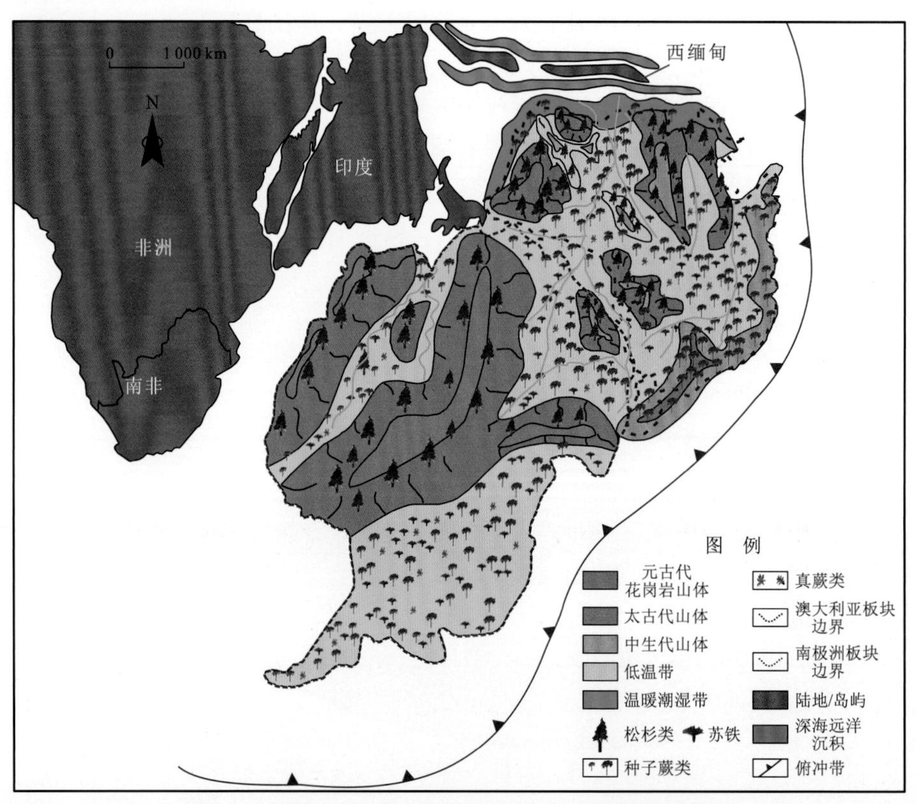

图 4-17 澳大利亚西北陆架古地理-古植被景观恢复图

中-晚三叠世巨型季风气候达到最强盛，影响了当时的气候及古环境，使区内降温且逐渐潮湿，在北卡那封盆地沉积了一套最重要的地层——三角洲煤系烃源岩及储层。主要发育两个微生物群落：伊普斯威奇（Ipswcih）微生物群和昂斯洛（Onslow）微生物群。伊普斯威奇微生物群主要分布在澳大利亚的南部和东部，从昆士兰（25° S）到南极洲（>75° S）均有分布，代表温带的植物群。昂斯洛微生物群主要分布在澳大利亚西北部的大陆边缘（30°～35° S），在北卡那封盆地 Goodwyn-1、Malus-1、Rankin-1 等单井中均有发现，代表温暖潮湿的热带-亚热带雨林植物群（图 4-18）。

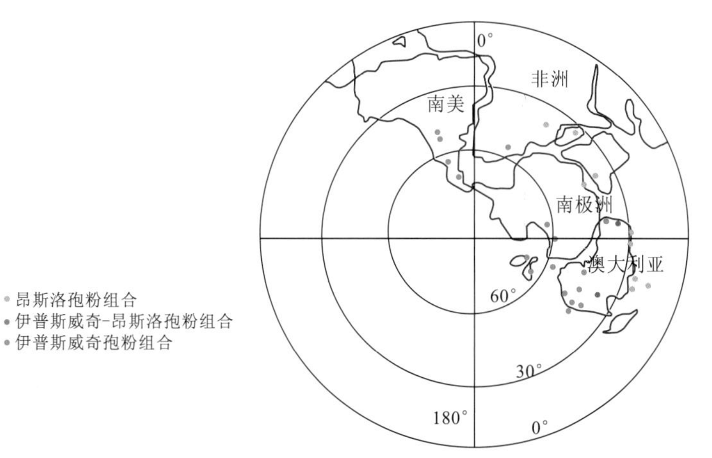

图 4-18　伊普斯威奇和昂斯洛微生物群分布图

昂斯洛微生物群含有大量的潮湿分子和少量的干旱分子，但干旱分子种类多样；而伊普斯威奇微生物群不含干旱分子。二者有重大区别的原因与它们当时所生长的气候环境不同有很大的关系。昂斯洛微生物群主要分布在澳大利亚西北大陆架，该区域气候温暖潮湿，适合植物生长。同时，它所处的古纬度相对于古赤道与欧洲相同，大的背景均为热带-亚热带，也适合欧洲的一些耐干旱的植物生长。而伊普斯威奇微生物群主要分布在高纬度的潮湿气候带，比较适合喜湿植物生长。

2. 物源特征

北卡那封盆地物源演化主要受气候和构造运动的双重影响。二叠纪—早三叠世，气候干燥，地表径流不发育，同时源区母岩主要是新元古代与古生代的碎屑岩、碳酸盐岩、叠层石等，其风化剥蚀后提供的粗碎屑有限；澳大利亚西北陆架广泛海侵，在盆地内主要沉积一套海相泥岩。中-晚三叠世，古特提斯洋关闭，泛大洋形成，海洋容积迅速增加，海平面迅速下降。此时皮尔巴拉（Pilbara）地块与伊尔岗（Yilgarn）地块新元古界与古生界碳酸盐岩等地层已经几乎剥蚀完全，其下覆的太古宙花岗岩、绿岩、花岗片麻岩等开始剥蚀，提供了丰富的长石、石英等矿物颗粒（图 4-19）。而金伯利（Kimberlery）地块差异性剥蚀同样提供了部分的长石、石英等碎屑物，在盆地内发育一套三角洲沉积体系。

3. 沉积演化特征

三叠纪区内构造环境比较稳定，与欧亚板块、澳大利亚板块与南极洲板块等板块连为一体，发育一巨型的拗陷，处于断前拗陷阶段（Jablonski and Saitta，2004）。三叠系遍及整个盆地，沉积中心受断裂控制，呈北东—南西向展布，垂向上表现为海退—海侵—海退的沉积序列。中三叠世末期开始发育的 Mungaroo 组是三叠系最重要的沉积单元。

1）沉积相特征

北卡那封盆地晚三叠世受海平面的升降和环特提斯洋巨型季风的共同影响，河流作用与盆内水体作用存在着互为消长的关系，造成该时期沉积相的多样性。盆地主要发育

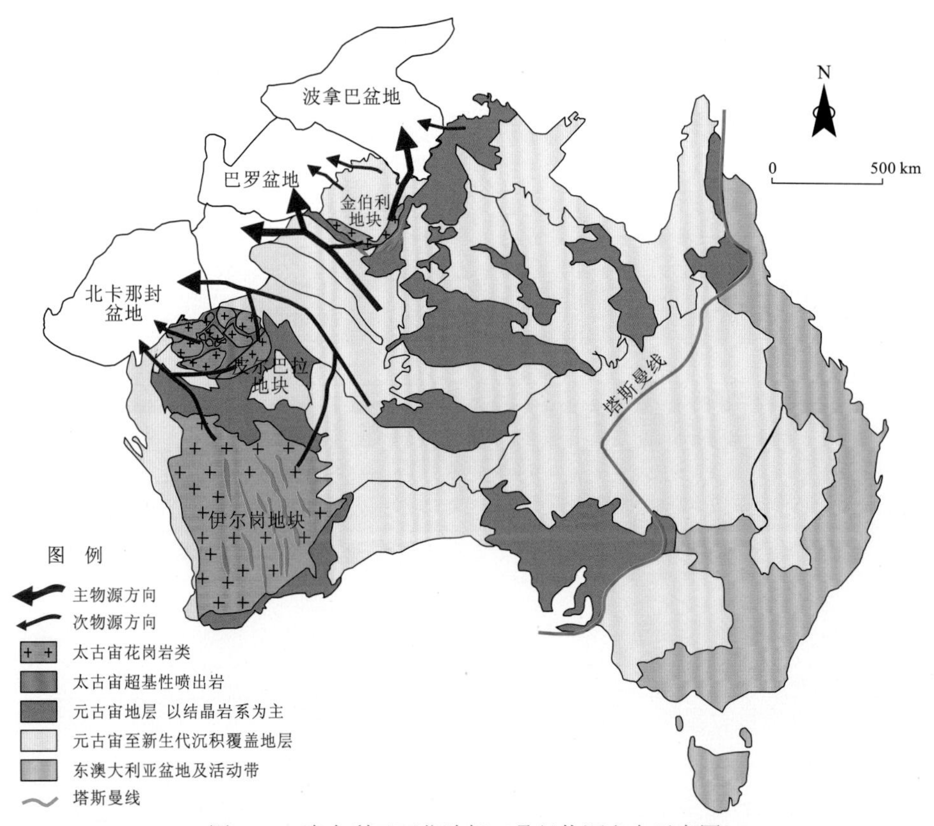

图 4-19 澳大利亚西北陆架三叠纪物源方向示意图

河流-浅水辫状河三角洲体系，三角洲平原面积范围较大，基底地形平坦，总体可容纳空间较小，为典型缓坡拗陷盆地。沉积类型可进一步分为近端三角洲平原、远端三角洲平原、三角洲前缘和前三角洲，其中三角洲平原（近端三角洲平原和远端三角洲平原）最为发育。沉积相有如下特征。

二叠纪末期裂后岩石圈热流值降低，热衰减导致盆地稳定沉降。三叠纪北卡那封盆地进入裂前拗陷演化阶段，盆地基地宽缓，横向延伸达 48 km，为后期沉积提供了充足的可容纳空间。同时冬季季风盛行时，气候相对干旱，物源区的风化剥蚀速度增大；夏季季风时，降雨量增多，洪水事件频发，河流的运输能力增强，河流挟带大量陆源碎屑物进入盆地。晚三叠世，盆地南部皮尔巴拉地块和伊尔岗地块风化剥蚀速度加快，进而提供充足的物源，使分选杂乱的粗碎屑沉积物通过河流运输到盆地沉积下来，形成了厚层的 Mungaroo 三角洲。

上三叠统 Mungaroo 组浅水辫状河三角洲在所在基底坡度缓、水深较浅以及潮湿性气候下，具有三角洲平原相带分布广、三角洲前缘相带窄的特点。季风洪水影响广，河流水动力强，Mungaroo 三角洲以河流作用为主，波浪在向岸冲刷过程中能量迅速减弱，导致三角洲前缘相带窄、河口坝微相不发育，三角洲平原分布范围广泛，其中河道间湾沼泽的薄层煤及富有机质泥岩极其发育，在泥岩中含有大量的煤化和黄铁矿化叶状碎片，TOC 含量可达 2.53%，并夹有多层薄煤层（图 4-20），薄煤层平均厚度约 1.85 m，是北卡那封盆地重要的倾气型烃源岩。

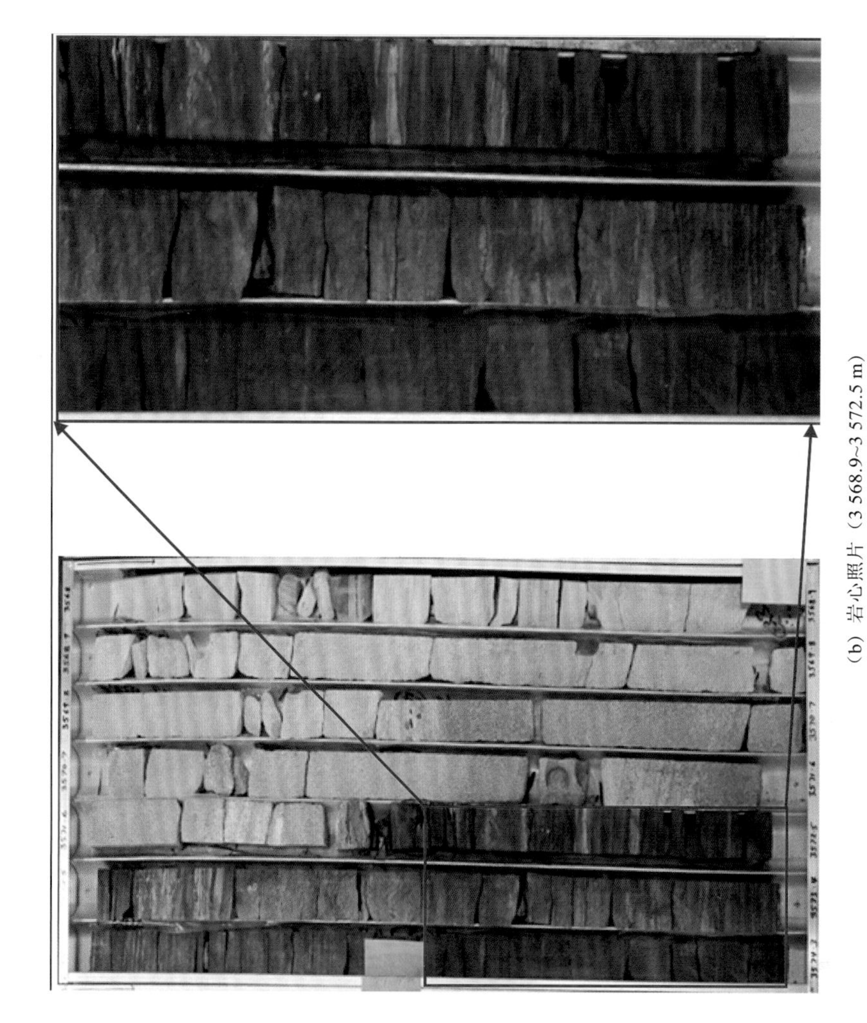

（b）岩心照片（3 568.9~3 572.5 m）

（a）单井柱状图

图 4-20　North Gorgon-1井单井柱状图及Mungaroo组砂泥岩互层（3 568.9~3 572.5 m）

季风气候对三角洲演化有很大影响。季风强盛期，河流水动力强，辫状水道极其发育且延伸距离远，大量的陆源碎屑物质被带入沉积区，三角洲沉积快速并向海推进，三角洲分布范围最广。季风强盛期岩性组合为厚层粗粒砂岩夹薄层碳质泥岩，发育多期叠置的粗粒间断正韵律。季风减弱期，河流的水动力相应减弱，沉积物的输入量减少，三角洲发育规模变小，主要沉积薄层细粒砂岩。季风强度减弱导致三角洲受海水作用增强，从而沉积了薄层碳酸盐岩。季风减弱期岩性组合表现为薄层细砂岩、粉砂岩夹薄层碳酸盐岩。季风间期，因北卡那封盆地处在特提斯洋南缘，气候由温润潮湿转为干热，降雨量急剧减少，河流所挟带的沉积物总量也相应减少，三角洲的发育受到限制，处于萎缩阶段。与此同时，因河流水动力的减弱，滨浅海沉积区水体安静，有利于碳酸盐岩的发育，常沉积厚层碳酸盐岩。Mungaroo 组浅水辫状河三角洲旋回发育模式与季风洪水密切相关。

晚三叠世，澳大利亚西北大陆架整体处于热带-亚热带温热潮湿气候带，植被繁盛，种属多样，季风频繁，导致晚三叠世多期热带风暴的发生。热带风暴发育间期，降雨量稳定，以近海低地-丘陵河流供给为主，此时河流流水稳定，以细粒沉积物沉积为主，沉积物中有机质含量高，富含湿地种子厥孢粉。此时，在沿海三角洲平原地区、沼泽地区，发育厚度大、分布广的煤层。热带风暴发育期，降雨量剧增，降雨范围迅速扩大，源远流长的河流将来自内陆山区的粗碎屑与针叶植物带入近海沉积区，此时砂岩发育，针叶松柏孢粉含量增加。沼泽受到洪水与热带风暴的冲刷，厚层煤保存较差，形成了面积较广的薄层煤，且改造的有机质与砂岩混合共存。正是由于这种气候上的变化，一次季风期洪水往往只形成一个薄层叶片状三角洲沉积体，多次洪水形成多个沉积体，组成了叠瓦状复合三角洲（图 4-21）。随着可容空间的持续性增长，Mungaroo 组沉积时期发育大规模三角洲。

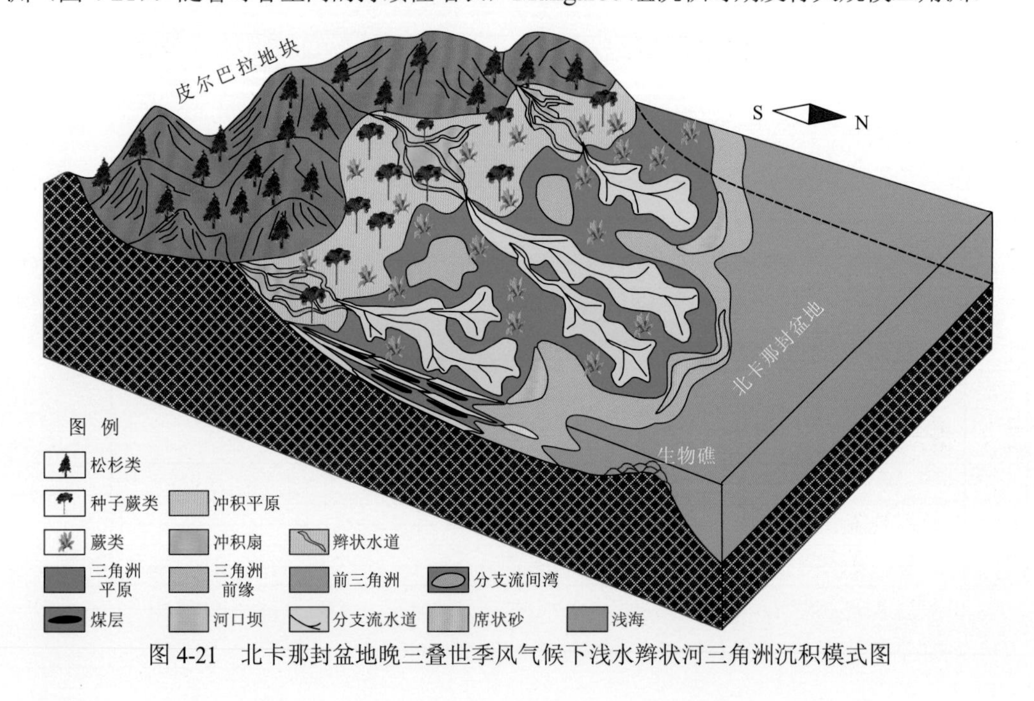

图 4-21 北卡那封盆地晚三叠世季风气候下浅水辫状河三角洲沉积模式图

2）沉积演化特征

中三叠世安尼期（SQ_2^1），季风气候开始发育，季节性降雨的出现为沉积物的搬运提供了水动力条件。区内海平面缓慢上升，趋于稳定，南部克拉通基底提供的陆源碎屑物进入沉积区[图 4-22（a）]。安尼期末期 Mungaroo 三角洲开始沉积，但展布范围较小[图 4-22（a）]，沉积厚度薄。拉丁期（SQ_2^2）海平面继续上升，Mungaroo 三角洲向陆地方向退积，展布范围与层序厚度相对前期均减小[图 4-22（b）]，处于三角洲扩张期晚期。拉丁期—卡尼期晚期（SQ_3^1），古特提斯洋关闭，多岛屿消失，泛大洋形成，引发强制性海退，海平面迅速下降，再加上季风强度变大，季节性降雨量剧增，促进了多类型植物群落的繁盛，Mungaroo 三角洲则快速向海推进，展布范围增大[图 4-22（c）]，多地区发育三角洲前缘砂体，大量煤层开始出现。诺利期（SQ_3^2）巨型季风强度达到最大，洪水事件频发，大量的陆源碎屑物被带到北卡那封盆地。该时期海平面开始下降，Mungaroo 三角洲继续向海推进，盆地东北边缘的远端三角洲平原展布范围进一步扩大，面积达到最大，明显向海迁移，三角洲发育进入鼎盛时期，煤层规模也达到最大[图 4-22（d）]。瑞替期（SQ_3^3），北卡那封盆地开始大范围海侵，海平面上升速率较快，Mungaroo 三角洲处于萎缩期，三角洲面积最小[图 4-22（e）]。盆地西南部发育碳酸盐岩，局部隆起发育生物礁。晚三叠世末期，盆地边界断层发生了走滑断裂活动，海水从西北大陆架的北部退去，盆地开始进入裂谷阶段。

（二）沉积环境对烃源岩的影响

北卡那封盆地倾气型烃源岩多与陆源高等植物的生长和河流挟带的陆源物质的输入有关，主要发育在上三叠统 Mungaroo 组沉积时期的 Mungaroo 三角洲平原沼泽环境。该套烃源岩岩性一般为煤、碳质泥岩和暗色泥岩，整体上 TOC 含量较高，是附近大气田的主要生气层。上三叠统 Mungaroo 组发育于盆地裂前拗陷阶段，受盆地构造沉降的影响，可容空间加大，海平面缓慢下降，古地貌以宽缓的海岸为主，处于中高纬度潮湿气候带。该时发育的大型三角洲以物源供给稳定、碎屑物输入量大、径流分布范围局限为特色，同时在三角洲平原河道间或分流间湾的低洼处发育泥炭沼泽。早–中三叠世的海侵事件为植物生长提供了所需的含水层和平坦地形，古植被繁盛，逐渐由草本沼泽发展成森林沼泽。在此环境下所发育的煤层单层厚度在 2～7 m，平均厚度为 1.85 m。受季节性降雨量变化及盆地持续性的构造沉降的影响，煤层具平面上分布面积广，垂向上厚度大但连续性差，呈多层叠加的特征。

二、北卡那封盆地烃源岩与油气藏的依存关系

北卡那封盆地三叠系主要包括两套富含有机质层系，分别为 Locker 组页岩、Mungaroo 组泥岩。中三叠统 Locker 组页岩为浅海相沉积；中–上三叠统 Mungaroo 组形成于河流–三角洲相沉积环境。Locker 组页岩的有机质丰度较低，TOC 含量平均值为 0.8%，烃源岩品质较差；Mungaroo 组泥岩的有机质丰度远远高于 Locker 组页岩。

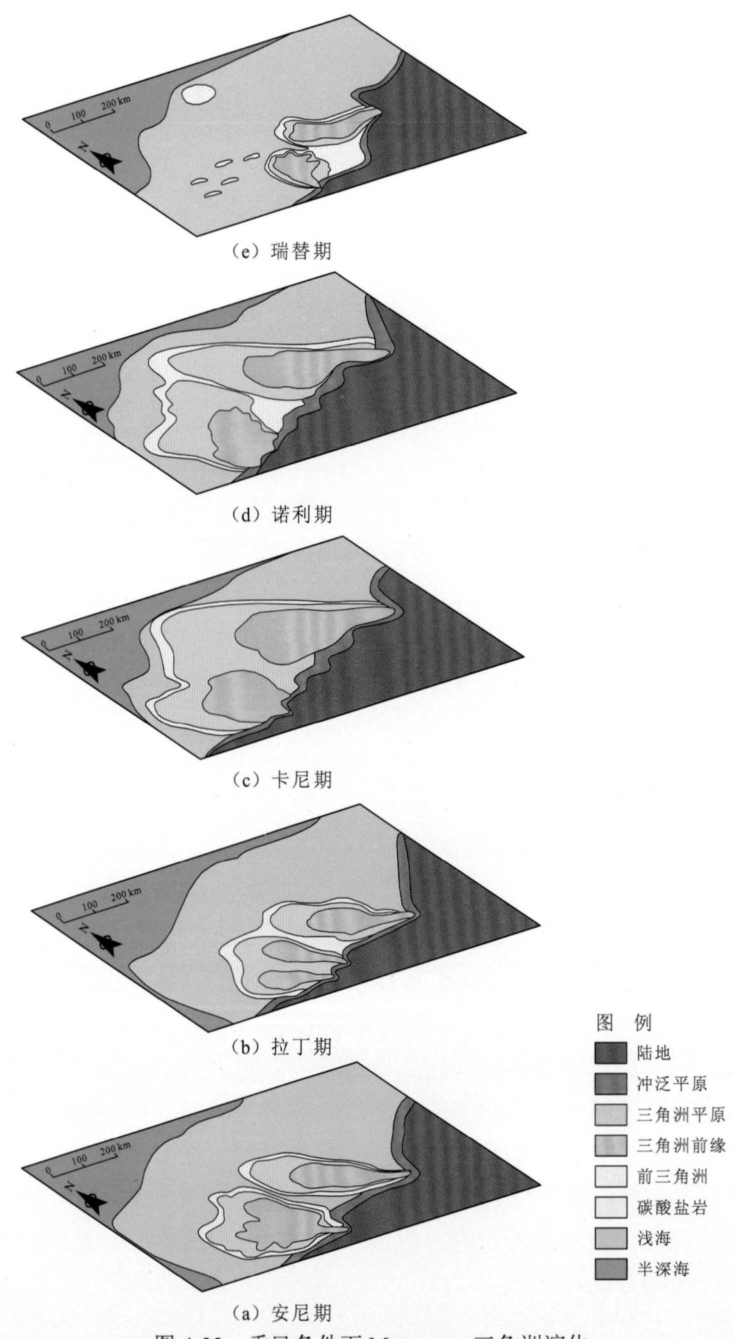

图 4-22 季风条件下 Mungaroo 三角洲演化

（一）煤系烃源岩特征

1. 烃源岩岩性特征

Mungaroo 组烃源岩岩性主要为薄煤层、碳质泥岩及富含陆源有机质的泥岩。其中薄煤层、碳质泥岩主要富集于远端三角洲平原。近端三角洲平原由于为主水道发育区，河流冲刷作用强，早期沉积的泥炭沼泽等细粒沉积物难以保存，仅保留有少量薄层泥岩，沉积物中有机质大部分遭到氧化分解，样品分析中可见遭受氧化的镜质组。到了远端三角洲平原，主水道水动力减弱，主水道开始分叉成支流，分支水道水动力相对主水道弱，改道过程中对早期细粒的越岸沉积物冲刷作用较小，导致远端三角洲平原测井上保留了不明显的河流二元结构，细粒沉积物中也富含丰富的陆源有机质，薄煤层、碳质泥岩在该相带普遍发育（图 4-23）。三角洲前缘由于受到河流和风暴洋流的双重作用，有机质主要以分散的有机质形式富集于粉砂质泥岩、粉砂岩中。

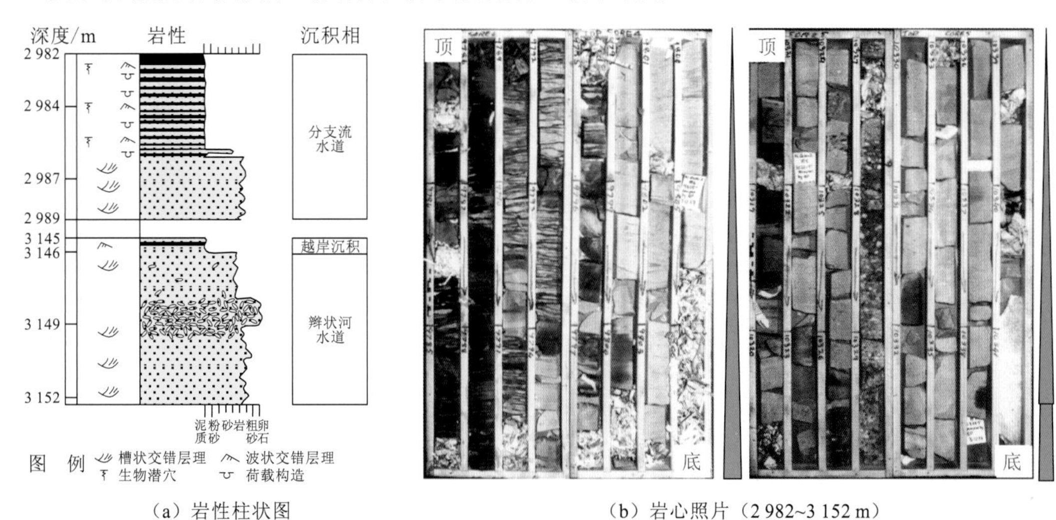

（a）岩性柱状图　　（b）岩心照片（2 982~3 152 m）

图 4-23　North Rankin-2 井 Mungaroo 组远端三角洲平原钻井岩心特征

通过镜下观察，发现陆源有机质主要以压扁无组织结构条带状的分散有机质富集于细粒沉积物中[图 4-24（a）、（b）]，说明有机质经过短距离搬运改造，与细粒沉积物混合沉积，有机质富集状态与当时特殊的气候背景有密切关系。在季风洪水改造作用下，水道改道、决口发育，导致早期原地沉积的泥炭遭到破坏改造，原始的细胞结构难以保存识别，仅局部的植根保留原始的细胞结构[图 4-24（c）、（d）]。

2. 烃源岩有机质显微组分特征

中-晚三叠世，研究区气候温暖潮湿，植被繁盛，Mungaroo 三角洲有机质主要来源于陆源的蕨类和种子蕨类，干酪根类型主要为 III 型。沉积物中含有丰富的有机质，生烃潜力大，暗色泥岩中 TOC 含量可达 26.8%，烃源岩主要表现为煤和分散有机质两种形式：煤的显微组分主要为镜质组，惰质组含量较低；分散有机质中镜质组含量较煤中含量低，惰质组和壳质组含量则较高。不同沉积相带，其干酪根类型区别较大：近端三角洲平原和三角洲前缘主要为分散有机质，局部含有少量煤质碎片；远端三角洲平原除了含有大量分散有机质外，还发育了广泛分布的薄煤层。通过对盆地内 112 个 Mungaroo 组泥岩（包括薄煤层）样品进行有机质显微组分分析，总结出 Mungaroo 组有机质显微组分分布特征。

显微组分中镜质组含量普遍偏低，平均镜质组含量不到 50%，分析样品中只有 9 个样品镜质组显微组分含量大于 70%；惰质组含量较高，平均含量可达 37%。一般高惰质组含量反映了森林火灾、干燥气候条件，这与当时研究区所处的温暖潮湿气候条件不符。

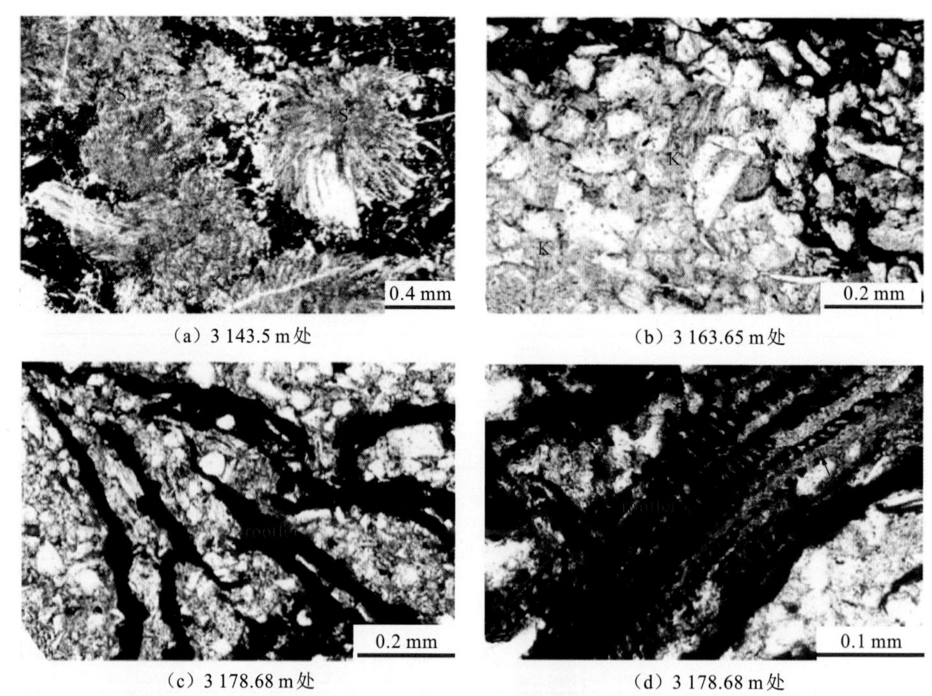

（a）3 143.5 m处　（b）3 163.65 m处

（c）3 178.68 m处　（d）3 178.68 m处

图 4-24 单偏光下 Pluto-2-CH1 井 Mungaroo 组三角洲远端三角洲平原陆源有机质赋存形态

（a）样品可能来自富含有机质的页岩或碳质条带，主要为交代菱铁矿（S）和组织结构遭受破坏的有机质碎片（O）（有机质含量为 27.8%）；（b）粉砂岩，粒间孔被自生高岭石充填（K），有机质碎片在砂岩中挤压变形呈条带状 （有机质含量为 6%）；（c）、（d）泥质粉砂岩中不透明的有机质碎片和植根呈条带状，植根的细胞组织结构清晰可见（有机质含量为 10%）

导致镜质组含量普遍偏低的主要原因可能是受到环特提斯洋季风的影响，泥岩遭受洪水的冲刷作用，有机质显微组分中的镜质组遭受氧化，这样的冲刷氧化条件有利于惰质组的形成。Mungaroo 组陆源有机质显微组分镜质组与惰质组比值（Vitrinite/inertinite，V/I）主要集中在 0～1 和 1～3（图 4-25）。V/I 可以用来指示有机质受氧化的程度。一般认为 V/I＜1，有机质曾暴露于氧化环境；V/I 为 1～3，表明有机质有处于氧化环境的历史；V/I 为 3～10，有机质处于氧化-还原相互交替的沉积环境。可见 Mungaroo 三角洲泥炭沼泽发育时期，均受到了一定程度的氧化作用。

通过对北卡那封盆地埃克斯茅斯高地、兰金台地和巴罗次盆三个构造单元的 13 口井的烃源岩段进行取样分析，统计出 Mungaroo 组浅水辫状河三角洲不同沉积亚相有机质显微组分的分布规律，从近端三角洲平原到远端三角洲平原，再到三角洲前缘，最后到（滨浅海）前三角洲，镜质组含量先增加再减少，而三角洲前缘壳质组含量则有明显增加的趋势（表 4-1）。近端三角洲平原由于河流作用较强，对沼泽覆水沉积环境改造强烈，其暗色泥岩中镜质组含量相对远端三角洲平原较低，惰质组含量较高。远端三角洲平原河流作用较弱，沉积的泥炭沼泽能够较好地保存，有机质显微组分中镜质组含量较高，惰质组含量较低。三角洲前缘沉积的陆源有机质主要来自河流的异地搬运，在河流和海水的双重影响下，有机质显微组分中镜质组含量较低，壳质组和惰质组含量则较高。

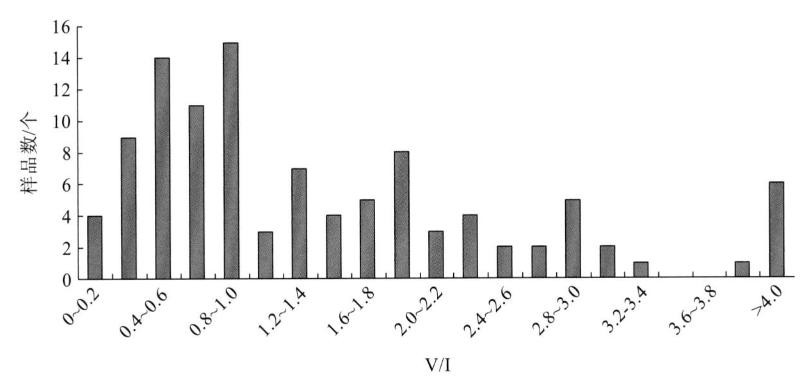

图 4-25　Mungaroo 组泥岩中有机质显微组分镜质组与惰质组比值分布柱状图

表 4-1　不同沉积相有机质显微组分平均含量统计

沉积亚相	显微组分平均含量/%		
	惰质组	镜质组	壳质组
三角洲前缘	38	23	39
	壳质组＞惰质组＞镜质组		
远端三角洲平原	30	54	16
	镜质组＞惰质组＞壳质组		
近端三角洲平原	46	42	12
	惰质组＞镜质组＞壳质组		

近端三角洲平原和远端三角洲平原有机质显微组分主要为镜质组和惰质组，壳质组含量较低。三角洲前缘中壳质组含量明显增高，部分样品中只含有壳质组（图 4-26、表 4-1）。由平原相至前缘相壳质组增加是因为壳质组比较稳定、质轻，可以由河流长距离搬运至三角洲前缘富集；镜质组不稳定，受季风洪水影响，在搬运过程中易氧化分解。三角洲前缘有机质来源于水生生物和陆源有机质两部分，壳质组更多地来源于水生低等植物，因而烃源岩中壳质组含量较高。

显微组分中镜质组含量与惰质组含量呈简单的镜像关系，在平原相带中关系更为明显。在三角洲前缘这种镜像关系被破坏，可能是由于受到风暴洋流的改造作用及来自海相有机质的加入。统计分析样品层段发现，富泥段或者细粒沉积物层段的样品，镜质组含量高，惰质组含量低；富砂段或离辫状河水道近的样品镜质组含量低，惰质组含量高。近端三角洲平原和远端三角洲平原有机质显微组分主要为镜质组和惰质组，壳质组含量较低；前缘亚相中镜质组＋惰质组含量与壳质组含量相近，部分样品中只含有壳质组，三角洲前缘还含有少量的沟边藻和疑源类。

在烃源岩有机质显微组分分析过程中，发现 Mungaroo 组烃源岩泥岩中存在着一些高镜质组、高惰质组、高壳质组的样品，结合沉积相、岩相对其成因进行简要分析。高惰质组样品分析表明，其主要集中在近端三角洲平原（图 4-27），主要为厚层水道砂岩夹薄层泥岩或粉砂岩。这可能与当时特殊的气候背景有关，在季风影响下，洪泛频发，沉积区受到强洪水改造作用，近端三角洲平原由于离源区较近，这种改造作用尤为明显，

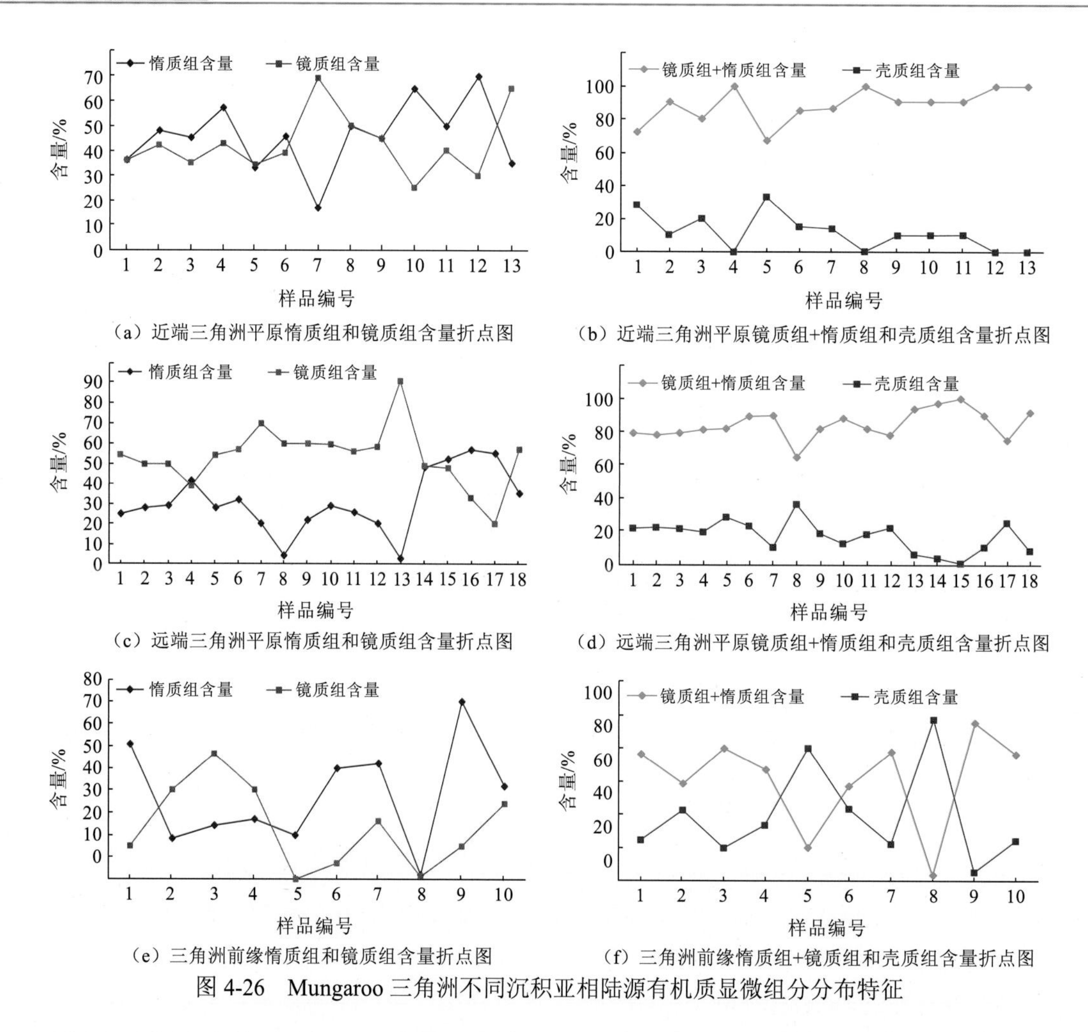

（a）近端三角洲平原惰质组和镜质组含量折点图

（b）近端三角洲平原镜质组+惰质组和壳质组含量折点图

（c）远端三角洲平原惰质组和镜质组含量折点图

（d）远端三角洲平原镜质组+惰质组和壳质组含量折点图

（e）三角洲前缘惰质组和镜质组含量折点图

（f）三角洲前缘惰质组+镜质组和壳质组含量折点图

图 4-26　Mungaroo 三角洲不同沉积亚相陆源有机质显微组分分布特征

早期形成的越岸细粒沉积由于受到水道的改道冲刷作用，仅局部保留有少量的细粒沉积泥岩、粉砂质泥岩等。细粒沉积物中的陆源有机质仅少部分被保存，由于受到强洪水的冲刷氧化作用，有机质显微组分以惰质组为主，镜质组易氧化分解不易得到保存，壳质组则较易被水流带走。这一类型的烃源岩有机质显微组分主要为惰质组，镜质组和壳质组含量较低，而惰质组生烃有限，不能作为好的烃源岩。

高镜质组样品分析表明，其主要集中在远端三角洲平原远离水道沉积的碳质泥岩、泥岩中。远端三角洲平原中的薄煤层有机质显微组分也主要是以镜质组为主。从近端三角洲平原到远端三角洲平原，水动力开始减弱，水道开始大量分叉，越岸沉积的泥岩、泥炭沼泽等细粒沉积物能够得以保存。在远离水道沉积区，碳质泥岩、煤层发育，沉积物质陆源有机质含量高，有机质显微组分以镜质组为主。

高壳质组样品分析表明，其主要集中于三角洲前缘粉砂岩、粉砂质泥岩层段（图 4-28）。三角洲前缘沉积物中除了含有陆源有机质外，还含有一些水生的藻类，而且壳质组由于易被搬运，在三角洲前缘由于受到海水的缓冲作用，地表水流作用大大减弱，使得来源于陆生的壳质组在此沉淀富集，这样也就使得沉积物中壳质组含量增加。壳质组是有机质显微组分中富氢组分，具有生油潜力。

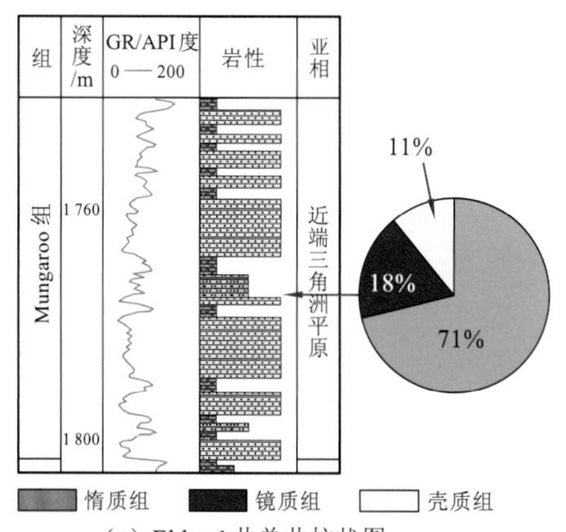

(a) Elder-1井单井柱状图

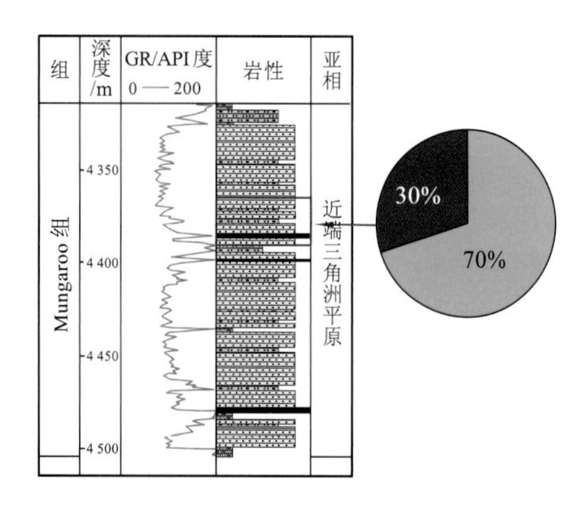

(b) North Gorgon-1井单井柱状图

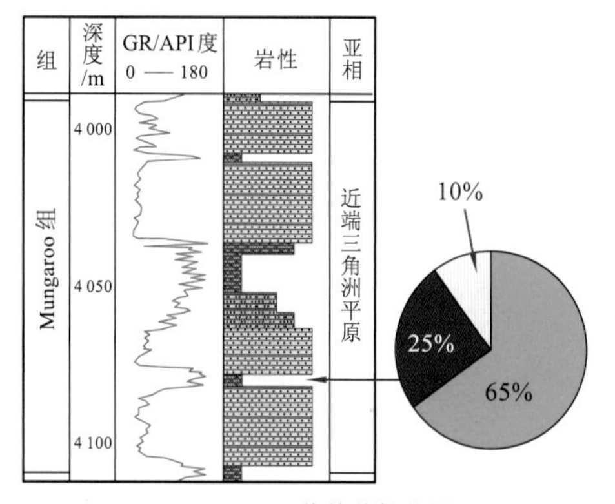

(c) Brigadier-1井单井柱状图

图4-27　高惰质组样品分析

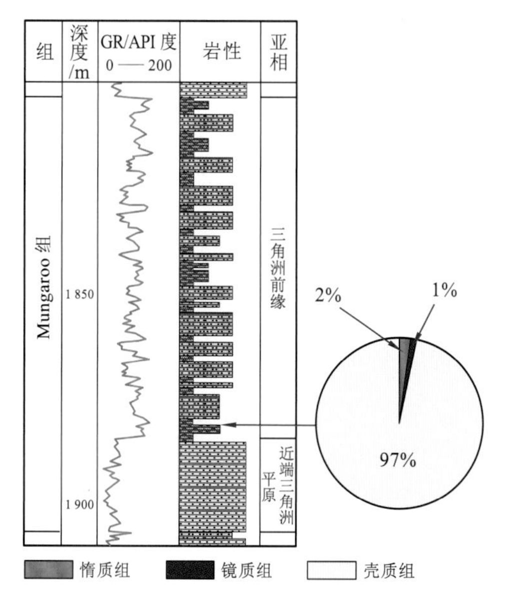

(a) Elder-1井单井柱状图（1 800~1 910 m）

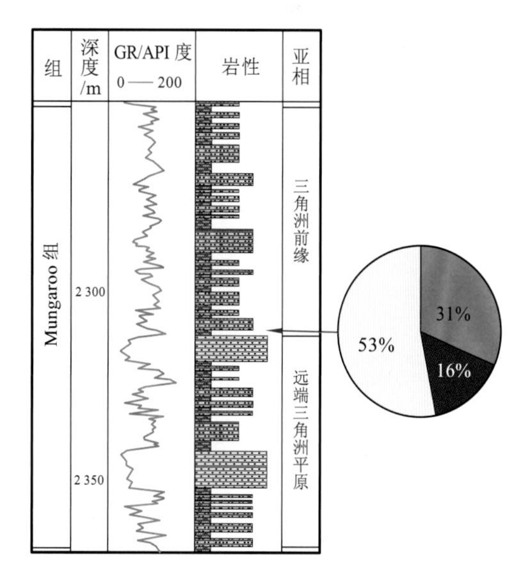

(b) Elder-1井单井柱状图（2 250~2 370 m）

图4-28　高壳质组样品分析

3. 不同沉积相带烃源岩生烃潜力

不同沉积相带陆源有机质含量——生烃潜力差异性大（图 4-29、图 4-30）。近端三角洲平原和远端三角洲平原沉积暗色泥岩有机质含量均很高，虽然它们在一定程度上均遭受河流的冲刷作用，但被保留下来的碳质泥岩中陆源有机质含量仍很高。特别是远端三角洲平原相带，层段中薄煤层和富含陆源有机质的厚层碳质泥岩发育，可以作为很好的烃源岩，泥岩中平均有机质含量可达 4.11%，主要为中—好烃源岩，显微组分惰质组含量较低，是良好气源岩。近端三角洲平原，碳质泥岩不发育，薄层泥岩中有机质含量也较高，平均可达 1.16%，主要为中—好烃源岩，局部还夹有少量的煤质碎片，但该层段泥岩不发育，且有机质显微组分中惰质组含量高，生烃潜力不大。三角洲前缘的陆源有机质含量较低，烃源岩品质较差，而且 Mungaroo 三角洲前缘沉积相带发育较窄，不

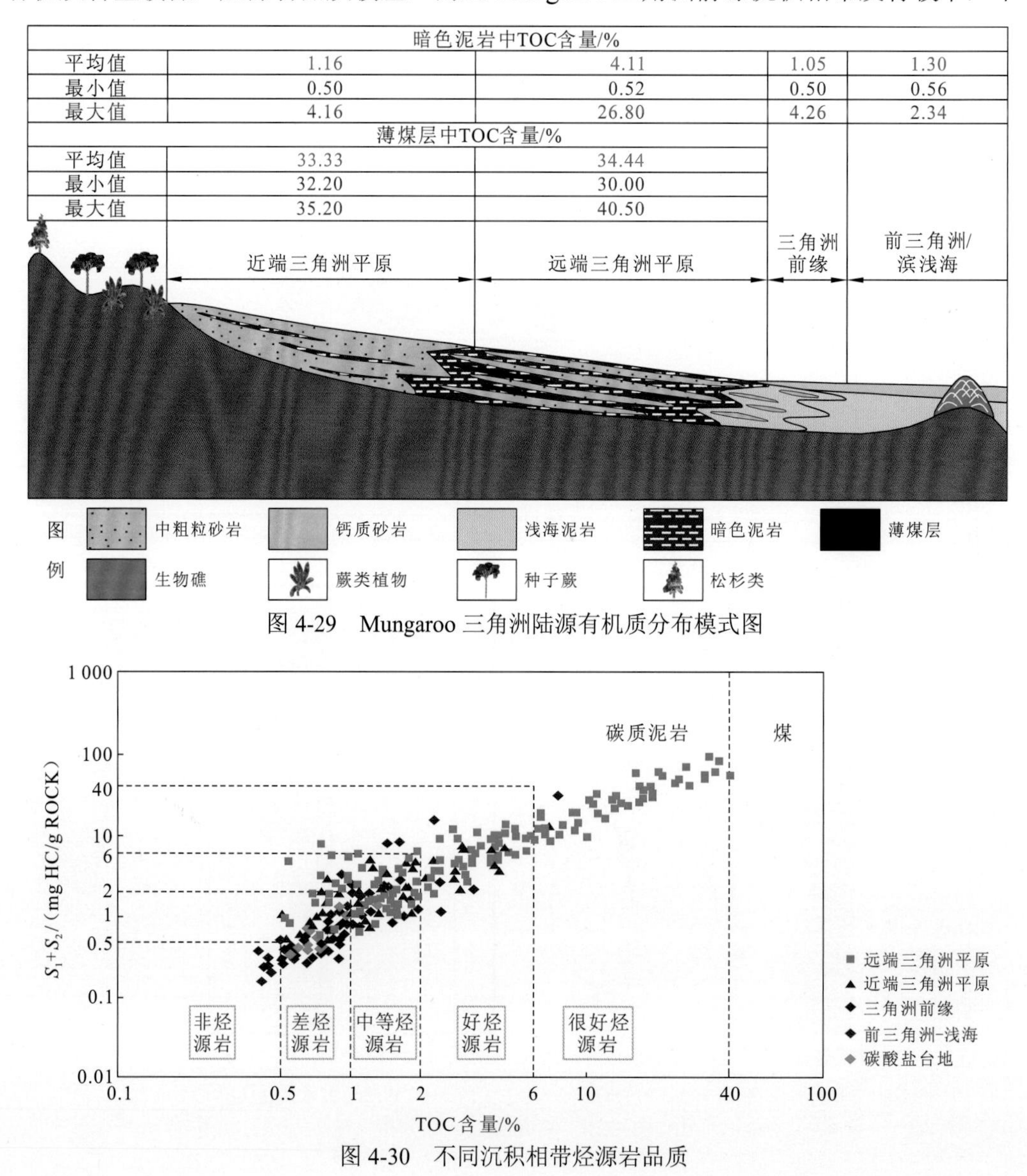

	近端三角洲平原	远端三角洲平原	三角洲前缘	前三角洲/滨浅海
暗色泥岩中TOC含量/%				
平均值	1.16	4.11	1.05	1.30
最小值	0.50	0.52	0.50	0.56
最大值	4.16	26.80	4.26	2.34
薄煤层中TOC含量/%				
平均值	33.33	34.44		
最小值	32.20	30.00		
最大值	35.20	40.50		

图 4-29　Mungaroo 三角洲陆源有机质分布模式图

图 4-30　不同沉积相带烃源岩品质

能作为该区有利的烃源岩相带。图 4-30、图 4-31 中统计的滨浅海泥岩、碳酸盐岩台地有机质含量主要来自瑞替期海侵形成的滨浅海沉积，对于 Mungaroo 三角洲主要发育阶段（卡尼期—诺利期）前三角洲沉积，由于无钻井揭示，其有机质特征不明。

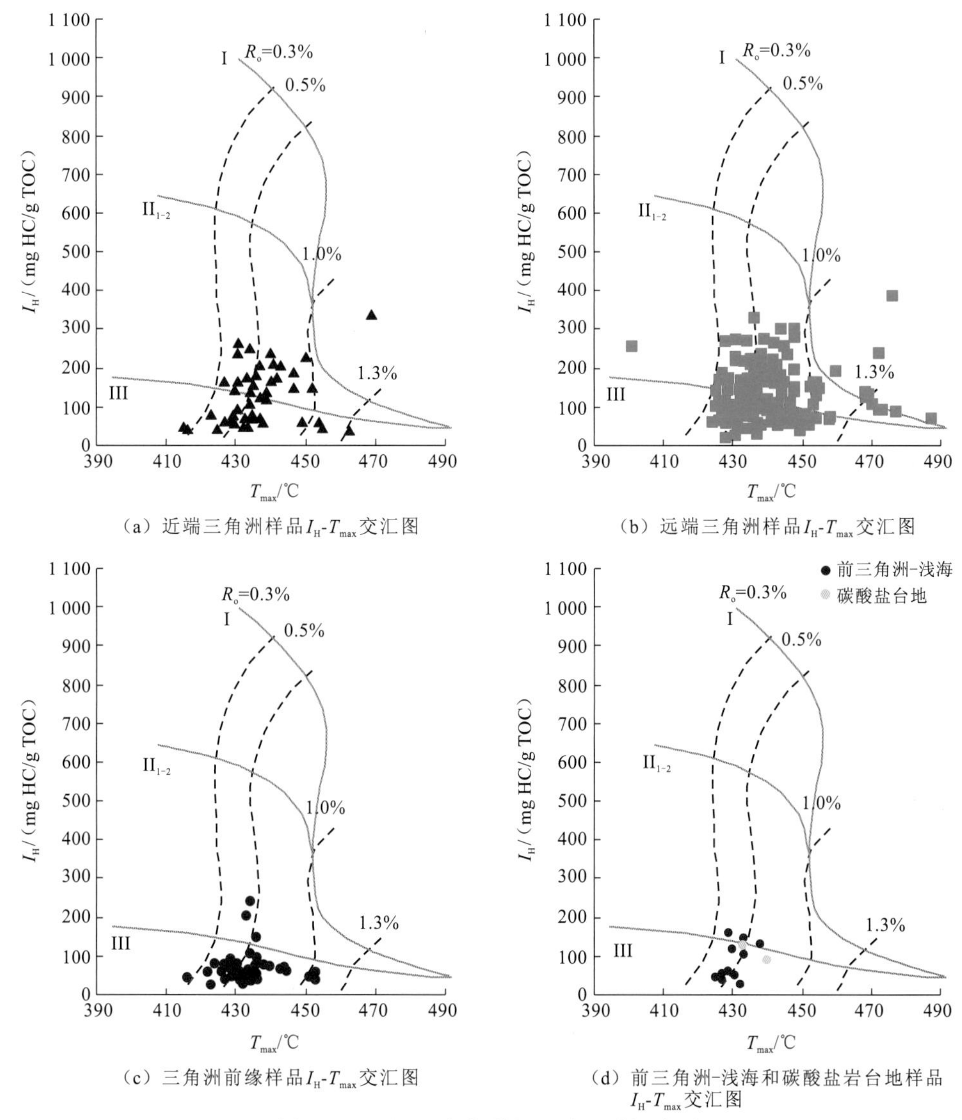

（a）近端三角洲样品 I_H-T_{max} 交汇图　（b）远端三角洲样品 I_H-T_{max} 交汇图

（c）三角洲前缘样品 I_H-T_{max} 交汇图　（d）前三角洲-浅海和碳酸盐岩台地样品 I_H-T_{max} 交汇图

图 4-31　不同沉积相带烃源岩干酪根类型

不同沉积相带烃源岩干酪根类型也具有一定的差异性。Mungaroo 组烃源岩作为煤系地层，其有机质仍主要来自陆生植物，主要为 III 型干酪根。但不同沉积相带干酪根类型仍具有差异性，其中近端三角洲和远端三角洲主要为 II_2—III 型干酪根，三角洲前缘烃源岩干酪根类型则主要为 III 型干酪根，仅少数样品落入 II_2 干酪根区域。三角洲前缘为三角洲平原水下延伸，受到海水影响，随河流搬运的壳质组会在这里富集。受到风暴的改造作用，其富氢组分氧化分解，导致其有机质的氢指数偏低，干酪根类型偏向于 III 型。前三角洲-浅海、碳酸盐岩台地样品主要来自瑞替阶海侵地层，由于样品有限，主要集中在 III 型干酪根界限附近，并没有明显规律（图 4-31）。

4. 烃源岩有机相类型

北卡那封盆地 Mungaroo 三角洲相控制下陆源有机质分布特征明显，烃源岩分布较为广泛，从近端三角洲平原薄层泥岩夹层，到远端三角洲平原富含陆源有机质暗色泥岩、碳质泥岩及广泛分布的薄煤层，再到三角洲前缘暗色泥岩均可作为目的层段烃源岩，均具有一定的生烃潜力。不同沉积相带有机质的富集程度、有机质来源、有机质岩石学特征、烃源岩地球化学特征具有较大的差异性。远端三角洲平原为研究区有利勘探相带，下文对 Mungaroo 三角洲进行沉积有机相带划分及空间刻画。

不同岩性组合下，其包含的烃源岩也具有一定的差异性。不同岩性组合，反映不同的沉积微环境，不同的微环境下其有机质的保存条件、有机质来源均具有一定的差异性。而有机质的沉积特征（即沉积物中有机质的数量和性质）主要取决于生物发育及有机质来源和有机质的沉积环境（包括水体流速、深度、浪基面深度、沉积速率及温度等物理因素；氧化还原电位、pH 及盐度等化学因素；微生物等生物因素）。综合分析 Mungaroo 三角洲沉积特征，在沉积相划分的基础上可将岩性相划分为 8 种。其中近端三角洲平原包括 2 种：厚层砂岩夹薄层泥岩；厚层砂岩夹薄层泥岩、粉砂岩，局部发育薄煤层。远端三角洲平原包括 4 种：砂岩、粉砂岩、泥岩和碳质泥岩组成完整的正旋回组合；粉砂岩、泥岩、碳质泥岩频繁互层；粉砂岩、泥岩、碳质泥岩、薄煤层频繁互层；厚层富粉砂质泥岩段。三角洲前缘包括 2 种：中厚层钙质砂岩、钙质粉砂岩、钙质泥岩互层；钙质粉砂岩、钙质泥岩频繁互层。瑞替期，由于发生海侵，沉积了一套海侵地层，三角洲萎缩，海侵地层顶部发育了一套碳酸盐岩，主要为泥灰岩。同时海侵地层中还可识别出滨浅海粉砂岩与泥岩互层。这套海侵地层已经不属于 Mungaroo 组沉积，为 Brigadier 组，为了形成完整的三角洲发育旋回体系，可将其作为 Mungaroo 三角洲发育萎缩期沉积来讨论。基于 Mungaroo 组岩性组合划分，综合考虑其沉积特征、岩相特征、有机岩石学特征、地球化学特征（有机质富集程度、生烃潜力、干酪根类型），可将其沉积有机相划分为 7 个类型（表 4-2、表 4-3）。

表 4-2 北卡那封盆地 Mungaroo 组沉积有机相划分总表

划分依据	沉积有机相类型						
	PDP 有机相	DDP1 有机相	DDP2 有机相	DDP3 有机相	DF1 有机相	DF2 有机相	LN-CP 有机相
沉积环境	近端三角洲平原沉积	较强水动力下水道充填堆积	越岸粉砂岩沉积	远离主水道沉积泥炭沼泽	水下分支流水道附近沉积	远离水下分支流水道细粒沉积	滨浅海-浅海碳酸盐台地
V/I	0.7	1	1	1.4	0.5	0.2	0.26
岩相组合特征	厚层水道砂岩夹薄层泥岩，无河流二元结构	厚层水道砂岩夹薄层碳质泥岩，存在不明显的河流二元结构	粉砂岩、粉砂质泥岩、泥岩互层	富含薄煤层粉砂岩-泥岩段	水道分支流砂岩夹薄层钙质泥岩	粉砂岩、粉砂质泥岩、泥岩细粒沉积互层	粉砂岩、泥岩互层、碳酸盐台地沉积
烃源岩品质	差—中等	中等—较好	较差—较好	好	差	中等—较好	较差—中等

续表

划分依据		沉积有机相类型						
		PDP 有机相	DDP1 有机相	DDP2 有机相	DDP3 有机相	DF1 有机相	DF2 有机相	LN-CP 有机相
地球化学特征	TOC 含量/%	0.8	1.7	1.6	5.8	0.5	2	1.3
	有机质富集形式	分散有机质	分散有机质，少量薄煤层	分散有机质、少量薄煤层	薄煤层、分散有机质	分散有机质	分散有机质	分散有机质
	S_1+S_2/（mg HC/g ROCK）	0.5～4	1～8	0.5～6.5	1～15	0.15～1	1～10	0.15～2
	I_H/（mg HC/g TOC）	50～150	100～250	50～300	100～350	30～90	60～250	15～90
	干酪根类型	II_2～III	II_2～III	II_2～III	II_2～III	III	II_2～III	III

注：PDP 为近端三角洲平原沉积；DDP1 为较强水动力下水道充填堆积；DDP2 为越岸粉砂岩沉积；DDP3 为远离主水道沉积泥炭沼泽；DF1 为水下分支流水道附近沉积；DF2 为远离水下分支流水道细粒沉积；LN-CP 为滨浅海-浅海碳酸盐台地

表 4-3　北卡那封盆地 Mungaroo 组不同沉积有机相有机质显微组分汇总表

有机质显微组分类型	沉积有机相类型						
	PDP 有机相	DDP1 有机相	DDP2 有机相	DDP3 有机相	DF1 有机相	DF2 有机相	LN-CP 有机相
壳质组/%	0～33（11）	0～26（14）	0～62（18）	0～50（20）	5～15（11）	10～43(27)	7～34（21）
惰质组/%	30～70(49)	35～65(47)	20～75(47)	0～50（31）	50～87(72)	30～67(55)	49～73(63)
镜质组/%	15～70(40)	18～55(39)	10～70(35)	36～70(49)	0～35（17）	1～20（6）	11～20(16)
藻类体/%	—	—	—	—	少量	2～26（12）	少量

注：表中数据格式为最小值～最大值（平均值）

综合分析 Mungaroo 三角洲这 7 种沉积有机相烃源岩的各项地球化学指标，认为其有机相烃源岩生烃潜力对比特征如下：远离主水道沉积泥炭沼泽（DDP3）有机相与越岸粉砂岩沉积（DDP2）有机相烃源岩生烃潜力大，远离水下分支流水道细粒沉积（DF2）有机相、较强水动力下水道充填堆积（DDP1）有机相烃源岩生烃潜力中等，近端三角洲平原沉积（PDP）有机相、滨浅海-浅海碳酸盐台地（LN-CP）有机相、水下分支流水道附近沉积（DF1）有机相烃源岩生烃潜力较差。

5. 烃源岩有机相空间展布特征

早期发育阶段（安尼期、拉丁期）：安尼期早期直至拉丁期晚期强制性海退开始，研究区仅局部发育三角洲，三角洲主要位于近物源区，分布局限，尚未延伸至埃克斯茅斯高地[图 4-32（a）、（b）]。滨浅海-浅海碳酸盐台地（LN-CP）有机相展布范围大，仅局部地区分布有生烃潜力较好的越岸粉砂岩沉积（DDP2）、远离水下分支流水道细粒沉积（DF2）有机相[图 4-32（a）、（b）]。但是由于该阶段，河流作用较弱，所挟带的陆源有

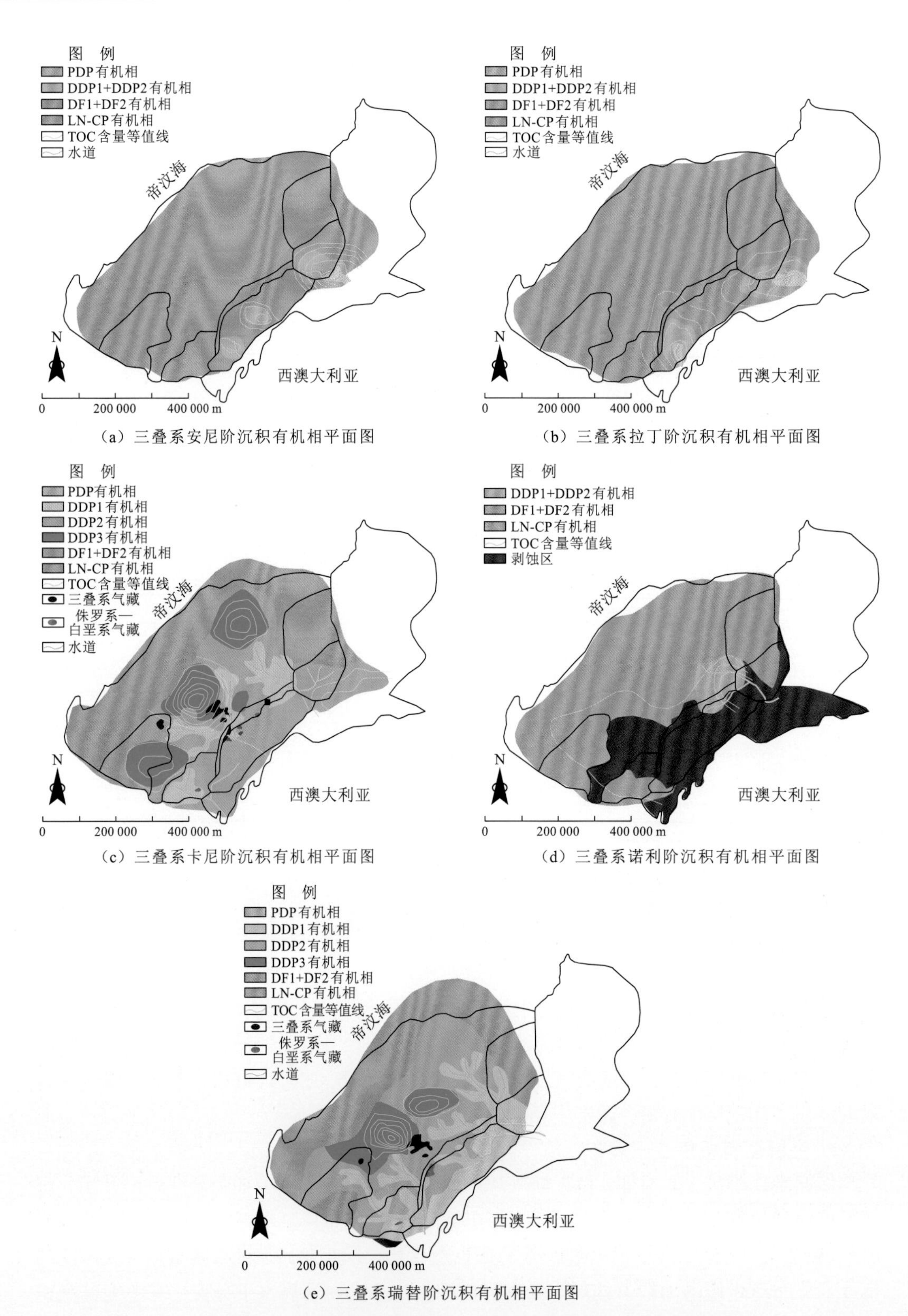

（a）三叠系安尼阶沉积有机相平面图

（b）三叠系拉丁阶沉积有机相平面图

（c）三叠系卡尼阶沉积有机相平面图

（d）三叠系诺利阶沉积有机相平面图

（e）三叠系瑞替阶沉积有机相平面图

图 4-32　北卡那封盆地三叠系各三级层序沉积有机相平面分布图

机质较少，总体上 TOC 含量普遍偏低。钻井揭示该层段，其中安尼阶的 TOC 含量小于 1%，据沉积有机相展布推测，其 TOC 含量总体小于 2%。拉丁阶的 TOC 含量小于 1.6%，据沉积有机相展布推测，其 TOC 含量总体小于 2.5%。

迅速扩张阶段（卡尼期、诺利期）：拉丁期晚期强制性海退开始，海平面迅速下降，三角洲开始向前推进，三角洲范围迅速扩张。基于钻井资料显示，卡尼期、诺利期远端三角洲平原薄煤层均普遍发育，沉积物中陆源有机质含量丰富，卡尼期单井泥岩中 TOC 含量最高可达 13.4%，诺利期单井泥岩中 TOC 含量最高可达 13.7%。基于相控下 TOC 展布分析结果表明，卡尼期的 TOC 含量分布存在两个沉积中心，分别位于埃克斯茅斯高地及“调查者”次盆[图 4-32（c）]；诺利期的 TOC 唯一分布中心则位于埃克斯茅斯高地[图 4-32（d）]。从三角洲沉积有机相展布可以看出，具有较大生烃潜力的远离主水道沉积泥炭沼泽（DDP3）有机相与越岸粉砂岩沉积（DDP2）有机相分布范围广泛，且较强水动力下水道充填堆积（DDP1）、远离主水道沉积泥炭沼泽（DDP3）组合分布区，均发育了大型的三叠系自生自储气藏。

萎缩期（瑞替期）：研究区遭受了大面积海侵，三角洲迅速萎缩，沉积面积较小，并且前期靠近物源区的三角洲沉积遭受隆升剥蚀，仅在兰金台地附近残留有部分三角洲沉积[图 4-32（e）]。瑞替期的 TOC 含量普遍较低，钻井样品分析，TOC 含量普遍小于 2%。

（二）烃源岩对油气成藏的影响

北卡那封盆地内发育多套烃源岩，从三叠系、侏罗系至白垩系均有优质烃源岩层段发育，天然气主要产自三叠系的三角洲沉积的煤系地层。基于 Mungaroo 组沉积有机相划分与空间展布分析，结合三角洲沉积有机相分布特征、岩性组合分布特征等方面的研究，表明远离主水道沉积泥炭沼泽（DDP3）有机相为陆源有机质富集的最有利地带（仅局部发育少量中-厚层水道砂岩），所发育的薄煤层及碳质泥岩、暗色泥岩均为该区形成自生自储油气藏提供了气源岩。

跟其他的盆地相同，北卡那封盆地油气运移方式以垂向运移为主，侧向运移为辅，特点与盆地内广泛发育的垂向输导体系密切相关。垂向输导体系主要受底辟作用、气烟囱、正断层三种因素所制约，是控制北卡那封盆地油气成藏的关键因素。侧向运移主要通过不整合面及储层砂体发生，北卡那封盆地存在多个期次的不整合面与分布广泛的三角洲砂体优质储层，具备较好的侧向运移条件。但是，北卡那封盆地中断层、气烟囱等输导性能好的垂向输导单元发育密度较高，加上生烃区垂向油气势梯度通常比侧向油气势梯度要大，因此油气在生成之后会优先发生垂向运移，侧向运移只有在垂向运移通道受阻或运移规模不足时才会发生。即便如此，油气在经过一段距离的侧向运移之后也容易被其他垂向输导体系重新截断，因此，在北卡那封盆地很难发生大规模长距离的侧向输导，中小规模的中-短距离的侧向运移一般常见。

第五节 尼罗河三角洲盆地新近纪河流-三角洲体系与天然气共生关系

尼罗河三角洲盆地是埃及乃至北非地区油气勘探开发的重要区域。天然气是尼罗河三角洲盆地最重要的资源，已探明地质储量约为 1.19 万亿 m^3，未探明地质储量约为 1.42 万亿 m^3，2010 年经过 USGS 重新估算天然气未探明地质储量约 6.31 万亿 m^3，占埃及天然气总量的 55%。尼罗河三角洲盆地也是凝析油和石油的产区，现今未探明地质储量分别为 95.4 万 m^3 和 28.62 万 m^3。尼罗河三角洲盆地总面积约为 25 万 km^2，其中盆地海上面积占总面积的 70%。盆地西部边界为 Nile Cone，东部紧邻黎凡特盆地（Levantine Basin），北部为斯特拉波（Strabo）海沟和塞浦路斯（Cyprus）海沟，向南为埃及北部边缘挤压构造带（Glyn and David，2007）。盆地具体包括南部沉积区、断折带和北部沉积区三个构造单元（图 4-33）。

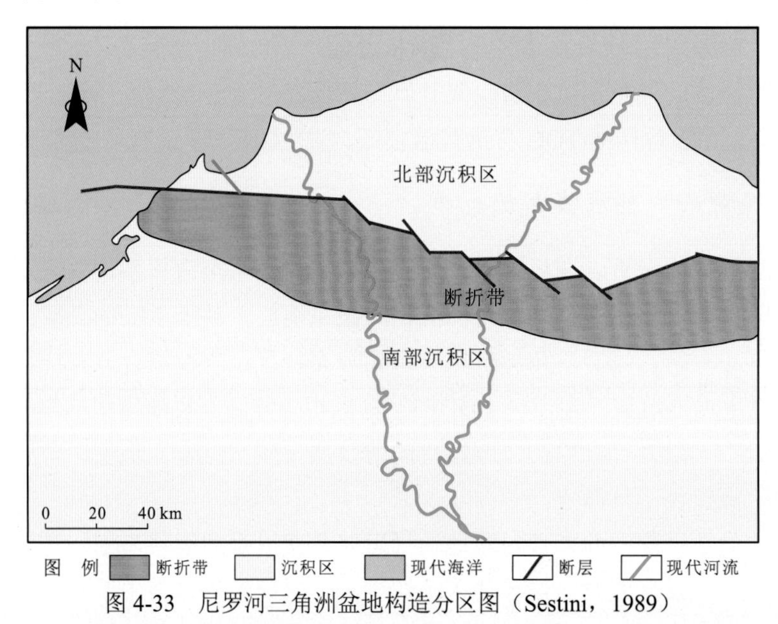

图 4-33 尼罗河三角洲盆地构造分区图（Sestini，1989）

尼罗河三角洲盆地及邻近区域的构造演化大致可分为 6 个阶段：晚石炭世—二叠纪克拉通-断陷演化阶段；早三叠世—晚三叠世裂谷演化阶段；晚三叠世末到晚白垩世被动大陆边缘演化阶段；晚白垩世—始新世构造挤压造山演化阶段；晚始新世—渐新世前陆盆地演化阶段；中新世—至今沉积建设及盆地改造阶段。三角洲的发育自中新世开始，红海开始拉张，盆地中的三角洲沉积建设及改造阶段开始，一直延续至今。由于大量的陆源碎屑物供应，尼罗河三角洲前积作用在上新世和更新世进一步加强，同时也导致了区域性的沉积负载沉降，伴随着陆架边缘滑塌和正断层发育等构造活动。尼罗河三角洲盆地主力烃源岩包括侏罗系煤系地层、渐新统上部—中新统中-下部 Qantara 组和 Sidi

Salim 组的富有机质泥页岩（Shaaban et al.，2006），而潜在烃源岩可能为侏罗系、白垩系、渐新统和始新统海侵期的凝缩层泥页岩（Kuss and Boukhary，2008）。

一、尼罗河三角洲盆地新近纪河流-三角洲体系对烃源岩的控制

尼罗河三角洲盆地发育于渐新世，盆内的沉积格局变化受气候变化、构造活动和全球海平面变化的共同影响。

（一）烃源岩沉积环境

1. 尼罗河发育特征

尼罗河是影响尼罗河三角洲盆地沉积特征的重要沉积体，在地质历史时期发生过很大的变化，古气候的波动和全球海平面的变化影响了尼罗河的河型、分布特征及沉积演化特征等，现今尼罗河水系主要起源于非洲东部高地。尼罗河演化主要分为以下 4 个阶段，每个阶段沉积一期河流体系。第一期 Eonile 河，发育于中新世中-晚期，受海平面下降的影响，河流下切作用明显，在河谷中沉积厚度为 170～900 m。Eonile 河入海在盆地北部地区形成三角洲，沉积一套向上逐渐变粗的沉积层序。在上新世早期 Eonile 河河谷受海侵作用影响，被海水所覆盖，河流作用减弱。上新世晚期海平面下降，河流作用增强，发育了尼罗河的第二阶段 Protonile 河，Protonile 河挟带大量的陆源碎屑物在盆地内形成了巨厚的三角洲前缘砂体。更新世初期埃及地区气候干旱，这种气候一直持续整个更新世，从暂时的干旱气候转化成名副其实的沙漠气候。与之相应的，Protonile 河出现断流，不流入埃及地区。更新世晚期，研究区处于一个短期多雨的季节。受到短期径流的影响，尼罗河进入 Prenile 河和 Neonile 河阶段。Prenile 河沉积，受洪水作用影响，主要由发育了大型交错层理的河流砂体与沿岸沙丘砂体互层所构成。而最后一期 Neonile 河一直发育到现今。

2. 尼罗河三角洲盆地沉积演化特征

从古生代至今，尼罗河三角洲盆地受多期构造活动的影响，影响沉积的主要因素是海平面变化和构造的不稳定（区域沉降、断层活动、断块旋转、区域剥蚀），控制了盆内古水深、沉积格局和砂体展布等（Sestini，1989）。受晚白垩世—始新世构造活动的影响，一系列雁列式的同沉积断层发育，盆地内发生明显的沉降，自渐新世—中新世早期，尼罗河三角洲盆地开始接受沉积。中新世起，尼罗河三角洲盆地发育一套自有的地层及沉积体系。古尼罗河发育并入海形成三角洲始于中新世中-晚期，尼罗河三角洲大规模进积作用始于上新世晚期，在更新世最为发育（Sestini，1989）。新近纪是尼罗河三角洲盆地重要的沉积演化时期。中新统是尼罗河三角洲盆地重要的沉积层系，主要发育有 5 个组（图 4-34），分别为 Qantara 组、Sidi Salim 组、Qawasim 组、Rosetta 组和 Abu Madi 组。该层系始于开阔海沉积阶段，止于大规模海退时的蒸发岩发育阶段。

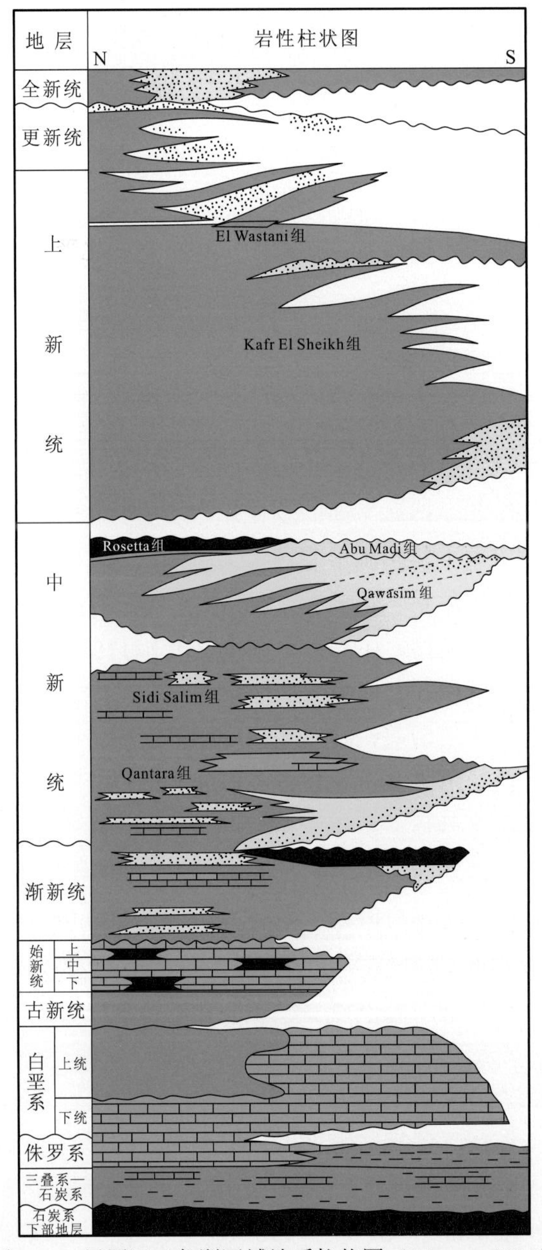

图 4-34　尼罗河三角洲区域地质柱状图（Wever，2000）

渐新世晚期—中新世中期 Qantara 组和 Sidi Salim 组的泥岩沉积分布广泛，主要为河流、浅海、陆坡等环境。该时期砂岩含量较低，在盆地中心地区可能发育海底扇或风暴岩，外围深海地区可能发育砂岩浊积体（图 4-35）。这些砂体的分布，主要受到局部因素的影响，如海底沟道的分布、海洋洋流的变化、沿岸三角洲和滨岸砂迁移路径等（Rizzini et al.，1978）。该时期构造活动对沉积特征影响较小，盆地沉积格局主要受到盆地沉降幅度和沉积物供应量的相对关系所控制，并仅在规模上有所体现，对沉积类型没有实质性的改变。

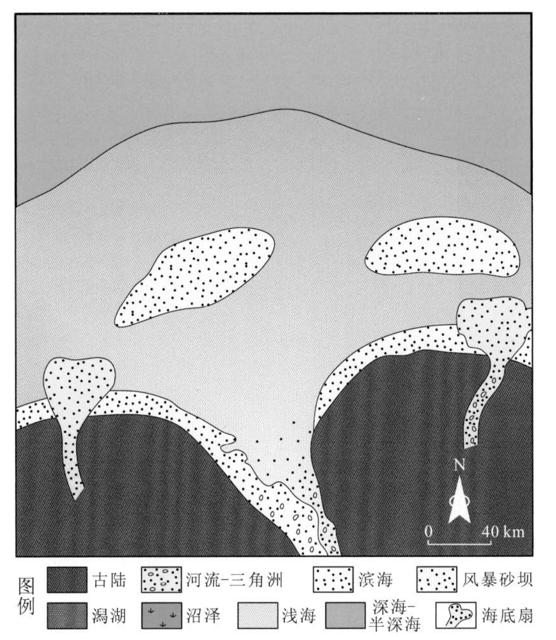

图 4-35　尼罗河三角洲盆地中新世沉积相图（Rizzini et al.，1978）

中新世晚期 Qawasim 组沉积时期发生全区范围的海退事件，盆内三角洲沉积广泛分布，较前期三角洲的建造明显加快（图 4-36），沉积厚度可达 1 km 以上（Rizzini et al.，1978）。这种陆源碎屑物的大量供应，必定有个强大的物源供给，在中新世晚期构造活动相对稳定，并没有地壳变动或隆升等构造活动。这种转变可能是受到海平面下降所影响，造成基准面的下降，一个新的侵蚀沉积旋回开始活化，早期河道下切作用进一步加强，带来了大量的陆源碎屑物。中新世晚期发育的尼罗河三角洲是早期从西部地区（埃及西部沙漠地区）向东快速迁移至现在的位置（Salem，1976）。随着海平面的下降，地中海盆地水体循环开始受限，生物群落越来越单一（Rizzini et al.，1978）。Qawasim 组沉积末期，整个三角洲转变成冲泛平原，海岸线向北进一步退却。受干旱气候的影响，地中海盆地水体减少，这代表一个高盐度水体盆地的出现，Rosetta 组蒸发岩开始发育（Rizzini et al.，1978）。相应的 Qawasim 组上部地层和 Abu Madi 组开始发育，由三角洲转变为河流沉积，并发育了冲泛平原的泥炭沉积。中新世末期海平面下降到历史最低（新生代以来），早期沉积的地层暴露于水面之上并遭受侵蚀，造成了该套地层与上新统之间不整合接触关系。

受控于全球海平面上升的影响，在上新世早期海侵作用下，盆内沉积了一套泥页岩层系。河流-三角洲沉积仍发育，砂岩等粗碎屑岩层表现为向上变细的沉积特征，厚度一般为数十米，最终逐渐转变为泥页岩。与之相应的盆地水体逐渐加深，沉积格局恢复到墨西拿阶之前的面貌，盆内以泥岩沉积为主，并且生物群落特征也指示该时期主要为浅海沉积（Rizzini et al.，1978）。由于河流的负载能力下降，陆源粗碎屑物供应量也相对减少，盆内多以滨岸带的砂岩沉积为主（图 4-37），海水覆盖了墨西拿期暴露的地表。这种沉积格局一直延续到上新世中期。上新世晚期 Kafr El Wastani 组沉积时期海平面下降，河流-三角洲沉积再一次覆盖了盆地大部分区域。盆地的碎屑物供应量增长幅度明显

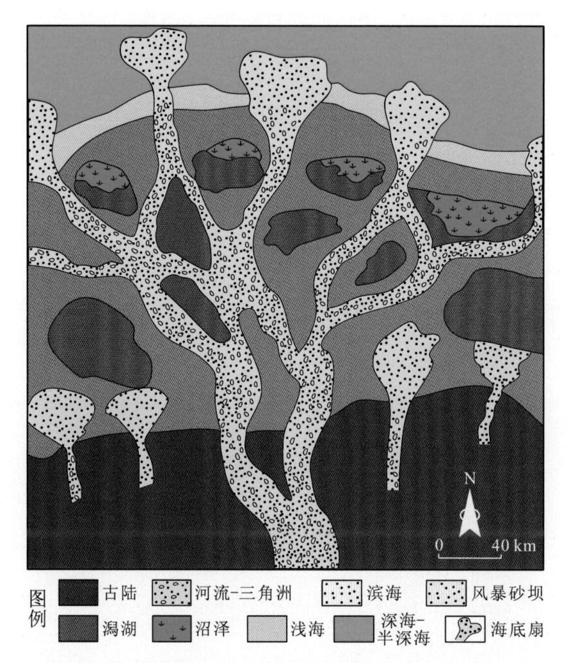

图 4-36　尼罗河三角洲盆地中新世晚期沉积相图（Rizzini et al.，1978）

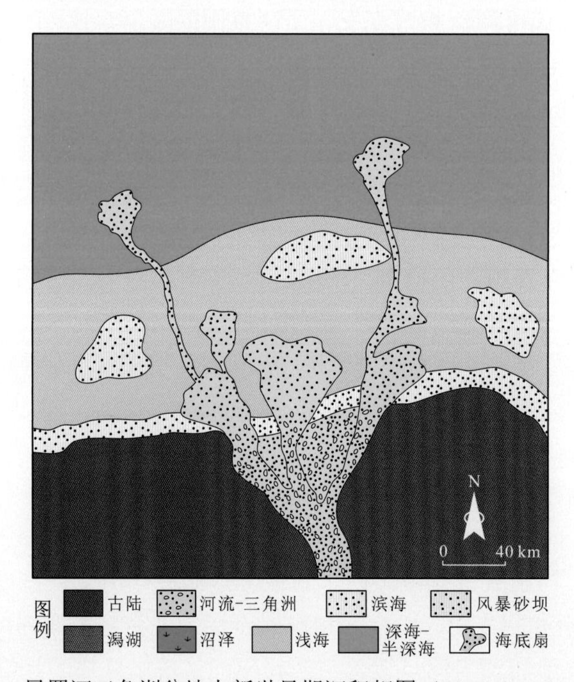

图 4-37　尼罗河三角洲盆地上新世早期沉积相图（Rizzini et al.，1978）

要大于盆地的沉降幅度，导致盆地内水深变浅，砂岩成为主要的沉积物。与前期不同的是，中新世盆地沉积中心主要在盆地北部地区，而上新世沉积中心向南迁移，沉积了尼罗河三角洲盆地新生代以来最大规模的三角洲前积沉积体。上新世晚期—更新世，盆内仍以河流-三角洲-浅海环境为主，部分地区发育泥炭沼泽环境。盆地沉积中心向东北方向迁移。深水地区的 Nile Cone 开始发育，大量的陆源碎屑物沿着北北东向的浊积沟道搬运至盆地北部的深水地区。可能受板块俯冲作用的影响，盆地西部的输砂量通常较大，造成砂体规模远超其他区域。全新世，尼罗河三角洲盆地发生了最后一期海侵事件，海岸线迁移至现今的位置，海侵对盆地沉积格局的影响远不及前期（Rizzini et al.，1978），盆内多以潟湖和含盐沼泽沉积环境为主，并一直延伸至盆地北部地区。

（二）沉积环境对烃源岩的影响

尼罗河三角洲盆地以凝析油和天然气为主（Shaaban et al.，2006），其主力烃源岩主要发育在渐新世—中新世沉积地层。该烃源岩有机质主要来自陆源生物，发育在受河流-三角洲影响的前三角洲及浅海环境。渐新世—中新世早期，盆地开始接受沉积，河流-三角洲开始发育，规模有限，盆内仍以浅海、陆坡等泥岩沉积为主，砂岩含量较低，发育了一套含有少量陆源有机质，以无定形有机质和海洋浮游生物为主的烃源岩。中新世晚期发生全区范围的海退事件，盆内河流-三角洲沉积广泛分布，局部发育有沼泽泥炭沉积。在该时期发育的烃源岩中有机质主要来自陆源生物，其中以陆地木本植物和草本植物碎片占主体，无定形有机质含量较少。上新世早期区内出现海侵，以滨浅海沉积为主，发育了一套泥页岩层系，但河流-三角洲沉积依旧发育。上新世晚期海平面下降，河流-三角洲沉积再一次覆盖了盆地大部分区域，砂岩成为主要的沉积物。在该时期发育的烃源岩品质较差，有机质以陆地木本植物和草本植物碎片占主体。随着沉积环境的变化，烃源岩特征有明显改变，对于尼罗河三角洲盆地，受小型河流-三角洲影响，发育混合型烃源岩的前三角洲-浅海环境，是盆内优质烃源岩发育的重要场所。

二、尼罗河三角洲盆地烃源岩与油气藏的依存关系

尼罗河三角洲盆地主要发育三套烃源岩，分别为：侏罗系海陆过渡相泥页岩；白垩系海相泥质页岩和灰岩；渐新统—中新统过渡相泥页岩。由于盆地新生代沉积地层较厚，钻遇早于中新统的钻井较少，对侏罗系—白垩系烃源岩的品质了解甚少。前人通过对西部沙漠地区烃源岩的地球化学特征研究，来对比尼罗河三角洲盆地侏罗系—白垩系烃源岩的地球化学特征及当时的环境特征。

（一）泥质烃源岩特征

1. 烃源岩类型及丰度特征

尼罗河三角洲盆地主力烃源岩发育在渐新世晚期—中新世。烃源岩主要岩性为富含有机质的页岩和泥岩，是中等—好烃源岩，TOC 含量平均值为 0.70%～2.00%（表 4-4），具有较高的生烃潜力（富含陆源含蜡有机质），主要发育在 Sidi Salem 组（Ella，1990）和 Qantara 组。该套烃源岩大多数情况下处于未成熟和刚进入成熟的阶段。

渐新统和中新统烃源岩（埋深 3 500 m）中有机质主要来自陆源生物，其中以陆地木本植物和草本植物碎片占主体，并含有一定量的无定形有机质和海洋浮游生物。随着深

表 4-4　尼罗河三角洲盆地烃源岩丰度及热解参数表（Sharaf，2003）

井名	组	深度/m	TOC 含量/%	S_2/（mg HC/g ROCK）	I_H/（mg HC/g TOC）	I_O/（mg CO_2/g TOC）	T_{max}/℃
PFM SE-1	Kafr El Sheikh 组	1 300～2 569	0.73～1.14	0.42～1.14	51～116	55～150	400～419
Barracuda Deep-1	Kafr El Sheikh 组	2 175～2 828	0.42～1.34	0.74～2.85	66～343	78～222	390～428
Temsah-4	Kafr El Sheikh 组	2 100～3 090	0.37～1.47	0.40～3.54	51～274	88～218	368～434
PFM SE-1	Qawasim 组	2 640～3 324	0.54～1.00	0.73～1.63	104～190	65～126	418～433
Barracuda Deep-1	Qawasim 组	3 128～3 853	0.42～2.87	0.40～4.35	14～461	51～282	411～431
Temsah-4	Qawasim 组	3 120～3 520	0.76～1.28	0.69～3.18	74～250	86～140	420～434
PFM SE-1	Sidi Salem 组	3 340～3 403	0.61～0.83	1.07～1.80	175～217	66～101	418～434
Barracuda Deep-1	Sidi Salem 组	3 925～4 113	0.41～0.78	0.64～2.93	119～376	100～149	421～433
Temsah-4	Sidi Salem 组	3 550～3 960	0.69～1.56	0.66～5.34	96～466	49～183	424～443
PFM SE-1	Qantara 组	3 410～3 429	0.59～0.85	0.96～1.43	159～170	80～149	426～435
Temsah-4	Qantara 组	3 990～4 170	0.90～2.05	3.79～9.45	325～461	55～75	440～448

度的增加，烃源岩品质有逐渐变好的趋势（无定形有机质含量增加到 75%，陆源植物碎片含量下降到 20%）。始新统—白垩系烃源岩中无定形有机质和海洋浮游生物含量较高，具有较好的生油潜力。侏罗统烃源岩，以陆源木本植物-海洋藻类混合有机质来源为主。这两套烃源岩品质较好，现今未有确切的证据证明该地层对研究区的油气富集有贡献。渐新统－中新统烃源岩作为研究区主力烃源岩，可进一步分为 4 个层系（Sharaf，2003）：以渐新统上部—中新统下部 Qantara 组最具潜力，并以生油为主；中新统中部 Sidi Salem 组，生烃潜力为差—中等；而中新统上部—上新统中-下部的 Qawasim 组和 Kafr El Sheikh 组生烃潜力较差，可能具有生气能力。

渐新统上部—中新统下部 Qantara 组由于埋深较深，盆地南部区域该层段烃源岩 TOC 含量一般较低，生烃能力较差，处于未成熟阶段。在北部区域，该层段具有较好的生烃潜力[图 4-38（a）～（c）]（Sharaf，2003），并已进入生油窗，T_{max} 一般为 440～448 ℃[图 4-38（d）和表 4-4]。

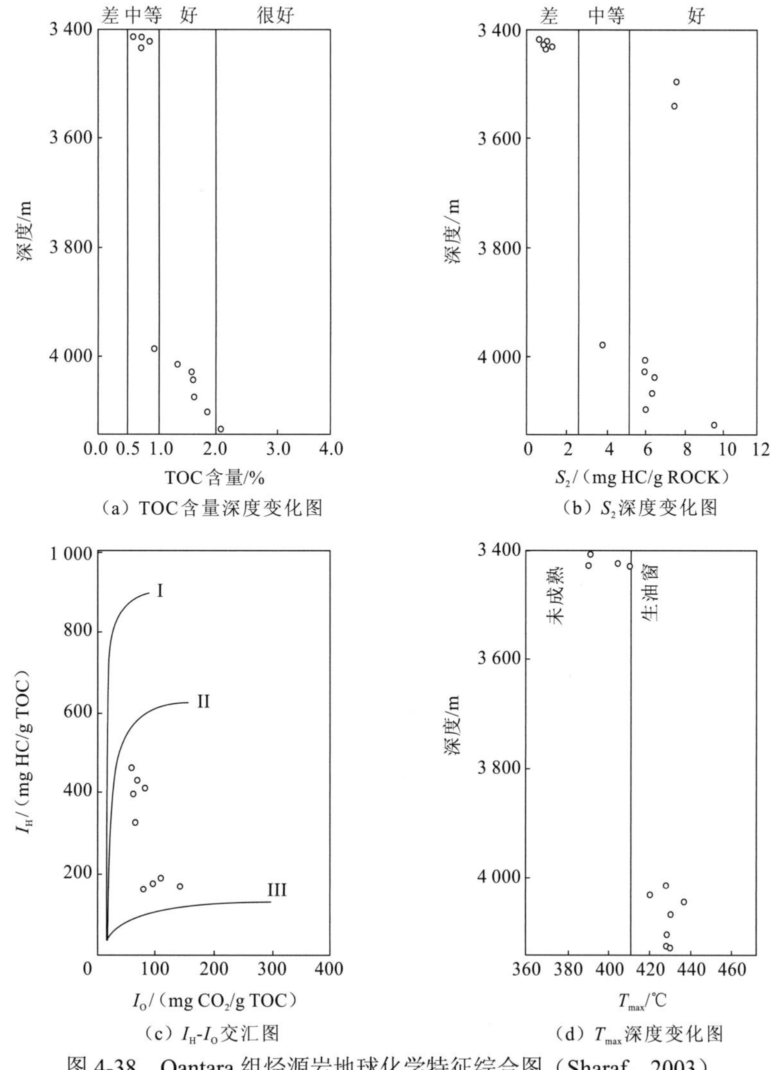

（a）TOC含量深度变化图

（b）S_2深度变化图

（c）I_H-I_O交汇图

（d）T_{max}深度变化图

图 4-38　Qantara 组烃源岩地球化学特征综合图（Sharaf，2003）

中新统中部 Sidi Salem 组泥岩 TOC 含量一般为 0.41%～1.56%，S_2 为 0.64～5.34 mg HC/g ROCK[图 4-39（a）、（b）]。I_H 一般在 200 mg HC/g TOC 以上，表现为较好的生烃潜力[图 4-39（c）]。该层段显微组分主要为腐泥组（60%～85%）（表 4-5），镜质组含量可达到 30%以上，烃源岩中具有非常低的壳质组和惰性组（表 4-5）。该层位烃源岩干酪根类型为 II 型或 III 型[图 4-39（c）]（Sharaf，2003）。样品的 T_{max} 一般为 424～443 ℃，处于未成熟和刚进入成熟阶段[图 4-39（d）、表 4-5]。Sidi Salem 组在研究区具有生气和生油的潜力，其成熟度向北逐渐增加，三角洲盆地东北部地区 Sidi Salem 组烃源岩成熟度最高（Ella，1990）。

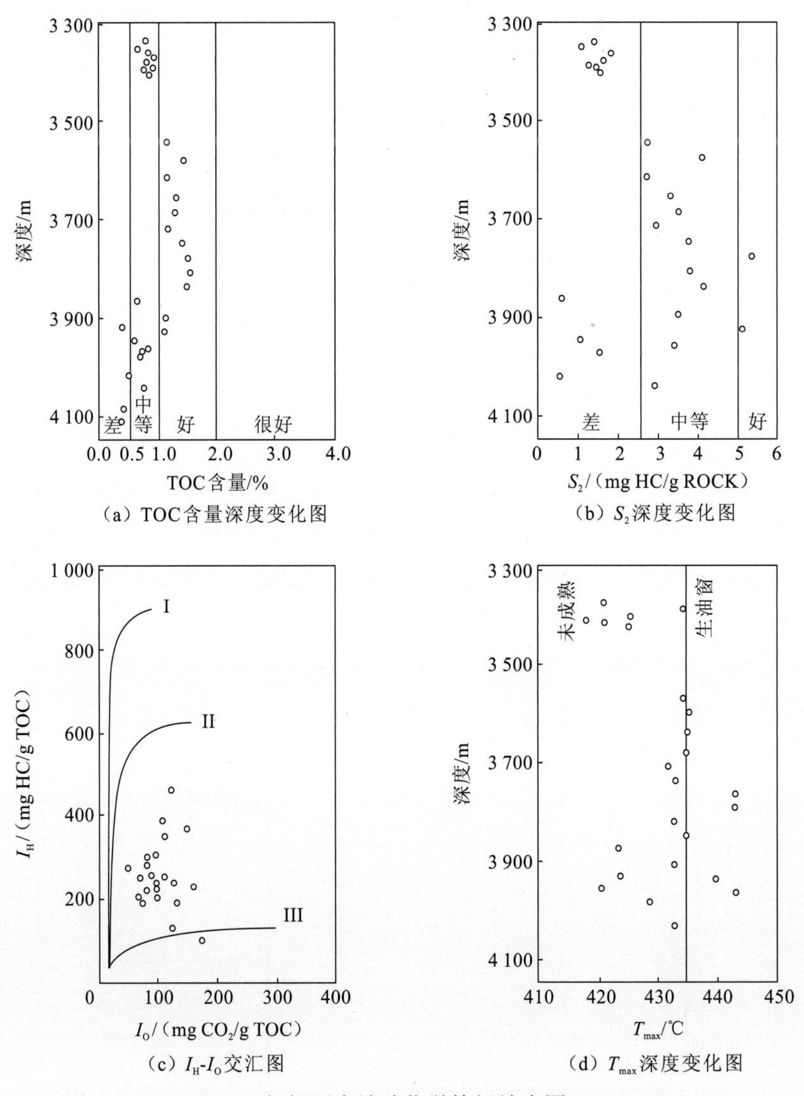

（a）TOC含量深度变化图　（b）S_2深度变化图

（c）I_H-I_O交汇图　（d）T_{max}深度变化图

图 4-39　Sidi Salem 组烃源岩地球化学特征综合图（Sharaf，2003）

表 4-5　尼罗河三角洲盆地烃源岩显微组分参数表（Sharaf，2003）

组名	深度/m	腐泥组/%	壳质组/%	镜质组/%	惰性组/%
Kafr El Sheikh 组	1 300～1 309	60	10	20	10
	1 625～1 634	75	5	10	10
	1 730～1 739	65	10	15	10
	1 900～1 909	65	10	15	10
	1 960～1 969	70	10	10	10
Qawasim 组	2 700～2 709	75	5	15	5
	2 830～2 839	80	5	10	5
	2 970～2 979	65	5	30	—
	3 090～3 099	70	5	20	5
	3 170～3 179	70	5	20	5
Qantara 组	3 340～3 349	65	5	30	—
	3365～3 374	60	5	30	5
	3 394～3 397	85	5	10	—

中新统上部 Qawasim 组泥岩 TOC 含量一般为 0.42%～2.87%[图 4-40（a）、表 4-5]，S_2 为 0.25～2.74 mg HC/g ROCK，生烃潜力中等[图 4-40（b）、表 4-5]（Sharaf，2003）。干酪根类型多为 III 型，在北部地区的干酪根类型转变为 II 型和 III 型。Qawasim 组烃源岩样品中 I_H 较低，一般低于 190 mg HC/g TOC[图 4-40（c）、表 4-5]，说明 Qawasim 组泥岩具有一定生烃潜力，主要为倾气型烃源岩。该层段 T_{max} 一般为 411～434℃[图 4-40（d）、表 4-5]，指示一个未成熟的烃源岩。盆地北部地区，T_{max} 最高可达 440℃，说明烃源岩已达到成熟阶段，并非常接近生油窗。通过对该层位烃源岩样品的显微组分分析，样品中具有较高的腐泥组（65%～80%）和镜质组（10%～30%）（表 4-5），壳质组含量较低，一般低于 5%。

上新统下-中部 Kafr El Sheikh 组烃源岩主要发育在尼罗河三角洲盆地近岸带的东北地区，TOC 含量为 0.37%～1.47%[图 4-41（a）、表 4-5]，S_2 较低，烃源岩生烃潜力较差[图 4-41（b）]。Kafr El Sheikh 组大多数样品主要为 III 型干酪根[图 4-41（c）]。Kafr El Sheikh 组烃源岩显微组分主要为腐泥组（60%～75%），壳质组和惰性组含量较低（分别为 5%～10%和 10%）（表 4-5）。一些样品的腐泥组不具有荧光性，不具有生油潜力。同样的 Kafr El Sheik 组 I_H 较低（51～116 mg HC/g TOC）[图 4-41（c）、表 4-5]。Kafr El Sheik 组的 T_{max} 一般为 368～434℃[图 4-41（d）、表 4-5]，指示了该层段处于未成熟阶段。

2. 原油生物标记化合物特征

尼罗河三角洲盆地以凝析油和天然气为主（Shaaban et al.，2006），其中天然气多为

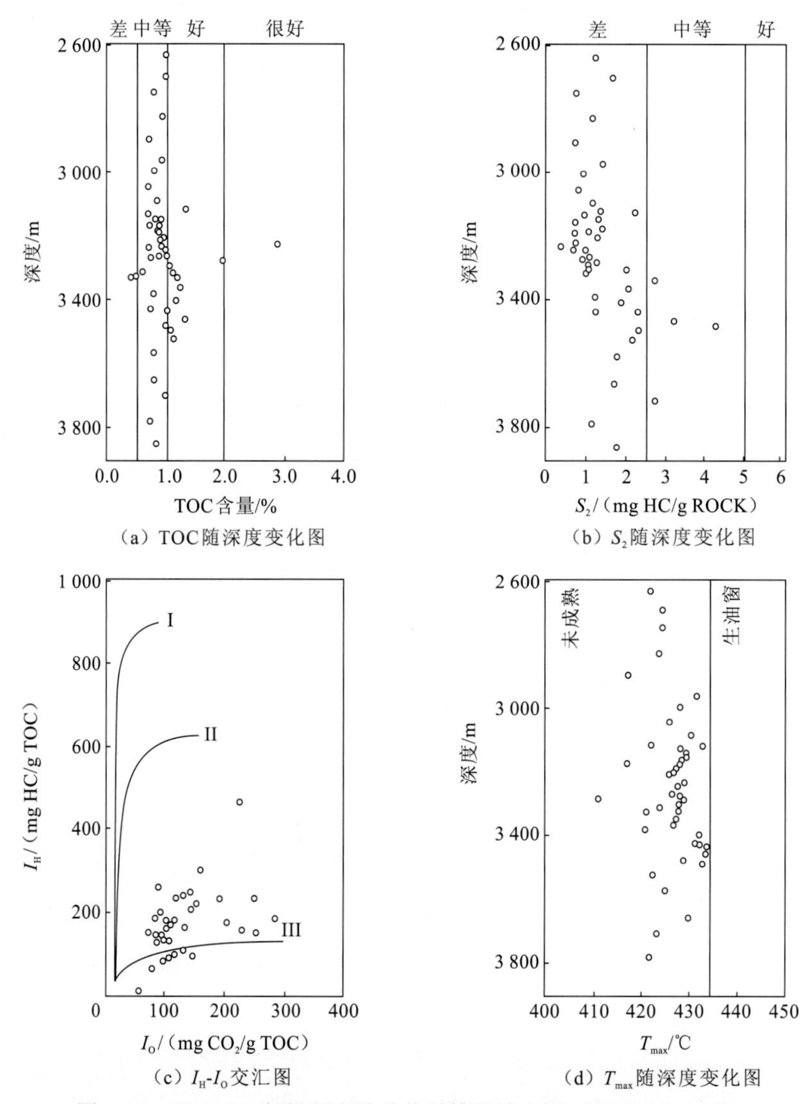

(a) TOC随深度变化图

(b) S_2随深度变化图

(c) I_H-I_O交汇图

(d) T_{max}随深度变化图

图 4-40 Qawasim 组烃源岩地球化学特征综合图(Sharaf,2003)

热成因气和生物气,随着烃源岩地质年代的增加,热成因气所占比例增高(Diasty and Moldowan,2013;Vandré et al.,2007)。深部地层中油气主要来自渐新统上部—中新统的烃源岩,中生代烃源岩对此也有贡献,但生烃潜力有限。尼罗河三角洲盆地油样的特点是具有高饱和烃(76.2%),非烃类含量较低,镍、钒和硫含量较低。生物标记化合物分析表明,该盆地油样主要来自具有高含量齐墩果烷的陆源有机质烃源岩(表 4-6)。正构烷烃 n-C_{24} 到 n-C_{34} 碳数奇偶优势特征不明显,仅在个别样品表现为奇碳优势(图 4-42、表 4-6)。Pr/Ph 值为中等—较高(表 4-6),表现为陆源有机质的特征,并且体现了沉积过程中水体处于氧化环境。Pr/n-C_{17} 和 Ph/n-C_{18} 交汇图可进一步验证以上观点,尼罗河三角洲盆地烃源岩中有机质主要来自陆生植物,干酪根类型为 III 型,沉积水体处于富氧环境(图 4-43)(Diasty and Moldowan,2013)。

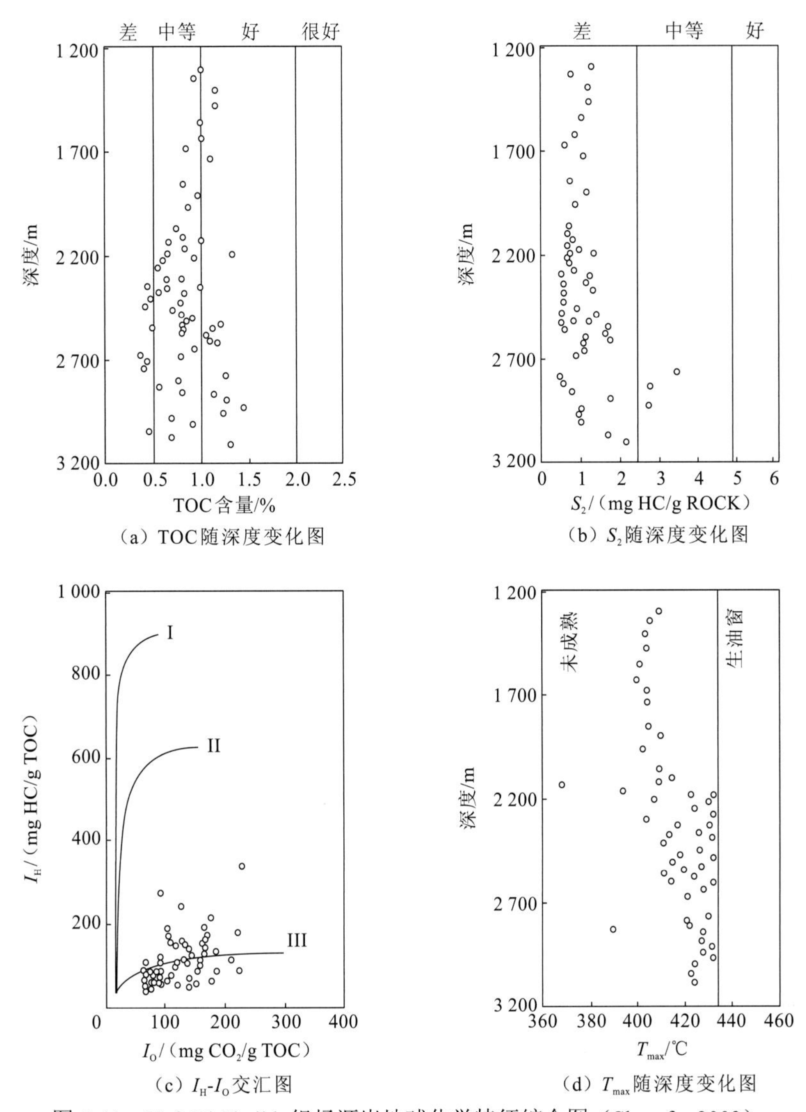

（a）TOC随深度变化图　（b）S_2随深度变化图

（c）I_H-I_O交汇图　（d）T_{max}随深度变化图

图 4-41　Kafr El Sheikh 组烃源岩地球化学特征综合图（Sharaf，2003）

表 4-6　尼罗河三角洲盆地凝析油生物标记化合物相关参数汇总表（Diasty and Moldowan，2013）

参数	数值
API	＞45
Pr/Ph	2.61～5.74
Pr/n-C_{17}	0.41～0.45
Pr/n-C_{18}	0.11～0.19
碳优势指数（carbon preference index，CPI）	1.10～1.12
奇偶优势（odd-even predominance，OEP）	1.08
$\delta^{13}C$（饱和烃）/‰	−28.0
$\delta^{13}C$（芳香烃）/‰	−27.0

续表

参数	数值
C_{25}/C_{26}三环萜烷	0.52～0.78
C_{35}/C_{34}升藿烷	0.43～0.52
甾烷/藿烷	0.10～0.18
长链类异戊二烯化合物（highly-branched isoprenoids，HBI）	较高
齐墩果烷	存在
C_{24}-降重排胆甾烷	较高
水体环境	氧化环境
干酪根类型	III型

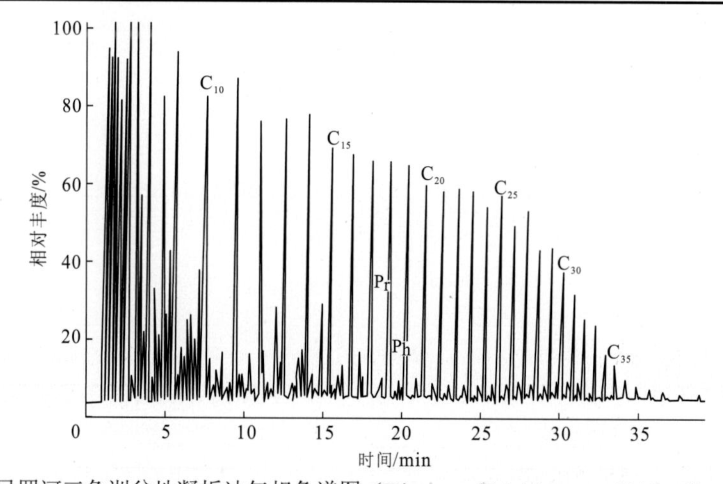

图 4-42　尼罗河三角洲盆地凝析油气相色谱图（Diasty and Moldowan，2013；Sharaf，2003）

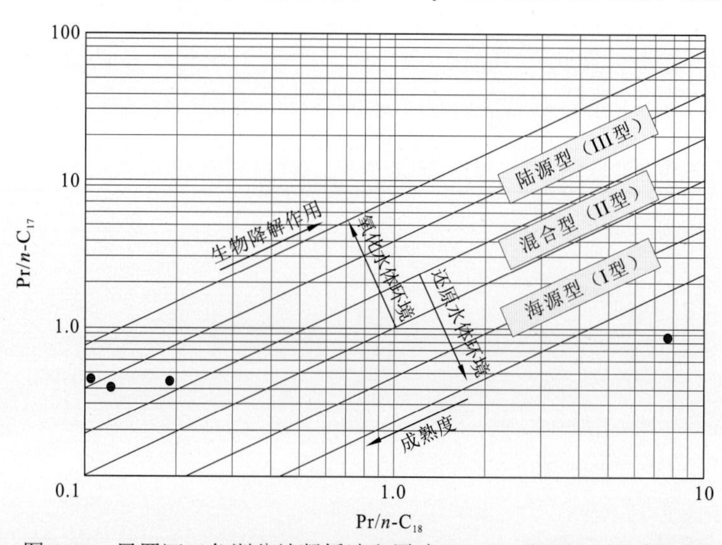

图 4-43　尼罗河三角洲盆地凝析油和原油 $Pr/n\text{-}C_{17}$ 和 $Ph/n\text{-}C_{18}$ 交汇图

盆地油样最明显的特性是具丰富的齐墩果烷（表 4-6），表明油样来自古近纪－新近纪的重要证据。齐墩果烷主要来自高等植物，是被子植物的一个标志（显花植物），起源于晚白垩世，但含量较少，直到古近纪—新近纪全球大部分地区都有发育（Ekweozor et al.，1979）。尼罗河三角洲盆地油样中 C_{19}/C_{23} 三环萜烷比值较高（Diasty and Moldowan，2013），说明沉积时有大量的陆源有机质输入。而相对比三环萜烷，油样中甾烷浓度较低。其中对比于 C_{27} 和 C_{28} 甾烷，C_{29} 甾烷含量较高。图 4-44 显示了 C_{27}、C_{28} 和 C_{29} 甾烷的分布特征，油样中有大量的 C_{29} 甾烷，说明有机质来自陆生植物（Diasty and Moldowan，2013）。

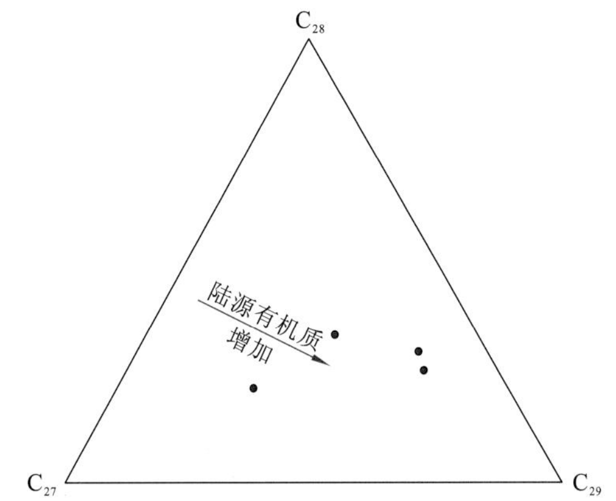

图 4-44　尼罗河三角洲盆地凝析油和原油 C_{27}、C_{28} 和 C_{29} 甾烷分布三角图（Diasty and Moldowan，2013）

油样中相对丰富的重排甾烷和缺乏伽马蜡烷[图 4-45（a）、（b）]，指示了原油来自碎屑岩类型的烃源岩。C_{30} 甾萜类化合物的存在，丰度较低，指示了一个海洋环境。所有这些特性指出，烃源岩中陆源有机物占主导（Sharaf，2003）。图 4-46 主要展现的是 C_{27}、C_{28} 和 C-环单芳甾类的分布特征，尼罗河三角洲盆地油样整体表现为 C_{27}C-环单芳甾类含量较低，C_{29}C-环单芳甾类含量较高。因为 C-环单芳甾类一般出现在陆源有机质含量较多的非海相地层中，所以一般非海相页岩的 C-环单芳甾类 C_{29}/（C_{28}+C_{29}）指数大于 0.5。图 4-46 显示，油样 C_{29}/（C_{28}+C_{29}）指数大于 0.5，表明其来自富含陆源有机质的烃源岩（Diasty and Moldowan，2013）。

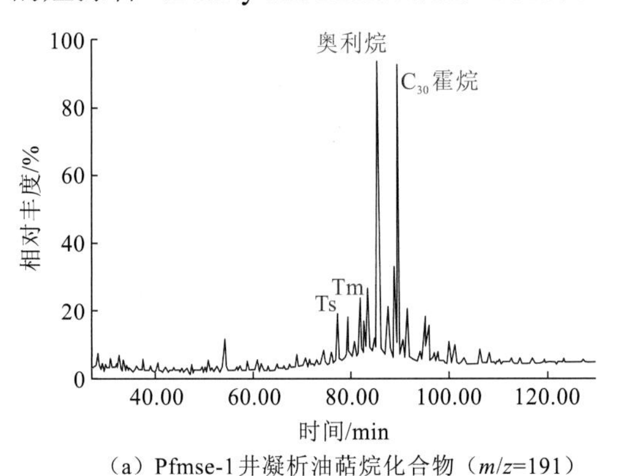

（a）Pfmse-1 井凝析油萜烷化合物（m/z=191）

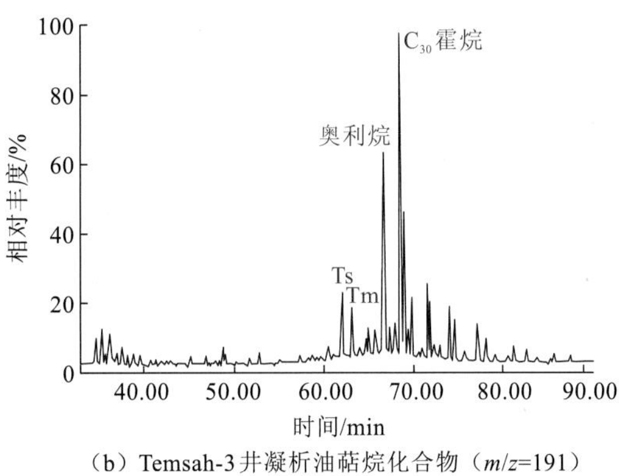

（b）Temsah-3 井凝析油萜烷化合物（m/z=191）

图 4-45　尼罗河三角洲盆地凝析油质谱图（Sharaf，2003）

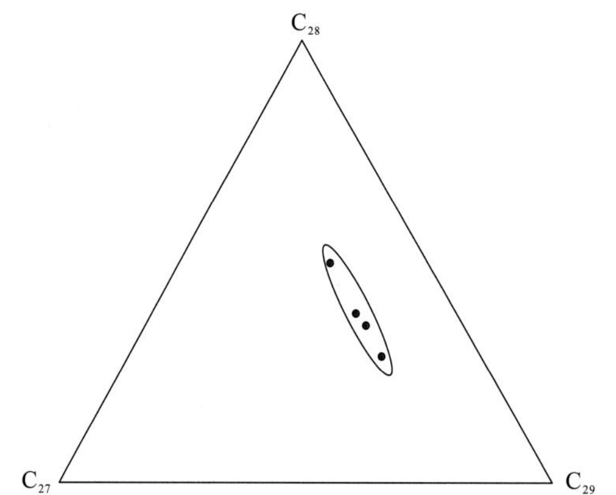

图 4-46　尼罗河三角洲盆地凝析油和原油 C_{27}、C_{28} 和 C_{29}C-环单芳甾类三角图（Diasty and Moldowan，2013）

3. 烃源岩展布特征

受构造格局和沉积环境的影响，尼罗河三角洲盆地烃源岩的生烃潜力在空间上表现出明显的差异，盆地由南向北生气潜力及生油潜力逐渐增高。受海源有机质贡献增多，陆源有机质贡献减小的影响，成熟度最高的烃源岩主要位于盆地北部（Abu Madi 井附近）和东北部地区（Ella，1990）。盆地南北地区沉降幅度有明显差异，盆地北部地区受构造沉降和沉积负载沉降的双重影响，并伴随着大量陆源碎屑物的涌入，造成同层位地层在北部地区埋深深、厚度大，烃源岩多处于成熟阶段，而南部地层同层位埋深浅，处于未成熟阶段。生油高峰主要出现在北部地区的 5000～6000 m 地带，干气主要来自 6500 m。南部地区渐新统下部—中新统上部沉积的 Qantara 组和中新统中部 Sidi Salem 组生烃潜力有限，仅有少量油和天然气生成。北部地区该层位生烃能力得以改善，具有生油和天然气的能力，同时中新统上部的 Qawasim 组和上新统中-下部的 Kafr El Sheikh 组也具有一定的生气潜力。

（二）烃源岩对油气成藏的影响

尼罗河三角洲盆地是一个复杂的油气勘探区，经过 30 多年的勘探，发现了 Abu Madi 和 Abu Qir 等气田。尼罗河三角洲地区主要的储层为 Abu Madi 组和 Qawasim 组河道、河口坝砂体。由于河流-三角洲的多次改道、迁移、侵蚀，形成了这一套叠拼式的复合储层单元。受同生断层活动和滚动背斜发育的影响，断块中地层薄厚不均，同时研究区圈闭多以构造圈闭和构造-地层复合圈闭为主（图 4-47）。盆地北部地区的油气主要来自渐新统下部和中新统上部烃源岩，通过断层迁移至此，搬运距离较短。盆地南部地区的油气也来自该套烃源岩，受断层和不整合面的共同控制，油气沿横向和垂向两种路径运移。生物气主要来自浅层的前三角洲泥岩，受三角洲碎屑物快速堆积的影响，该种类型天然气主要富集在浅层圈闭之中。

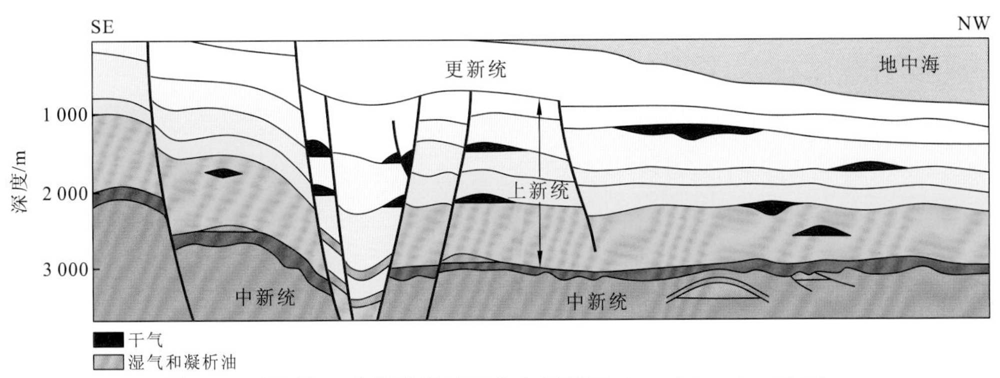

图 4-47 尼罗河三角洲盆地油藏分布剖面图（Vandré et al.，2007）

第六节 库泰盆地新生代河流–三角洲体系与天然气共生关系

库泰盆地位于印度尼西亚加里曼丹岛东部，面积约 27 万 km^2，是印度尼西亚最大的古近系－新近系含油气盆地，古近系－新近系厚达 14 km。盆地包括陆上和海上两部分，其中陆上面积约 11 万 km^2，海上面积约 16 万 km^2（水深小于 500 m 的海域面积约 9.3 万 km^2，水深大于 500 m 的海域面积约 6.7 万 km^2）。盆地北部以芒卡利哈（Mankalihat）山为界，将其与打拉根（Tarakan）盆地相隔；向东延伸至望加锡（Makassar）海峡深水区；南由阿当（Adang）断层将其与默拉图斯（Meratus）山、巴里托（Barito）盆地和帕特纳斯特（Paternoster）台地分开；西北以古晋（Kuching）凸起为界；在西面和西南面，中加里曼丹将其与默拉维（Melawi）盆地和斯赫瓦纳（Schwaner）凸起隔开。三马林达（Samarinda）复背斜带将盆地分成三个带，即上库泰盆地、三马林达复背斜带和下库泰盆地（图 4-48），其中下库泰盆地聚集了库泰盆地几乎所有的油气发现。

库泰盆地构造背景复杂，其所处的加里曼丹岛位于东南亚地区大板块的交汇点，南面为印度－澳大利亚板块俯冲形成的爪哇海弧后盆地，西面是巽他古陆，北面受南海扩张的影响，东面则是西太洋和澳大利亚板块共同作用下的构造复杂带。库泰盆地经历了裂陷、区域沉降、构造倒转和大型三角洲发育 4 个演化阶段。库泰盆地的形成是不同阶段的构造活动共同作用的结果，成盆期与小洋盆扩张有关，可视为新近纪夭折的裂谷盆地，并受邻区洋壳俯冲、小洋盆扩张、微地块漂移和碰撞及大陆边缘拉张的影响，构造演化极为复杂。大型三角洲发育阶段，库泰盆地向东倾斜延伸超过 100 km，在望加锡海峡扩张形成的被动陆缘环境中接受了大规模的陆源碎屑岩沉积，发育了向东进积的大型三角洲。

一、库泰盆地新生代河流–三角洲体系对烃源岩的控制

古近纪－新近纪库泰盆地主要经历了三期构造活动：早–中始新世断陷期、始新世晚期－中新世中期拗陷期和中新世晚期至今的反转期。始新世早–中期断陷期沉积环境以冲

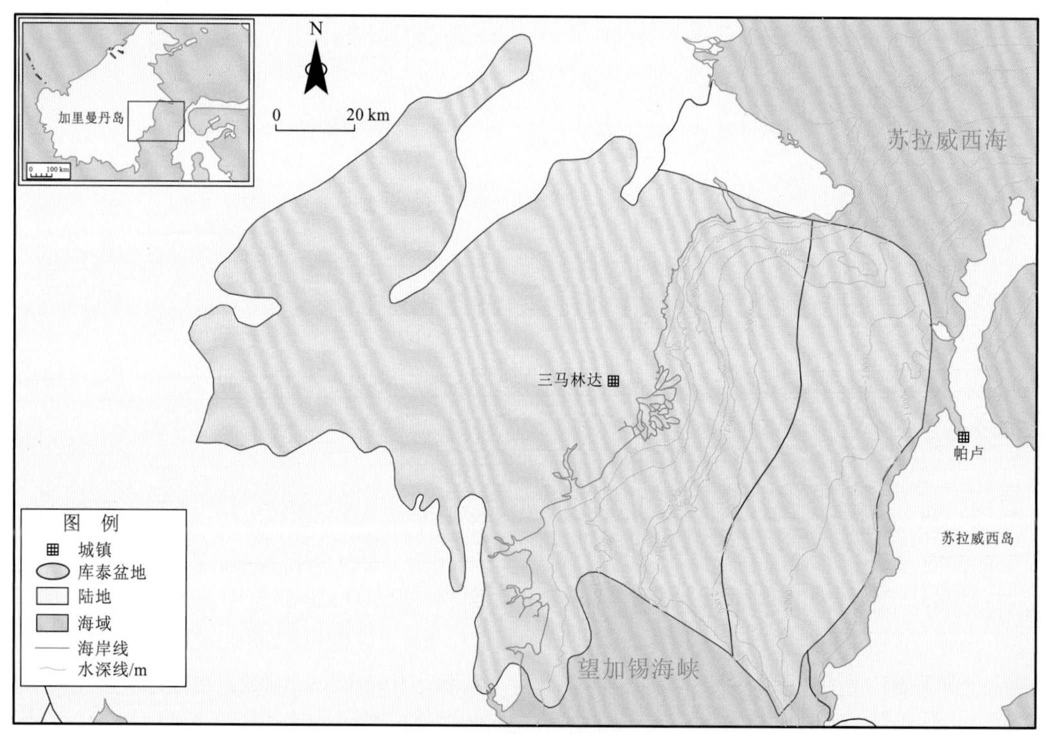

图 4-48　库泰盆地地理位置

积扇-海相为主；始新世晚期盆地整体沉降，受大规模海侵作用的影响，发育了广泛分布的海相沉积，中新世中期受到南海板块向加里曼丹岛俯冲作用的影响，导致加里曼丹岛逆时针旋转和中部山脉隆升，为库泰盆地提供了充足的物源，发育了由西向东进积的马哈坎三角洲；中新世晚期—上新世，盆地边缘隆升并遭受剥蚀，广泛发育的三角洲进一步向东推进。受不同阶段构造活动的影响，盆地沉积格局有明显的改变，同时气候变化也是影响沉积环境的重要因素。

（一）烃源岩沉积环境

1. 气候特征

现今的印度尼西亚位于低纬度的热带气候区，一年当中旱季与雨季交替。雨季降雨量大，平均年降雨量可达 2000 mm。古近纪—新近纪盆地处于热带气候带，表现为较现今更加湿热的状态（Widodo et al.，2009）。不同于高纬度地区温带气候带沼泽泥炭的发育特征，这种湿热的气候条件极有利于厚层泥炭在热带雨林地区聚集并进一步成煤，无季节的影响全年皆发育。

2. 沉积演化特征

晚白垩世开始，加里曼丹东缘的早期裂谷内接受沉积；古新世晚期—始新世早期裂陷期，库泰盆地开始发育一系列半地堑、地堑，主要发育了冲积扇-海相沉积。早始新世，库泰盆地主要为冲积扇及浅湖沉积，粗碎屑岩发育，向东过渡为陆架浅海沉积，为粒度较细的泥岩[图 4-49（a）]。物源区主要为南部的巽他古陆及西北部的古晋高地构造带。始新世晚期，库泰盆地持续沉降，海平面逐渐上升；渐新世早期，盆地海平面达到最大，进入拗陷期演化阶段。由于缺乏陆源供给，盆地海相地层广泛发育，以半深海的泥页岩沉积为主，缺乏陆源碎屑岩沉积，在盆地边缘和盆地内隆起带发育了碳酸盐岩[图 4-49（b）]。

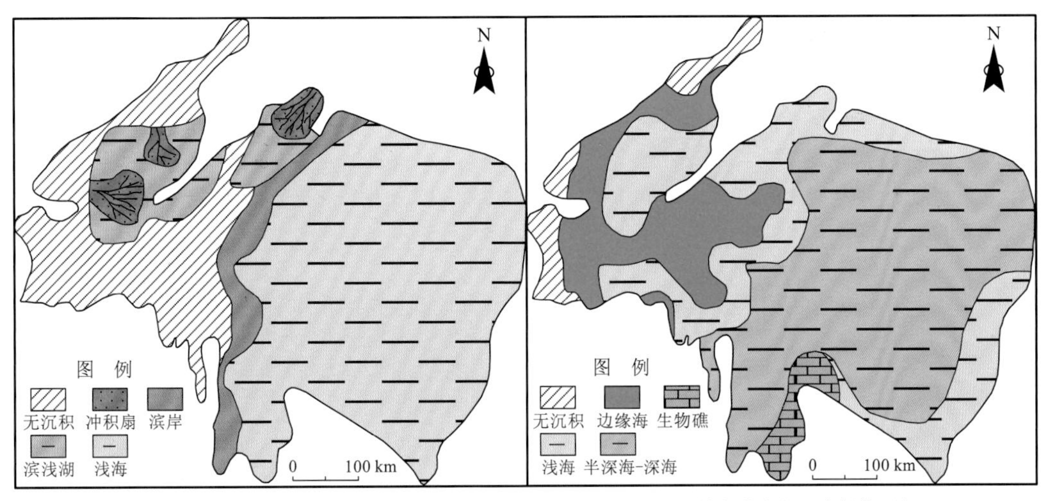

（a）古新统—始新统下部　　（b）始新统上部—渐新统下部

图 4-49　古新统—渐新统下部库泰盆地沉积相图

渐新世，盆地以海相页岩和灰岩为主，并伴有局部海退事件发生，在盆地西部发育 Len Muring 组砂岩。晚渐新世，库泰盆地以半深海-深海环境为主，发育了 Pamaluan 组黏土和页岩。晚渐新世，马哈坎三角洲开始发育，底部为互层状的前三角洲泥岩和三角洲前缘砂岩，向上逐步演变为海相页岩、分流河道砂岩及平原沼泽煤。盆地西部远离三角洲的滨浅海环境沉积了滨岸砂岩和少量碳酸盐岩，东部地区以半深海-深海泥岩及海底扇砂岩沉积为主。晚渐新世，盆地西北部古晋高地抬升，造成了区域性的海退，海相沉积范围明显缩小，岩性为泥岩夹薄层砂岩和灰岩。

中新世早期西北部古晋高地为盆地的主要物源区，沉积物供给量充足，盆地北部马哈坎三角洲开始发育，岩性主要为砂岩、页岩、煤和少量生物礁灰岩，盆地西南部为浅水陆棚碳酸盐岩沉积。早中新世末期，三马林达地区的三角洲进一步向东推进，河流、三角洲、深水斜坡扇砂体构成了盆地的主要储层。中新世中期的造山运动，导致库泰盆地西北侧加里曼丹岛中部山脉快速隆升，物源供给更加充沛，三角洲不断向东进积，形成了广泛发育的三角洲沉积体。盆地西部地区，岩性以三角洲的块状砂岩和砂、泥岩薄互层为主。东部地区，岩性为三角洲前缘-滨海的页岩、粉砂岩、砂岩和煤，东部边缘为前三角洲的泥岩、粉砂岩和灰岩。在望加锡海峡，水体较深，为浅海-半深海沉积环境[图 4-50（a）]。自中新世晚期开始，盆地进入反转改造期，海平面快速下降，马哈坎三角洲迅速向海推进，沉积中心沿着库泰盆地大陆架边缘不断向东迁移。大量的粗碎屑物注入，导致了盆地近岸区-陆坡区地层快速增厚，可达数千米[图 4-50（b）]。在此沉积背景下，盆内沉积了一套具备远景勘探价值的地层 Kampung Baru 群，其下部 Tanjung Batu 组为滨海-三角洲沉积，上部 Seping Gan 组为向深水斜坡过渡的浅海-生物礁沉积。大

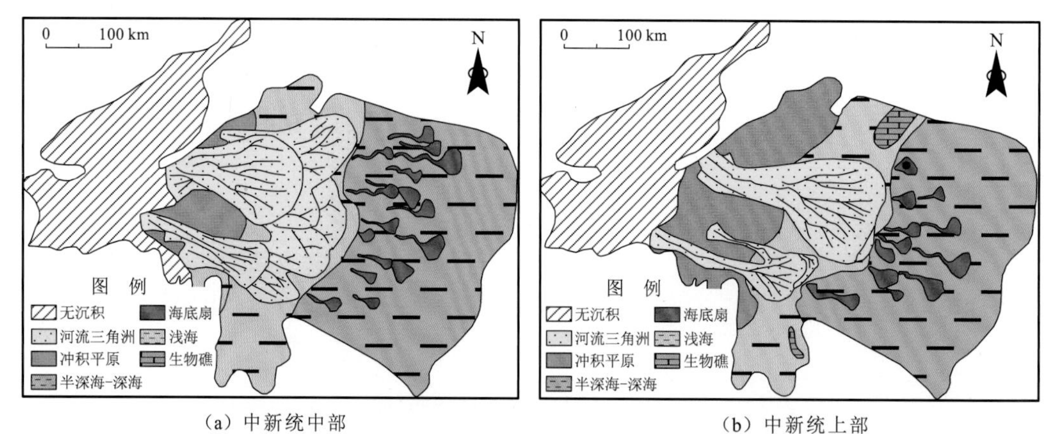

（a）中新统中部　　（b）中新统上部

图 4-50　中中新统—中新统上部库泰盆地沉积相图

陆架边缘远离三角洲沉积区，发育少量生物礁。盆地西部为半深海沉积，局部发育海底扇。

上新世—更新世，随着默拉图斯与古晋隆起的抬升，库泰盆地构造格局基本定型，盆地西部以河流-三角洲及滨海沉积为主，岩性为硅质碎屑岩夹煤层，东部多为浅海沉积的泥岩、薄层砂岩，并含有少量生物碎屑。全新世 Mahakam 群发育了最后一期三角洲沉积，主要分布在盆地的中西部，盆地东部发育了浅海 Attaka 组泥岩。

（二）沉积环境对烃源岩的影响

库泰盆地主力烃源岩发育在中新世中期的 Balikpapan 组。古近纪—新近纪盆地处于热带气候带，炎热多雨，有利于多类型植物的生长，在这种气候条件下更有利于优质煤系烃源岩的发育。中新世早期物源供给十分充足，在盆地东部马哈坎三角洲开始发育，成为该时期主要的碎屑岩沉积体。中新世中期的造山运动，导致物源供给更加充沛，三角洲不断由西向东进积，形成了广泛发育的三角洲沉积体。在此背景下，三角洲成为中新世重要的沉积单元，平原河道间湾的沼泽是煤系地层重要的发育部位。并且该时期的强降水，促进雨养草本沼泽的发育，长期的深覆水环境，凝胶化作用彻底，有利于成煤作用。

二、库泰盆地烃源岩与油气藏的依存关系

新生代库泰盆地发育三套有效烃源岩，分别为中新统—上新统三角洲相煤系烃源岩，生烃潜力较高；始新统湖相泥质烃源岩品质较差；中新统—上新统海相泥质烃源岩，生烃潜力较差。

（一）煤系烃源岩特征

1. 烃源岩地球化学特征

中新统—上新统煤系烃源岩 TOC 含量为 40%～80%，S_1+S_2 大于 175 mg HC/g ROCK，

I_H大于 300 mg HC/g TOC，生烃潜力大，为优质烃源岩。该套干酪根类型为 II 型、III 型；通过镜下鉴定，II 型干酪根含有较高的壳质组分，其含量在 20%以上，具有生油潜力，是新生代库泰盆地发现大量油田的物质基础。该层系烃源岩主要为中新统下–中部的 Bebulu 组、中新统中部 Balikpapan 组和上新统 Kampung Baru 组，岩性为煤、碳质泥岩及页岩，其中，主力烃源岩为中新统中部 Balikpapan 组煤层及碳质泥岩。

盆地主要烃源岩发育在中新世中–晚期三角洲–滨浅海环境，岩性主要为煤系（煤、碳质页岩和与之相关的页岩）地层和陆源海相泥页岩。各沉积相带的不同岩性岩层中所含 TOC 含量有差异（表 4-7），地层平均 TOC 含量达 3.5%，其中以煤层的 TOC 含量最高。库泰盆地的主力烃源岩以煤为主，存在两种类型，即黑煤和褐煤。黑煤发育于上三角洲平原沼泽环境，由乔木植物经过成煤作用形成，TOC 含量为 40%～80%（平均值为 55%）。褐煤来自下三角洲平原低位沼泽，由细菌、苔藓、蕨类植物的孢子、莎草及沼泽和湖中的少量水藻经成煤作用形成，S_1+S_2最高达 288 mg HC/g ROCK（图 4-51）。煤样具有富氢的特点，I_H可达 500 mg HC/g TOC，属于 II 型干酪根（图 4-52），具有生油潜力。色质图上表现出 C_{29} 莫烷含量极高、奥利烷丰度高的特征，C_{29} 甾烷优势明显（图 4-53），反映陆源高等植物为主要有机质来源。

表 4-7 不同沉积相带的 TOC 表

沉积环境	岩性	TOC 含量/%
上三角洲平原	煤层（0.1～1 m）	40～80
三角洲平原	块状砂岩	0
三角洲前缘	有机页岩	7～8
	夹层页岩	2.5
前三角洲	块状黏土	2.2（平均）

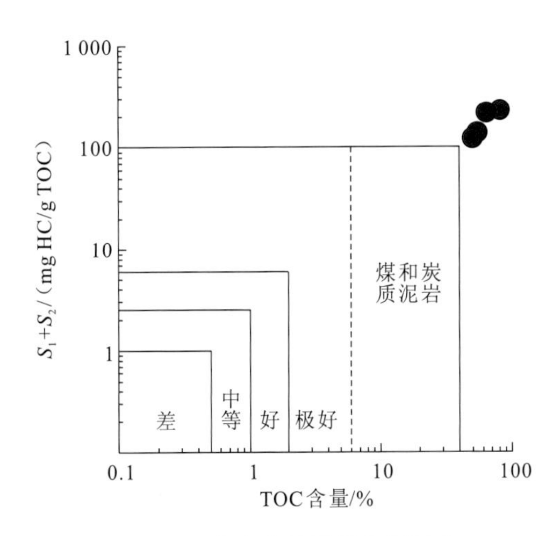

图 4-51 库泰盆地煤样生烃潜力

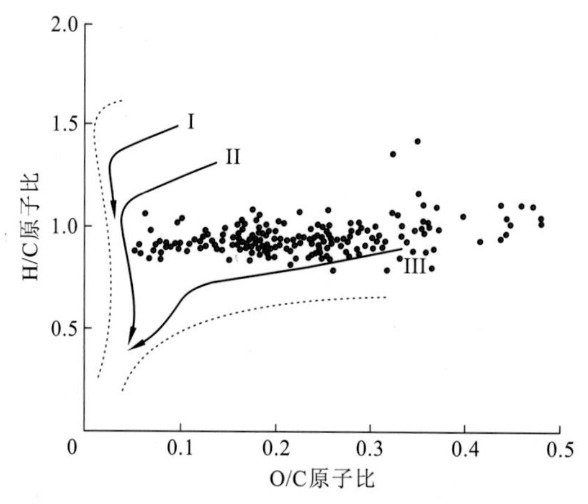

图 4-52　库泰盆地新近纪烃源岩 H/C 原子比-O/C 原子比分布图

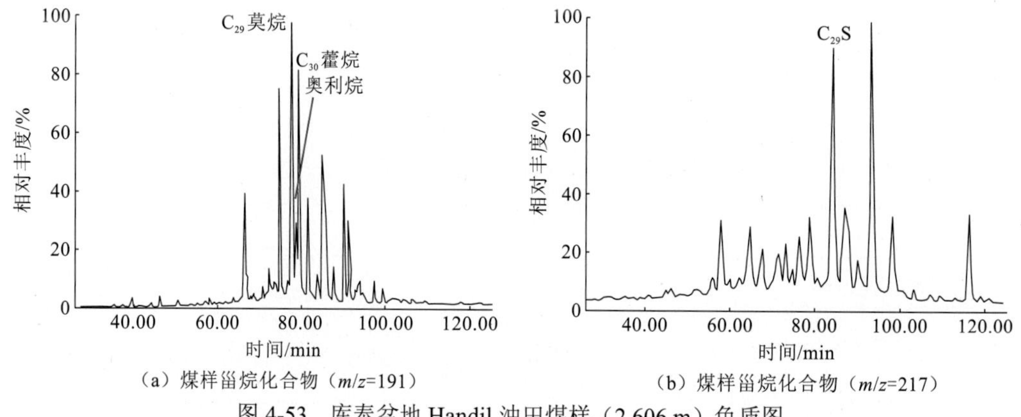

（a）煤样甾烷化合物（m/z=191）　（b）煤样甾烷化合物（m/z=217）

图 4-53　库泰盆地 Handil 油田煤样（2 606 m）色质图

依据显微组分分类可将煤分为镜质组（包括结构镜质体、无结构镜质体、碎屑镜质体）、壳质组（包括孢子体、角质体、树脂体、木栓质体、藻类体、碎屑壳质体）和惰质组（包括微粒体、粗粒体、丝质体、半丝质体、菌类体、碎屑惰性体）。煤的各显微组分热解释放的烃量有明显差异，其中壳质体具有一定的生烃能力，若富集程度高，可作为重要的油源；藻类体生烃量大，若所占比例高，能成为主要的倾油母质。煤和干酪根热解的相对产烃率的直方图（图 4-54）表明烛藻煤（含有近 50%的藻类体，TOC 含量为 50%）的生烃能力与 I 型干酪根（TOC 含量为 20%）的页岩相似，腐殖煤（约含 10%壳质体，无藻类体，TOC 含量为 70%）的生烃量与 II 型干酪根（约含 35%藻类体，TOC 含量为 3%）的页岩相当。壳质组含量达 10%～20%，就能生成液态烃。

库泰盆地的煤样镜下可见明显的绿叶角质体（C）、细粒的树脂体（R）和薄层条带状镜质体（V）（图 4-55），图 4-55（a）为两层绿叶角质体与薄层条带状镜质体互层，推测来源于树叶碎片。角质体来源于树叶上、下表皮的角质层，镜质体条带可能来源于树叶内部软细胞组织的凝胶化木质素或纤维素。图 4-55（b）为同一样品的另一视域，可见链状排列整齐的具有强烈黄色荧光的树脂体（R）穿插在薄层条带状镜质体（V）中。

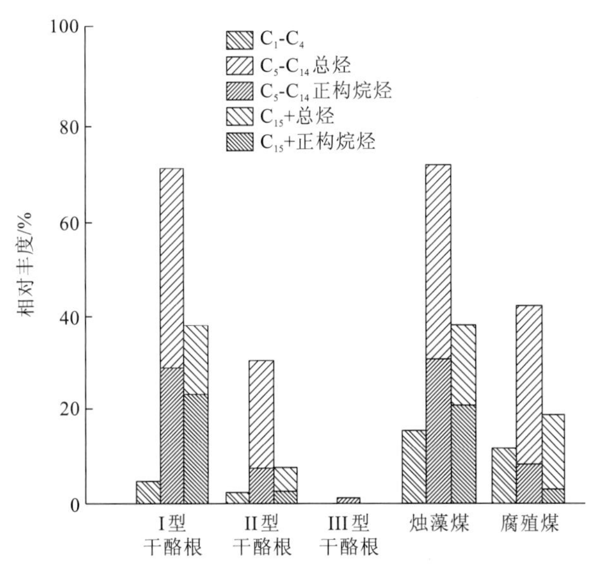

图 4-54 库特盆地煤和干酪根生油能力的对比

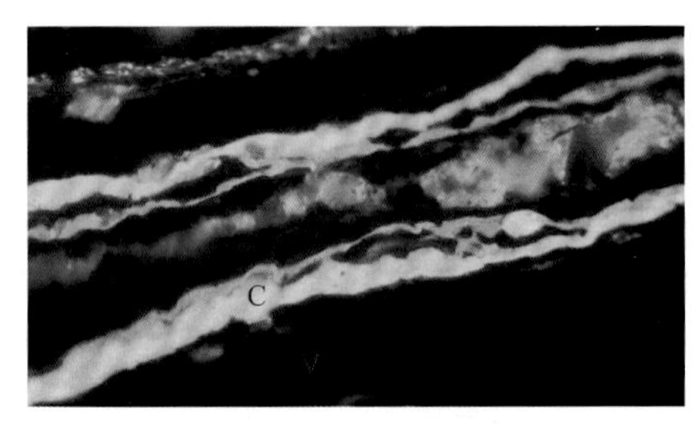

（a）绿叶角质体（C）、细粒的树脂体（R）和薄层条带状镜质体（V）镜下特征

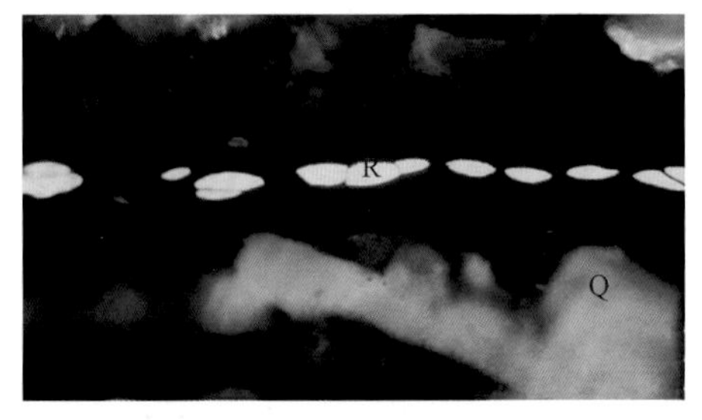

（b）细粒的树脂体（R）和薄层条带状镜质体（V）镜下特征

图 4-55 库泰盆地 Gendalo-3 井煤层（3 550 m）显微组分特征（蓝光）

在镜下，孢子体（孢子和花粉）极少发现，藻类体更无迹可查。煤样中壳质组含量多在20%以上，具有较高的生油潜力。

煤相是成煤植物、沉积环境、沼泽覆水程度、水动力条件、水介质酸碱度、氧化还原性等因素的综合反映，以下 4 个参数被广泛运用于煤相的研究中。地下水影响指数（groundwater impact index，GWI）和植被指数（vegetation index，VI）能反映水文和泥炭植物类型；结构保存指数（tissue preservation index，TPI）和凝胶化指数（gelation index，GI）可以反映植物保存程度和泥炭形成时的相对湿度。根据 Boudou（1984）的显微组分数据，对 Bekapai 油田煤样的 GWI、VI、TPI 和 GI 参数进行了统计（图 4-56）。VI-GWI 交汇图[图 4-56（a）]反映出煤层中有机质来源于雨养沼泽中的草本植物。TPI-GI 交汇图[图 4-56（b）]证实了沼泽水介质偏碱性，微生物活动较强，植物在成煤过程中被改造的程度高，整体覆水较深、凝胶化作用彻底，说明泥炭沉积于相对湿润的流水沼泽或湖沼环境下。流水沼泽相及开阔水体沼泽相是成烃性最好的煤相（程克明 等，1997）。流水沼泽相带发育于下三角洲间湾，水质偏碱性，利于细菌等微生物繁殖，植物群落以富含蕨类植物的灌木为主及部分裸子植物。富氢的菌类对高等植物改造强烈，凝胶化过程彻底，在显微组分上表现为基质镜质体及碎屑壳质体的含量较高，生烃潜力较大。

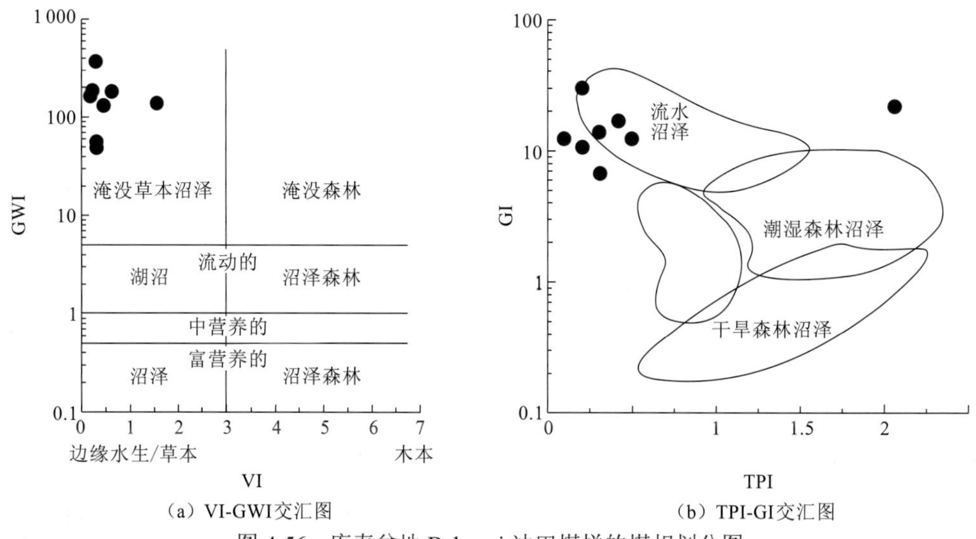

（a）VI-GWI交汇图　　（b）TPI-GI交汇图

图 4-56　库泰盆地 Bekapai 油田煤样的煤相划分图

碳质页岩是盆地次要烃源岩类型，主要沉积在三角洲前缘及潮汐三角洲平原环境，其中的煤屑来自平原地区，沿河道搬运沉积至此。该种类型烃源岩 TOC 含量一般为 2.7%～10.2%，三角洲前缘碳质页岩有机质碳含量相对三角洲平原较高，其 I_H 可达 300 mg HC/g TOC，S_1+S_2 高达 60 mg HC/g ROCK，具有较好的生烃潜力。相对煤系烃源岩，库泰盆地该种类型烃源岩的埋深更深，热成熟度较高。

此外，Balikpapan 和 Kampung Baru 组沉积时期盆地发育一套泥质烃源岩，为海相页岩，形成于前三角洲-浅海环境。该类型烃源岩 TOC 含量较低，为 0.5%～1%，干酪根类型为 III 型，I_H 一般为 150 mg HC/g TOC，生烃潜力较差，S_2 产出普遍低于 2 mg HC/g ROCK。生油潜力有限，可作为气源岩。奥利烷丰度高，C_{29} 甾烷优势明显（图 4-57），陆源高等植物为主要有机质来源，C_{29} 莫烷丰度相比于煤系烃源岩较低。海相页岩缺乏可见的有机

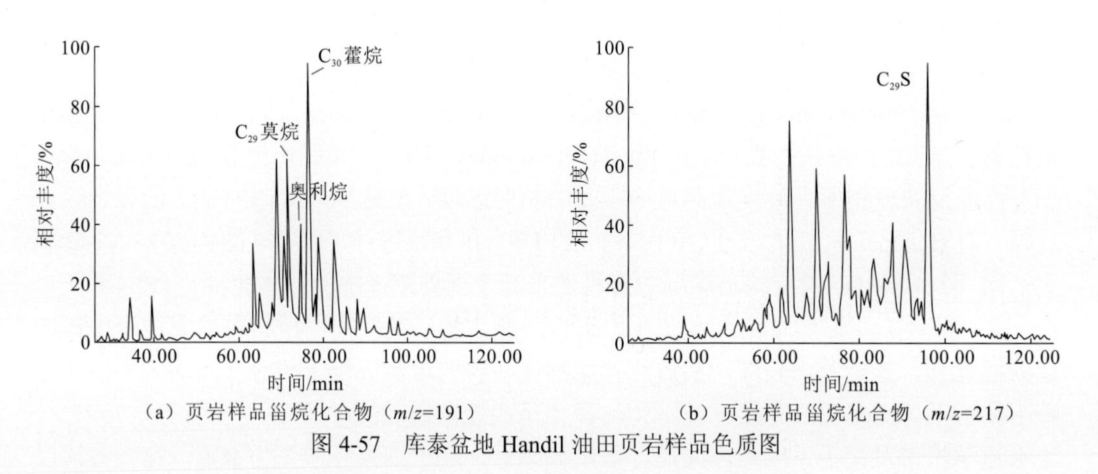

（a）页岩样品甾烷化合物（m/z=191）　　（b）页岩样品甾烷化合物（m/z=217）

图 4-57　库泰盆地 Handil 油田页岩样品色质图

质碎片，主要为极细小的镜质体和少量碎屑壳质体，木质体不规则且广泛分散。树脂体、荧光无定形也零星分布（图 4-58），说明存在高等植物输入，海相微生物对高等植物进行了改造。

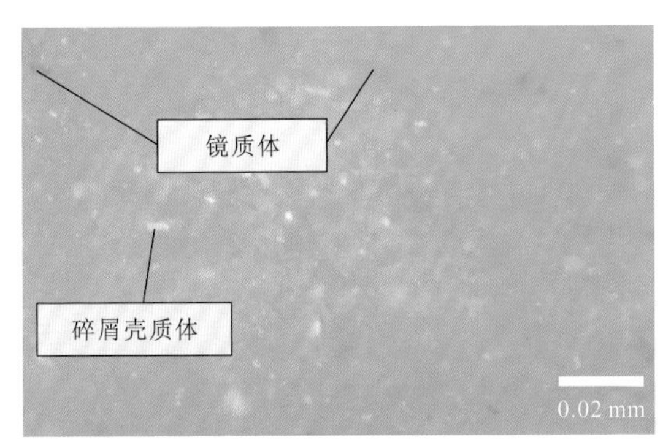

图 4-58　库泰盆地海相页岩镜下特征

在库泰盆地Bekapai油田的4口井和Handil油田的6口井中分别取16个和6个油样，取样深度分别在1 642～2 607 m和1 321～2 138 m。Bekapai油田大多数样品馏分含量达42%～54%（低于210℃沸点），原油相对密度为0.819～0.868，含蜡量为1.66%，含硫量低（仅为0.08%），正烷烃主峰碳原子数的分布有两种型式，上部淡水油层正烷烃的最高峰在 C_{15}；下部咸水油层正烷烃的最高峰在 C_{18}～C_{19}。所有样品中，碳优势指数CPI接近1，异戊间二烯烃分布谱图相似，Pr/Ph高，为6.5～9。Handil油田多数样品馏分含量仅为11%～26%（低于210℃沸点，较Bekapai油田原油略重），相对密度为0.846～0.872。随深度增加，含硫量降低（0.064%），含蜡量增高（20.6%），凝固点增高（15～32℃）。正烷烃分布稳定，主峰碳为 C_{23}～C_{27}>C_{25}，存在奇偶优势，Pr/Ph高达6.2～11。Handil油田典型原油的奥利烷丰度高，C_{29} 藿烷含量丰富（图 4-59），C_{29} 甾烷及重排甾烷含量高，表明有机质来源于陆源高等植物。在深水区Gehem-2井凝析油和原油（图4-60）的色质分析中同样可见极高丰度的奥利烷（OL）、高丰度双杜松烷（W/T）和羽扇烷（L），均指示陆源有机质的输入。规则甾烷分布表现出 C_{29} 甾烷的明显优势，也表明陆源高等植物的输入。深水区原油Pr/Ph为4～7，反映了氧化的水体环境。

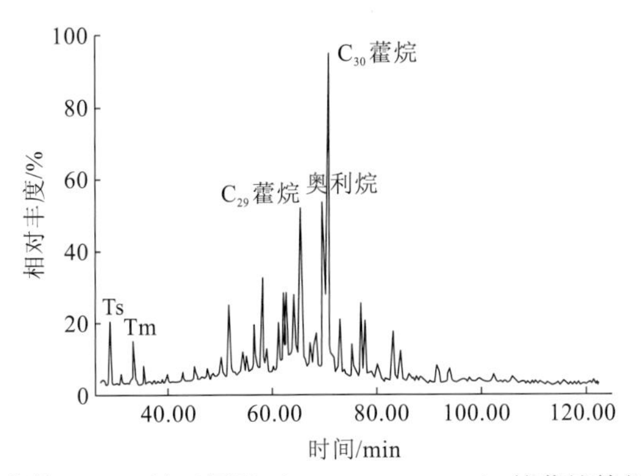

图 4-59　库泰盆地Handil油田原油（1 675～1 680 m）的萜烷特征（*m*/*z* =191）

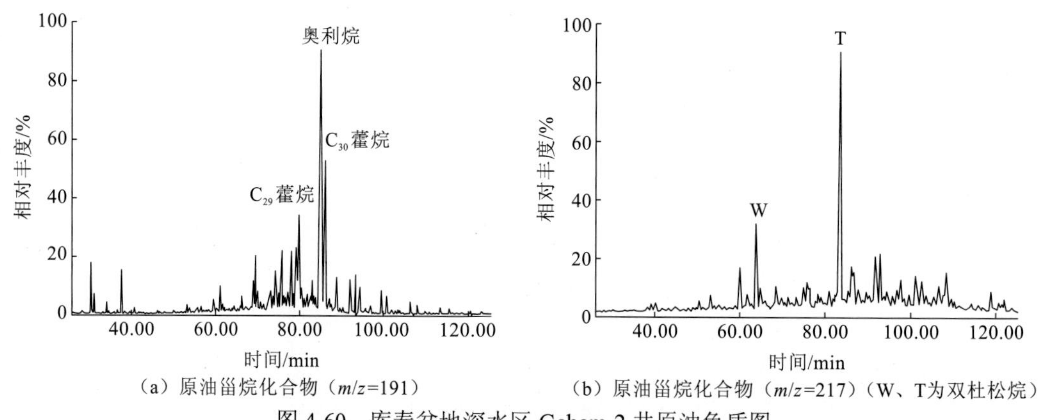

（a）原油甾烷化合物（m/z=191）　（b）原油甾烷化合物（m/z=217）（W、T为双杜松烷）

图 4-60　库泰盆地深水区 Gehem-2 井原油色质图

2. 烃源岩空间展布特征

受沉积环境的影响，烃源岩空间展布特征具有一定的规律性。垂向上，烃源岩主要发育在多个沉积演化阶段（Peters et al.，2000）。高位体系域沉积时期，发育了原地煤和碳质页岩（图 4-61），为一套优质源岩，生烃潜力高，生成的原油含蜡高。中新统中部 Balikpapan 组煤和碳质页岩的累积厚度分别为 175 m 和 1 750 m。低位体系域沉积时期，深水区发育的烃源岩是由陆向海搬运而来的富陆源有机质富集而成（图 4-61），生成的原油含蜡量相比于高位体系域略低。海侵体系域沉积时期，在最高海泛面附近发育的海相页岩具有混合生源的特点（图 4-61），生烃潜力适中，生成的原油不含蜡。平面上，油气藏紧密围绕烃源岩分布，其中，油多分布在近岸带，气在近岸带和远岸带均有分布

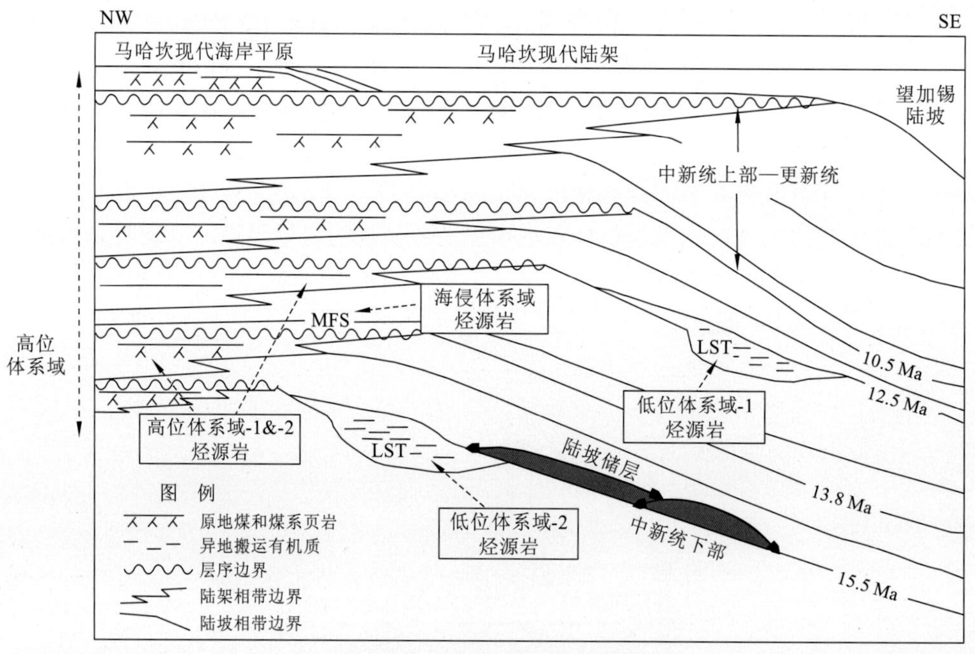

图 4-61　库泰盆地源岩发育模式

MFS. 最大海泛面

（图 4-62）。盆地主力烃源岩中新统中部煤系烃源岩呈北东—南西向展布，长 230km，宽 180km，其中以煤层和富有机质页岩为主的优质烃源岩，长 175km，宽约 55km。烃源岩的空间展布特征，直接控制了油气田在平面上的分布范围（图 4-62）。

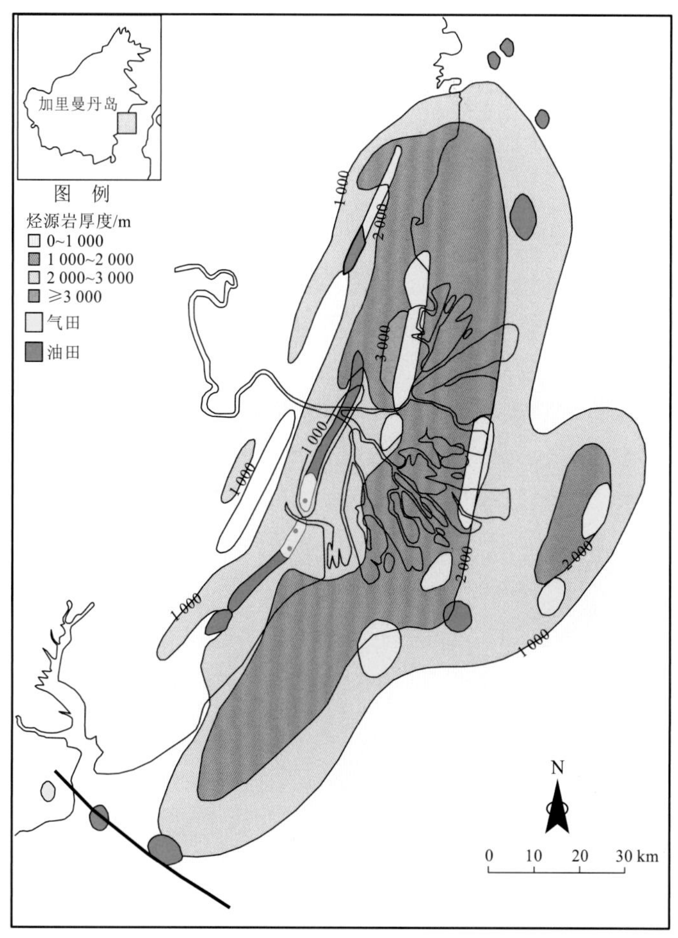

图 4-62 库泰盆地中新统烃源岩分布图

（二）烃源岩对油气成藏的影响

库泰盆地已发现的油气藏主要分布在下库泰盆地海域，展布方向与海岸线基本平行，少部分位于陆上。纵向上，油气主要分布在中新统—上新统含油气系统中，共发现可采储量为 23.01 亿 m^3，始新统—渐新统油气发现较少，可采储量仅为 795 万 m^3。已发现油气分布呈“陆贫海富”“古贫新富”的特征。油气发现最多的是中新统中部—上新统含油气系统，烃源岩为中新统中部煤系烃源岩，岩石类型主要包括煤、碳质泥岩和海相页岩，生烃贡献最大，为盆地的主力烃源岩。储层和盖层分别为三角洲分流河道砂岩、海底扇砂岩和前三角洲层间泥岩、海相泥岩。库泰盆地三角洲的发育及其分布特征，控制了盆地油气的富集程度及范围。中新统三角洲煤系烃源岩具有生气潜力，同时具有生油的能力。三角洲的沉积不但控制了盆地烃源岩的发育，还控制储层的分布。中新统三角洲分流河道砂岩是盆地最优质的储层，主要分布于浅水区。另外，由于物源供给充足，三角洲前积层坡度大，易发生重力滑塌，在深水区沉积了砂质斜坡扇-海底扇，形成了中新统上部及上新统的优质储层。

第七节　巴布亚盆地中生代河流-三角洲体系与天然气共生关系

巴布亚盆地是发育在澳大利亚板块边缘的中生代—新生代盆地，北与澳大利亚海域相邻，盆地面积 64 万 km^2。盆地整体上可以划分为 3 个构造带、8 个构造单元（图 4-63）：盆地北部为与活动大陆边缘及弧-陆碰撞相关的活动带，由巴布亚活动带、欧文·斯坦利（Owen Stanley）复杂构造带和米尔恩（Milne）蛇绿岩带组成；往南过渡为褶皱-冲断带，由巴布亚褶皱带和艾于勒（Aure）褶皱带组成，共同将北部碰撞带与南部构造带分隔开来。盆地南部整体上位于前陆盆地的前隆部位；西部为稳定台地——弗莱（Fly）台地；东部则包括莫尔兹比（Moresby）地槽及其东南部的东部高地和巴布亚高地，呈现东西部结构差异性。

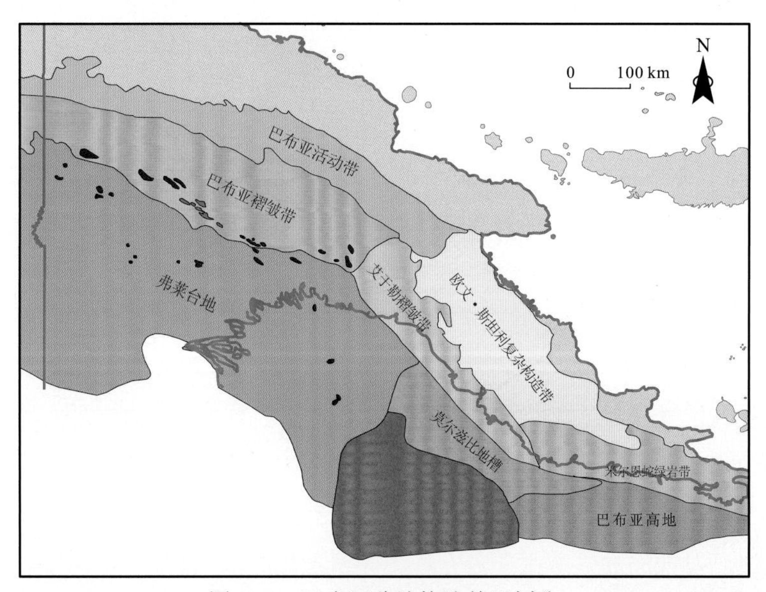

图 4-63　巴布亚盆地构造单元划分

巴布亚盆地的油气勘探始于 1911 年，1956 年发现了第一个油气田。盆地内共发现 41 个油气田，其中 37 个位于陆地，4 个位于海上，以气田为主。最大的气田是 Elk-Antelope 气田，天然气储量达 2316.33 亿 m^3、凝析油为 2488 万 m^3。最大的油田是 Iagifu-Hedinia-Usano 油田，原油储量为 5543 万 m^3、天然气储量达 487.05 亿 m^3。根据 USGS（2011 年）评价结果，巴布亚盆地原油待发现资源量为 2.385 亿 m^3，天然气待发现资源量为 1.05 万亿 m^3，液化天然气待发现资源量为 0.854 亿 m^3，目前探明率仅为 30%～40%，仍有很大的勘探潜力。

巴布亚盆地起源于澳大利亚板块和太平洋板块两大板块内次级地块的裂离和拼合（Hall，2002）。它早期为澳洲古陆的克拉通拗陷，在冈瓦纳古陆裂解时形成裂谷盆地，中生代位于澳大利亚北部大陆边缘，受澳大利亚板块不断向北漂移和珊瑚海（Coral Sea）扩张的影响，巴布亚岛和澳大利亚板块分离，新生代随着澳大利亚板块北移，并连同北部的太平洋板块向南碰撞、俯冲，在澳大利亚西北大陆与古大洋俯冲带之间的碰撞带附近形成前陆盆地。整体而言，该盆地的演化主要受控于 4 期重要的构造事件，分别为陆内克拉通裂谷、冈瓦纳裂解、珊瑚海扩张、美拉尼西亚（Melanesia）岛弧碰撞。其影响并控制了该盆地的构造演化、沉积充填与油气成藏。

一、巴布亚盆地中生代河流-三角洲体系对烃源岩的控制

巴布亚盆地经历了多期的构造演化，沉积了巨厚的地层。盆地三叠纪—侏罗纪发育了与冈瓦纳古陆裂解有关的裂谷期地层，以冲积扇、河流相砂砾岩和浅海相泥页岩为主。侏罗系发育了冈瓦纳裂后层系，以大规模海相沉积为主，岩性为海相页岩和陆缘碎屑岩。早白垩世发生海侵，岩性以海相泥岩和滨岸砂岩为主。白垩纪中期随着珊瑚海扩张，岩性以大套页岩沉积为主。受白垩纪末期构造抬升的影响，古近系与上白垩统之间出现沉积间断，珊瑚海扩张后期，在浅海发育碳酸盐岩。前陆盆地阶段，早期中新统下部发育了海相碳酸盐岩和页岩沉积，晚期发育了海陆过渡相碎屑岩和海相页岩（图 4-64）。

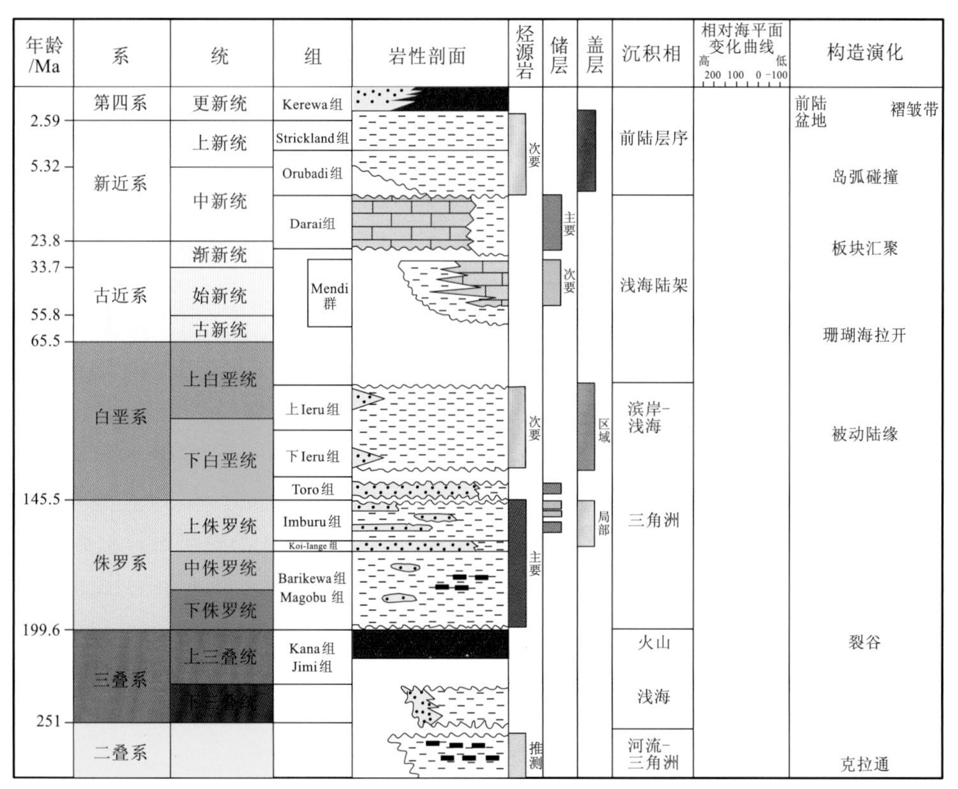

图 4-64　巴布亚盆地综合柱状图

（一）烃源岩沉积环境

1. 上三叠统—中侏罗统

巴布亚盆地裂谷期始于中-晚三叠世，在弗莱台地和巴布亚褶皱带发育一系列地堑和半地堑。晚三叠世主要发育 Kana 组火山岩和 Jimi 组杂砂岩，在巴布亚盆地西部，普遍钻遇该套地层。早-中侏罗世盆地进入海侵期，地层沿新几内亚北部边缘发育，以浅海陆架沉积为主，发育 Magobu 组煤系地层、Barikewa 组含少量粉砂岩和细砂岩夹层的暗灰色泥岩。Magobu 组发育在三角洲-滨浅海环境，广泛分布于弗莱台地的南部和东部。在盆地西部为细粒-粗粒石英砂岩，局部有砾岩与泥岩互层，在盆地东部主要为煤及碳质泥岩。弗莱台地南部 Mutare-1、Adiba-1、Anchorcay-1、Dibiri-1A 井钻遇该套地层，厚度为 162～886 m。Barikewa 组（远端与 Maril 组对应）发育于外浅海-陆坡环境，岩性主要由含少量粉砂岩和细砂岩夹层的暗灰色泥岩。沉积构造包括交错层理、负荷印模、地层形变等，化石包括孢子、花粉、微浮游生物。弗莱台地 Mutare-1、Adiba-1、Kimu-1、Kusa-1 井钻遇该套地层，厚度为 78～200 m。

2. 上侏罗统—白垩系

三叠纪，盆地位于环特提斯洋南缘，受太平洋亚热带洋流气候的影响，气候温暖潮湿，古植被繁盛，有利于高等植物泥炭化及进一步成煤。侏罗纪，全球气候受向南移动的太平洋亚热带洋流的影响普遍湿暖。白垩纪，动物组合表明其气候相当温暖，而植物组合表明整个白垩纪雨量充沛。

晚侏罗世—白垩纪，盆地主要发育三角洲、滨海-浅海相沉积。三角洲平原亚相层系中含有大量孢粉，分异度高，浮游生物含量少。三角洲前缘亚相浮游生物含量增高，孢粉含量低，另见一定量的沟鞭藻。滨海亚相，在 Hides-1 井上可以见到生物扰动构造、箭石碎片、生物潜穴等。内浅海亚相层系中孢粉含量低，浮游有孔虫含量增高。

结合区域构造研究发现，本区存在远、近两大物源，主要来自盆地南西方向，澳大利亚北部克拉通盆地提供远物源，巴布亚盆地三个主要的凸起提供局部近物源。澳大利亚北部克拉通盆地提供远物源。巴布亚盆地基底皆为晚古生代的火山岩，但本区砂岩岩屑多来自变质沉积岩、麻粒岩。通过研究发现，这与澳大利亚北部的克拉通盆地基底岩性相吻合。重矿物分析也证明上述观点，锆石测年显示为元古代年龄（1884～1836 Ma），这与澳大利亚北部克拉通盆地物源特征相匹配。所以，澳大利亚造山运动形成的火山岩及基底变质岩为巴布亚盆地提供了物源。巴布亚盆地三个主要的凸起提供局部物源。巴布亚盆地石炭系的锆石主要来自澳大利亚东部火山活动或者附近局部物源。盆地西部的 LakeMurray-1 井、LakeMurray-2 井及 Iamara-1 井等多井钻遇的基底揭示，巴布亚盆地内的三个主要凸起以上古生界火山岩为主。同时，在凸起附近的钻井上存在富含长石的花岗岩风化壳，岩性粒度粗、分选差、为棱角状-次棱角状，并有煤层伴生，也从侧面佐证了局部近物源的发育。

晚侏罗世时期，巴布亚盆地主要发育了浅海到三角洲相的 Koi-Iange 组和滨岸相的 Imburu 组［图 4-65（a）］。Koi-Iange 组为浅海到三角洲相，由砂岩、钙质泥岩、页岩和少量煤系组成。其中砂岩为亮灰色，以中-粗粒为主，分选较差，常见海绿石和极致密黑色碳质板岩，偶见黄铁矿。该层系在陆上多口井钻遇，厚度为150～200 m，如Mutare-1井、Adiba-1井。Imburu组由浅海相泥岩和夹有少量砂岩的粉砂岩组成，为一套向北逐渐加厚的地层，发育于河口湾、滨岸到前滨环境。Imburu组包括Iagifu段、Hedinia段、Emuk段砂岩和Digimu段砂岩，该套砂岩是巴布亚褶皱带东部最主要的储层。白垩纪，巴布亚盆地主要沉积了一套滨岸-浅海相碎屑岩，主要包括Toro组砂岩和Ieru组泥岩［图4-65（b）］，在弗莱台地和巴布亚褶皱带皆发育，厚度一般为500 m，最大厚度超过2000 m，向南东方向逐渐被剥蚀尖灭。Toro组主要由含少量粉砂岩的石英砂岩组成，是巴布亚褶皱带中央区的主力储层，为河口-临滨环境。浅海陆架砂岩和障壁坝砂岩储层物性最好，孔隙度为5.0%～22.0%，平均为13.8%，渗透率为（3～3000）$\times 10^{-3}\ \mu m^2$。受埋深和相变的影响，储层物性由南西向北东逐渐变差。Ieru组为浅海相沉积，岩性为浅灰色、浅褐色-灰色页岩夹黑灰色、褐色-灰色粉砂岩，沉积稳定，最厚可达1900 m，为区域性盖层，在巴布亚褶皱带和弗莱台地上均有发育。

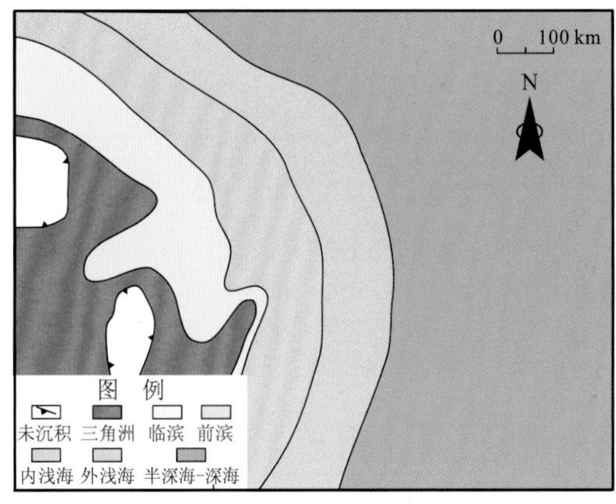

（a）上侏罗统

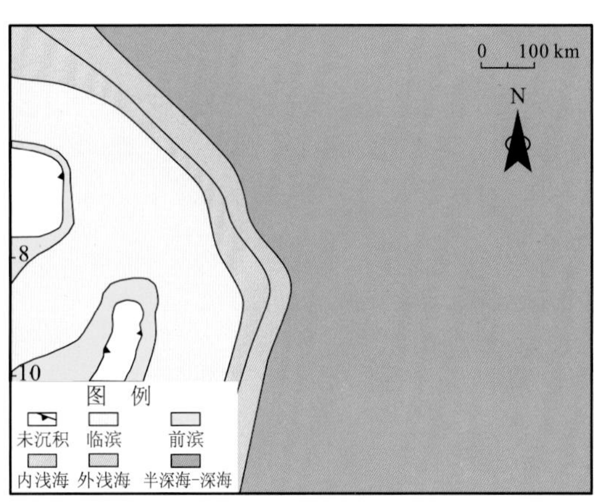

（b）下白垩统

图4-65 巴布亚盆地各主要时期沉积相图

（二）沉积环境对烃源岩的影响

三叠纪，陆内裂谷阶段结束。侏罗纪，巴布亚盆地进入被动大陆边缘盆地发育阶段。此时全球逐渐变暖，受向南移动的太平洋亚热带洋流影响，气候潮湿、水系发育，澳大利亚北部克拉通盆地为该区域提供了充足的物源，发育了以陆源碎屑岩为主的三角洲沉积。其中三角洲平原以发育陆源高等植物类型有机质为主要特征，三角洲前缘以陆源高等植物和海洋水生生物混源为特征。巴布亚盆地油源对比分析结果表明，油气主要来源于侏罗系海陆过渡相层系。油样的$Pr/n\text{-}C_{17}$和$Ph/n\text{-}C_{18}$（图4-66）表明有机质主要来源于陆源高等植物，并以氧化沉积环境为主。三角洲环境下发育的烃源岩是巴布亚盆地的主力烃源岩。

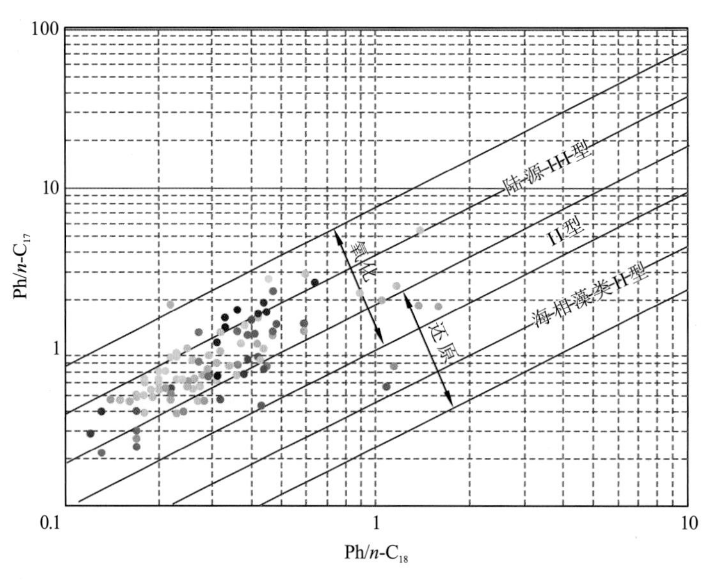

图 4-66　巴布亚盆地原油 Pr/n-C_{17} 与 Ph/n-C_{18} 相关图

二、巴布亚盆地烃源岩与油气藏的依存关系

巴布亚盆地油气资源丰富。巴布亚盆地发育三套烃源岩，包括侏罗系烃源岩、白垩系烃源岩和古近系—新近系烃源岩。其中侏罗系烃源岩为盆地的主力烃源岩，主要分布在盆地西部，岩性为含砂岩或粉砂岩夹层的暗色泥岩，发育在被动陆缘盆地阶段的三角洲边缘海沉积环境。作为主力烃源岩，侏罗系可以分为多个层系，分为上侏罗统提塘阶 Imburu 组和牛津阶 Koi-Iange 组、中侏罗统 Barikewa 组及下侏罗统 Magobu 组（图 4-67）。

（一）泥质烃源岩特征

1. 烃源岩地球化学特征

通过对巴布亚盆地侏罗系 TOC 分析表明：TOC 含量基本大于 0.5%，中下侏罗统 TOC 含量＞1%，烃源岩品质较好；上侏罗统 Imburu 组和 Koi-Iange 组跨度较大，烃源岩 TOC 含量偏低。从侏罗系各层系的热解参数 S_1+S_2 分布特征来看，侏罗系烃源岩 S_1+S_2＞1 mg HC/g ROCK，整体属于中等－好的烃源岩[图 4-68（a）]。但不同层系烃源岩品质差异大，由于其受控于沉积微相的转变造成了烃源岩品质在垂向上的变化。对于烃源岩丰度平面分布特征，以侏罗系 Koi-Iange 组为例，TOC 含量平均为 0.90%～1.9%，烃源岩有机质丰度（平均）由陆向海呈逐渐增高的趋势，巴布亚褶皱带烃源岩 TOC 明显高于弗莱台地。侏罗系烃源岩 I_H 一般低于 200 mg HC/g TOC，干酪根类型以 II_2 型和 III 型为主。结合盆地油气分布特征，侏罗系烃源岩以倾气型为主，部分为油气兼生[图 4-68（b）]。侏罗系烃源岩干酪根类型多以 III—II_2 型为主，其显微组分中镜质组＋惰质组组分含量较高，一般大于 70%（图 4-69），腐泥组＋壳质组组分含量低，超过 80%的样品分布于 0%～10%（图 4-69）。

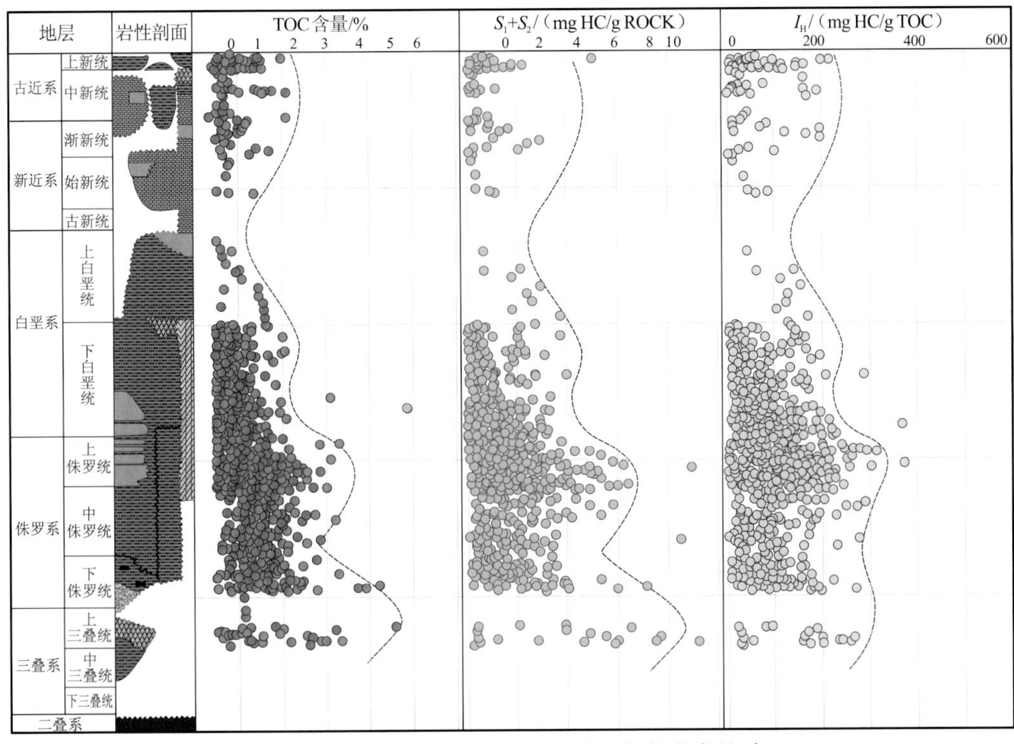

图 4-67　巴布亚盆地有机质—地层年代发育关系

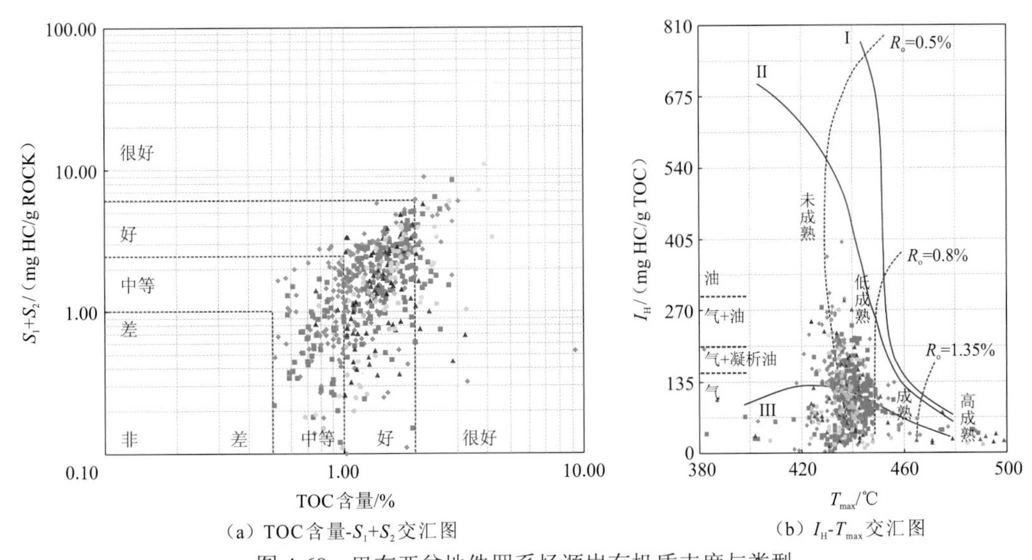

（a）TOC含量-S_1+S_2交汇图　　（b）I_H-T_{max}交汇图

图 4-68　巴布亚盆地侏罗系烃源岩有机质丰度与类型

巴布亚盆地侏罗系三角洲发育，上侏罗统 Koi-Iange 组同样处于相似的沉积背景。通过对不同微相烃源岩样品的对比，有机质丰度和类型有很大差异。其中三角洲平原有机质丰度较低，以 III 型干酪根为主；三角洲前缘样品特征差异大，有机质丰度为中等—好，II_2型干酪根增多；前三角洲有机质丰度较高，以 II 型干酪根为主（图 4-70），具有一定的生油潜力。巴布亚盆地前三角洲的泥质烃源岩品质最优。

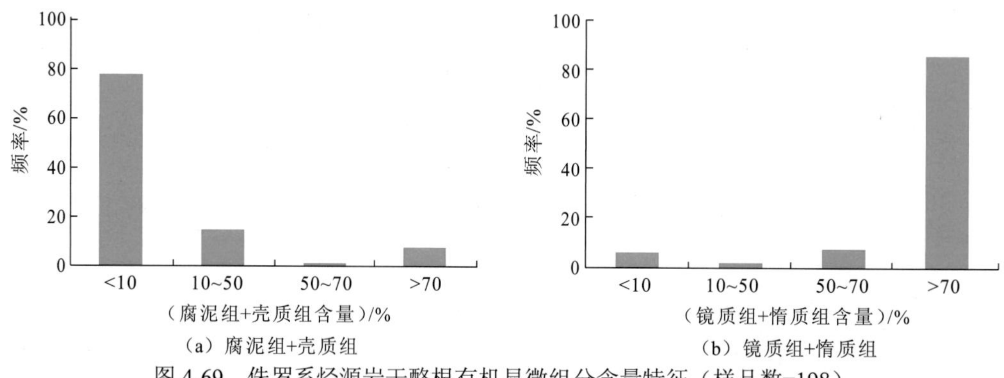

图 4-69　侏罗系烃源岩干酪根有机显微组分含量特征（样品数=198）

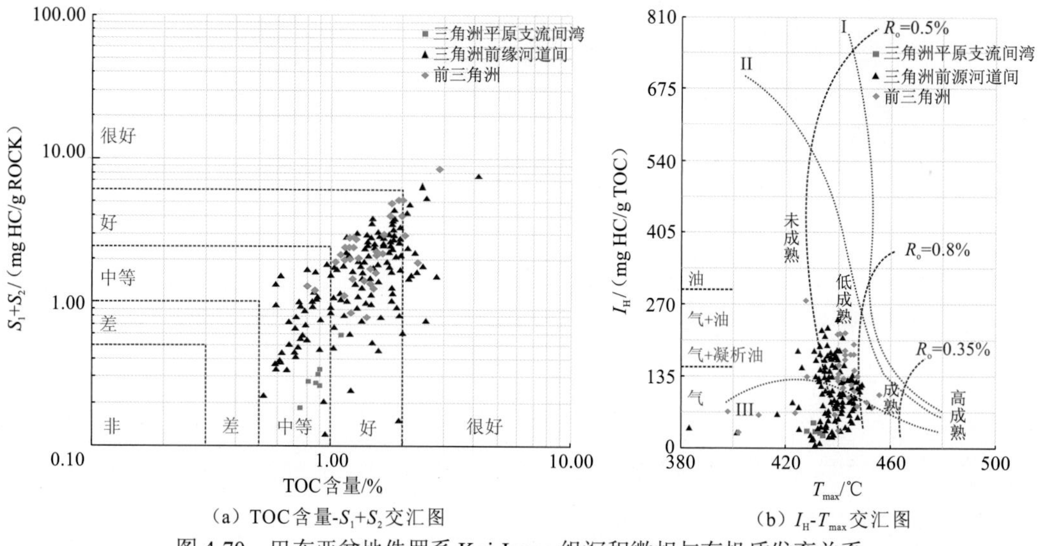

图 4-70　巴布亚盆地侏罗系 Koi-Iange 组沉积微相与有机质发育关系

同为三角洲前缘相带，烃源岩的地球化学特征也有差异。以 Magobu Island-1 井和 Morigio-1 井 Koi-Iange 组为例，其分别钻遇三角洲前缘的近端和远端。Magobu Island-1 井 Koi-Iange 组泥岩厚度为 107 m，泥地比为 36%；Morigio-1 井 Koi-Iange 组泥岩厚度为 296 m，泥地比为 71%。虽然发育在同一亚相带，但 Magobu Island-1 井和 Morigio-1 井这两口井，泥岩厚度和泥地比由陆向海具有逐渐增加的趋势，有机质丰度也显著增高，干酪根类型由 III 型逐渐过渡为 II 型。

2. 烃源岩空间展布特征

巴布亚盆地侏罗系沉积厚度大，以 Koi-Iange 组为例，沉积中心主要分布在弗莱台地东北边缘和巴布亚褶皱带附近。钻井揭示泥岩沉积最厚的位于巴布亚褶皱带西段，其次为褶皱带的东段和中段，弗莱台地内侧厚度较薄，泥岩厚度大于 200 m 的分布面积超过 10 万 km^2（图 4-71）。

（二）烃源岩对油气成藏的影响

巴布亚盆地目前已发现 41 个油气藏或含油构造带，累计探明地质储量为 6.250 2 亿 m^3。

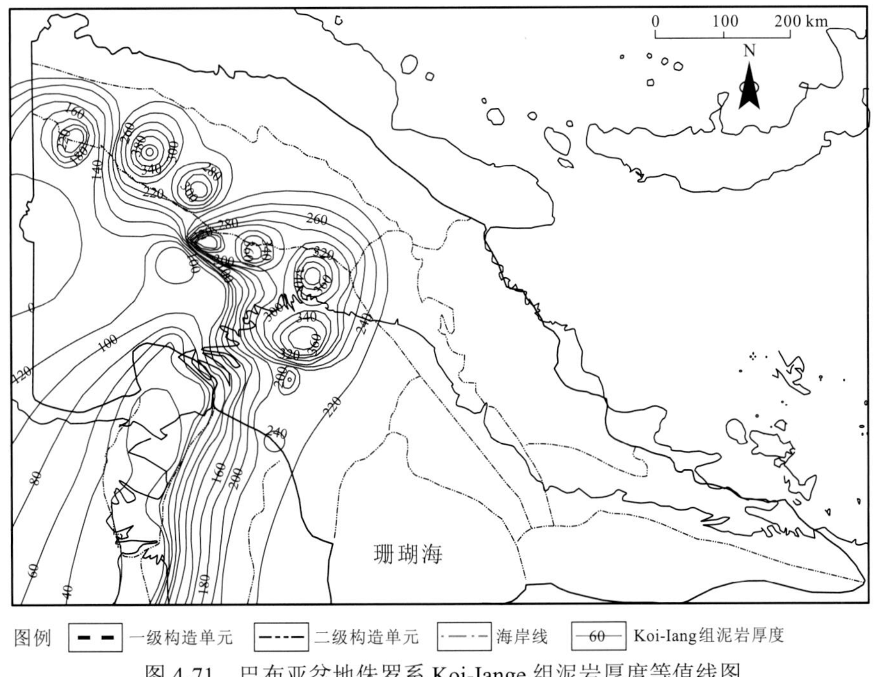

图 4-71　巴布亚盆地侏罗系 Koi-Iange 组泥岩厚度等值线图

油气藏类型以构造油气藏为主，占盆地已发现总探明地质储量的 93%，其次是生物礁岩性油气藏。这些油气藏主要分布在巴布亚皱褶带南部逆冲挤压推覆褶皱带与弗莱台地北部宽缓褶皱带上。巴布亚盆地构造活动复杂，烃源岩以近源聚集成藏为主，缺少大规模的横向运聚，侏罗系有效烃源岩的展布范围直接制约了油气藏的分布范围。巴布亚褶皱带西段以气为主伴有凝析油；中段以轻质油为主；东段又以气为主，伴有凝析油，同时轻质油田也偶有发育。油气分布特征的差异性可能与所毗邻的烃源岩特征有关，总体上油气基本皆来自侏罗系烃源岩，但烃源岩特征差异较大：中段烃源岩氢指数较高，成熟度较低，致使该区以生油为主；东西段成熟度较高，氢指数低，偏于生气，并且东区中生代地层埋深较深，除侏罗系烃源岩外，上覆地层白垩系烃源岩对该区也有一定的贡献。同时中新世以来的前陆造山对圈闭的最终定型及油气生排运聚具有非常关键的作用。受构造挤压的影响，该区发育了一批断层相关褶皱，为油气聚集成藏提供了圈闭条件。逆冲断层沿中生代或者新生代塑性地层逆冲叠加，加速了中生代烃源岩的成熟。同时构造运动促使烃类运移，包括初次运移和二次运移，在大型构造圈闭及压力过渡带或者常压低势区聚集成藏。对于这种构造活动复杂的盆地，烃源岩分布范围和构造演化特征都制约了油气的成藏规律。

参 考 文 献

白国平, 2007. 中东含油气区油气地质特征[M]. 北京: 中国石化出版社: 15-97.

白国平, 殷进垠, 2007. 澳大利亚北卡那封盆地油气地质特征及勘探潜力分析[J]. 石油实验地质, 29(3): 253-258.

陈建文, 王德发, 张晓东, 等, 2000. 松辽盆地徐家围子断陷营城组火山岩相和火山机构分析[J]. 地学前缘, 7(4): 371-379.

程克明, 赵长毅, 苏爱国, 等, 1997. 吐哈盆地煤成油气的地质地球化学研究[J]. 中国石油勘探(2): 5-10.

成海燕, 龚建明, 张莉, 2010. 墨西哥湾盆地石油的来源和分类[J]. 海洋地质动态, 26(3): 40-46.

邓运华, 2010. 论河流与油气的共生关系[J]. 石油学报, 31(1): 12-17.

邓运华, 2013. 中国近海两个油气带地质理论与勘探实践[M]. 北京: 石油工业出版社: 119-131.

邓运华, 2018. 试论海湾对海相石油的控制作用[J]. 石油学报, 39(1): 1-11.

冯志强, 张顺, 付秀丽, 2012. 松辽盆地姚家组—嫩江组沉积演化与成藏响应[J]. 地学前缘, 19(1): 78-87.

冯子辉, 方伟, 李振广, 等, 2011. 松辽盆地陆相大规模优质烃源岩沉积环境的地球化学标志[J]. 中国科学(地球科学版), 41(9): 1253-1267.

付广, 臧凤智, 2011. 徐深大气田形成的有利地质条件[J]. 吉林大学学报(自然科学版), 41(1): 12-20.

葛荣峰, 张庆龙, 王良书, 等, 2010. 松辽盆地构造演化与中国东部构造体制转换[J]. 地质论评, 56(2): 180-195.

侯读杰, 张善文, 肖建新, 等, 2008. 济阳坳陷优质烃源岩特征与隐蔽油气藏的关系分析[J]. 地学前缘, 15(2): 137-146.

侯启军, 赵志魁, 王立武, 等, 2009. 松辽盆地深层天然气富集条件的特殊性[J]. 大庆石油学院学报, 33(2): 31-35.

胡利民, 2010. 大河控制性影响下的陆架海沉积有机质的“源汇”作用: 以渤、黄海为例[D]. 青岛: 中国海洋大学: 10-20.

黄第藩, 1996. 成烃理论的发展[J]. 地球科学进展, 11(4): 327-335.

李德生, 2012. 中国多旋回叠合含油气盆地构造学[M]. 北京: 科学出版社: 102-115.

李国玉, 金之钧, 2005. 世界含油气盆地图集[M]. 北京: 石油工业出版社: 7-23.

李军, 刘丛强, 肖化云, 等, 2006. 太湖北部夏季浮游藻类多样性与水质评价[J]. 生态环境, 15(3): 453-456.

李江海, 2013. 全球古板块再造、岩相古地理及古环境图集[M]. 北京: 地质出版社: 10-15.

李双林, 张生银, 2010. 墨西哥及墨西哥湾盆地构造单元及其演化[J]. 海洋地质动态, 26(3): 14-21.

黎玉战, 傅太华, 王英民, 1994. 松辽盆地煤层在地震剖面上的特征[J]. 成都理工学院学报, 21(2): 94-99.

梁狄刚, 郭彤楼, 边立曾, 等, 2009. 中国南方海相生烃成藏研究的若干新进展(三): 南方四套区域性海相烃源岩的沉积相及发育的控制因素[J]. 海相油气地质, 14(2): 1-19.

梁杰, 龚建明, 李双林, 等, 2010. 墨西哥湾盆地新生代沉积特征分析[J]. 海洋地质动态, 26(3): 28-34.

刘政, 何登发, 童晓光, 等, 2011. 北海盆地大油气田形成条件及分布特征[J]. 中国石油勘探, 16(4): 31-43.

卢景美, 李爱山, 赵阳, 等, 2014. 北大西洋段演化特征和海相烃源岩研究[J]. 中国石油勘探, 19(4): 80-88.

罗霞, 孙粉锦, 邵明礼, 等, 2009. 松辽盆地深层煤型气与气源岩地球化学特征[J]. 石油勘探与开发, 36(3): 339-346.

姜在兴, 2003. 沉积学[M]. 北京: 石油工业出版社: 306-308.

蒋玉波, 龚建明, 于小刚, 2012. 墨西哥湾盆地的油气成藏模式及主控因素[J]. 海洋地质前沿, 28(5): 48-52.

焦贵浩, 罗霞, 印长海, 等, 2009. 松辽盆地深层天然气成藏条件与勘探方向[J]. 天然气工业, 29(9): 28-31.

金之钧, 王志欣, 2007. 西西伯利亚盆地油气地质特征[M]. 北京: 中国石化出版社: 46-55.

秦建中, 李志明, 刘宝泉, 等, 2007. 海相优质烃源岩形成重质油与固体沥青的潜力分析[J]. 石油实验地质, 29(3): 280-285.

单帅强, 何登发, 张煜颖, 等, 2016. 渤海湾盆地西部保定凹陷构造-地层层序与盆地演化[J]. 地质科学, 51(2): 402-414.

邵磊, 李献华, 汪品先, 等, 2004. 南海渐新世以来构造演化的沉积记录: ODP1148 站深海沉积物中的证据[J]. 地球科学进展, 19(4): 539-544.

孙萍, 王文娟, 2010. 持续沉降是墨西哥湾油气区优质烃源岩形成的重要条件[J]. 海洋地质动态, 26(3): 22-27.

童晓光, 2002. 世界含油气盆地图集[M]. 北京: 石油工业出版社: 1-81.

王开发, 张玉兰, 吴国暄, 等, 1994. 盘星藻热模拟生油研究[J]. 同济大学学报, 22(2): 184-191.

肖国林, 陈建文, 2003. 渤海海域的上第三系油气研究[J]. 海洋地质动态, 19(8): 1-6.

徐正顺, 王渝明, 庞彦明, 等, 2008. 大庆徐深气田火山岩气藏的开发[J]. 天然气工业, 28(12): 74-77.

薛叔浩, 刘雯林, 薛良清, 等, 2002. 湖盆沉积地质与油气勘探[M]. 北京: 石油工业出版社: 347-368.

杨华, 李士祥, 刘显阳, 2013. 鄂尔多斯盆地致密油、页岩油特征及资源潜力[J]. 石油学报, 34(1): 1-11.

杨丽阳, 吴莹, 张经, 等, 2008. 长江口邻近陆架区表层沉积物的木质素分布和有机物来源分析[J]. 海洋学报, 30(5): 35-42.

张林晔, 孔祥星, 张春荣, 等, 2003. 济阳坳陷第三系优质烃源岩的发育及其意义[J]. 地球化学, 3(1): 35-42.

张建球, 钱桂华, 郭念发, 2008. 澳大利亚大型沉积盆地与油气成藏[M]. 北京: 石油工业出版社: 40-60.

张文朝, 崔周旗, 韩春元, 等, 2001. 冀中坳陷老第三纪湖盆演化与油气[J]. 古地理学报, 3(1): 45-53.

张文朝, 杨德相, 陈彦均, 等, 2008. 冀中古近系沉积构造特征与油气分布规律[J]. 地质学报, 82(8): 1103-1112.

张水昌, 张宝民, 边立曾, 等, 2005. 中国海相烃源岩发育控制因素[J]. 地学前缘, 12(3): 39-48.

张水昌, 胡国艺, 米敬奎, 等, 2013. 三种成因天然气生成时限与生成量及其对深部油气资源预测的影响[J]. 石油学报, 34(S1): 41-50.

张顺, 崔坤宁, 张晨晨, 等, 2011. 松辽盆地泉头组三、四段河流相储层岩性油藏控制因素及分布规律[J]. 石油与天然气地质, 32(3): 411-419.

赵长鹏, 於奇, 娄生瑞, 2014. 徐深气田断裂发育及其对天然气成藏的控制作用[J]. 黑龙江科技大学学报, 24(3): 285-289.

AALI J, RAHIMPOUR-BONAB H, KAMALI M R, 2006. Geochemistry and origin of the world's largest gas field from Persian Gulf, Iran[J]. Journal of petroleum science and engineering, 50(3/4): 161-175.

AHLBRANDT T S, 2014. Chapter 3: Petroleum systems and their endowments in the Middle East and North Africa Portion of the Tethys[M] // MARLOW L, KENDALL C C G, YOSE L A. Petroleum systems of the Tethyan region. Tulsa: AAPG: 59-100.

AL-AMERI T K, 2011. Khasib and Tannuma oil sources, East Baghdad oil field, Iraq[J]. Marine and petroleum geology, 28(4): 880-894.

AL-HUSSEINI M, 2004. Carboniferous, Permian and Early Triassic Arabian stratigraphy[M]. Bahrain: GeoArabia Special Publication, 3: 7-13.

BIJU-DUVAL B, 2002. Sedimentary geology: Sedimentary basins, depositional environments and petroleum formation[M]. Paris: Editions Technip: 159-161.

BORDENAVE M L, 2008. The origin of the Permo-Triassic gas accumulations in the Iranian Zagros Foldbelt and contiguous offshore areas: A review of the Palaeozoic petroleum system[J]. Journal of petroleum geology, 31(1): 3-42.

BORDENAVE M L, HEGRE J A, 2005. The influence of tectonics on the entrapment of oil in the Dezful Embayment, Zagros Foldbelt, Iran[J]. Journal of petroleum geology, 28(4): 339-368.

BOUDOU J P, 1984. Chloroform extracts of a series of coals from the Mahakam Delta[J]. Organic geochemistry, 6: 431-437.

BREKHUNTSOV A M, MONASTYREV B V, NESTEROV JR. I I, 2011. Distribution patterns of oil and gas accumulations in West Siberia[J]. Russian geology and geophysics, 52 (8): 781-791.

BREYER J A, MCCABE P J, 1986. Coals associated with tidal sediments in the Wilcox Group (Paleogene), South Texas[J]. Journal of sedimentary petrology, 56(4): 510-519.

CLARA VALDES M D L, RODRIGUEZ L V, GARCIA E C, 2009. Chapter 16: Geochemical integration and interpretation of source rocks, oils, and natural gases in southeastern Mexico[M]//BARTOLINI C, ROMAN RAMOS J R. Petroleum systems in the Southern Gulf of Mexico. Tulsa: AAPG: 337-368.

CLAYPOOL G E, MANCINI E A, 1989. Geochemical relationships of petroleum in Mesozoic reservoirs to carbonate source rocks of Jurassic Smackover Formation, Southwestern Alabama[J]. AAPG bulletin, 73(7): 904-924.

COLE G A, 1994. Graptolite-chitinozoan reflectance and its relationship to other geochemical maturity indicators in the Silurian Qusaiba Shale, Saudi Arabia[J]. Energy & fuels, 8: 1443-1459.

COLE G A, ABU-ALI M A, AOUDEH S M, et al., 1994. Organic geochemistry of the Paleozoic petroleum system of Saudi Arabia[J]. Energy & fuels, 8: 1425-1442.

CRAIG J, RIZZI C, SAID F, et al., 2008. Structural styles and prospectivity in the Precambrian and Palaeozoic hydrocarbon systems of North Africa[J]. The geology of East Libya, 4(1): 51-122.

DEMAISON G J, MOORE G T, 1980. Anoixc environments and oil source bed genesis[J]. AAPG bulletin, 64: 1179-1209.

DENG Y H, 2012. River-gulf system: The major location of marine source rock formation[J]. Petroleum science, 9(3): 281-289.

DENG Y H, 2016. River-delta systems: A significant deposition location of global coal-measure source rocks[J]. Journal of earth science, 27(4): 631-641.

DIASTY W S E, MOLDOWAN J M, 2013. The Western Desert versus Nile Delta: A comparative molecular biomarker study[J]. Marine and petroleum geology, 46: 319-334.

EINSELE G, 1992. Sedimentary basins: Evolution, facies and sediment budget[M]. Berlin: Springer-Verlag: 388-393.

EKWEOZOR C M, OKOGUN J I, EKONG D E, et al., 1979. Preliminary organic geochemical studies of samples from the Niger Delta (Nigeria), I. Analyses of crude oils for triterpanes[J]. Chemical geology, 27(1): 11-28.

ELLA A E, 1990. The Neogene Quaternary section in the Nile Delta, Egypt: Geology and hydrocarbon potential[J]. Journal of petroleum geology, 13(3): 329-340.

FISHER W L, MCGOWEN J H, 1967. Depositional systems in the Wilcox Group of Texas and their relationship to occurrence of oil and gas[J]. Gulf coast association of geological societies transactions, 17: 105-125.

FOX J E, AHLBRANDT T S, 2002. Petroleum geology and total petroleum systems of the Widyan Basin and interior platform of Saudi Arabia and Iraq[R/OL]. (2016-11-23)[2020-4-28]. https://pubs.usgs.gov/bul/b2202-e/B2202-E.pdf.

GALLOWAY W E, 2008. Chapter 15: Depositional evolution of the Gulf of Mexico Sedimentary Basin[M]//MIALL A D. The Sedimentary Basins of the United States and Canada.Amsterdam: Elsevier Science: 505-549.

GLYN R, DAVID P, 2007. Hydrocarbon plays and prospectively of the Levantine Basin, offshore Lebanon and Syria from modern seismic data[J]. GeoArabia, 12(3): 99-124.

GUEVARA E H, GARCIA R, 1972. Depositional systems and oil-gas reservoirs in the Queen City Formation (Eocene), Texas[R]. Austin: University of Texas at Austin, Bureau of Economic Geology: 1-22.

GUZMAN-VEGAM A, MELLO M R, 1999. Origin of oil in the Sureste Basin, Mexico[J]. AAPG bulletin, 83(7): 1068-1095.

HACKLEY P C, WARWICK P D, HOOK R W, et al., 2012. Organic geochemistry and petrology of subsurface Paleocene-Eocene Wilcox and Claiborne Group coal beds, Zavala County, Maverick Basin, Texas, USA[J]. Organic geochemistry, 46: 137-153.

HAKIMI M H, ABDULLAH W H, SHALABY M R, 2012. Geochemical and petrographic characterization of organic matter in the Upper Jurassic Madbi shale succession (Masila Basin, Yemen): Origin, type and preservation[J]. Organic geochemistry, 49(1): 18-29.

HALBOUTY M T, 2003. Giant oil and gas fields of the decade 1990-1999[M]. Tulsa: AAPG: 15-105.

HALL R, 2002. Cenozoic geological and plate tectonic evolution of the SE Asia and SW Pacific: Computer-based reconstruction, model and animations[J]. Journal of Asian earth sciences, 20(4): 353-434.

HARRIS P M, KATZ B J, 2005. Carbonate mud and carbonate source rocks[Z/OL]//AAPG Annual Convention, Calgary, Alberta. (2005-6-16)[2020-4-28]. http:// www.searchanddiscovery.com/documents/2008/08102harris45/index.htm.

HOOD K C, GROSS O P, WENGER L M, et al., 2002. Chapter 2: Hydrocarbon systems analysis of the Northern Gulf of Mexico: Delineation of hydrocarbon migration pathways using seeps and seismic imaging[M]//SCHUMACHER D, LESCHACK L A . Surface exploration case histories: Applications of geochemistry, magnetics, and remote sensing. Tulsa: AAPG: 25-40.

HUC A Y, 1995. Paleogeography, paleoclimate and source rocks[M].Tulsa: AAPG: 1-55.

ISAKSEN G H, 2004. Central North Sea hydrocarbon systems: Generation, migration, entrapment, and thermal degradation of oil and gas[J]. AAPG bulletin, 88(11): 1545-1572.

ITURRALDE-VINENT M A, 2003. Chapter 3: The conflicting paleontologic versus stratigraphic record of the formation of the Caribbean Seaway[M] // BARTOLINI C, BUFFLER R T, BLICKWEDE J. The Circum-Gulf of Mexico and the Caribbean: Hydrocarbon habitats, basin formation, and plate tectonics. Tulsa: AAPG: 75-88.

JABLONSKI D, SAITTA A J, 2004. Permian to lower cretaceous plate tectonics and its impact on the Tectonostratigraphic development of the Western Australian margin[J]. The APPEA journal, 44(1): 287-328.

JACQUES J M, CLEGG H, 2002. Late Jurassic source rock distribution and quality in the Gulf of Mexico: Inferences from plate tectonic modelling[J]. Gulf coast association of geological societies transactions, 52: 429-440.

KLEMME H D, ULMISHEK G F, 1991. Effective petroleum source rocks of the world: Stratigraphic distribution and controlling depositional factors[J]. AAPG bulletin, 75(12): 1809-1851.

KONTOROVICH A E, MOSKVIN V I, BOSTIKOV O I, et al., 1997. Main oil source formations of the West Siberian basin[J]. Petroleum geoscience, 3(4): 343-358.

KONTOROVICH A E, FOMIN A N, KRASAVCHIKOV V O, et al., 2009. Catagenesis of organic matter at the top and base of the Jurassic complex in the West Siberian megabasin[J]. Russian geology and geophysics, 50(11): 917-929.

KONTOROVICH A E, KONTOROVICH V A, RYZHKOVA S V, et al., 2013. Jurassic paleogeography of the West Siberian sedimentary basin[J]. Russian geology and geophysics, 54(8): 747-779.

KULL J, KINSLAND G L, 2006. Logfacies distribution of the Wilcox coal-bearing interval in North-Central Louisiana: A quick-look technique for coalbed methane resource evaluation[J].Gulf coast association of geological societies transactions, 56: 405-409.

KUSS J, BOUKHARY M A, 2008. A new upper Oligocene marine record from Northern Sinai (Egypt) and its paleogeographic context[J]. Biochemistry, 41(7): 2421-2428.

LE HERON D P, CRAIG J, ETIENNE J L, 2009. Ancient glaciations and hydrocarbon accumulations in North Africa and the Middle East[J]. Earth-science reviews, 93(3/4): 47-76.

LENTINI M R, FRASER S I, SUMNER H S, et al., 2010. Geodynamics of the central South Atlantic conjugate margins: Implications for hydrocarbon potential[J]. Petroleum geoscience, 16(3): 217-229.

LOPATIN N V, ZUBAIRAEV S L, KOS I M, et al., 2003. Unconventional oil accumulations in the Upper Jurassic Bazhenov Black Shale Formation, West Siberian Basin[J]. Journal of petroleum geology, 26(2): 225-244.

LÜNING S, CRAIG J, LOYDELL D K, et al., 2000. Lower Silurian 'hot shales' in North Africa and Arabia: Regional distribution and depositional model[J]. Earth-science reviews, 49(1/4): 121-200.

LÜNING S, SHAHIN Y M, LOYDELL D, et al., 2005. Anatomy of a world-class source rock: Distribution and depositional model of Silurian organic-rich shales in Jordan and implications for hydrocarbon potential[J]. AAPG bulletin, 89(10): 1397-1427.

MACKEY G N, HORTON B K, MILLIKEN K L, 2012. Provenance of the Paleocene–Eocene Wilcox Group, Western Gulf of Mexico Basin: Evidence for integrated drainage of the Southern Laramide Rocky Mountains and Cordilleran arc[J]. GSA bulletin, 124(5/6): 1007-1024.

MANN P, GAHAGAN L, GORDON M B, 2003. Chapter 2: Tectonic setting of the world's giant oil fields[J]. AAPG memoir, 78: 15-105.

MANN U, KNIES J, CHAND S, et al., 2009. Evaluation and modelling of Tertiary source rocks in the central Arctic Ocean[J]. Marine and petroleum geology, 26(8): 1624-1639.

MCINTOSH J C, WARWICK P D, MARTINI A M, et al., 2010. Coupled hydrology and biogeochemistry of Paleocene-Eocene coal beds, Northern Gulf of Mexico[J]. GSA bulletin, 122(7/8): 1248-1264.

MEINHOLD G, HOWARD J P, STROGEN D, et al., 2013. Hydrocarbon source rock potential and elemental composition of lower Silurian subsurface shales of the eastern Murzuq Basin, southern Libya[J]. Marine and petroleum geology, 48(2): 224-246.

MELLO M R, KATZ B J, 2000. Petroleum systems of South Atlantic Margins[M]. Tulsa: AAPG: 1-13.

METCALFE I, 2006. Palaeozoic and Mesozoic tectonic evolution and palaeogeography of East Asian crustal fragments: The Korean Peninsula in context[J]. Gondwana research, 9(1/2): 24-46.

MOULIN M, ASLANIAN D, UNTERNEHR P, 2010. A new starting point for the South and Equatorial Atlantic Ocean[J]. Earth-science reviews, 98(1): 1-37.

PARRISH J T, 1982. Upwelling and petroleum source bends, with reference to the Paleozoic[J]. AAPG bulletin, 66(6): 750-774.

PEDERSON T F, CALVERT S E, 1990. Anoxia versus productivity: What controls the formation of organic-carbon-rich sediments and sedimentary rock?[J]. AAPG bulletin, 74(4): 454-466.

PETERS K E, KONTOROVICH A E, HUIZINGA B J, et al., 1994. Multiple oil families in the West Siberian Basin[J]. AAPG bulletin, 78(6): 893-909.

PETERS K E, SNEDDEN J W, SULAEMAN A, et al., 2000. A New geochemical-sequence stratigraphic model for the Mahakam Delta and Makassar Slope, Kalimantan, Indonesia[J]. AAPG bulletin, 84(1): 12-44.

PETERS K E, WALTEERS C C, MOLDOWAN J M, 2005. The biomarker guide: II. Biomarkers and isotopes in petroleum systems and earth history[M]. Cambridge: Cambridge University Press: 751-963.

PETERS P E, RAMOS L S, ZUMBERGE J E, et al., 2007. Circum-Arctic petroleum systems identified using decision-tree chemometrics[J]. AAPG bulletin, 91(6): 877-913.

PETERSEN H I, NYTOFT H P, VOSGERAU H, et al., 1995. Source rock quality and maturity and oil types in the NW Danish Central Graben: Implications for petroleum prospectivity evaluation in an Upper Jurassic sandstone play area[C]//VINING B A, PICKERING S C. Petroleum geology: From Mature Basins to New Frontiers. Proceedings of the 7th Petroleum Geology Conference. London: Geological Society: 95-111.

POLLASTRO R M, 2003. Total petroleum systems of the Paleozoic and Jurassic, Greater Ghawar Uplift and Adjoining Provinces of Central Saudi Arabia and Northern Arabian-Persian Gulf[R/OL]. (2016-11-23)[2020-4-28]. https: //pubs.usgs.gov/bul/b2202-h/b2202-h.pdf.

RIZZINI A, VEZZANI F, COCOCCETT V, et al., 1978. Stratigraphy and sedimentation of a Neogene-Quaternary section in the Nile Delta Area[J]. Marine geology, 27(3): 327-348.

RUPPERT L F, KIRSCHBAUM M A, WARWICK P D, et al., 2002. The US Geological Survey's national coal resource assessment[J]. International journal of coal geology, 50: 247-274.

SALEM R,1976. Evolution of Eocene-Miocene sedimentation patterns in parts of the Northern Egypt[J]. AAPG bulletin, 60(1): 34-64.

SASSEN R, 1990. Lower Tertiary and upper Cretaceous source rocks in the Louisiana and Mississippi: Implication to Gulf of Mexico crude oil[J]. AAPG bulletin, 74(6): 857-878.

SESTINI G, 1989. Nile Delta: Depositional environments and geological history[J]. Geological society London special publications, 41(1): 99-127.

SHAABAN F, LUTZ R, LITTKE R, et al., 2006. Source-rock evaluation and basin modelling in Northeastern Egypt (Northeastern Nile Delta and Northern Sinai)[J]. Journal of petroleum geology, 29(2): 103-124.

SHARAF L M, 2003. Source rock evaluation and geochemistry of condensates and natural gases, offshore Nile Delta, Egypt[J]. Journal of petroleum geology, 26(2):189-209.

TISSOT B, DURAND B, ESPITALIE J, et al., 1974. Influence of nature and diagenesis of organic matter in formation of petroleum[J]. AAPG bulletin, 58(3): 499-506.

ULMISHEK G F, 2003. Petroleum geology and resources of the West Siberian Basin, Russia[R/OL]. (2016-11-23)[2020-4-28]. https://pubs.usgs.gov/bul/2201/G/B2201-G.pdf.

USGS, 2000. U.S. Geological Survey world petroleum assessment 2000: Description and results[R/OL]. (2019-4-29)[2020-4-28]. http://energy.cr.usgs.gov/oilgas/wep/.

VANDRÉ C, CRAMER B, GERLING P, et al., 2007. Natural gas formation in the Western Nile Delta (Eastern Mediterranean): Thermogenic versus microbial[J]. Organic geochemistry, 38(4): 523-539.

VEEVERS J J, 2006. Updated Gondwana (Permian-Cretaceous) earth history of Australia[J]. Gondwana research, 9(3): 231-260.

VERSFELT J W, 2010. South Atlantic margin rift basin asymmetry and implications for pre-salt exploration[C/OL]//AAPG International Conference and Exhibition, Rio de Janeiro, Brazil, 15-18. http://www.searchanddiscovery.com/ documents/2010/ 30112versfelt/ndx_versfelt.pdf.

WARWICK P D, HOOK R W, 1995. Petrography, geochemistry, and depositional setting of the San Pedro and Santo Tomas coal zones: Anomalous algae-rich coals in the middle part of the Claiborne Group (Eocene) of Webb County[J]. International journal of coal geology, 28(2/8): 303-342.

WEVER H E, 2000. Petroleum and source rock characterization based on C_7 star plot results: Examples from Egypt[J]. AAPG bulletin, 84(7): 1041-1054.

WIDODO S, BECHTEL A, ANGGAYANA K, et al., 2009. Reconstruction of floral changes during deposition of the Miocene Embalut coal from Kutai Basin, Mahakam Delta, East Kalimantan, Indonesia by use of aromatic hydrocarbon composition and stable carbon isotope ratios of organic matter[J]. Organic geochemistry, 40(2): 206-218.

YANCEY T E, 1997. Depositional environments of Late Eocene lignite-bearing strata, East-Central Texas[J]. International journal of coal geology, 34(3/4): 261-275.